Die Neue Biologie

Robert Augros · George Stanciu

Die Neue Biologie

Evolution und Revolution in der Wissenschaft vom Leben

Eine Zusammenschau des heutigen Forschungsstandes

Scherz

Dank

Die Autoren danken der Earhart Foundation, Ann Arbor, Michigan, für ihre großzügige Unterstützung durch eine Reihe von Forschungsstipendien, die zur Fertigstellung dieses Buches grundlegend mit beitrugen.

Erste Auflage 1988.
Titel der Originalausgabe: «The New Biology».
Einzig berechtigte Übersetzung aus dem Amerikanischen von Marcus Würmli.

Schutzumschlag von Gerhard Noltkämper.

Inhalt

Einführung

Im ersten Viertel unseres Jahrhunderts machten die Relativitätstheorie und die Quantenphysik die Grenzen der Newtonschen Mechanik deutlich. Diese neue Gedankenwelt gab der Physik für alle Zeiten ein anderes Gesicht. Ähnliche Ereignisse stehen in der Biologie noch aus. Der Biologe Edmund Sinnott beispielsweise anerkennt die modernen Fortschritte seiner Wissenschaft, bemerkt aber gleichzeitig, «daß bisher keine Revolution stattgefunden hat, wie sie die Physik im Innersten erschütterte».[1] Und der Physiker Henry Margenau pflichtet ihm bei: «Die Biologen mußten noch nicht jene transzendenten Sprünge erfahren, wie sie Einstein und Heisenberg den Physikern aufzwangen.»[2] Die zeitgenössische Biologie arbeitet in den meisten Fällen noch immer mit dem Paradigma der Newtonschen Mechanik, wie der Biologe Ludwig von Bertalanffy feststellt: «Heute befindet sich die Biologie noch in der präkopernikanischen Periode.»[3]

Wer hätte um die Jahrhundertwende geglaubt, daß die radikale Veränderung einiger der grundlegenden Annahmen der Physik unmittelbar bevorstünde, daß die Vorstellungen von der Materie, der Anziehungskraft, von Zeit und Raum – alles Dinge, die man als gegeben hingenommen und über die man kaum je nachgedacht hatte – bald nicht mehr gültig sein würden? Heute wird uns immer klarer, daß wir auch die grundlegenden Prinzipien der Wissenschaft vom Leben revidieren müssen, zum Beispiel die der Definition des Lebens, der Beziehung der Biologie zu den anderen Naturwissenschaften, der Rolle der Evolution sowie der Stellung des Menschen in der Natur. Unsere gesamten Vorstellungen von der Natur und von dem, was man unter einer wissenschaftlichen Erklärung zu verstehen hat, sind revisionsbedürftig.

Die Suche nach einem neuen Paradigma hat in einigen Disziplinen bereits begonnen. Bertalanffy meint dazu: «Die zahlreichen heutigen Bemühungen auf der Suche nach einer Grundlage für die theoretische Biologie deuten auf eine grundsätzliche Veränderung unseres Weltbildes hin. Sie findet jetzt statt, da unsere Sicht, die auf der klassischen Physik beruhte, ihre Grenzen erreicht hat.»[4] Die stürmischen Auseinandersetzungen in jüngster Zeit über die Evolutionstheorie sind ein deutliches Zeichen dafür, daß die konventionellen darwinistischen Mechanismen in die Schußlinie geraten sind. Dazu Steven Stanley, ein Paläobiologe der Johns Hopkins University: «Heute zwingt uns der fossile Nachweis zu einer Änderung der konventionellen Sicht.»[5] Selbst die synthetische Evolutionstheorie von Ernst Mayr und anderen Forschern wird mittlerweile aus den Reihen der Biologen hart kritisiert. Der Paläontologe Stephen Jay Gould von der Havard University meint: «Die synthetische Theorie . . . als allgemeines Lehrgebäude ist tot, obwohl sie in den Lehrbüchern als orthodoxe Meinung fortlebt.»[6] Wenn aber gerade die Evolution jene Theorie ist, die das gesamte Feld der Biologie bestimmt und eint, dann führt jede größere Revision der Evolutionstheorie zu einer neuen Ausrichtung in jeder biologischen Teilwissenschaft und zu einem Umbau der gesamten Wissenschaft vom Leben.

In den vergangenen Jahrzehnten haben sich außerdem neue Wissensgebiete im Bereich der Biologie etabliert. Einige darunter lieferten grundlegende Entdeckungen, die überhaupt nicht ins Newtonsche Konzept passen wollen. Die moderne Erforschung des Verhaltens von Tieren, die in den dreißiger Jahren von Konrad Lorenz, Niko Tinbergen und Karl von Frisch begründet wurde, basiert nicht auf dem Maschinenmodell der klassischen Physik. In die gleiche Richtung geht die Kritik einiger Ökologen, darunter Daniel Simberloff und Paul Colinvaux, die die Vorstellung, daß das Leben in der Natur ein einziger Konkurrenzkampf sei, in Frage stellen.

In diesem Zusammenhang erklärte Mayr: «Es ist nun klargeworden, daß wir eine neue Philosophie der Biologie brauchen.»[7] Es ist das Ziel dieses Buches, zur Formulierung dieser neuen Biologie beizutragen. Wir fassen dabei die Arbeiten, die bereits auf den unterschiedlichsten Gebieten durchgeführt wurden, zusammen, ergänzen sie durch eigene Beobachtungen und wollen eine Synthese dieser Ansichten herstellen. Die neue Physik dient uns dabei als Richtschnur. Die Revolution der Relativitäts- und Quantentheorie zwang die Physiker beispielsweise dazu, die engen Grenzen ihres mechanistischen Weltbildes zu überschreiten. In einigen Gebieten der Biologie funktionieren mechanische Modelle hervorragend, während sie in anderen erbärmlich versagen. Wir werden eine genaue Unterscheidung zwischen diesen Gebieten treffen und, wo nötig, Alternativen zur mechanistischen Betrachtungsweise vorschlagen.

Beim vorliegenden Werk handelt es sich nicht um eine umfassende Übersicht über die gesamte Biologie, und die angesprochenen Themen werden auch nicht erschöpfend behandelt. Es ist vielmehr unsere Absicht, anhand von Beispielen, Argumenten und Aussagen von Fachleuten die Umrisse des neuen Paradigmas der Biologie zu skizzieren und die Folgerungen daraus auf einigen wenigen beispielhaften Gebieten zu veranschaulichen. Wir hoffen, daß dieses Verfahren dem Biologen ebensoviel Nutzen bringt wie dem Nichtbiologen.

Es ist unmöglich, dem Leser mit einem einzigen Buch den Reichtum des Lebens und dessen überwältigende Pracht nahezubringen. Wenn unsere Darstellung wenigstens eine Ahnung davon vermitteln und die Bewunderung des Lesers für die Natur wecken kann, so waren unsere Bemühungen erfolgreich. Entschuldigen möchten wir uns bei Mutter Natur, daß es uns nicht möglich war, ihrem Reichtum, ihrer Schönheit und ihrer Weisheit Gerechtigkeit widerfahren zu lassen.

1 Die Physik als Vorbild

Die meisten Biologen betrachten ihr Fach heute als einen Zweig der Physik. Der Biologe Peter Medawar schreibt: «Die Biologie ist nicht ‹bloß› Physik und Chemie, sondern stellt einen sehr begrenzten, sehr speziellen und höchst interessanten Teil davon dar. Dasselbe gilt für die Ökologie und die Soziologie.»[1] Der Biologe E. H. Mercer pflichtet dem bei: «Die meisten Naturwissenschaftler verhalten sich in der Praxis so, als trennten nur eine Konvention oder einfache praktische Erwägungen die Physik von der Biologie; oder anders gesagt: Sie handeln im Glauben, daß es im Grunde nur eine einzige Naturwissenschaft gibt.»[2]

Diese Sicht beruht auf dem Argument, daß Naturwissenschaft gleichbedeutend ist mit Analyse, und diese verlangt die Auflösung eines Problems in seine einfachsten Elemente. Dieses Vorgehen führt zu einem Schema, nach dem alle Wissenschaften miteinander verbunden sind (siehe Abbildung 1.1).[3] Im Rahmen dieses Schemas beruhen die Gesetze, die über Gruppen, Klassen von Personen und Gesellschaften bestimmen, auf den Qualitäten und Merkmalen des Individuums. Die Gründe für die Handlungen eines Individuums gehen aus dessen Anatomie und Physiologie sowie aus der Biochemie der Vorgänge in seinem Gehirn hervor. Diese Bereiche werden wiederum auf die Gesetze von Chemie und Physik zurückgeführt. Die Analyse findet ihren Abschluß schließlich bei der Hochenergiephysik, welche die kleinsten Teilchen untersucht.

Mercer beschreibt den Ursprung dieses Schemas für die Naturwissenschaften folgendermaßen: «Unweigerlich verbreitete sich die Idee, daß man alle Naturwissenschaften mit Hilfe der Begriffe der Teilchendynamik und unter Anwendung Newtonscher Methoden zusammenfassen und integrieren könnte, und so entstand ein universeller wissenschaftlicher Materialismus.»[4] Diesem materialistischen Programm zufolge kann man alle Vorgänge in der Natur durch Zusammensetzen verstehen, wenn nur erst einmal die einfachsten Teilchen gefunden sind. Der Physiker Heinz Pagels schreibt dazu:

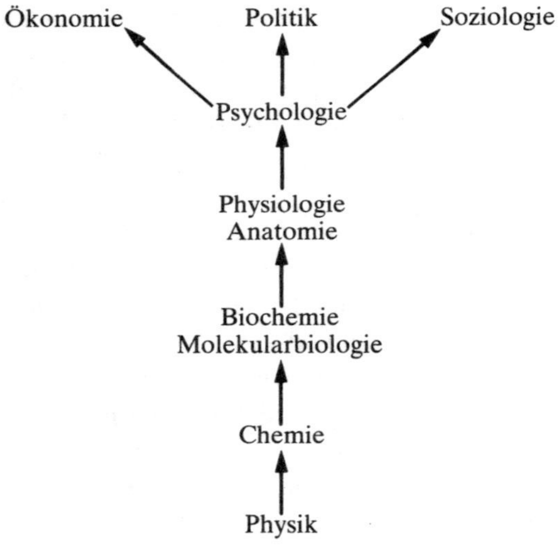

Abbildung 1.1. Das materialistische Schema der Wissenschaften. Sie werden hier als Disziplinen betrachtet, die unterschiedliche Strukturen und Eigenschaften der Materie erforschen. Die Biologie untersucht jene besonderen Anordnungsformen der Materie, die die Phänomene des Lebens erzeugen. Die Psychologie, die Politik und die Ökonomie untersuchen das Verhalten, das aus den Anordnungen der Materie im menschlichen Gehirn entspringt. Bei dieser Auffassung lassen sich alle genannten Wissenschaften letztlich auf Physik reduzieren.

«In seiner krudesten Form nimmt der materielle Reduktionismus an, daß es eine Reihe von Ebenen gibt. Auf der untersten Ebene befinden sich die subatomaren Partikel; aus ihnen gehen die chemischen Eigenschaften von Atomen und Molekülen hervor. Die Moleküle bilden lebende und nichtbelebte Dinge. Aus dem Verhalten von Molekülen und Zellen kann man das Verhalten einzelner Menschen bestimmen. Diese wiederum errichten eine soziale Ordnung und Institutionen. Auf der obersten Sprosse der Leiter sind historische Gegebenheiten angesiedelt. Damit besteht der Anspruch, daß die Geschichte sich im Prinzip auf subatomare Ereignisse reduzieren läßt.»[5]

Da die Prinzipien der Physik universelle Geltung für lebende wie unbelebte Dinge haben, meint man, die übrigen Naturwissenschaften seien über Deduktion mit der Physik verbunden. Mercer spricht von «der überwiegenden Ansicht, die Biologie sei eine abgeleitete Wissenschaft, deren Prinzipien man auf die grundlegenden Gesetze der Physik und Chemie zurückführen kann».[6]

Dieses Schema ist so alt wie die moderne Wissenschaft selbst. Descartes behauptet, daß alle Disziplinen zusammen tatsächlich eine einzige kontinuierliche Wissenschaft bilden: «Die Philosophie als Ganze ist wie ein Baum. Seine Wurzeln bildet die Metaphysik, der Stamm ist die Physik, die Äste, die vom Stamm ausgehen, sind alle anderen Wissenschaften. Sie reduzieren sich auf drei Hauptäste: Medizin, Mechanik und Moral.»[7] Descartes schlägt diese Auffassung von den Wissenschaften zusammen mit einer völlig mechanistischen Sicht der Lebewesen vor und sagt im Hinblick auf die Bewegung des Blutes und die Fortbewegung der Tiere: «Die Gesetze der Mechanik ... sind identisch mit denen der Natur.»[8] Auch Hobbes reduziert Politik und Psychologie auf Physik.[9] Und später wurde die British Royal Society auf der Basis derselben Ideen gegründet. Ihr erster Sekretär, Henry Oldenburg, beschreibt die Gesellschaft in einem Brief an Spinoza folgendermaßen:

«In unserem philosophischen Collegium sind wir nach Kräften eifrig dabei, Experimente und Beobachtungen anzustellen, und wir beschäftigen uns mit der Abfassung einer Darstellung der mechanischen Künste, in der Überzeugung, daß die Formen und

Qualitäten der Dinge am besten aus mechanischen Prinzipien erklärt werden können.»[10]

Newton gab dem mechanistischen Programm neuen Schwung und legte die entsprechenden Grundlagen in der Physik. Ohne die Newtonschen Gesetze der Bewegung wäre das Programm nur eine Traumvorstellung gewesen. Im Vorwort zu seinen *Principia* schreibt Newton über das Ideal des mechanistischen Programms: «Ich leite von den Himmelserscheinungen die Anziehungskräfte ab, mit denen die Körper zur Sonne und den verschiedenen Planeten tendieren. Ausgehend von diesen Kräften und mit Hilfe anderer, ebenfalls mathematischer Lehrsätze leite ich die Bewegung der Planeten, Kometen, des Mondes und des Meeres ab. Ich wünschte, wir könnten die übrigen Erscheinungen der Natur mit derselben Art der Beweisführung von mechanischen Prinzipien herleiten, denn viele Gründe führen mich zu der Annahme, daß sie alle von gewissen Kräften abhängen, die zur Folge haben, daß die Teilchen von Körpern aufgrund bisher noch unbekannter Ursachen entweder einander anziehen und in regelmäßiger Anordnung aneinander haftenbleiben oder einander abstoßen und folglich auseinanderstreben.»[11]

Der Mathematiker Pierre Laplace folgte Newtons Vorbild und formulierte die logische Konsequenz des atomaren Determinismus: «Eine Intelligenz, die in einem gegebenen Augenblick um alle Kräfte, die die Natur beleben, und um die jeweilige Position der aufbauenden Elemente wüßte und die umfassend genug wäre, diese Daten zu analysieren, könnte in einer einzigen Formel die Bewegung der größeren Körper des Universums wie der kleinsten Atome zusammenfassen: Für eine solche Intelligenz gäbe es nichts Ungewisses, und Vergangenheit und Zukunft lägen gleichermaßen offen vor ihren Augen.»[12]

Das mechanistische Programm hält sich heute immer noch, zwar nicht in der Physik, aber in der Biologie, der Psychologie und in den Sozialwissenschaften. Die Schwierigkeit, es auf bestimmte Fälle in diesen Gebieten anzuwenden, wird der von Laplace angedeuteten Komplexität der Berechnungsweise und nicht einem dem Programm innewohnenden Irrtum zugeschrieben. Mercer schreibt: «Das ungeheure Ausmaß der reduktionistischen Vorgehensweise stellt keinen Einwand gegen deren Gültigkeit dar; tatsächlich glaubt niemand ernsthaft, man könne oder werde diese Berechnung jemals durchführen – das überschritte denn wohl doch unsere Kräfte. Eine Demonstration der theoretischen Möglichkeit dieses Ansatzes, so meint man, genügt, um seine Richtigkeit im Prinzip festzustellen. Das Insistieren auf einer deterministischen Interpretation der gesamten Biologie, Psychologie, Soziologie und der Geschichte hat eine enorme Zahl von Forschungsarbeiten angeregt und beeinflußt weiterhin die Verfahrensweisen im privaten Bereich, in der Wissenschaftspolitik, ja sogar in der nationalen Politik.»[13]

Es gab viele berühmte Versuche, das mechanistische Programm in den verschiedensten Disziplinen anzuwenden. In der Nationalökonomie verwendet Malthus ein eindeutig mechanisches Modell, das er der Physik entlehnt. Er schreibt, daß wir den Menschen in der Volkswirtschaft «so betrachten müssen, wie er wirklich ist, träge, schwerfällig und aller Arbeit abgeneigt, sofern er nicht durch Not dazu angetrieben wird».[14] Es handelt sich dabei um eine Paraphrase von Newtons erstem Gesetz von der Bewegung: «Jeder Körper verharrt in einem Ruhezustand ..., bis er von äußeren Kräften zu einer Änderung seines Zustandes gezwungen wird.»[15] Malthus betrachtet den Menschen wie eine Newtonsche träge Masse und fügt hinzu: «Es sind anscheinend die Bedürfnisse des Körpers, die als erste den Geist wecken ... Der Wilde würde für immer unter seinem Baum schlafen, wenn ihn nicht Hungergefühle oder beißende Kälte aus seiner Trägheit wecken würden.»[9] Die meisten Menschen, meint er, bräuchten «einen Ansporn für die Arbeit».[16] Das Modell stammt eindeutig aus der Mechanik: Der Mensch ist eine ruhende Masse, die durch äußere Kräfte aktiviert werden muß.

Karl Marx bemüht ein ähnliches materialistisches Modell, das alle menschlichen Aktivitäten erfassen sollte: «In der gesellschaftlichen Produktion ihres Lebens gehen die Menschen bestimmte, notwendige, von ihrem Willen unabhängige Verhältnisse ein, Produktionsverhältnisse, die einer bestimmten Entwicklungsstufe ihrer materiellen Produktivkräfte entsprechen. Die Gesamtheit dieser Produktionsverhältnisse bildet die ökonomische Struktur der Gesellschaft, die reale Basis, worauf sich ein juristischer und politischer Überbau erhebt, und welcher bestimmte gesellschaftliche Bewußtseinsformen entsprechen. Die Produktionsweise des materiellen Lebens bedingt den sozialen, politischen und geistigen Lebensprozeß überhaupt. Es ist nicht das Bewußtsein der Menschen, das ihr Sein, sondern umgekehrt ihr gesellschaftliches Sein, das ihr Bewußtsein bestimmt.»[17]

Freud entwickelt seine Psychologie auf der Grundlage der mechanistischen Biologie. Er beginnt mit einer Annahme, daß nämlich «seelische Vorgänge an und für sich unbewußt sind»,[18] wobei das Unbewußte eine nichtkontrollierbare mechanische Kraft darstellt. Daraus folgert er: «Der Mensch ist ein Wesen von schwacher Intelligenz, das von seinen Triebwünschen beherrscht wird.»[19] Das mechanische Modell wird deutlich, wenn Freud «die Voraussetzungen der Psychoanalyse» nennt: «die Unbewußtheit seelischer Vorgänge, die besonderen Mechanismen, denen sie gehorchen, und die Triebkräfte, die sich in ihnen äußern.»[20] Und er postuliert mit Hilfe biologischer Parallelen, es gäbe beim Menschen einen Aggressionstrieb.[21]

Der Behaviorismus leugnet in seinem Versuch, das gesamte menschliche Verhalten auf biologische Faktoren, auf die Konditionierung zu reduzieren, am deutlichsten die Handlungsfreiheit des Menschen. Dazu B. F. Skinner: «Eine wissenschaftliche Analyse des Verhaltens muß meiner Ansicht nach davon ausgehen, daß das Verhalten einer Person eher von ihren genetischen Voraussetzungen und ihrer Geschichte der Interaktionen mit der Umwelt bestimmt wird als von der Person selbst als einem auslösenden, kreativen Agens. Aber kein Teil der behavioristischen Lehre hat heftigeren Widerspruch geerntet als gerade diese Annahme. Wir können natürlich nicht beweisen, daß das menschliche Verhalten insgesamt vollständig determiniert ist, doch wird der Lehrsatz um so plausibler, je mehr Tatsachen dazu ans Licht treten.»[22]

Obwohl umstritten und nicht beweisbar, scheint der Determinismus die einzig verfügbare wissenschaftliche Methode zur Untersuchung des Menschen zu sein. Dies führt Skinner dazu, dem Menschen das Bewußtsein abzusprechen, und zwar in noch viel radikalerer Weise als Freud: «Das geistige Leben und die Welt, in dem es stattfindet, sind reine Erfindungen. Sie wurden erfunden in Analogie zum äußeren Verhalten, das zufällig eintreffenden äußeren Ereignissen folgt. Denken ist Verhalten. Der Irrtum liegt darin, daß man das Verhalten dem Geist zuschreibt.»[23]

Malthus, Marx, Freud und Skinner stimmen in einem überein: Der Mensch ist kein aus sich heraus handelndes Wesen; auf ihn wirken vielmehr innere und äußere Kräfte ein, die sich seiner Kontrolle entziehen. Innerhalb dieses strengen mechanistischen Denkens kann der Mensch nicht zielbewußt handeln.

Der Zoologe Edward Wilson versucht einem Teil des Schemas in Abbildung 1.1 zu entsprechen, indem er das Sozialverhalten auf biologische Prinzipien zurückführt. Dazu dient ihm «die neue Disziplin der Soziobiologie, die als die systematische Erforschung der biologischen Grundlage aller Formen von Sozialverhalten bei jeglichen Arten von Organismen einschließlich des Menschen definiert wird».[24] Wilson erwartet, daß wir in Zukunft «den menschlichen Geist sehr viel genauer als ein Epiphänomen der neuronalen Maschinerie des Gehirns werden erklären können».[25] Er beschreibt, wie die grundlegenden Disziplinen die abgeleiteten Disziplinen absorbieren werden:

«Die Disziplin berührt ihre Antidisziplin; dieser gelingt es, die Phänomene der Disziplin durch Zurückführung auf ihre fundamentaleren Gesetze neu zu ordnen; die innerhalb der Disziplin geschaffene neue Synthese verändert aber grundlegend die Antidisziplin, und die Wechselwirkung beider verstärkt sich. Ich möchte behaupten, daß die Biologie – insbesondere die Neuro- und die Soziobiologie – als Antidisziplin der Sozialwissenschaften dienen wird. Ja ich will sogar noch darüber hinausgehen und behaupten, daß der wissenschaftliche Materialismus in Gestalt der Biologie dadurch, daß er den Geist und die Grundlagen des Sozialverhaltens einer erneuten Prüfung unterzieht, eine Art von Antidisziplin der Geisteswissenschaften darstellen wird.»[26] «Wenn die neue Neurobiologie erst einmal die Psychologie verschlungen hat, wird sie viele grundlegende Prinzipien von Bestand für die Soziologie liefern.»[27]

Schließlich stellt der Ethologe Richard Dawkins in seinem Buch *Das egoistische Gen* fest, daß der Mensch nicht eine Ursache, sondern eine Wirkung darstellt und daß Leben und Geist den Genen entspringen, die «sich in riesigen Kolonien drängen, sicher im Innern gigantischer, schwerfälliger Roboter, hermetisch abgeschlossen von der Außenwelt; sie verständigen sich mit ihr auf gewundenen, indirekten Wegen, manipulieren sie durch Fernsteuerung. Sie sind in dir und in mir, sie schufen uns, Körper und Geist; und ihr Fortbestehen ist der letzte Grund unserer Existenz. Sie haben einen weiten Weg hinter sich, diese Replikatoren. Heute tragen sie den Namen Gene, und wir sind ihre Überlebensmaschinen.»[28]

Es gab viele weitere Versuche, das mechanistische Konzept in den Naturwissenschaften zu etablieren, doch die bisher genannten sollten ausreichen, das Programm mit seinen Erwartungen und Folgerungen zu veranschaulichen. Wenn ein Biologe seine Wissenschaft zu einem Nebenzweig der Physik machen will, obliegt es dem Physiker zu beurteilen, ob jenem damit wirklich gedient ist. Die Physiker haben allerdings schon seit langem ein Urteil über den mechanistischen Ansatz innerhalb der Physik gefällt. Einstein schrieb: «Der Naturwissenschaft gelang es nicht, das mechanische Programm überzeugend durchzuführen, und heute glaubt kein Physiker mehr daran, daß sich dies jemals erreichen läßt.»[29]

Dennoch hat das mechanistische Programm in der Biologie immer noch seine Anhänger. Dazu der Physiker Henry Margenau: «Es wird immer noch weithin angenommen, daß vollständige Kenntnisse der Physik, der Chemie und der Biologie letztlich die Phänomene des Lebens, das Bewußtsein und den Geist erklären können. Man sagt, daß die zuletzt genannten Erscheinungen auf die erstgenannten Prinzipien ‹reduziert› werden können, wenn alle Einzelheiten bekannt sind. Die Philosophie, die diese Ansicht vertritt, heißt Reduktionismus. Ihre einfachste Form ist der Materialismus, jene Doktrin, die behauptet, alle menschlichen Erfahrungen könne man letztlich mit den Begriffen der materiellen Physik und genauer mit den Lehrsätzen der Physik vor dem Auftreten der Quantenphysik erklären.»[30]

Dieser Glaube führt zu einer Ungereimtheit zwischen der zeitgenössischen Physik und den Wissenschaften vom Leben. Dazu der Zoologe William Thorpe: «Die Physiker gehen davon aus, daß die unbelebte Materie in ihrem Wesen und ihrer Gesamtheit nicht mechanistisch zu deuten ist. Dagegen meinen die Molekularbiologen, daß jegliche lebende Materie mechanistisch ist (d. h., sich auf ziemlich oberflächliche Prinzipien der physikalischen Chemie des 19. Jahrhunderts zurückführen läßt)... [Der Physiker David] Bohm mahnt die Molekularbiologen, sie sollten die Tatsache berücksichtigen, daß die physikalischen Theorien im 19. Jahrhundert in viel größerem Ausmaß und sehr viel genauer auf die Probe gestellt wurden, als dies für die zeitgenössischen Theorien der Molekularbiologie möglich ist. Dennoch wurde die klassische Physik hinweggefegt und auf den Kopf gestellt und blieb nur als Vereinfachung und Annäherung bestehen, die in einem beschränkten makroskopischen Bereich Gültigkeit hat. Es ist nicht unwahrscheinlich, daß die Molekularbiologie, so wundervoll ihre Errungenschaften auch sein mögen, früher oder später ein ähnliches Schicksal erleiden wird.»[31]

Das mechanistische Modell bricht in der Biologie schon auf der untersten Ebene zusammen. Der Physiker Freeman Dyson erklärt: «Jeder Student der Molekularbiologie lernt sein Handwerk, indem er mit Modellen aus Plastikkugeln und -stiften spielt. Diese Modelle sind unverzichtbare Werkzeuge für das detaillierte Studium der Struktur und Funktion von Nukleinsäuren und Enzymen. Sie sind für praktische Zwecke eine nützliche Visualisierung der Moleküle, aus denen wir aufgebaut sind. Vom Standpunkt des Physikers gesehen, gehören diese Modelle jedoch ins 19. Jahrhundert. Jeder Physiker weiß heute, daß Atome keine kleinen harten Kugeln sind. Während die Molekularbiologen mit Hilfe dieser mechanischen Modelle ihre spektakulären Entdeckungen machten, ging die Physik in eine ganz andere Richtung.

Für die Biologen war jeder Schritt in die nächstkleinere

Größenordnung ein Schritt hin zu einem zunehmend einfachen und mechanischen Verhalten. Eine Zelle ist mechanischer als ein Bakterium. Aber die Physik des 20. Jahrhunderts hat gezeigt, daß weitere Größenreduktionen gerade den umgekehrten Effekt haben. Wenn wir ein DNS-Molekül in seine Einzelatome aufteilen, verhalten sich die Atome viel weniger mechanisch als das Gesamtmolekül. Wenn wir das Atom in Kern und Elektronen aufteilen, sind die Elektronen noch weniger mechanisch als das Atom.»[32]

Der Fehlschlag des mechanistischen Programms in der Physik mündete in ein neues Weltbild. Der Physiker Richard Feynman erklärt: Wer glaube, Atome verhielten sich wie kleine Sonnensysteme, «der befindet sich noch im Jahr 1910».[33] Dieselben tiefgreifenden Veränderungen eröffnen heute die Möglichkeit einer neuen Biologie. Der gesamte mechanistische Ansatz stützt sich auf Newton und geht von einer bestimmten Auffassung der Materie aus. Newton beschreibt die kleinsten Materieteilchen als «massive, harte, undurchdringliche, bewegliche Partikel [verschiedener] Größe und Form.» Als Eigenschaften dieser Teilchen nennt er «Ausdehnung, Härte, Undurchdringlichkeit und Trägheit».[34] Hier merken wir, daß sich Newton die Atome auf die gleiche Weise vorstellt wie größere Körper, etwa Äpfel oder Billardkugeln.

Das neue Verständnis von der Materie ist grundlegend anders. Die tiefstgreifenden Veränderungen gingen von der Quantenphysik aus. Werner Heisenberg: «Allerdings ist die Quantentheorie nur ein spezieller Sektor der Atomphysik, und die Atomphysik wiederum ist nur ein engbegrenzter Bereich der modernen Naturwissenschaft. Aber man kann vielleicht sagen, daß in der Quantentheorie die stärksten Veränderungen hinsichtlich der Wirklichkeitsvorstellung stattgefunden haben; und in der endgültigen Form, die die Quantentheorie schließlich angenommen hat, sind die neuen Gedanken der Atomphysik konzentriert oder gewissermaßen kristallisiert sichtbar.»[35] Nach Jahren des Experimentierens und der Analyse entdeckte man, daß «es unmöglich war, die Gesetze der Quantenmechanik auf eine absolut stimmige Weise zu formulieren, ohne sich auf das Bewußtsein zu beziehen».[36] Eugene Wigner spricht hier das Prinzip des Beobachters an, das Max Born noch deutlicher definiert, indem er feststellt, «daß keine Erscheinung der atomistischen Welt beschrieben werden kann, ohne auf den Beobachter Bezug zu nehmen, und zwar nicht nur auf seine Eigengeschwindigkeit, wie dies die Relativitätstheorie tut, sondern auf sein gesamtes Verhalten bei der Beobachtung, die Einstellung seiner Instrumente usw.».[37]

Dyson führt dies weiter aus: «Wenn wir mit Dingen zu tun haben, die so klein wie Atome und Elektronen sind, so kann man den Beobachter oder Experimentator nicht aus der Beschreibung der Natur ausschließen ... Es ist sogar so, daß sich die Gesetze der subatomaren Physik ohne Bezug auf den Beobachter gar nicht formulieren lassen ... Die Gesetze lassen bei der Beschreibung jedes Moleküls Raum für den Geist.»[38]

Dieses neue Verständnis der Materie führt nicht zu einem universellen Skeptizismus oder Relativismus, da der Beitrag des Beobachters nur auf der Ebene der kleinsten Größenordnung bedeutsam wird, wenn nämlich die «Beobachtung» des Teilchens notwendigerweise dazu führt, daß man etwas mit ihm anstellt. Weizsäcker erklärt uns diese Unbestimmtheit des Atoms folgendermaßen: «Also darf ich nicht sagen: ‹Das Atom ist ein Teilchen›, oder ‹Es ist eine Welle›, sondern ‹Es ist entweder Teilchen oder Welle, und ich entscheide durch meine experimentelle Anordnung, als was es sich manifestiert›.»[39] Entscheidend ist dabei, daß die Unbestimmtheit dem Atom selbst innewohnt und nicht nur in unserem Verständnis vom Atom existiert.

Den Atomen eignet nicht jene Art der Existenz, wie wir sie in Äpfeln und Billardkugeln finden. Heisenberg schreibt dazu: «In den Experimenten über Atomvorgänge haben wir mit Dingen und Tatsachen zu tun, mit Erscheinungen, die ebenso wirklich sind wie irgendwelche Erscheinungen im täglichen Leben. Aber die Atome oder die Elementarteilchen sind nicht ebenso wirklich. Sie bilden eher eine Welt von Tendenzen oder Möglichkeiten als eine von Dingen und Tatsachen.»[40] *Potentia* oder Möglichkeit heißt das Schlüsselkonzept; es löst die offensichtlichen Widersprüche in den experimentellen Ergebnissen. Das Atom ist natürlich nicht zur gleichen Zeit eine Welle und ein Teilchen; vielmehr kann der Experimentator mit seiner Vesuchsanordnung das Potential des Atoms zu einer der beiden Manifestationsformen Wirklichkeit werden lassen.

In Anbetracht des innewohnenden Potentials und der Unbestimmtheit eines Teilchens wäre es ein Fehler, sich dieses als Körper vorzustellen, der sich im Raum bewegt. Damit würde man ihm Eigenschaften zuschreiben, die ihm nicht zukommen. Margenau liefert uns ein Beispiel dafür: «Die Bezeichnung ‹Umlaufbahn›, die auch heute noch aus Gründen der Einfachheit verwendet wird, darf natürlich nicht wörtlich aufgefaßt werden. Sie bezieht sich nur auf eine bestimmte Wahrscheinlichkeitsverteilung der Position des Elektrons. Räumlich gesprochen handelt es sich um einen diffusen Ring oder eine Schale um das Proton.»[41]

Das Beharren auf Modellen, die allgemeinverständlich und leicht vorstellbar waren, machte die alte Physik einerseits so attraktiv, stellte gleichzeitig aber eine ernsthafte Beschränkung dar. Weizsäcker schreibt darüber: «Das physikalische Weltbild des 19. Jahrhunderts ... nahm unsere Anschauungsformen, wie sie der klassischen Physik entsprechen, für absolut und sah daher einen nicht sinnlich wahrnehmbaren Vorgang erst als verstanden an, wenn er auf ein Modell nach dem Muster des Wahrnehmbaren zurückgeführt war. Man erkennt, wie auch dieser Vorstellung der Gedanke der Einheit des Weltbildes zugrunde liegt. Dieses Weltbild war ein großer Entwurf, und es war selbstverständlich, daß die Physik ihn soweit als möglich verfolgte. Der Fortschritt unserer Kenntnisse aber hat gegen ihn entschieden.»[42]

Pagels erklärt, die neue Physik sei verständlich, aber nicht vorstellbar: «Wenn wir die Realität der Quantenphysik begreifen wollen, müssen wir die Realität, die wir sehen und sinnlich wahrnehmen können, zugunsten einer instrumentell entdeckten und nur intellektuell wahrnehmbaren Realität aufgeben. Die Welt, welche die Quantentheorie beschreibt, leuchtet uns nicht unmittelbar ein, wie dies bei der alten, klassischen Physik der Fall war. Die Realität der Quanten ist zwar rational, aber man kann sich kein Bild davon machen.»[43]

Die Unterscheidung zwischen dem Vorstellbaren und dem nicht

mehr Vorstellbaren hilft uns zu veranschaulichen, wie die Trennung zwischen der makroskopischen und der mikroskopischen Welt verläuft. Pagels beschreibt, wie die Unbestimmtheit der Quanten bei großen Objekten vernachlässigt werden kann und wie entscheidend sie auf der untersten Ebene ist: «Für die Bewegung eines fliegenden Tennisballes liegt die Unbestimmtheit aufgrund quantentheoretischer Vorgänge nur bei ungefähr 1 zu 10 Millionen Milliarden Milliarden Milliarden (10^{-34}). Ein Tennisball gehorcht also mit hoher Genauigkeit den deterministischen Regeln der klassischen Physik. Selbst für ein Bakterium liegt der entsprechende Wert nur bei 1 zu 1 Milliarde (10^{-9}), und auch dieses Lebewesen erfährt die Welt nicht auf der Ebene der Quanten. Wenn wir Atome in einem Kristall betrachten, gelangen wir bereits in die Welt der Quanten und die Unbestimmtheit liegt bei 1 zu 100 (10^{-2}). Bei Elektronen, die sich in einem Atom bewegen, dominiert vollständig die Unbestimmtheit: Hier tritt man endgültig in die Welt der Quanten ein, die von der Unschärferelation und der Quantenmechanik bestimmt wird.»[44]

Der atomare Materialismus, angefangen von Demokrit bis in unsere Tage, nahm stets an, daß die kleinsten nicht mehr weiter teilbaren Teilchen dieselbe Art der Existenz aufweisen wie große Objekte. Dazu Heisenberg: «Die Ontologie des Materialismus beruhte auf der Illusion, daß man die Art der Existenz, das unmittelbar Faktische der uns umgebenden Welt, auf die Verhältnisse im atomaren Bereich extrapolieren könne. Aber diese Extrapolation ist unmöglich.»[45] Auf dieser unmöglichen Extrapolation beruht das gesamte reduktionistische Denkschema der Naturwissenschaften, wie wir es weiter oben dargestellt haben. Es ist deswegen prinzipiell unmöglich, Gesetzmäßigkeiten für Pflanzen, Tiere oder Menschen aus den Gesetzen über die kleinsten Teilchen herzuleiten.

Die Folgerungen der Quantentheorie betonen erneut die Priorität der alltäglichen Welt, wie wir sie alle erfahren. Heisenberg schreibt dazu: «Während es früher das Bestreben der Physik war, die unseren Sinnen zugänglichen Vorgänge im Kleinen zu erklären, diese Vorgänge im Kleinen also als die dahinterstehende objektive Realität zu betrachten, erkennen wir jetzt, daß sich ... die unseren Sinnen (mit oder ohne Hilfe von Apparaten) zugänglichen Vorgänge objektivieren lassen.»[46]

Für den atomaren Materialismus war die Materie der Ursprung allen Handelns, und der Geist war nur ein passives Nebenprodukt. Die neue Physik kehrt diese Betrachtungsweise um: Die Materie ist passiv, potentiell und unvollständig, während der Geist den Ursprung des Handelns darstellt. Dies führte Dyson zu der Aussage: «Unser Bewußtsein ist nicht lediglich ein passives Epiphänomen, das mit chemischen Vorgängen in unserem Gehirn einhergeht, sondern eine aktive Ursache.»[47] Bestandteil der neuen Physik ist auch die Erkenntnis, daß diese Ursache über einen freien Willen verfügt. Weit davon entfernt, «unwissenschaftlich» zu sein, ist die Anerkennung der Willensfreiheit geradezu eine notwendige Voraussetzung für das Studium der Materie und für jegliche experimentelle Wissenschaft. Weizsäcker meint dazu: «Freiheit aber ist eine Vorbedingung des Experiments. Erst wo nicht Umstände, Triebe oder Sitten mein Handeln und Denken bestimmen, sondern meine freie Wahl, kann ich Experimente machen.»[48] Obwohl wir in einigen Fällen automatisch und nicht reflektiert handeln, bleibt doch ein Gebiet, wo die Freiheit des Willens zum Ausdruck kommt. Und dies ist letztlich der entscheidende Punkt.

Die moderne Physik behauptet also, der menschliche Geist sei eine aktive Ursache, eine unabhängige, auf nichts zurückzuführende Wirkkraft. Aus diesem Grund müssen wir das Schema der Naturwissenschaften revidieren und diese Erkenntnis mit einbauen. Historisch gesehen, trug das mechanistische Modell in den streng naturwissenschaftlichen Disziplinen wie der Chemie, der Astronomie oder der Geologie seine Früchte. Hier kommt dem mechanistischen Programm auch die größte Legitimität zu, wobei wir natürlich immer die Grenzen berücksichtigen müssen, die von der Relativitäts- und der Quantentheorie gezogen werden.

Im Hinblick auf den Menschen bedeutet die neue Physik, daß Geist und freier Wille auf nichts anderes zurückführbare Elemente darstellen. Sie sind wahre Ursachen des menschlichen Handelns und können nicht auf materielle Kräfte reduziert werden. Da der

Mensch Handlungen durchführt, an denen die Materie nicht teilhaben kann, nämlich Verstehen und Wollen, sind die Geisteswissenschaften autonom und können ihre grundlegenden Prinzipien nicht der Physik oder der Chemie entlehnen. Heisenberg bemerkt in diesem Zusammenhang: «Wenn man über die Biologie hinausgeht und die Psychologie in die Diskussion einbezieht, so kann man kaum daran zweifeln, daß die Begriffe der Physik und der Chemie und der Entwicklungslehre zusammen noch nicht ausreichen werden, die psychologischen Tatsachen zu erklären und zu beschreiben.»[49] Die Erkenntnisfähigkeit und der Wille des Menschen gehören zum unabhängigen Bereich der Geisteswissenschaften: zur Psychologie, zur Politik, zur Ethik und zur Ökonomie.

Das revidierte Schema der Naturwissenschaften in Abbildung 1.2 bezieht die beiden letztlich bestehenden Wirklichkeiten mit ein, Materie und Geist. Alle Naturwissenschaften müssen diese beiden Realitäten mitberücksichtigen oder sie anerkennen, wenn auch in unterschiedlichem Maß. Wie wir gesehen haben, können wir die Materie nicht verstehen, ohne auch den Geist einzuführen. Deswegen muß auch die Physik, die Wissenschaft von der Materie, notwendigerweise den Geist miteinbeziehen, natürlich nicht als Teil ihres Forschungsgebiets, sondern als unabdingbare Voraussetzung für gewisse grundlegende Prinzipien. Wir haben zum Beispiel in unserem Buch *The New Story of Science* darauf hingewiesen, daß nicht nur der Geist eine zentrale Stellung in der Relativitäts- und Quantentheorie einnimmt, sondern daß auch ein Geist verantwortlich ist für den Ursprung der Materie und daß ein Hinweis auf den menschlichen Geist als ein Ziel des Universums viele physikalische Konstanten erklären kann, die sonst unverständlich blieben, angefangen von den subnuklearen bis zu den kosmologischen. Und da der Mensch aus Materie und Geist besteht, müssen die Geisteswissenschaften auch auf die Materie Bezug nehmen, obwohl ihr Hauptaufgabengebiet der Geist und seine Werke ist.

Die Biologie nimmt eine Mittlerstellung ein zwischen der Physik und den Geisteswissenschaften. Dies bedeutet, daß man einige Prinzipien der Biologie auf die Physik reduzieren kann, andere hingegen nicht. Während zum Beispiel der Skelettaufbau eines

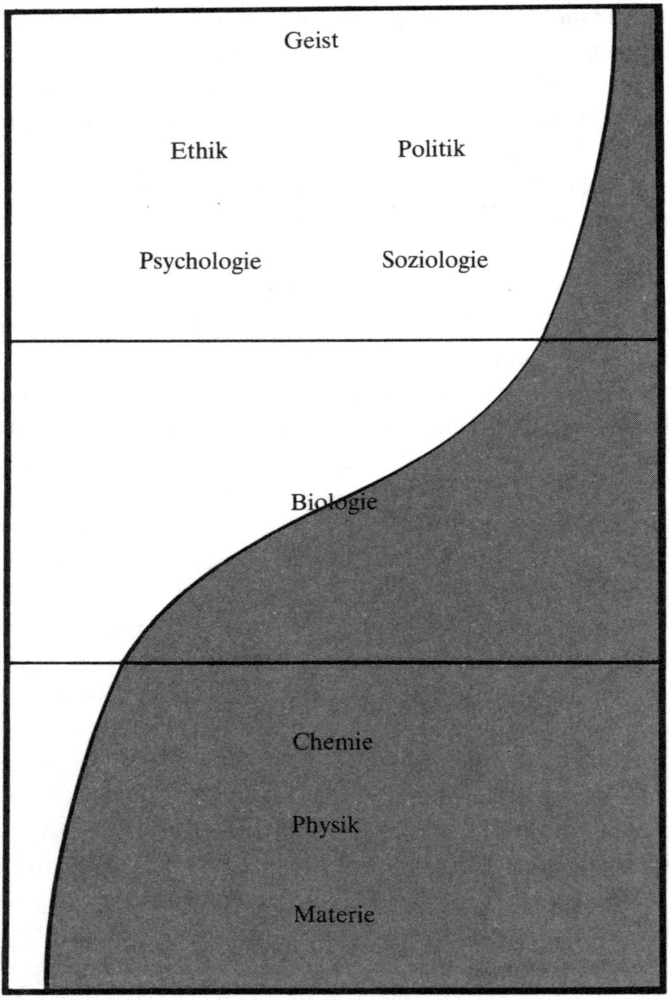

Abbildung 1.2. Das neue Schema der Wissenschaften. Beide letztlich unverrückbaren Realitäten, Materie und Geist, sind in unterschiedlichem Grad in all den Wissenschaften enthalten. Die Biologie nimmt eine Mittlerstellung zwischen Physik und Geisteswissenschaften ein.

Kolibris mit physikalischen Prinzipien verständlich wird, trifft dies für sein Paarungsverhalten nicht zu. Die Regeln der Grammatik gelten für alle großen literarischen Werke, aber Shakespeares oder Goethes Bedeutung kann man aus ihnen dennoch nicht ableiten. Auch reicht die Grammatik allein nicht aus, um eine Tragödie von der Komödie, das Epos von der Novelle zu unterscheiden. Auf ähnliche Weise kann man die gesamte Mannigfaltigkeit der Lebewesen nicht aus der Physik und der Chemie herleiten. Und die Handlungen von Pflanzen und Tieren lassen sich nicht auf physikalische und chemische Gesetze zurückführen, auch wenn sie selbst diese Gesetze nie verletzen. Der Biologe François Jacob spricht es deutlich aus: «Die Biologie kann sich der Physik nicht begeben, läßt sich aber auch nicht auf sie beschränken.»[50] Im revidierten Schema der Naturwissenschaften umfaßt die Biologie ein Mischgebiet aus Materie und Geist zu ungefähr gleichen Teilen. Die genaue Natur dieser Mischung wollen wir in den folgenden Kapiteln herausarbeiten.

2 Leben – Versuch einer Definition

Moderne Lehrbücher der Biologie sind auffallend verschwiegen, wenn es darum geht zu definieren, was Leben überhaupt ist. Als James E. Lovelock, ein Spezialist für das Leben bei niedrigen Temperaturen, sich mit dem Bau eines Geräts beschäftigte, das Leben auf anderen Planeten aufspüren sollte, war er geradezu bestürzt darüber, wie die Biologen dieser entscheidenden Frage nach dem Leben aus dem Weg gingen.

«Nach meinen Besuchen in den Jet Propulsion Laboratories hatte ich mehr Zeit, um über die eigentlichen Merkmale des Lebens nachzudenken und nachzulesen, wie man Lebendiges überall und in jeder Gestalt erkennen könne. Ich erwartete, irgendwo in der wissenschaftlichen Literatur auf eine zusammenfassende Definition des Lebens als eines physikalischen Vorganges zu stoßen. Darauf hätte man dann die Anordnung der Experimente zur Entdeckung von Leben gründen können. Doch ich war überrascht, wie wenig über die Natur des Lebens veröffentlicht worden war ... Über jeden nur denkbaren Aspekt des Lebens wurden Daten in Hülle und Fülle angehäuft, doch in dieser riesenhaften Masse von Fakten wurde der springende Punkt, das Leben als solches, fast völlig übergangen. Im günstigsten Fall erschien mir die Literatur wie eine Sammlung von Expertisen, so, als ob eine Gruppe von Wissenschaftlern aus einer anderen Welt einen Fernsehempfänger mit nach Hause genommen und ihn begutachtet hätte. Der Chemiker meinte, er bestehe aus Holz, Glas und Metall. Der Physiker meinte, er strahle Licht und Wärme ab. Und der Ingenieur meinte, die Stützräder seien zu klein und überdies an der falschen Stelle angebracht, um das Gerät sanft über eine flache Oberfläche zu rollen. Aber niemand sagte, was es eigentlich darstellte.»[1]

Viele Biologen sprechen nur widerwillig über die allgemeine Natur des Lebens. Der Biologe William S. Beck erzählt in diesem Zusammenhang von einer aufschlußreichen Begebenheit: «Ich nahm an einem Meeting an einer der berühmtesten biochemischen Fakultäten teil. Wir saßen gerade beim Tee ..., da wurde unsere Unterhaltung durch die Anfrage einer örtlichen philosophischen Gesellschaft unterbrochen, ob die Fakultät nicht einen Vertreter zu einem bevorstehenden Symposium über die Natur des Lebens entsenden könne. Alle Anwesenden verstanden eine Menge von Biochemie und von Vererbung und von Genen und von Enzymen, aber keiner glaubte, irgend etwas über ‹das Leben› sagen zu können. Die Anfrage wurde schließlich abschlägig beschieden.

Einer der bemerkenswertesten und enttäuschenden Aspekte der modernen Biologie ist die Tatsache, daß durch die ungeheure Spezialisierung keiner mehr übriggeblieben ist, der sich qualifiziert genug fühlt, dem Problem des Lebens an sich nachzugehen. Die Biologie hat ihre Taxonomen, Botaniker, Bakteriologen und Biochemiker, jeder ein Experte auf seinem Gebiet, aber keiner von ihnen will sich dieser einen übergeordneten Frage widmen, die alle betrifft. Es wurde zwar viel über das Thema geschrieben, Gutes und nicht so Gutes. Doch aktive Biologen haben nur wenig dazu beigetragen, denn sie halten sich an den Empirismus und nicht an die Spekulation.»[2]

Jacob meint dazu: «In der Tat ... ist der operationelle Wert der Konzeption vom Leben immer inhaltsloser geworden und ihre Abstraktionskraft hat abgenommen. In den Laboratorien von heute wird nicht mehr das Leben befragt. Man versucht nicht mehr, seine Umrisse zu erfassen. Man bemüht sich lediglich, Struktur, Funktion und Gesellschaft der lebenden Systeme zu analysieren.»[3] Man muß sich allerdings fragen, wie die Biologen dies können, wenn sie keine Handhabe besitzen, festzustellen, welche Systeme lebend und welche unbelebt sind.

Einige Biologen gehen noch einen Schritt weiter und leugnen überhaupt, daß eine Definition möglich ist. John Kendrew beispielsweise schreibt im Hinblick auf die Diskussionen darüber, ob die Viren nun echte Lebewesen sind oder nicht: «Diese Frage ist, meiner Ansicht nach, nur dann von Bedeutung, wenn man glaubt, daß es eine fundamentale Grenze zwischen belebt und unbelebt gibt, so daß sämtliche Dinge dieser Welt entweder auf der einen oder der anderen Seite der Grenze untergebracht werden müßten. Meine persönliche Meinung ist, daß es keinen Beweis für die Existenz einer derartigen Grenze gibt und daß es keinen essentiellen Unterschied gibt zwischen belebt und unbelebt, und ich glaube, die meisten Molekularbiologen teilen meine Ansicht.»[4] Die äußerste Grenze dieses Skeptizismus ist dann erreicht, wenn sogar der Begriff *Leben* als solcher abgelehnt wird, wie es etwa N. W. Pirie in seiner Arbeit «The Meaninglessness of the Terms Life and Living» getan hat.[5]

Wahrhaftig ein Paradoxon: Biologie, wörtlich aus dem Griechischen übersetzt «die Wissenschaft vom Leben», wird von Wissenschaftlern betrieben, die sich angesichts des Begriffs «Leben» ganz unbehaglich fühlen; sie halten eine Definition für unmöglich, wenn nicht gar bedeutungslos, und sie würden ihn am liebsten ganz aufgeben. Wenn Biologen diesem Skeptizismus ernsthaft anhängen, wie bezeichnen sie dann ihre Untersuchungsobjekte? Der Biologe Barry Commoner macht in seinem Essay «In Defense of Biology» anhand der Kritik eines populären Buches die Folgen deutlich, die sich zeigen, wenn man das Konzept des Lebens aufgibt. Das Buch, so sagt er, «beginnt mit dem folgenden Satz: ‹Die moderne Wissenschaft hat die Grenze zwischen dem Lebendigen und dem Unbelebten völlig verwischt.› Die Biologie ist aber die Wissenschaft vom Leben, und wenn es gelingt, den Unterschied zwischen Lebewesen und anderen Formen der Materie aufzuheben, dann bedeutet dies den Tod der Biologie als selbständiger Wissenschaft. Wenn der eben zitierte Satz auch nur im entferntesten zutrifft, dann liegt die Biologie nicht nur unter Beschuß, sondern sie ist bereits völlig vernichtet.»[6] Wie konnte die moderne Biologie in diese bizarre Lage geraten? Die Geschichte gibt uns eine Antwort darauf.

Das Maschinenmodell

Das moderne Konzept des Lebens und des Lebendigen wurzelt in der Philosophie von Descartes, der das Universum in zwei voneinander getrennte Kategorien einteilt: Materie und Geist. Zum Bereich der Materie zählt er auch Pflanzen und Tiere; hier herrschen starre mechanische Gesetze. «Die Gesetze der Mechanik ... sind identisch mit den Gesetzen der Natur.»[7] Damit führt er das Maschinenmodell in die Biologie ein. «Da die Kunst die Natur nachahmt und da der Mensch verschiedene Automaten bauen kann, bei denen die Bewegung ohne jedes Nachdenken erfolgt, erscheint die Annahme vernünftig, daß die Natur ihre eigenen Automaten hervorbringt, die in ihrer Ausführung viel vollkommener sind, nämlich alle Tiere.»[8] Descartes spricht sogar von der «Maschine des menschlichen Körpers».

Das Maschinenmodell hat sich bis heute behaupten können, auch wenn es in der Zwischenzeit viele verschiedene Formen annahm. Bertalanffy charakterisiert kurz die Entwicklung einiger dieser Formen: «Je nach Stand der Kenntnisse wurde das Modell unterschiedlich interpretiert. Als Descartes im 17. Jahrhundert das Konzept vom Tier als einer Maschine einführte, gab es nur *mechanische Maschinen*. Das Tier war also eine Art kompliziertes Uhrwerk ... Später kamen die Dampfmaschine und die Thermodynamik auf – und man betrachtete die Lebewesen als *Wärmemaschinen*, was beispielsweise zur Berechnung der Kalorien führte. Wie sich bald zeigte, war der Organismus jedoch keine Wärmemaschine, welche die Energie der Brennstoffe erst in Wärme und dann in mechanische Energie umwandelt. Er ist eher eine *chemisch-dynamische Maschine*, welche die chemische Energie des Brennstoffs direkt in Arbeit umwandelt. Auf dieser Tatsache beruht zum Beispiel die Theorie der Muskelkontraktion. Später entwickelte man sich selbst regulierende Maschinen, etwa den Thermostaten oder die Rakete, die selbst ihr Ziel sucht, oder die Servomechanismen der modernen Technik. Parallel dazu wurde der Organismus nun zu einer *kybernetischen Maschine*. Die neueste Entwicklung sind *molekulare Maschinen*.»[9]

Diese Tradition hält sich bis auf den heutigen Tag, besonders unter Molekularbiologen. Jacques Monod beispielsweise anerkennt ausdrücklich Descartes Meinung und erklärt: «Man kann alles auf einfache, klare mechanische Interaktionen zurückführen. Die Zelle ist eine Maschine; das Tier ist eine Maschine; der Mensch ist eine Maschine.»[10]

Die Ähnlichkeiten zwischen Maschinen und Lebewesen liegen auf der Hand: Die Organismen wie die Maschinen sind organisierte Gesamtheiten, die von physikalischen und chemischen Gesetzen Gebrauch machen, um bestimmte Aufgaben zu erfüllen. Doch diese Ähnlichkeiten sind nur oberflächlicher Art und verbergen überdies tiefgreifende Unterschiede. Jacob weist auf einige hin: «In einer Uhr ist ein Teil das Werkzeug der Bewegung der anderen Teile, aber ein Rad ist niemals die wirkende Ursache der Hervorbringung des anderen Rads. Ein Teil ist zwar *um* des anderen willen, aber nicht *durch* denselben da. Die Ursache für die Hervorbringung der Räder ist nicht in der Natur dieser Materie, sondern außer ihr in einem Wesen enthalten, welches nach Ideen eines durch seine Kausalität möglichen Ganzen wirken kann. Die Uhr kann die ihr entwandten Teile weder von selbst ersetzen oder ihren Mangel durch andere Teile ersetzen oder bessert sich etwa selbst aus, wenn sie in Unordnung geraten ist. Ein organisiertes Wesen ist also nicht bloß Maschine, denn die Maschine hat lediglich bewegende Kraft, während der Organismus in sich bildende Kraft besitzt und regulierende Kraft, die er den ihn aufbauenden Materien übermittelt.»[11]

Keine Maschine baut ihre eigenen Teile selber auf. Alle Lebewesen hingegen erneuern ständig ihre Gewebe und Zellen bis hinunter zu den Molekülen. Dramatisch zeigt sich dies bei der Verwandlung einer Raupe in einen Schmetterling. Der Entomologe Peter Farb beschreibt die hektischen Vorgänge in einer Puppe folgendermaßen: «Puppen scheinen leblos dazuliegen, und doch sind sie auf geradezu ungestüme Weise dabei, ihre Gewebe neu anzuordnen. Die Scheinfüße am Hinterleib der Raupen gehen verloren. Wo die dicken Brustbeine lagen, entwickeln sich nun die langen, schlanken Gliedmaßen des erwachsenen Schmetterlings.

Die Mundteile gehen vom kauenden zum saugenden Typ über. Es entwickeln sich die vier Flügel, ebenso die Fortpflanzungsorgane. Ein Großteil des Muskelsystems wird umgebaut. Während des Abbaus der alten Strukturen und des Aufbaus der neuen ist der Inhalt der Puppe zeitweilig zum großen Teil flüssig.»[12]

Der erwachsene Schmetterling sieht mit seinem Dutzend oder mehr Organen nicht nur radikal anders aus, er legt auch andere Verhaltensweisen an den Tag und lebt oft in einer ganz anderen Umwelt als die Raupe. Alle diese erstaunlichen Veränderungen geschehen in der Puppe, indem die Raupe nahezu flüssig wird, sich selber mit Hilfe von Phagozyten auflöst und aus den Bestandteilen schnell einen neuen Organismus aufbaut. Die Raupe des Monarchfalters braucht nur zwölf Tage, um sich in einen Schmetterling zu verwandeln, der über 30 Stundenkilometer schnell fliegen kann. Und das Material, das in einer Raupe enthalten ist, reicht gerade zur «Herstellung» eines Schmetterlings aus (siehe Abbildung 2.1). Eine solche Perfektion erreicht keine Maschine.

Wie Jacob erwähnte, reparieren sich Maschinen auch nicht selbst. Alle Lebewesen hingegen sind bis zu einem gewissen Grad zu einer solchen Selbstreparatur fähig, etwa wenn sie ohne Hilfe von außen kleinere Verletzungen heilen. Viele Tiere können verlorene oder beschädigte Körperteile durch neue ersetzen. Und einige unter ihnen besitzen sogar noch erstaunlichere Fähigkeiten: Wenn man einen Seestern oder einen Plattwurm entzweischneidet, entwickelt jeder Teil einen vollständigen neuen Organismus. Welche Maschine kann so etwas vollbringen? Bei den Pflanzen ist diese Fähigkeit am stärksten ausgebildet. Dazu der Biologe Edmund Sinnott: «Bei den Pflanzen noch mehr als bei den Tieren zeigen Gewebestücke oder selbst Einzelzellen, die vom restlichen Individuum isoliert wurden, die Fähigkeit, den gesamten Organismus wiederherzustellen. Daß Stecklinge wieder Wurzeln schlagen, bemerkte der Mensch schon in frühen Zeiten. Damit konnte er aus alten Pflanzen reichlich neue gewinnen.»[13]

Ein weiterer Unterschied besteht darin, daß Maschinen nicht aus Samen oder Eiern hervorgehen, sondern aus unveränderlichen Teilen, und mit Hilfe von außen zusammengesetzt werden. Wenn

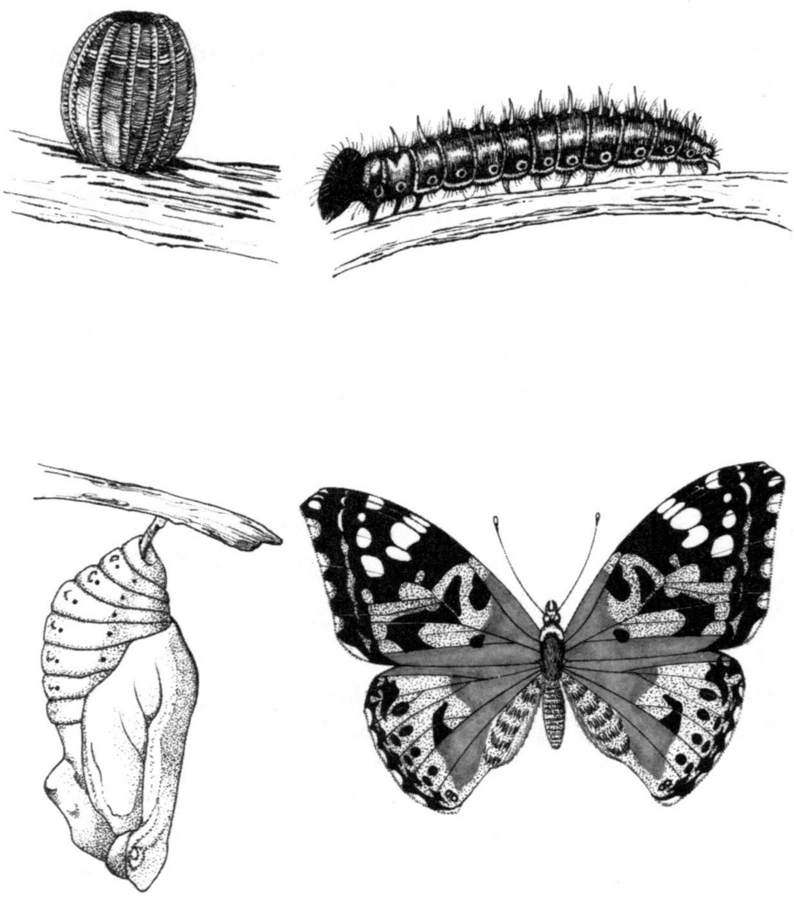

Abbildung 2.1. Die vollständige Verwandlung des Distelfalters. Die vier abgebildeten Stadien desselben Insektenindividuums sehen so unterschiedlich aus, daß man den erwachsenen Schmetterling auf Anhieb als völlig andere Art als die darüber abgebildete Raupe bezeichnen möchte. Die Puppe erscheint wie ein zweites Ei. Aus ihr schlüpft das geflügelte erwachsene Tier, das so ganz anders aussieht als die schneckenähnliche segmentierte Larve. Auch die Ernährungs- und Lebensweise ist ganz anders. Ganz im Gegensatz zur Verwandlung einer Raupe in einen Schmetterling kann keine Maschine ihre eigenen Teile umbauen.

eine Maschine zu funktionieren beginnt, besitzt sie folglich schon all ihre Teile. Nicht so das Lebewesen. Es wächst von Anfang an, nicht nur im Hinblick auf seine Größe, sondern es differenzieren sich auch Teile und Organe, und neue Funktionen bilden sich heraus. Bertalanffy schreibt dazu: «Von allen Wundern, die uns das Leben in derartiger Vielfalt zeigt, ist die Entwicklung sicher das größte. Erinnern wir uns, was es bedeutet: Auf der einen Seite haben wir diesen kleinen Gelatinetropfen, der als befruchtetes Ei den Keim eines neuen Organismus darstellt. Auf der anderen Seite steht das wundervolle Gebäude des vollständigen Lebewesens mit seinen Myriaden von Zellen, seinen unendlich komplizierten Organen, Eigenheiten und Instinkten.»[14]

Haare, Zähne, Nägel, Knochen, Fett, Blut, Haut, Muskeln, Sinnesorgane, Verdauungsorgane, Nervensystem, Blutkreislauf, Hormondrüsen – eine erstaunliche Vielfalt an Strukturen entsteht aus dem kleinen, undifferenzierten befruchteten Ei eines Tieres. Jedes Gewebe, jedes Organ und jedes System ist aus unterschiedlichem Material aufgebaut, aber alle hervorragend koordiniert und ebenso gut an ihre Aufgabe angepaßt! Keine Maschine kann auch nur im entferntesten das Wachstum und die Entwicklung selbst des niedrigsten Lebewesens imitieren. Pflanzen zeigen dieselben Fähigkeiten wie die Tiere. Sinnott beschreibt die Entwicklung einer Blüte:

«Um die Spitze der winzigen Kuppel herum, aus der die Blütenknospe entstehen wird, erscheinen in Kreisen angeordnete knöpfchenartige Auswüchse, gleich jenen, aus denen Blätter entstehen. Die äußeren entwickeln sich zu Kelchblättern, die weiter innen gelegenen zu Kronblättern. Die nächsten werden zu Staubblättern, und in der Mitte erscheint der Fruchtknoten mit seinen Teilen. Wenn sich die Knospen vergrößern, werden diese unterschiedlichen Blütenteile bei vielen Arten zusammengepackt, gefaltet und verdreht, ähnlich der Seide eines Fallschirms, nur auf viel kompliziertere Weise. Wer die Knospe einer Schwertlilie kurz vor der Entfaltung öffnet, sieht, wie die drei Kronblätter spiralförmig und im Gegenuhrzeigersinn eng zusammengepackt sind. Die drei Staubblätter und die drei lappenförmigen Narben liegen in den

Kronblättern eingeschlagen, und das Ganze wird eng von Kelchblättern umhüllt. Wenn sich die Knospe öffnet, entfalten sich all diese Teile, und daraus entsteht die wohlbekannte Schwertlilienblüte. Die Öffnung eines Regenschirms ist ein Kinderspiel dagegen. Wie diese dichtgepackten und eingefalteten Teile von Anfang an so genau wachsen, daß bei der Öffnung der Blüte jeder Teil vorhanden ist und den richtigen Platz einnimmt, dies ist eines der Wunder der Entwicklung.»[15]

Noch ein weiterer Unterschied: Maschinen haben nur eine Einheit der Ordnung, nicht eine Einheit der Substanz. Während seines Wachstums bestimmt ein Pferd über seine eigene Form und Struktur. Damit sind seine Organe, Gewebe und Zellen als die Organe, Gewebe und Zellen eines Pferdes zu erkennen. Das Pferd ist ein solches bis zur Stufe der Makromoleküle, denn es hat seine eigene einzigartige DNS, sein Hämoglobin, seine Enzyme und seine Proteine. Mit Hilfe einer einzigen Zelle kann ein guter Zytologe bestimmen, zu welchem Lebewesen die Zelle gehört und welche Funktion sie erfüllte. Ein isoliertes Kugellager oder ein Stück Kupferdraht geben dem Ingenieur dagegen keinen Hinweis auf ihre Herkunft, denn sie sind nicht charakteristisch für eine ganz bestimmte Maschine. Dagegen trägt jeder Teil eines Lebewesens bis hin zu den Makromolekülen die Signatur seines Besitzers.

Der Biologe J. S. Haldane meint, die Einheit der Struktur der Lebewesen setze eine Einheit der Stoffwechselfunktionen voraus: «Die Struktur der Lebewesen ist klar organisiert, das heißt, jeder Teil steht zu jedem anderen Teil in einer ganz bestimmten Beziehung. Da die Struktur aber das Ergebnis einer Stoffwechselaktivität ist, folgt daraus, daß auch der Stoffwechsel der Lebewesen ebenso organisiert ist, und jedes Geschehen steht zu jedem anderen metabolischen Geschehen in einer klar definierten Beziehung. Daß dies überhaupt und tatsächlich zutrifft, machten Fortschritte auf dem Gebiet der Physiologie, besonders in der letzten Zeit, immer deutlicher.»[16]

Alle Teile des lebenden Körpers, selbst die auf molekularer Ebene, kooperieren im Organismus. Der Biologe A. I. Oparin verwendet als treffendes Beispiel dafür die Bewegung der Tiere:

«In den Muskeln des Tieres, das sich bewegt, sind die Proteinfibrillen auf eine bestimmte Weise aufeinander ausgerichtet. Diese Struktur kann man in keiner Weise mit der Struktur einer Maschine vergleichen. Die strukturellen Elemente einer Maschine spielen bei der chemischen Umwandlung der Energiequelle keine irgendwie geartete Rolle. Wenn die Bestandteile der Maschine während der Arbeit irgendeine chemische Umwandlung durchmachten, so würde dies natürlich schnell zur Zerstörung des gesamten Mechanismus führen. Anders bei den Konstruktionselementen des lebendigen Körpers: Die Proteinfibrillen nehmen direkt an den Stoffwechselreaktionen teil. Diese dienen als Quelle jener Energie, die in mechanische Bewegung umgewandelt wird»[17] (siehe Abbildung 2.2).

Bei der Nahrungsaufnahme beweisen die Lebewesen erneut ihre tiefgreifende Einheit. «Der Organismus behält seine Form, seinen Aufbau und seine chemische Zusammensetzung bei, obwohl er das Material dazu dauernd austauscht»[18], schreibt Oparin. Ernährung verlangt den Abbau eines Stoffs und den Aufbau eines anderen. Der Organismus hat die erstaunliche Fähigkeit, von außen zugeführtes Material in eigene Substanz zu verwandeln, ohne sich selbst in diese fremde Substanz zu verwandeln. Wenn Löwen sich von Zebras ernähren, werden sie selbst nicht zebraähnlich. Ganz im Gegenteil, die Nahrung wird zum (Löwen-)Organismus. Pflanzen bauen ihre eigene Substanz sogar aus anorganischen Stoffen auf. Die Einheit des Organismus bleibt bestehen, obwohl der dauernde Fluß eintreffender Nährstoffe und ausgeschiedener Abfallstoffe keineswegs nur ein Gleichgewicht physikalischer und chemischer Kräfte darstellt. Es kostet das Lebewesen dauernd Energie, der unnachgiebigen Tendenz zur Auflösung zu widerstehen. Das unterscheidet die Lebewesen von unbelebten Fließsystemen wie Flüssen, Stürmen oder Feuern. Oparin erkärt: «Die Eigentümlichkeit, die das Leben qualitativ von allen anderen Bewegungsformen der Materie (und insbesondere von anorganischen Fließsystemen) unterscheidet, besteht darin, daß die vielen Zehn- oder Hunderttausende einzelner chemischer Reaktionen im Organismus, die in ihrer Gesamtheit den Stoffwechsel ausmachen, nicht

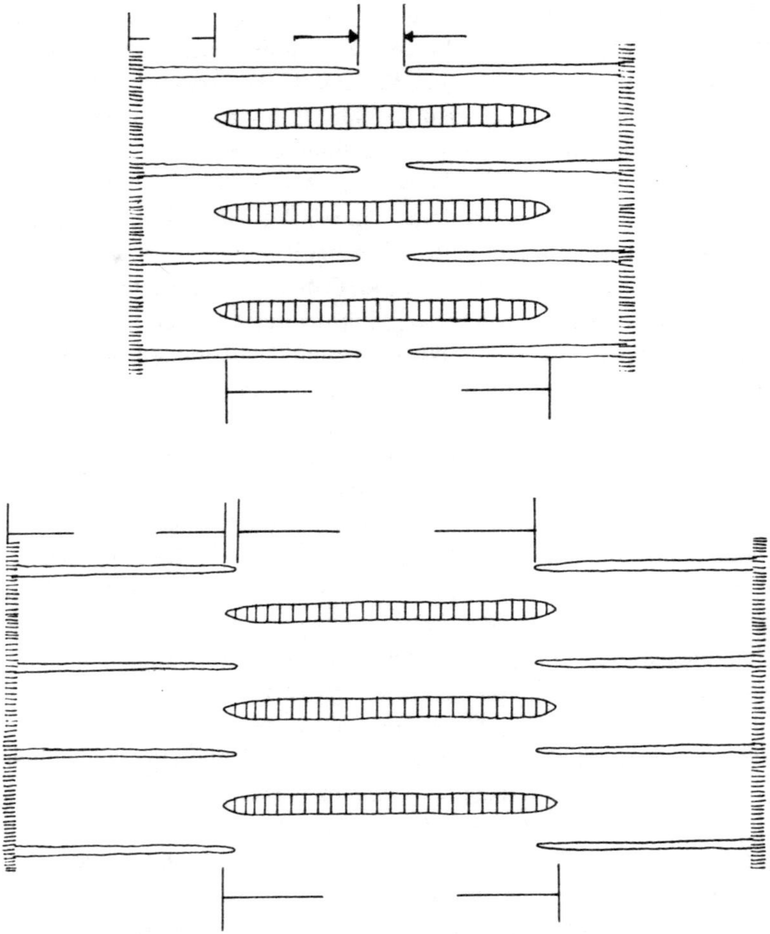

Abbildung 2.2. Die schematische Zeichnung zeigt Proteinfibrillen im Muskelgewebe vor und nach der Kontraktion. Die Fibrillen nehmen an den Stoffwechselreaktionen teil, welche die Energie für die mechanische Bewegung liefern. Wenn die Bestandteile einer Maschine während der Arbeit solchen chemischen Veränderungen unterworfen wären, würde die Maschine dabei zerstört.

strikt nach Zeit und Raum koordiniert sind und nicht harmonisch in einer einzigen Sequenz der Selbsterneuerung kooperieren. Vielmehr ist die Gesamtheit dieser Sequenz in geordneter Weise auf die dauernde Selbsterhaltung und Selbstreproduktion des Organismus als Gesamtheit ausgerichtet.»[19] Eine Maschine wandelt ihren Brennstoff in Wärme, Bewegung und chemische Nebenprodukte um, keinesfalls aber in eigene Substanz, wie dies im Organismus geschieht.

Oparin deutet auch auf den unüblichen Weg hin, mit dem Lebewesen die Gesetze der Physik und der Chemie ausnützen, um ihre eigene Energie zu gewinnen: «Wenn die Energieumwandlung im Lebewesen auf dieselbe Weise stattfände wie in Wärmemaschinen, dann müßte bei Temperaturen, die für Lebewesen zuträglich sind, der Wirkungsgrad auf einen Bruchteil von einem Prozent abfallen. In Wirklichkeit liegt er aber erstaunlich hoch, deutlich höher als bei modernen Maschinen. Man muß das damit erklären, daß die Oxidation des Zuckers oder jedes anderen Brennstoffs im Organismus nicht als isolierter chemischer Akt, sondern in einer Reihe zeitlich aufeinander abgestimmter individueller Reaktionen stattfindet.

Wenn die Oxidation organischer Substanzen im Organismus plötzlich stattfände, so könnte das Lebewesen die auf diesem Weg freigesetzte Energie nicht vernünftig nutzen, besonders wenn diese in Form von Wärme erscheint. Bei der Oxidation von nur einem Mol (180 Gramm) Zucker werden ungefähr 700 Kilokalorien frei. Wenn diese Energiemenge plötzlich frei würde, führte dies zu einer rapiden Temperaturerhöhung, zur Denaturierung von Proteinen und zur Zerstörung des Organismus. Die gleiche Energieausbeute gewinnt das Lebewesen bei niedrigen Temperaturen. Das hängt damit zusammen, daß bei der biologischen Oxidation der Zucker nicht auf einen Schlag, sondern langsam, in mehreren Schritten, in Kohlendioxid und Wasser umgewandelt wird. Solche Prozesse geben nicht nur die Möglichkeit, die Aktivierungsschwelle bei gewöhnlichen Temperaturen zu erreichen, sondern sie befähigen auch das Lebewesen, die Energie schrittweise freizusetzen und damit rationell zu verwenden. Je besser der Stoffwechsel organisiert ist, das heißt, je besser die Koordination zwischen den Einzelreaktionen funktioniert, desto höher der Wirkungsgrad.»[20]

Bei normalen Temperaturen finden viele gewöhnliche chemische Reaktionen zu langsam statt, um die Prozesse des Lebens aufrechtzuerhalten. Wenn man diese Reaktionen aber beschleunigt, werden die Organismen aufgeheizt und die Gewebe leiden darunter. Und eine solche Wärmeproduktion würde auch einen viel zu großen Aufwand für das Lebewesen bedeuten. Die Antwort auf dieses Problem geben die Enzyme, Katalysatoren aus Proteinen, die der Organismus selber herstellt. Die Enzyme beschleunigen selbst bei niedrigen Temperaturen die Reaktionen ganz enorm. Ein Beispiel dafür: Als Nebenprodukt vieler unumgänglicher metabolischer Schritte in der Zelle fällt Wasserstoffperoxid (H_2O_2) an. Wenn dieses Gift nicht schnell abgebaut wird, oxidiert es wichtige organische Verbindungen in der Zelle. Ohne einen Katalysator erfordert der Abbau von einem Mol (34 Gramm) Wasserstoffperoxid 44 800 Kalorien. Ist Platin in der Lösung vorhanden, so werden nur 11 700 Kalorien gebraucht. Mit dem Enzym Katalase hingegen zersetzt sich dieselbe Menge Wasserstoffperoxid mit einem Aufwand von weniger als 2000 Kalorien. Die durchschnittliche Zelle stellt ungefähr 2000 verschiedene Enzyme her, und jedes Enzym ist spezifisch für die Katalyse einer ganz bestimmten chemischen Reaktion. Die Zelle produziert also maßgeschneiderte chemische Werkzeuge für ihre eigenen Bedürfnisse.

Ein weiterer grundlegender Unterschied zwischen Lebewesen und Maschinen besteht darin, daß Organismen «Naturprodukte» sind, während Maschinen künstlich hergestellt wurden. Keine Naturwissenschaft beschäftigt sich mit Uhren, Lokomotiven oder Geschirrspülern. Diese Maschinen wurden von Menschen entworfen und mit Hilfe von außen zusammengefügt. Die Organismen entstehen in der Natur und entwickeln sich von innen heraus. Monod spricht vom «radikalen Unterschied zwischen einem – wenn auch noch so perfektionierten – Artefakt und einem Lebewesen». Er erklärt weiter: «Denn die makroskopische Struktur eines Artefakts – handle es sich um eine Bienenwabe, um einen von Bibern errichteten Damm, eine Steinzeitaxt oder ein Raumschiff, resultiert aus der Anwendung *äußerer* Kräfte auf das Ausgangsmaterial und das Objekt selber ... Die Struktur eines Lebewesens geht aus einem völlig anderen Prozeß hervor; es verdankt fast nichts der Einwirkung äußerer Kräfte, aber alles – von der allgemeinen Gestalt bis in die kleinste Einzelheit – seinen inneren, ‹morphogenetischen› Wechselwirkungen. Seine Struktur beweist eine klare und uneingeschränkte Selbstbestimmung, die eine quasi totale ‹Freiheit› gegenüber äußeren Kräften und Bedingungen einschließt. Äußere Bedingungen können die Entfaltung des lebenden Objekts wohl behindern, nicht jedoch lenken; sie können ihm seine Organisation nicht aufzwingen.»[21]

Äußere Bedingungen haben nur indirekte Auswirkungen auf das Lebewesen. Ein Keimling kann bei zu großer Hitze welken oder nicht richtig wachsen, wenn gewisse Nährstoffe fehlen, doch keine äußeren Bedingungen können die Art seines Wachstums lenken. Ob daraus ein Löwenzahn oder eine Rose wird, ist im Innern des Keimlings festgelegt.

Die Unterscheidung zwischen Artefakt und Natur hilft uns auch, Lebewesen von Maschinen zu unterscheiden, deren Aufgabe es ist, Lebensfunktionen nachzuahmen. Oparin hebt das deutlich hervor: «Die Konstruktionsprinzipien jeder heute existierenden Maschine spiegeln den Charakter ihrer Erfinder wider, deren intellektuelles und technologisches Niveau, deren Absichten und deren Methoden der Problemlösung.

Dies gilt in vollem Maße auch für die unterschiedlichen ‹kybernetischen Spielsachen›, die heute hergestellt werden. Ihre Aufgabe ist es, Lebewesen nachzuahmen, etwa Grey Walters ‹Schildkröte›, Shannons ‹Maus›, Ducrocqs ‹Fuchs› und Ashbys ‹Homöostat›. Diese Konstruktionen hat Grey Walter beschrieben als ‹Maschinen, die keinem sinnvollen Zweck dienen›.»[22]

Ein weiterer Unterschied besteht darin, daß man eine Maschine in ihre einzelnen Teile zerlegen und dann wieder zusammenbauen kann, so daß die Maschine erneut läuft. Die Organe eines Tieres kann man aber nicht separieren, ohne daß dies zum Tode führt. Georges Cuvier, der Vater der Paläontologie, bemerkte einmal:

«Die Maschinen, die wir erforschen, können wir nicht auseinandernehmen, ohne daß sie zerstört werden.»[23] Der Biologe J. Schaxel ist ebenfalls der Meinung, «daß lebende Stoffe und Lebensvorgänge als solche niemals gegeben sind, sondern lediglich im Zusammenhang mit einem individualen Organismus vorkommen.»[24]

Auch die Zelle unterscheidet sich grundlegend von jeder Maschine, vor allem durch ihre unausgesetzte Aktivität. Eine Maschine kann man für beliebige Zeit abschalten, ohne ihr Schaden zuzufügen. Ohne Energiezufuhr wird sich keiner ihrer Teile selbständig bewegen. Aber selbst ein Tier im Winterschlaf muß dauernd gespeicherte Nährstoffe umsetzen. Wenn es damit ganz aufhört, stirbt das Tier. Solange es am Leben ist, muß seine «Maschine» stets laufen. Eingefrorene Tiere und Pflanzen, die zeitweilig jeden Stoffwechsel aufgeben, sollte man in diesem Zustand nur als potentiell lebendig betrachten. Der Biologe Paul Weiss bemerkt dazu: «Ein Lebewesen, das nicht irgendwie aktiv ist, ist tot; das Leben ist ein Prozeß, kein Zustand.»[25]

Oparin pflichtet dem bei: «Die Organisation des Lebens hängt grundlegend von einer regelmäßigen Aufeinanderfolge von Stoffwechselreaktionen ab, und Form und Struktur der Lebewesen sind in der Natur fließend. Aus diesem Grund können Organismen nur so lange existieren, wie in ihnen ständig chemische Reaktionen stattfinden. Sie stellen das Wesen des Lebens dar. Wenn sie aufhören, wird das lebende System zerstört und der Tod des Lebewesens tritt ein.»[26] Weiss macht klar, daß diese essentielle Mobilität des Lebens weder durch Fotografien noch durch Diagramme der Zelle dargestellt werden kann:

«Es ist unmöglich, eine halbwegs vernünftige Vorstellung von einer lebenden Zelle über Schaubilder oder über Modelle in Museen zu vermitteln, selbst wenn dazu noch mündliche Erklärungen gegeben werden. Tatsächlich hat die eingefrorene Bewegungslosigkeit jener Lehrbuchillustrationen zu derart abstrusen Vorstellungen von der lebenden Zelle geführt, daß jede Darstellung vor allem klarmachen müßte, was die Zelle nicht ist, anstatt was sie in Wirklichkeit ist . . . Was wir als statische Form der Zelle auffassen, kann man mit einem einzigen ausgeschnittenen Bild aus einem

Film vergleichen. Ein derart statisches Bild verrät uns nicht, ob es den augenblicklichen Zustand eines fortlaufenden Prozesses oder einen dauernden Endzustand zeigt. Solange man diese Ungewißheit dauernd im Kopf hat, läuft man Gefahr, die statischen Bilder der Zelle als Nachweis für ein Mosaik festverankerter Strukturen zu halten.»[27]

Die durchschnittliche Zelle führt jede Sekunde Hunderte chemischer Reaktionen durch und kann sich selbst, unter günstigen Bedingungen, etwa alle zwanzig Minuten reproduzieren. Dies alles geschieht aber in ganz winzigen Größenordnungen. Über 500 Bakterien finden auf dem Gebiet Platz, das der Punkt am Ende dieses Satzes einnimmt. Jacob bewundert dieses winzige Laboratorium in der Bakterienzelle: «Unsere Bakterienzelle führt ungefähr 2000 verschiedene Reaktionen mit einer unvergleichlichen Virtuosität auf kleinstem Raum durch. 2000 Reaktionen, die sich unterscheiden, sich überkreuzen, bei höchster Geschwindigkeit, ohne sich je zu verwirren, zusammenlaufen; sie produzieren genau die Qualität und Quantität molekularer Arten, die für Wachstum und Reproduktion notwendig sind; und das alles mit einem fast hundertprozentigen Wirkungsgrad.»[28]

Angesichts dieser bemerkenswerten Aktivität jeder Zelle eines Lebewesens meint der Biologe Jakob von Uexküll mit Recht, daß «die Zelle keine Maschine, sondern ein Maschinist ist».[29] Angesichts der Abbildung einer Zelle vergleicht Weiss diese mit einer Fabrik und betont gleichzeitig die Unterschiede zwischen beiden:

«Ich möchte Ihnen die Illusion rauben, daß Zellen eine irgendwie geartete feste Beständigkeit aufweisen, was sie vielleicht aufgrund dieses fixierten Exemplars annehmen möchten. Lassen Sie mich dazu bemerken, daß praktisch alles, was Sie auf diesem Bild sehen, fließend ist; und das gilt sogar noch mehr für das, was Sie nicht sehen. Eine Zelle arbeitet wie eine Großindustrie, die an verschiedenen Stellen unterschiedliche Produkte herstellt, die sie weiterleitet zu Fließbandanlagen, wo sie zu Halbfertig- oder Fertigprodukten zusammengesetzt werden. Schließlich werden diese Stoffe, mit oder ohne Zwischenlagerung, entweder im Haushalt der betreffenden Zelle verbraucht oder sind für den Export an andere Zellen oder als Abfallstoffe gedacht. Es ist den modernen Molekular- und Zellbiologen gelungen, den verschiedenen Strukturen... spezifische Aufgaben in diesem äußerst verwickelten, doch integrierten Industriebetrieb zuzuweisen.

In der Analogie zwischen der Zelle und einer menschlichen Fabrik klafft jedoch eine große Lücke. In der Fabrik stellen die Gebäude und die Apparaturen feste, dauernde Strukturen dar, die einmal aufgestellt werden und dann so bleiben. Viele Untereinheiten im System der Zelle haben im Vergleich dazu nur eine sehr kurze Existenz, denn sie werden ständig oder periodisch abgebaut und dann wieder aufgebaut, jede allerdings entsprechend ihrer Art und ihrem Standardmuster. Im Gegensatz zur Maschine ist das Zellinnere in einem dauernden Umbau begriffen. Die jeweilige Stellung der Körnchen und der anderen submikroskopischen Strukturen entspricht nur einer Momentaufnahme, und die unterschiedlichen Formen von Vesikeln oder Tubuli geben nur ihren augenblicklichen Füllungszustand wieder. In dem dauernden Durcheinander der molekularen Population des Zytoplasmas und dessen Substrukturen bleibt allein das Gesamtmuster der Dynamik voraussehbar, die dafür sorgt, daß all die Aktivitäten in definierten Grenzen erfolgen. Diese Grenzen sind wiederum nicht als mechanisch feste Strukturen zu erkennen, sondern es handelt sich um ‹Grenzbedingungen›, die von der Dynamik des Systems als Ganzem vorgegeben sind.»[30]

Auch Jacob sieht die Ähnlichkeiten zwischen Zelle und Fabrik, legt aber noch mehr Wert auf die grundlegenden Unterschiede: «Sucht man nach einer Analogie, so drängt sich sofort das reduzierte Modell einer chemischen Fabrik auf, die die Bakterienzelle am besten beschreibt. Fabrik und Bakterium funktionieren nur dank der von außen gelieferten Energie. Alle beide wandeln in einer Reihe von Operationen vom Milieu gelieferte Rohstoffe in Fabrikate um. Alle beide scheiden Abfälle aus.» Doch dann fährt er fort: «Will man die Bakterienzelle als Fabrik auffassen, so muß jedoch an einen ganz besonderen Fabriktypus gedacht werden. Die Erzeugnisse der menschlichen Technologie unterscheiden sich vollkommen von den sie produzierenden Maschinen, das heißt von der Fabrik selbst. Die Bakterienzelle wird hingegen durch ihre eigenen Bestandteile gebildet, und die Erzeugnisse gleichen schließlich ihr selber. Eine Fabrik produziert, und die Zelle reproduziert.»[31]

Alle bisher angesprochenen Eigenschaften der Lebewesen – ihre erstaunliche Einheitlichkeit, ihre Fähigkeit, Teile des eigenen Organismus selbst aufzubauen, ihre im Laufe der Zeit wachsende Differenzierung, ihre Fähigkeit zur Selbstreparatur und Selbstregeneration, ihre Fähigkeit, fremde Stoffe in eigene umzuwandeln, ihr von innen her gelenktes Funktionieren und ihre ständige Aktivität –, all diese Eigenschaften unterscheiden das Lebewesen nicht nur von der Maschine, sondern zeigen auch dessen Einzigartigkeit in der gesamten Natur. «Für diese Eigenschaften gibt es keine analogen Merkmale bei anorganischen Systemen»,[32] schreibt Bertalanffy. Ein Lebewesen existiert sui generis. Deswegen sind, wie Bertalanffy schreibt, «mechanistische Erklärungsmodelle prinzipiell ungeeignet für gewisse Eigenheiten des Lebens; es sind aber gerade diese Merkmale, welche die wesentlichen Merkmale der Lebewesen ausmachen.»[33]

Wenn das Maschinenmodell diese Unterschiede nicht deutlich macht, stellt es ein Hindernis für das Verständnis des Lebens dar. Oparin erinnert an die Geschichte der mechanistischen Sichtweise in der Biologie: «Während einiger Zeit brachte der übermächtige Wunsch, die Lebewesen mit einem Mechanismus gleichzusetzen, viele Wissenschaftler dazu, die wachsende Zahl von Gegenbeweisen zu ignorieren und nach festen, unveränderlichen statischen Strukturen im Organismus Ausschau zu halten. Diese hätte man dann als die spezifischen Träger des Lebens betrachten können.»[34]

Wenn wir den Organismus weiterhin als Maschine betrachten, wird es uns nie gelingen, all das zu entdecken, was typisch ist für Lebewesen, denn Maschinen sind niemals lebendige Wesen, wie komplex sie auch sein mögen. Dasselbe gilt für Moleküle. Dazu Oparin: «Leben ist eine Eigenschaft jedes Organismus, angefangen vom höchstentwickelten bis zum niedrigsten. Doch es existiert nicht in anorganischen Naturobjekten, wie kompliziert ihr Aufbau auch sein mag.»[35] Was wir zu Beginn dieses Kapitels gesehen haben, nämlich die Verlegenheit und den Skeptizismus im Hinblick auf das Konzept des Lebens und die Unfähigkeit, dieses zu definieren, ist eine unweigerliche Folge der Tatsache, daß man weiterhin auf dem Maschinenmodell für Lebewesen beharrt.

Ausgehend von den Unterschieden zwischen Lebewesen und Maschine fällt es dagegen nicht schwer, eine Definition zu finden: Leben ist die Fähigkeit zur Selbst-Bewegung. Ernährung und Wachstum, charakteristisch für alle Lebewesen, sind Veränderungen, die von sich aus in Gang gesetzt und von sich aus gelenkt werden. Wie wir gesehen haben, kann keine Maschine solche Veränderungen von sich aus beginnen und lenken. Höher organisierte Lebewesen haben natürlich auch eine höhere und vollkommenere Art der Selbst-Bewegung. Sie betrifft nicht nur Ernährung und Wachstum, sondern auch die Fähigkeit der freiwilligen Fortbewegung, gelenkt durch eine von den Sinnen herrührende Bewußtheit. Die Fähigkeit zu irgendeiner Art der Selbst-Bewegung besitzen alle Lebewesen – und nur diese.

Das bedeutet nun wiederum nicht, daß die Suche nach Mechanismen stets verfehlt wäre. Bertalanffy: «Die Ablehnung der Maschinentheorie bedeutet keinesfalls, daß *jegliche* physikalisch-chemische Erklärung von Lebenserscheinungen ausgeschlossen ist.»[36] Das Herz eines Tieres ähnelt in vieler Hinsicht einer Pumpe, und es ist durchaus nützlich zu untersuchen, wie es alle Anforderungen der Physik und die Gesetze für strömende Flüssigkeiten erfüllt. Das Herz unterscheidet sich jedoch von jeder anderen mechanischen Pumpe durch sein Wachstum, seine Fähigkeit zur Selbstheilung und sein Anpassungsvermögen an die jeweiligen Bedürfnisse des Tieres. Mit einem Wort: Es lebt. Es schadet nichts, wenn wir ein Tier eine «Maschine» oder eine Eiche ein «Bauwerk» nennen, solange uns stets bewußt bleibt, daß wir eine Metapher verwenden. Die Maschinen-Metapher kann für gewisse Zwecke nützlich sein, sofern wir die Metapher am Ende nicht mit der Sache selbst verwechseln.

Wenn wir auch die Unangemessenheit dieser Metapher feststellen, so sind wir damit doch noch nicht zum Vitalismus gezwungen. Es ist nicht notwendig, eine eigene, nicht an die Materie gebundene Kraft zu fordern, welche die vitalen Operationen des «Betriebs» leitet. Der «Betrieb» übernimmt diese Leitung vielmehr selbst. Die Aktivitäten eines Lebewesens, zumindest die nichtbewußten Aktivitäten, drücken sich im wesentlichen dadurch aus, daß Stoffe in Bewegung sind. Es ist deswegen nur vernünftig, ein natürliches Prinzip als Erklärung dafür heranzuziehen. Jacob meint dazu: «Die beiden von der lebenden Zelle durch unaufhörliche Umlagerungen oder durch Polymerisation durchgeführten Arten der Synthese unterscheiden sich grundsätzlich nicht von denen, die der organische Chemiker im Laboratorium durchführt. Mit den Umwandlungen, die sich in der Zelle vollziehen, ist kein besonderes Mysterium verbunden, sie verwenden keinerlei unbekanntes Material, keinerlei Reaktion, keinerlei chemische Bindung, die im Laboratorium nicht möglich wäre.»[37]

Merkwürdigerweise steht hinter der mechanistischen wie der vitalistischen Denkweise dieselbe falsche Annahme. Da das Lebewesen einen Körper hat, so meint die mechanistische Auffassung, muß es eine Maschine sein. Der Vitalismus argumentiert gerade umgekehrt: Da das Lebewesen keine Maschine darstellt, muß hinter ihm ein Prinzip stehen, das vom Körperhaften unabhängig ist. Beide Positionen betrachten den Körper als eine Art Maschine. Diese Denkweise stammt aus der Physik des 17. Jahrhunderts, wo die Natur in ihrer Gesamtheit als Riesenmaschine galt. Das Monopol der mechanistischen Erklärungsweise in der Wissenschaft wurde allerdings von der Physik des 20. Jahrhunderts aufgelöst. So ist es denn sinnvoll, in der modernen Physik neue Anregungen dafür zu suchen, wie sich das Leben in die übrige Natur eingliedern läßt.

Die Einzigartigkeit der organischen Form

Die Physik des 20. Jahrhunderts hat eine völlig neue Vorstellung von der Materie entwickelt. Der Physiker Erwin Schrödinger beschreibt jenes Bild, das die Wissenschaft jahrhundertelang dominierte und das die Denkweise des Laien noch heute bestimmt, folgendermaßen:

«Demokrit und alle seine Nachfolger bis zum Ende des 19. Jahrhunderts waren überzeugt, die Atome seien individuelle, einzeln identifizierbare winzige Körper, ähnlich den körnigen, durch den Tastsinn fühlbaren Gegenständen unserer Umgebung, obwohl sie selbst die Wirkungen eines einzelnen Atoms nie selber verspürt haben (und wahrscheinlich auch nicht hofften, daß dies jemals möglich sein werde). Eigentümlicherweise mußten wir genau in den Jahren oder Jahrzehnten, in denen es gelang, einzelne individuelle Atome und Partikel auf verschiedene Weise aufzuspüren, die Idee ganz aufgeben, daß solche Teilchen eine individuelle Einheit darstellen, die im Prinzip bis in alle Ewigkeit ihre Identität beibehält.»[38]

Wie wir in Kapitel 1 sahen, beschreibt die moderne Physik die Materie in der Größenordnung der Teilchen mit Hilfe von Wahrscheinlichkeitswellen und Möglichkeiten, nicht als starre mechanische Strukturen. Anhand von Atomen und kleinen Molekülen beschreibt Schrödinger diesen Gegensatz: «Die *frühere* Vorstellung nahm an, daß ihre Individualität auf der Identität der in ihnen enthaltenen Materie beruhe ... Nach der *modernen* Vorstellung stellen Form und Organisation dieser kleinen Partikel oder winzigen Aggregate das eigentlich Dauerhafte dar.»[39]

Die Form dominiert die Materie, verleiht ihr Aktualität, vervollständigt sie und macht aus ihr ein spezifisches Ding mit bestimmten Eigenschaften. Heisenberg beschreibt die einfachsten Formen, die die Materie annehmen kann: «Die Versuche haben die völlige Verwandelbarkeit der Materie gezeigt. Alle Elementarteilchen können in Stößen hinreichend hoher Energie in andere Teilchen umgewandelt oder einfach aus kinetischer Energie erzeugt werden, und sie können sich in Energie, zum Beispiel in Strahlung, verwandeln. Daher haben wir hier tatsächlich den endgültigen Beweis für die Einheitlichkeit der Materie. Alle Elementarteilchen sind aus demselben Stoff gemacht, den wir nun Energie oder universelle Materie nennen können; sie sind nur verschiedene *Formen*, in denen Materie erscheinen kann.

Wenn man diese Situation vergleicht mit den Begriffen Stoff und Form bei Aristoteles, so kann man sagen, daß die Materie des Aristoteles, die ja im wesentlichen ‹potentia›, das heißt Möglichkeit war, mit unserem Energiebegriff verglichen werden sollte; die Energie tritt als materielle Realität durch die Form in Erscheinung, wenn ein Elementarteilchen erzeugt wird.

Die moderne Physik kann sich natürlich mit einer nur qualitativen Beschreibung der grundlegenden Struktur der Materie nicht zufriedengeben; sie muß versuchen, auf der Grundlage sorgfältig durchgeführter Experimente zu einer mathematischen Formulierung der Naturgesetze vorzudringen, die die Formen der Materie, nämlich die Elementarteilchen und ihre Kräfte, bestimmen.»[40]

Neue Formen herrschen auf jeder Organisationsebene der Natur vor. Auf der chemischen Ebene beispielsweise wissen wir, daß Wasser keine reine Mischung von Sauerstoff und Wasserstoff ist. Ein solches Gemisch wäre hochexplosiv – im Gegensatz zu Wasser, das man ja sogar zum Feuer*löschen* verwendet. Die einfache Mischung der beiden Gase in einer Flasche würde eine mechanische Trennung der Bestandteile zulassen. Mit Wasser geht das nicht mehr. Wasser ist also kein Aggregat der beiden Stoffe; es hat vielmehr eine neue eigene Einheit erlangt. Die unabhängigen Einheiten des Wasserstoffs und des Sauerstoffs werden aufgegeben und gehen auf einer höheren Ebene in der Form des Wassers auf. Dabei werden nicht einfach die ursprünglichen Bestandteile zufällig neu angeordnet, sondern es entsteht aus ihnen eine völlig neue Substanz. Genaugenommen sind die Elemente Wasserstoff und Sauerstoff keine *aktuellen* Bestandteile des Wassers. Sie sind vielmehr nur potentiell im Wasser vorhanden und können nur durch chemischen Abbau wiedergewonnen werden, wobei das Wasser zerstört wird, genauso wie Wasserstoff und Sauerstoff bei der Entstehung des Wassers ihre Eigenschaften aufgeben müssen. Dasselbe gilt für jede andere chemische Verbindung im Vergleich zur einfachen Mischung. Im Kochsalz oder Natriumchlorid geben sowohl das Natrium wie das Chlor ihre charakteristischen Eigenschaften auf und bilden eine neue Einheit. Die physikalischen Eigenschaften des Kochsalzes unterscheiden sich grundlegend von denen des Natriums und des Chlors.

Was wir also üblicherweise als die «Bestandteile» von Verbindungen betrachten, sind nicht Teile in dem Sinn, wie Backsteine

Teile eines Gebäudes darstellen, denn hier behält jeder Stein seine Individualität und seine Eigenschaften bei und muß keine Verwandlung seiner Stofflichkeit durchmachen. Die Einheit einer chemischen Verbindung ist nicht die Einheit eines Haufens. Im Gegenteil, die Form, die den umgewandelten Teilen zukommt, ist die Quelle einer neuen Einheit der Substanz.

Heisenberg sprach von den «Naturgesetzen, die die Formen der Materie bestimmen».[41] Die Chemie hat uns gezeigt, daß nicht jedes Element die Möglichkeit besitzt, die Form einer gegebenen Verbindung anzunehmen. Wasser läßt sich nicht durch Vereinigung von Sauerstoff und Stickstoff herstellen. Die richtigen Materialien verbinden sich auch nicht in beliebigen Mengenverhältnissen zum neuen Stoff. Wasser entsteht nur dann, wenn volumenmäßig doppelt soviel Wasserstoff wie Sauerstoff zusammenkommen. Wenn diese Elemente in gleicher Menge zusammengefügt werden, entsteht daraus nicht Wasser, sondern Wasserstoffperoxid.

Selbst wenn die richtigen Zutaten in den passenden Mengenverhältnissen vorhanden sind, entsteht daraus noch keine neue Substanz, wenn die Kombination nicht in der richtigen Reihenfolge geschieht. Manche Stoffe bestehen aus denselben chemischen Bestandteilen, doch sind die Teile unterschiedlich angeordnet. Solche Stoffe nennen wir Isomere, von griechisch *isos* und *meron*, «gleicher Teil». Die Isomere haben unterschiedliche physikalische, chemische und biologische Eigenschaften. Zum Beispiel haben zwei chemische Substanzen die Bruttoformel C_2H_6O. Die eine ist der allen wohlbekannte Ethylalkohol mit einem Siedepunkt bei 78,5 °C. Die andere ist Dimethylether, ein giftiges Gas, das bei −23 °C siedet. Es wird industriell hergestellt und als Kühlmittel verwendet. Wenn man die Modelle in der Abbildung 2.3 studiert, wird schnell klar, daß die Elemente auf zwei und nur zwei verschiedene Weisen kombiniert werden können, welche die Gesetze der chemischen Valenz respektieren, die vier Bindungen für den Kohlenstoff, zwei für den Sauerstoff und eine für den Wasserstoff verlangen. Die Chemiker Harold Hart und Robert Schuetz meinen dazu: «Entsprechend diesen beiden möglichen Anordnungen wurden zwei und nur zwei Substanzen mit der Formel C_2H_6O gefun-

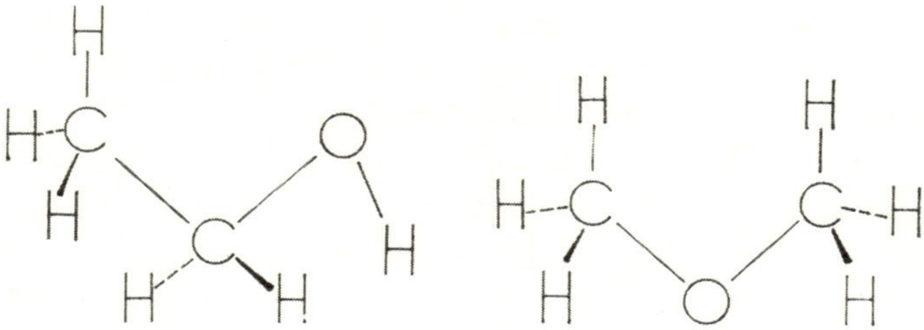

A B

Strukturformeln

CH_3-CH_2-OH CH_3-O-CH_3

Abgekürzte chemische Formeln

Ethylalkohol Dimethylether

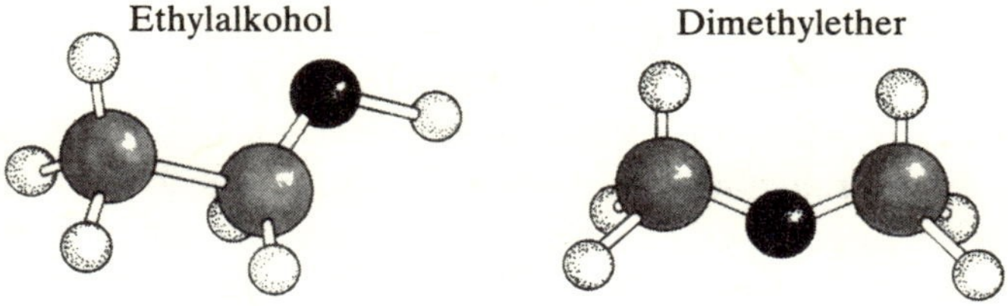

Dreidimensionale Modelle

Abbildung 2.3. Ethylalkohol und Dimethylether. Zwei Kohlenstoffatome, sechs Wasserstoffatome und ein Sauerstoffatom können aufgrund der chemischen Valenzen auf zwei und nur zwei Weisen miteinander verbunden werden. Das Ergebnis sind zwei Verbindungen mit derselben Bruttoformel (C_2H_6O), die jedoch eine unterschiedliche Struktur und damit andere Eigenschaften aufweisen. Die Struktur ist in erster Linie für die Identität einer Substanz verantwortlich, nicht die materiellen Komponenten.

den. Die eine ist Ethylalkohol (Spiritus, Trinkalkohol), der bei normaler Raumtemperatur flüssig ist; die andere ist das Gas Dimethylether. Wegen der unterschiedlichen Anordnung der Atome in den Molekülen zeigen diese Verbindungen auch unterschiedliche physikalische und chemische Eigenschaften. Die Strukturformeln A und B (siehe Abbildung 2.3) sagen uns, daß diese Substanzen sehr verschieden sein müssen, während uns die Bruttoformel C_2H_6O nichts darüber verrät.»[42]

Die Isomere zeigen uns deutlich, daß primär die Struktur oder Form für die Identität einer Verbindung verantwortlich ist und nicht so sehr die materiellen Bestandteile. Übrigens dürfen wir nicht den Unterschied zwischen den eigentlichen Verbindungen und den Modellen vergessen, die uns das Nachdenken über diese Stoffe erleichtern. Während die Kugeln und Stifte neu angeordnet werden, ohne selbst verändert zu werden, werden die Atome bei jedem Umbau selbst umgewandelt. Wenn jedes Atom seine Individualität beibehielte, könnte keine neue Substanz daraus hervorgehen, wie groß auch die Veränderungen sonst sein mögen. So nützlich diese Modelle auch sind, um sich Moleküle vorzustellen, sie führen in die Irre, wenn man sie allzu konkret auffaßt. Erinnern wir uns an die Warnung des Physikers Freeman Dyson in Kapitel 1, nie zu vergessen, daß Atome nun mal keine kleinen harten Bälle sind.[43]

Dasselbe Verhältnis zwischen dem Potentiellen und dem Aktuellen ist auf der subatomaren Ebene wirksam, wenn sich Teilchen zu Elementen zusammenschließen. Das Wasserstoffatom besteht nicht nur aus einem Proton und einem Elektron. Es bildet vielmehr eine neue Einheit, eine neue Form, die diesem Proton und dem Elektron auferlegt wird und in der sie ihre separaten Identitäten verlieren. Der Wasserstoff hat ganz andere Eigenschaften als das Proton und das Elektron für sich genommen. Ein Anzeichen für diese neue Einheit finden wir in der Tatsache, daß ein Wasserstoffatom eine geringere Masse als die Summe der Massen des Elektrons und des Protons aufweist. Um also das Wasserstoffatom in ein Proton und in ein Elektron zu spalten, ist Energie notwendig. Bei diesem Vorgang treten die Partikel aktuell hervor, die im Wasserstoffatom potentiell enthalten waren.

Wir könnten viele weitere Beispiele anführen, doch reichen diese aus, um zu zeigen, daß die *Form* die Quelle der Einzigartigkeit, der Neuheit und Wirksamkeit auf jeder Ebene ist. Diese Lektion der Physik und der Chemie ermöglicht uns die Beilegung eines langjährigen Streits, der in der Biologie zwischen Reduktionisten und Anhängern der Emergenztheorie herrscht. Der Reduktionismus (siehe Kapitel 1) will ja alle Phänomene, einschließlich des Lebens und des Menschen, auf die Gesetze zurückführen, die zwischen Elementarteilchen herrschen. Die Anhänger der Emergenztheorie halten diese Erwartung für naiv und für eine allzu große Vereinfachung. Ernst Mayr argumentiert: «Die Versuche einer ‹Reduktion› rein biologischer Phänomene oder Begriffe auf Gesetze der Physik und verwandter Naturwissenschaften haben selten, wenn überhaupt jemals, zu irgendwelchen Fortschritten unseres Verständnisses geführt. Die Reduktion ist bestenfalls ein nichtssagender, noch häufiger aber ein irreführender und nutzloser Ansatz... Systeme haben fast immer die Besonderheit, daß sich die Eigenschaften des Ganzen nicht (und zwar nicht einmal in der Theorie) aus einer auch noch so vollständigen Kenntnis der Bestandteile, einzeln genommen oder in anderen Teilkombinationen, ableiten lassen. Man bezeichnet dieses Auftreten neuer Eigenschaften in einem Ganzen als *Emergenz*.»[44] Mayr führt Beispiele für biologische Phänomene an, die sich nicht im Sinne des Reduktionismus weiter zurückführen lassen: «Arten, Konkurrenz, Revier, Migration und Überwinterung sind Beispiele organismischer Erscheinungen, bei denen eine rein physikalische Beschreibung bestenfalls unvollständig und gewöhnlich biologisch irrelevant ist.»[45] Medawar pflichtet dem bei: «Es macht einfach keinen Sinn zu behaupten, man könne politische und soziologische Begriffe wie Wahlreform und Außenhandelsdefizit ‹mit den Begriffen der Biologie interpretieren›. Kaum weniger idiotisch ist die Annahme, man könne sie mit den Begriffen der Physik und Chemie definieren.»[46]

Positiv ausgedrückt, anerkennt die Emergenztheorie die absolute Neuartigkeit, die auf jeder Organisationsstufe in der Natur auftritt. Sie bestätigt, daß es wirkliche Unterschiede zwischen den

Erscheinungsformen gibt, und respektiert deren Hierarchie in der Natur. Medawar sagt es ganz einfach: «Jedes Subjekt auf einer höheren Ebene enthält Ideen und Konzepte, die nur ihm eigentümlich sind. Das sind die Eigenschaften der ‹Emergenz›.»[47] Leben, Empfindung und Geist gehören dazu.

Wo aber ist der *Ursprung* dieser neuen Ganzheit? Wird das Komplexe auf einfachere Bestandteile zurückgeführt, so ist das Reduktionismus. Gibt es für die Eigenschaften dieser höheren Ebene keine Erklärung, so sind sie irrational und haben keine Ursache. Mayr selbst muß zugeben, daß «die Emergenz ein beschreibendes Konzept ist, das – vor allem in komplexeren Systemen – der Analyse nicht zugänglich zu sein scheint».[48]

Der Reduktionist behauptet, daß nichts wahrhaft Neues auf höherer Ebene zutage treten kann, solange eine Verbindung oder Erklärung zwischen den verschiedenen Ebenen möglich ist. Der Vertreter der Emergenztheorie hält dem entgegen, es könne keine Verbindung zu Früherem geben, da diese Neuartigkeit ja wirklich existiere. Der erste zerstört die Unterschiede zwischen den Dingen, der zweite ihre Erkennbarkeit.

Doch gehen beide Schulen von einer falschen Vorstellung aus im Hinblick auf die Beziehung zwischen den verschiedenen Ebenen. Beide nehmen an, die natürlichen Einheiten seien nichts anderes als Aggregate der kleinsten Teilchen und diese selbst seien völlig aktuell. Wenn wir die Komponenten auf jeder Ebene jedoch als potentiell und nicht aktuell auffassen, können wir sowohl Neuartigkeit wie Rationalität beibehalten. Die höhere Form ist neu und ganz anders und stellt keine Mischung oder Verbindung niederer Formen dar. Sie läßt sich aber mit deren Begriffen *verstehen* (zumindest bis zur Ebene der Pflanze). Die höheren Formen aktualisieren die Potenzen der niedereren Formen. Die Formen des Natriumchlorids kann man zum Beispiel verstehen, indem man sich auf die Formen des Natriums und des Chlors bezieht. Natriumchlorid hat nicht dieselben Eigenschaften wie seine Bestandteile, doch beruhen seine Eigenschaften auf denen der Bestandteile, und wir können sie als Weiterentwicklungen auf einer neuen Ebene betrachten. Die Emergenz des Kochsalzes, entstanden aus der Vereinigung von Natrium und Chlor, ist weder nichtig noch irrational. Das Salz ist eine völlig neuartige Substanz und mithin klar erkennbar. In ähnlicher Weise läßt sich die Form des Natriums mit Hilfe der Potenzen von Protonen, Neutronen und Elektronen verstehen. Ein guter Atomphysiker kann uns erklären, warum Natrium gerade diese und jene physikalischen und chemischen Eigenschaften aufweist. Feynman bemerkt dazu, daß «die fundamentale theoretische Chemie tatsächlich Physik»[49] sei. Dies schmälert in keiner Weise die Einzigartigkeit des Natriums oder des Kochsalzes.

Diese Prinzipien lassen sich leicht auf lebende Dinge anwenden. Der Organismus ist am besten zu verstehen, wenn wir ihn als Höhepunkt einer langen Hierarchie natürlicher Formen betrachten. Angefangen von den subatomaren Teilchen über die Elemente, die Moleküle, die Verbindungen und Mineralien, die Viren bis hin zu den Lebewesen beobachten wir, wie immer mehr Aktualität, Stabilität, bessere Wirksamkeit und größere Vielfalt in den Vordergrund treten.

Es gibt zum Beispiel nur sechs stabile subatomare Partikel: das Photon, das Proton, das Elektron, das Neutron und zwei Arten von Neutrinos. (Genaugenommen ist das freie Neutron instabil; seine mittlere Lebensdauer beträgt rund 16 Minuten.) Sie wachsen nicht und pflanzen sich auch nicht fort. Sie haben kein «Innenleben», und wie alle unbelebten Dinge handeln sie nur, wenn Kräfte von außen auf sie einwirken. Die Sphäre ihrer Wirkkraft ist sehr beschränkt, obwohl innerhalb dieser Grenzen viel Energie verfügbar ist. Sterne nutzen diese Energiequelle und produzieren in thermonuklearen Vorgängen Licht und Wärme, wobei schwerere Elemente als Nebenprodukte entstehen. Die Astronomen sprechen vom «Lebenszyklus» der Sterne, doch das «Leben» eines Sterns wird strikt von der Anfangsmasse bestimmt. Eine Wasserstoffwolke mit einer Masse von einem Zwanzigstel oder weniger der Sonnenmasse ist zwar kohärent, doch ist die innere Anziehungskraft zu gering, um genug Druck für die thermonukleare Verbrennung zu erzeugen. Dies führt zur Bildung eines «Beinahe-Sterns» wie des Planeten Jupiter, der mehr Energie erzeugt, als er von der

Sonne bekommt. Sein Innendruck reicht aber noch nicht aus, um nukleare Reaktionen in Gang zu setzen. Ein Stern kann nicht wirklich wachsen oder sich fortpflanzen. Er ist mehr ein Aggregat als eine Einheit.

Die Wechselwirkung der subatomaren Partikel führt zur Bildung der ungefähr hundert natürlich vorkommenden Elemente. Sie zeigen eine viel größere Variabilität und Wirkkraft als das Proton, das Elektron, das Neutron oder Neutrino. Auf einer höheren Organisationsebene finden wir Verbindungen, organische Moleküle und Mineralien, jedes davon mit seinen besonderen Eigenschaften und Fähigkeiten. In dieser Größenordnung verschwindet die Unbestimmtheit der Quantentheorie, und die Dinge gewinnen an Stabilität.

Aufgrund seiner Struktur hat ein komplexes organisches Molekül eine «Innenseite» von Qualitäten. Es kann aber mit nichts anderem in Wechselwirkung treten, ohne seine Identität zu verlieren. Auf dieser Ebene wären bereits mehr Aktivitäten möglich, doch verfügt das Molekül selbst noch nicht über die nötige Ausrüstung, sie zu entdecken. Oparin bemerkt dazu: «Jede organische Verbindung kann auf sehr unterschiedliche Weise reagieren, sie verfügt über erstaunliche chemische Möglichkeiten, doch außerhalb des lebenden Körpers ist sie extrem ‹faul› und nutzt diese Möglichkeiten nur sehr langsam.»[50]

Kristalle wachsen nur durch Hinzufügungen an der Außenseite. Eine Umwandlung der Substanz wie beim pflanzlichen und tierischen Wachstum ist damit nicht verbunden. Jacob meint zu dem Versuch, organische Funktionen per Analogie zu Kristallen erklären zu wollen: «Das ist eine alte Analogie, die schon vor mehr als zwei Jahrhunderten herangezogen wurde, um die Form, das Wachstum und die Reproduktion der organisierten Wesen zu erklären. Jedoch mußte dieser Vergleich aufgegeben werden, als die physikalische Struktur eines vollkommenen Kristalls aufgeklärt wurde. In einem derartigen Kristall wiederholt sich ein und dasselbe Motiv in allen drei Dimensionen. Er besteht vom Zentrum bis zur Oberfläche aus der regelmäßigen Anordnung von Atomen. Das unzugängliche Innere der Struktur ist von jeder Funktion ausgeschlossen. Der Kristall kann allein durch Hinzufügen von Elementen an der Oberfläche wachsen. Er kann sich nicht reproduzieren.»[51]

Wie beim «Wachstum» eines Feuers begrenzt überdies kein inneres Prinzip das Wachstum der Kristalle. Die Kristallographin Elizabeth Wood schreibt: «Kristalle sind aus außerordentlich kleinen strukturellen Einheiten aufgebaut; sie wiederholen sich alle nebeneinander, unbegrenzt in alle Richtungen. Ein vollkommener Kristall ist ein *homogener* Körper. Jeder kleine Ausschnitt sieht genauso aus wie jeder andere kleine Ausschnitt.»[52]

Wenn kein Unterschied zwischen den verschiedenen Teilen eines Kristalls besteht, dann kann auch kein Teil auf einen anderen einwirken. Da schließlich Kristalle von außen her wachsen, sind ihre möglichen Strukturen auch zahlenmäßig begrenzt, denn sie werden von der Geometrie diktiert. Die Mathematik sagt uns, daß es nur 32 Symmetrieklassen der Kristalle geben kann. Die 230 Typen kristalliner Strukturen, die in der Natur vorkommen, sind alle einer dieser Klassen zuzuordnen.

Die Viren stellen eine viel höhere Organisationsstufe dar. Sie sind ungefähr 1000mal so groß wie ein Proteinmolekül, doch ist das durchschnittliche Virus nur unter dem Elektronenmikroskop zu erkennen. Viren nehmen gewisse Lebensfunktionen vorweg und werden von einigen Forschern als rudimentäre Lebewesen bezeichnet. Bei genauerem Hinsehen läßt sich dies jedoch nicht aufrechterhalten, denn sie zeigen nicht die Aktivitäten echten Lebens. Linus Pauling schreibt dazu:

«Nachdem die Partikel gebildet sind, wachsen sie nicht mehr. Sie nehmen keine Nahrung auf und führen auch keine Stoffwechselvorgänge durch. Soweit man mit Hilfe des Elektronenmikroskops und anderer Forschungsmethoden erkennen kann, sind die individuellen Teilchen der Viren miteinander identisch und zeigen auch keine Veränderungen im Laufe der Zeit. Das Phänomen des Alterns kennen sie nicht. Die Virusteilchen haben offensichtlich auch keine Möglichkeit zur Fortbewegung, und anscheinend antworten sie auch nicht auf äußere Reize, wie dies größere Lebewesen tun.»[53] Die Viren haben keine Zellmembran, um gewisse

Stoffe selektiv aufnehmen zu können; sie assimilieren keine Nahrung und haben keine Möglichkeit, Energie zu erzeugen. Das alles sind aber typische Tätigkeiten selbst der einfachsten Zelle. Das Virus bleibt ein in sich geschlossenes System.

Pauling erwähnt die Fortpflanzung als die einzige für das Leben typische Aktivität der Viren. Aber auch hier handelt es sich nicht um eine echte Fortpflanzung, wie wir sie bei Pflanzen und Tieren finden, wo ein Mutterindividuum ohne Selbstzerstörung ein anderes ihm ähnliches Wesen erzeugt, sei es durch eine Veränderung an sich selbst, etwa durch Zweiteilung wie beim Pantoffeltierchen, oder durch Produktion eines Samens oder Eies, welches sich dann unabhängig zu einem erwachsenen Lebewesen derselben Art entwickelt. Die Viren verfügen weder über Eier noch über Samen, und sie vermehren sich auch nicht durch Teilung. Sie sind notwendigerweise Parasiten. Da sie über keinen eigenen Stoffwechsel verfügen, haben sie keine Kontrolle über sich selbst und können sich somit auch nicht außerhalb einer lebenden Zelle reproduzieren. Die Bildung der Repliken geschieht nicht dadurch, daß das Virus die Zelle auffrißt und deren Materialien in neue Viren umbaut. Ganz im Gegenteil: Das Virus oder mindestens dessen Nukleinsäure wird von der Zelle absorbiert; die fremde Nukleinsäure verfügt dann über die Materialien und Energiequellen der Zelle. Und, ganz anders als bei der Reproduktion von Pflanzen und Tieren, erfordert die Replikation bei den Viren die Auflösung des «Elternvirus». Pauling folgert daraus, daß das Virus deswegen nicht zu den Lebewesen gehört: «Wenn wir ... fordern, daß Lebewesen die Fähigkeit besitzen, einige Stoffwechselreaktionen durchzuführen, dann beschreibt man die Pflanzenviren am besten als Moleküle (allerdings mit einer Masse in der Größenordnung von zehn Millionen), deren Struktur es ihnen erlaubt, eine chemische Reaktion in einem bestimmten Medium zu katalysieren, was zur Synthese untereinander identischer Moleküle führt.»[54]

Daß Viren keine Lebewesen sind, geht auch aus anderen ihrer Eigenschaften hervor. Man kann sie ähnlich wie Maschinen ohne Schaden auseinandernehmen und wieder zusammensetzen. Im Jahr 1955 zerlegten an der University of California die Biochemiker Heinz Fränkel-Court und Robley Williams das Tabakmosaikvirus mit chemischen Methoden in seine Bestandteile, nämlich RNS und Protein. Das isolierte Protein war völlig inaktiv, und die Aktivität der Nukleinsäure erwies sich als sehr reduziert. Als man die beiden Komponenten wieder in einem Behälter zusammenbrachte, verbanden sich die Teile erneut zu einem aktiven Virus, das eine dem ursprünglichen Virus ähnliche Struktur aufwies und wie dieses auf Blättern das Tabakmosaik hervorrief.

Viren werden wie Maschinen von außen her aufgebaut. Lebewesen hingegen wachsen von innen heraus, und das gilt selbst für das einfachste Bakterium, wie Jacob bemerkt: «Es ist nicht ausgeschlossen, daß man in der Zukunft Tausende von chemischen Verbindungen, aus denen die Bakterienzelle zusammengesetzt ist, eine nach der anderen synthetisieren wird. Doch besteht keine Aussicht, daß *sämtliche* dieser Verbindungen fehlerfrei zusammengesetzt werden könnten und man ein komplettes Bakterium aus einem Reagenzglas hervorgehen sehen wird.»[55]

Aus denselben Gründen ist die Form eines Virus von den physikalischen und chemischen Erfordernissen determiniert. Echtes Wachstum bei Pflanzen und Tieren hingegen führt zu Formen, die nicht allein mit physikalischen Gesetzen erklärt werden können. Der Molekularbiologe Salvador Luria weist auf den Unterschied hin: »Wenn man den Aufbau der Hülle von Viren mit dem Elektronenmikroskop sorgfältig untersucht, stellt sich heraus, daß die Proteinmoleküle gemäß den wohlbekannten Prinzipien der Festkörpergeometrie angeordnet sind, die auch von den Architekten angewendet werden, wenn sie unter Verwendung von gleichförmigen Bauelementen annähernd kugelförmige Dachkonstruktionen von größter Tragfähigkeit erreichen wollen. Die Eiweißkapseln der Viren erinnern sehr stark an Buckminster Fullers Gewölbe.

Die vollkommene geometrische Gestalt der viralen Kapseln ist mindestens so bemerkenswert wie die symmetrische Gestalt der Seesterne und Seeigel. Bei diesen Tieren wie bei allen komplexen Organismen geht die Gestalt jedoch aus einem komplizierten Entwicklungsprozeß hervor, der auf interzellulären Wechselwirkungen beruht, deren verwickelten Mechanismus wir noch nicht kennen. Die Gestalt des Virus ergibt sich ganz einfach aus dem Zusammenschluß von Proteinmolekülen, die – wie alle molekularen Strukturen – einen Zustand minimaler Energie anstreben.»[56]

Man kann leicht den Beweis antreten, daß nur Dinge, die von innen her gewachsen sind, jene fünffache Symmetrie aufweisen können, wie wir sie bei Seesternen und Seeigeln antreffen. Eine solche Symmetrie ist geometrisch ausgeschlossen, wenn das Wachstum von außen her stattfindet.

Viren nehmen Formen an, die man mathematisch voraussagen kann. Mercer meint dazu: «Aus Gründen der Geometrie und der Energie kann eine Virushülle aus identischen Partikeln auf zwei Weisen aufgebaut werden: in Zylinderform mit spiraliger Symmetrie oder in Form einer sich selbst schließenden Schale.»[57] Das Adenovirus, das die menschlichen Atmungsorgane befällt, ist deswegen ein Ikosaeder, während das Tabakmosaikvirus aus einer RNS-Helix besteht, die von ungefähr 2000 identischen Protein-Untereinheiten geschützt wird (siehe Abbildung 2.4).

Viren sind also keine Lebewesen. Sie sind zu klein, um Lebensfunktionen besitzen zu können, und sie verfügen dazu auch nicht über eine hinreichende Mannigfaltigkeit ihrer Bestandteile. In der Biologie ist wie in der Physik ein Prinzip der Quantentheorie gültig: Unterhalb eines bestimmten Organisationsgrades kann es kein Leben geben. Die einzigartige Organisation des Lebens wird weitgehend anerkannt, so schreibt zum Beispiel Niels Bohr: «Analogien aus der Chemie geben, ähnlich wie der frühere Vergleich zwischen Leben und Feuer, keine bessere Erklärung für die lebenden Organismen, als sie etwa aus der Ähnlichkeit zwischen Lebewesen und so rein mechanischen Vorrichtungen wie Uhrwerken hervorgeht. Ohne Zweifel muß man die wesentlichen Charakteristika der Lebewesen in ihrer eigentümlichen Organisation suchen. Die Merkmale, die man mit Hilfe der üblichen Mechanik untersuchen kann, sind mit typisch atomistischen Zügen so verwoben, daß es im anorganischen Bereich kein Gegenstück dazu gibt.»[58]

Aktivität eignet dem Wesen des Lebens mehr als die Struktur, denn die Struktur existiert zum Zweck der Aktivität. Der Schlüssel zum Lebewesen liegt in seiner auffallenden Aktivität. Ein Lebe-

Abbildung 2.4. Dreidimensionale Modelle des Adenovirus und des Tabakmosaikvirus mit identischen, untereinander vertauschbaren Untereinheiten. Die vollkommene geometrische Form eines Virus beruht auf der Anordnung der Proteinmoleküle, die wie alle Molekularstrukturen zu einem Zustand minimaler Energie tendiert.

wesen kann sich selbst verändern; es kann aus eigener Initiative handeln oder nicht handeln und wird dabei nicht von äußeren Kräften bestimmt. Das Tier oder die Pflanze wächst nicht immer und pflanzt sich nicht immer fort, selbst wenn Nahrung reichlich vorhanden ist. Nichtlebende Dinge haben keine Kontrolle über ihre Aktivitäten. Sie sind entweder stets in Aktion oder werden von außen her zur Aktivität gezwungen. Keine Maschine schaltet sich selber ein. Sie muß eingeschaltet oder zumindest an ihre Energiequelle angeschlossen werden. Selbst Mechanismen mit eingebauten Thermostaten und Zeitgebern muß man vorher einstellen, sei es in der Fabrik oder zu Hause. Der Verhaltensforscher Niko Tinbergen meint dazu: «Eine der auffälligsten Eigenschaften der Lebewesen besteht darin, daß sie nicht *mehr* tun als verlangt wird. Anders als die meisten Maschinen müssen sie nicht von außen her ein- und ausgeschaltet werden. Sie haben etwas eingebaut, das diese Aufgabe im richtigen Augenblick übernimmt.»[59]

Der Antrieb zum Handeln oder Nichthandeln kommt beim Lebewesen von innen heraus, wird allerdings von äußeren Bedingungen beeinflußt. Lebewesen bewegen sich selbst, nicht nur durch die Bewegung einzelner Teile, sondern durch *qualitative* Veränderungen jener Teile. Tiere und selbst Pflanzen zeigen beispielsweise einen überraschenden Grad der Selbstregulation im Hinblick auf die Temperatur. Bei Experimenten im Freiland waren die Blätter der Gauklerblume wärmer als die sie umgebende Luft, wenn diese eine Temperatur von 30 Grad oder darunter aufwies. Lag sie darüber, so waren die Blätter hingegen kühler. Andere Pflanzen lieferten ähnliche Ergebnisse.[60] Unbelebte Objekte nehmen einfach die Temperatur der Umgebung an. Lebewesen jedoch zeigen ihre Autonomie dadurch, daß sie metabolisch zuviel erzeugte Wärme über einen Wasserverlust ausgleichen und damit ihre Ansprüche an die Umweltbedingungen befriedigen. Ein Lebewesen kann sich selbst verändern und übt damit über seine Handlungen einen Grad der Kontrolle aus, wie wir ihn niemals in der unbelebten Natur finden. Sinnott sieht in der Selbstregulation *das* Kennzeichen des Lebens: «Die Eigenart der gelenkten Selbstregulation ist ein einzigartiges biologisches Phänomen – egal, welche Beziehungen zu chemischen und physikalischen Vorgängen am Ende dahinterstehen mögen. Das Verständnis dieser Selbstregulation wird meiner Meinung nach einen Schlüssel zum Verständnis des Lebens selbst darstellen.»[61]

Die einzigartige Einheit, Organisation und Aktivität des Organismus geht aus seiner einzigartigen *Form* hervor. Diese natürliche Gestalt ist kein Gespenst: In der Anlage wird diese Form nur in und durch die physikalischen und chemischen Eigenschaften der Materie wirksam und kann von ihr *nicht* getrennt werden. Die natürliche Gestalt geht zugrunde, wenn die Einheit oder Struktur des Lebewesens zerstört wird.

Zusammenfassend läßt sich sagen, daß Lebewesen sich ohne Zerstörung selber fortpflanzen. Der Organismus kann wachsen – das heißt an Masse gewinnen –, behält dabei aber seine charakteristische Form bei. Er kann sogar eine neue Mannigfaltigkeit von Teilen heranwachsen lassen. Er kann andere Dinge in körpereigene Substanz umwandeln, ohne seine Identität dabei zu verlieren. Alle diese Handlungen – Fortpflanzung, Wachstum, Selbstregulation und Ernährung – zeigen die Wirkkraft des Organismus. Auf eine sehr reale Weise meistert selbst die Pflanze die materielle Welt. Um ihr Ziel zu erreichen, nutzt sie physikalische Gesetze und anorganische Kräfte. Aus diesen vielen Gründen ist unter allen Naturdingen der Organismus das höchste.

3 Die Tiere und der Mensch – Unterschiede und Ähnlichkeiten

Wenn das Tier etwas Höheres darstellt als die Pflanze, so muß es eine neue Fähigkeit aufweisen, die über die vegetativen Funktionen hinausgehen. Diese Fähigkeit scheint die Sinneswahrnehmung zu sein. Das Maschinenmodell läßt die Sinneswahrnehmung oder die Bewußtheit bei Tieren nicht zu. Der Biologe Donald Griffin schreibt, «die Mehrzahl der Biologen und Psychologen neigt explizit oder implizit dazu, die meisten Tiere dieser Welt als Mechanismen, natürlich komplexe Mechanismen, aber dennoch als Roboter ohne Denkfähigkeit zu behandeln.»[1] Descartes, der als erster behauptet hatte, Tiere seien nichts anderes als komplizierte Maschinen, hielt es, wie weiter oben bereits erwähnt, nicht für nötig, eine Bewußtheit bei Tieren anzunehmen, um ihr Verhalten zu erklären: «Da die Kunst die Natur nachahmt und da der Mensch verschiedene Automaten bauen kann, bei denen die Bewegung ohne jedes Nachdenken erfolgt, erscheint die Annahme vernünftig, daß die Natur ihre eigenen Automaten hervorbringt, die in ihrer Ausführung viel vollkommener sind, nämlich alle Tiere.»[2] In seinem Traktat über den Menschen entwickelt Descartes eine strikt mechanistische Theorie des tierischen Verhaltens. Er nimmt darin unsichtbare, aber körperhafte Teilchen an, die «Tierseelen» (*Spiritus animales*), die von den Bewegungen der Sinne erregt werden und durch feine Poren ins Gehirn gelangen. Von dort fließen sie über die Nerven zu den Muskeln, wo sie eine Kontraktion und damit alle Bewegungen der Tiere hervorrufen.

Dies geschieht alles gemäß den Gesetzen der Mechanik und ohne Zuhilfenahme irgendwelcher Bewußtheit von seiten der Tiere.[3] Descartes vergleicht den Tierkörper mit einer Pfeifenorgel und mit Brunnenstatuen, die über hydraulische Mechanismen den Anschein einer selbstinitiierten Bewegung erwecken.[4]

Bei seiner Beschreibung des Körpers argumentiert Descartes, es bestünde keine größere Notwendigkeit, zur Erklärung der Bewegungen von Tieren eine Seele anzunehmen, als «für die Annahme einer Seele in einer Uhr, die bewirkt, daß diese die Stunden anzeigt».[5] Alles geschieht, gemäß der Anordnung der einzelnen Teile des Tieres. Nur der menschlichen Seele, die er dem menschlichen Intellekt gleichstellt, konzidiert Descartes die Existenz von Gefühlen, Empfindungen und Emotionen.[6]

Descartes' Theorie wurde zum biologischen Forschungsprogramm im Hinblick auf das Tierverhalten. Im Jahr 1874 schrieb der Biologe T. H. Huxley einen Esssay, in dem er Descartes' Hypothese verteidigte:

«Tiere sind nur Maschinen oder Automaten, nicht nur ohne Verstand, sondern auch ohne jede Art der Bewußtheit ... Descartes' Beweisführung ist völlig klar. Er geht aus von den Reflexen beim Menschen, von der unbezweifelbaren Tatsache also, daß in uns selbst koordinierte zweckgerichtete Handlungen ohne Beteiligung des Bewußtseins oder des Willens, ja sogar entgegen diesem stattfinden können. Wenn Handlungen eines bestimmten Komplexitätsgrades durch reine Mechanismen hervorgerufen werden, warum sollten dann noch komplexere Handlungen nicht auch das Ergebnis eines noch ausgeklügelteren Mechanismus sein? Was gibt es für Beweise dafür, daß die Tiere anderes als eine höhere Art von Marionetten darstellen, die ohne Vergnügen essen, ohne Schmerz schreien, nichts verlangen, nichts wissen und nur Intelligenz vortäuschen, wie die Honigbiene einen Mathematiker simuliert?»[7]

Descartes und Huxley behaupten, unsere eigenen inneren Erfahrungen mit Empfindungen, Erinnerungen, Emotionen und Bildern seien irrelevant für das wissenschaftliche Verständnis des Tierverhaltens. Wenn die Tiere kein derartiges inneres Leben besitzen, dann kann unsere eigene Erfahrung ihre Handlungen auch nicht erklären helfen.

Huxley behauptet, daß eine Bewußtheit, wenn es sie denn bei Tieren gäbe, nur als Nebeneffekt desselben Mechanismus entstünde und gar nicht fähig wäre, irgend etwas im Verhalten des Tieres zu bewirken: «Die Bewußtheit der Tiere wäre eng mit dem Mechanismus ihres Körpers verbunden, ein Nebenprodukt von dessen Funktionsweise sozusagen. Sie hätte gar nicht die Kraft, die Funktion irgendwie zu verändern, ebensowenig wie die Dampfpfeife einen Einfluß auf die Antriebsmaschine einer Lokomotive ausübt. Der Wille der Tiere, so sie überhaupt einen besitzen, ist eine Emotion, die physikalische Veränderungen anzeigt, und nicht ein Grund für solche Veränderungen.»[8]

Und wenn man alles, was die Tiere tun, ohne Bezug zu einer Bewußtheit erklären kann, warum sollte dann der Mensch eine Ausnahme darstellen? Huxley sieht keinen Grund, uns eine solche Ausnahmestellung einzuräumen: «Meiner Meinung nach gilt das Argument, das sich vorerst auf Tiere bezieht, ebensogut auch für den Menschen; und deswegen ... werden alle Bewußtheitszustände in uns selbst wie in den Tieren unmittelbar durch molekulare Veränderungen der Gehirnsubstanz hervorgerufen. Ich glaube, es gibt beim Menschen wie bei den Tieren keinen Beweis dafür, daß irgendein Bewußtseinszustand der Grund für eine Veränderung in der Bewegung eines Lebewesens ist . . . Das Gefühl, das wir Willen nennen, ist nicht die Ursache für einen Willensakt, sondern das Symbol für jenen Gehirnzustand, der den unmittelbaren Grund für jenen Akt darstellt.»[9] Hier finden wir den Beginn des Behaviorismus, der als eine starke Strömung in der Psychologie und in der Verhaltensforschung bis auf den heutigen Tag fortlebt. Im Lichte dieser Aussage können wir verstehen, warum viele moderne Psychologen meinen, die Existenz eines Bewußtseins, selbst des unsrigen, sei ungewiß. D. E. Hebb beispielsweise schreibt dazu: «Die Existenz eines Phänomens, das wir Bewußtsein nennen, stellt eine verehrungswürdige *Hypothese* dar, keine gegebene Tatsache und ohne direkte Beobachtungsmöglichkeit.» Lawrence S. Kubie meint: «Obwohl wir nicht ohne das Konzept des Bewußtseins auskommen, gibt es ein solches nicht.» Und K. S. Lashley erklärt: «Es gibt keinen direkten Nachweis für ein erfahrendes Selbst . . . Es ist unnötig, einen wissenden Menschen zu fordern.»[10] Dies erklärt auch die Beobachtung des Psychologen Gordon Allport: «Zwei Generationen lang haben die Psychologen jeden nur erdenklichen Weg zur Erklärung der Integration, der Organisation und der Bemühungen des menschlichen Wesens begangen, ohne auf die Forderung eines Selbst zurückzugreifen.»[11] Diese Erklärungen erinnern uns an die Antwort von Laplace auf Napoleons Frage nach der Rolle Gottes in der Mechanik: «Majestät, ich brauche diese Hypothese nicht», allerdings mit der Ausnahme, daß wir heute erfahren, unser eigener Geist sei wissenschaftlich überflüssig. Das Maschinenmodell schafft nicht nur eine Biologie ohne Leben, es erzeugt auch eine Psychologie ohne Geist und ohne Bewußtsein.

Die mechanistische Art der Erklärung des Menschen und der Tiere beruht auf dem Materialismus. Selbst Anhänger der Emergenztheorie, die den Reduktionismus ablehnen, halten an materialistischen Voraussetzungen im Hinblick auf die Natur des Geistes fest. Ragnar Granit beispielsweise sagt: «Wie viele andere Biologen glaube ich, daß Geist oder Bewußtheit eine neue Eigenschaft in der Evolution des Lebens darstellt. Dies setzt voraus, daß sie *in nuce* der Materie eignet, wie dies beim Insulinmolekül oder der DNS-Doppelhelix der Fall ist.»[12] Und Mayr meint dazu: «Die Emergenztheorie ist eine durch und durch materialistische Philosophie.»[13]

Im Hinblick auf das Verhalten der Tiere stellt der Materialismus den Dreh- und Angelpunkt dar. Kann die Materie und ihre Eigenschaften die bewußte Erfahrung erklären, die Gefühle, die Sinneswahrnehmungen, die Erinnerungen und die Emotionen? Sir Charles Sherrington, der Begründer der modernen Neurophysiologie, verneinte dies, nachdem er sein ganzes Leben lang über das Gehirn und das Nervensystem geforscht hatte: «Es hat sich ein radikaler Unterschied zwischen Leben und Geist gezeigt. Das Leben ist eine Angelegenheit der Chemie und der Physik; der Geist ist mit Chemie und Physik nicht faßbar.»[14] Wie wir im zweiten Kapitel gesehen haben, geschehen die vegetativen Vorgänge der Ernährung, des Wachstums und des Zellstoffwechsels nur mit Hilfe der physikalischen und chemischen Eigenschaften der Materie, obwohl die Pflanze eine Einheit und eine Selbstregulation aufweist, über die kein unbelebter Körper verfügt. Sherrington behauptet, die Handlungen des Bewußtseins würden die Mechanismen der Physik und der Chemie transzendieren.

Es ist ganz typisch, daß Lehrbücher die grundlegenden Unterschiede zwischen der Sinnesbewußtheit selbst und der dazu notwendigen Physiologie einfach verwischen. Sie erwecken den Eindruck, Beschreibungen der Strukturen und der physikalisch-chemischen Erscheinungen genügten, um die Sinneswahrnehmung als solche zu erklären. Der Molekularbiologe Gunther Stent beispielsweise meint jedoch, daß «die physiologischen Untersuchungen das zentrale Problem der visuellen Wahrnehmung völlig unberührt ließen ... Egal, wie tief wir in die Geschehnisse des Sehens eindringen, am Ende müssen wir einen ‹inneren Menschen› fordern, der das Gesehene in etwas Wahrgenommenes umwandelt.»[15] Die sinnlichen Qualitäten, die ein Mensch wahrnimmt, treten im Gehirn nie als solche auf. Das Gehirn ist in völliges Schweigen eingehüllt, selbst wenn der betreffende Mensch das ohrenbetäubende Pfeifen eines Düsenantriebs vernimmt. In ähnlicher Weise ist das vom Schädel umgebene Gehirn völlig in Dunkelheit gehüllt, selbst wenn der Mensch im grellsten Sonnenlicht steht. Unser Gehirn wird auch nicht kälter, wenn wir Schnee anfassen, und auch nicht härter, wenn wir Eisen berühren. Das Gehirn ist chemisch und physikalisch von den Gerüchen, Geräuschen, Temperaturen, Farben, vom Geschmack und von der Beschaffenheit der Dinge, die außerhalb des Schädels existieren, völlig *isoliert*. Nicht ein einziges Zuckermolekül der Praline in unserem Mund gelangt von den Geschmackspapillen in die Hirnrinde – und dennoch nehmen wir die Süßigkeit des Zuckers deutlich wahr. Das Gehirngewebe selbst nimmt nichts von der Säure einer Zitrone, die wir kosten, und nichts vom scharfen Geruch eines Stinktiers auf.

Untersuchungen zur Struktur ergründen das Geheimnis der Sinnesempfindung nicht, sondern vertiefen es. Wenn wir zum Beispiel hören, nimmt unser Außenohr Schallwellen auf und leitet sie wie durch einen Trichter zu einem ungefähr 2 Zentimeter langen Kanal, der mit dem Trommelfell endet. Dieses überträgt die Erschütterungen auf die Gehörknöchelchen des Mittelohrs. Diese wiederum wandeln die Erschütterungen in hydraulische Druckwellen in der flüssigkeitsgefüllten Schnecke um. Dort nehmen äußerst empfindliche Haare (siehe Abbildung 3.1) Druckunterschiede wahr. Die Haarzellen registrieren Bewegungen von der Größenordnung eines Atomdurchmessers und wandeln sie in elektrische Impulse um. Diese wandern durch die Zelle und geben winzige Mengen eines chemischen Stoffs an die Hörnerven ab. Die Nervenbahn sorgt für die Weiterleitung der Impulse ans Gehirn, wo die dort entstehenden räumlichen und zeitlichen Muster die Schallempfindung in uns hervorrufen. Nach so vielen mechanischen, elektrischen und chemischen Übersetzungen ist es erstaunlich, daß wir überhaupt etwas von der Außenwelt wahrnehmen.

Das Gehirn nimmt also keine Sinnesqualitäten von Objekten der Außenwelt auf physikalischem oder chemischem Weg auf. Mit Ausnahme von Nervenimpulsen geht nichts von den Sinnesorganen in das Gehirn über.[16] Wenn wir uns auf das Format einer Nervenzelle verkleinern könnten, was würden wir dann im Gehirn sehen? Ein Fremdenführer würde uns dann auf die verwickelten chemischen Veränderungen an den Synapsen aufmerksam machen. Sie ermöglichen die Übertragung eines Nervenimpulses von einem Neuron auf das andere. Wir könnten den Transport von Elektronen, Wechselwirkungen zwischen Ionen und die hektische chemische Aktivität von Enzymen in jeder Zelle sehen. Doch nirgendwo könnten wir den Burgunderwein sehen oder schmecken, den der Besitzer des Gehirns gerade trinkt, selbst wenn uns der Führer auf eine bestimmte Reihe elektrischer Impulse hinwiese, die mit diesen Empfindungen in Zusammenhang stehen. Nirgendwo könnten wir die Erinnerung an den ersten Schultag sehen oder die Einhornherde, die in der Phantasie einherstolziert, wenn der Besitzer des Gehirns den zweiten Satz von Beethovens Siebenter Sinfonie hört. Auch Emotionen könnten wir nicht als solche unterscheiden. Wir würden nie jenes typische Raum-Zeit-Muster

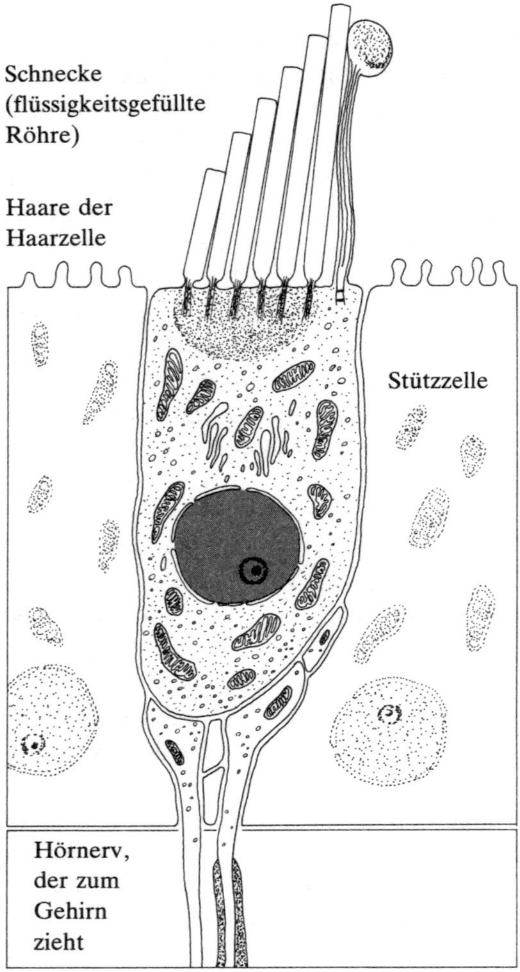

Abbildung 3.1. Eine Haarzelle im Innern der Schnecke des Innenohrs. Eine mechanische Verformung an der Spitze hat zur Folge, daß ein elektrischer Impuls an das untere Ende der Zelle gelangt. Dort wandert ein chemischer Botenstoff auf die Nervenendigungen. Die vielen mechanischen, elektrischen und chemischen Veränderungen stellen noch nicht die Wahrnehmung des Tones dar. Die wahrgenommenen Eigenschaften des Tones gelangen nie ins Gehirn, denn dieses ist in dauerndes Schweigen eingehüllt.

der Nervenaktivität als Zorn erkennen, das sich einstellt, wenn wir zum Beispiel einen Strafzettel bekommen haben. Dasselbe gilt für das komplexe elektrische Muster in den Nervenzellen bei Freude oder Angst oder Verzweiflung. Auf jeder Ebene begegnen wir nur den physikalischen Korrelaten von Empfindungen und Emotionen, niemals den Erfahrungen selbst.

Der Physiker Erwin Schrödinger behauptet, weder die Anatomie noch die Physiologie könne das Sinnesbewußtsein erklären, da sie beide den bewußten wie unbewußten Aktivitäten gemeinsam sind, aber nicht jeder Vorgang in den Nerven, und schon gar nicht im Gehirn, ist mit Bewußtsein verbunden, selbst wenn er in physiologischer und biologischer Beziehung einem «bewußten» Vorgang ähnelt.[17]

Die Farbempfindung, so meint Schrödinger, könne nicht mit dem objektiven Bild des Physikers von den Lichtquellen erklärt werden, und selbst wenn wir mehr als derzeit wüßten, über die Prozesse in der Netzhaut und die entsprechenden Vorgänge in den Faserbündeln des Sehnervs und im Gehirn, könnten wir doch nicht mehr über die Farb*empfindung* sagen.[18]

Aus diesen Gründen erklärt der Neurologe Sir John Eccles: «Bewußte Empfindungen ... unterscheiden sich in ihrer Art sehr von allen anderen Vorgängen im Neuronennetzwerk; dennoch stellen die Ereignisse im Neuronennetzwerk eine notwendige, aber noch keine hinreichende Vorbedingung für die Empfindung dar.»[19] Auf keiner Ebene gelingt es der Physik oder der Chemie, die Sinneswahrnehmung oder die Emotion zu erklären. Die Emotion gar gehört zu einer völlig neuen Realitätskategorie. Und hier hilft es auch nichts, auf die Emergenzeigenschaften der Materie zurückzugreifen. Die thermonukleare Verbrennung beispielsweise könnte man als Emergenzeigenschaft der Materie betrachten, die erst dann zutage tritt, wenn eine kritische Masse erreicht ist. Doch die Anziehungskraft, die für den nötigen Druck sorgt, ist selbst in der kleinsten Größenordnung der Elektronen, Protonen und Neutronen vorhanden. Obwohl wir die Anziehungskraft in den meisten Fällen vernachlässigen können, ist sie auf dieser Ebene dennoch präsent. Die Anziehungskraft, die notwendig ist, um den

Ofen eines Sterns zu entzünden, ist nur eine Angelegenheit der Intensität. Wenn wir dieses Modell auf die Tiere anwenden wollten, so müßten wir annehmen, daß ein Sinnesbewußtsein zu einem geringen Grad auch bei Molekülen und Atomen und der Elektrizität vorhanden ist und sich in voller Gestalt im Nervensystem der Tiere zeigt. Moleküle, Atome und die Elektrizität besitzen aber keinerlei Sinnesbewußtsein, auch nicht in einem ganz geringen Maß. Folglich ist das Sinnesbewußtsein keine Emergenzeigenschaft der Materie.

Wir können auch nicht damit argumentieren, daß das Tier in den Potenzen der niedrigeren Materieformen enthalten ist, so wie das Wasser aus den Potenzen des Wasserstoffs und des Sauerstoffs hervorgeht. Denn im Fall chemischer und mineralischer Formen sind die neuen Eigenschaften auf den höheren Ebenen in ihrer *Art* dieselben. Die Eigenschaften des Wassers unterscheiden sich von jenen des Wasserstoffs und des Sauerstoffs, doch Wasser zeigt dieselbe Art von Eigenschaften: Siedepunkt, Gefrierpunkt, Dichte, chemische Aktivität. Sinneswahrnehmungen jedoch, Einbildungen, Erinnerungen und Emotionen liegen völlig außerhalb der Ordnung physikalischer und chemischer Eigenschaften. Wenn wir sie also mit Hilfe der Eigenschaften der Materie zu erklären suchen, so handeln wir wie ein Astrologe, der menschliche Handlungen durch ihre Beziehung zu den Sternen und Planeten zu erklären versucht – das Verbindungsglied fehlt.

Wir haben im zweiten Kapitel gesehen, daß die Pflanze über der unbelebten Materie steht, obwohl alle ihre Prozesse die Gesetze der Physik und der Chemie respektieren und sogar nutzen. Jede chemische Reaktion, die im Innern einer Pflanze stattfindet, kann zumindest im Prinzip in einem Reagenzglas wiederholt werden.

Bei allem, was die Pflanze tut, ist Materie in Bewegung. Das Lebewesen selbst kann jedoch nicht von außen her zusammengesetzt werden. Einzigartig ist also nicht so sehr, *was* die Pflanze produziert, sondern *wie* sie es produziert; die physikalischen und chemischen Ergebnisse gehen aus einer einheitlichen, koordinierten und sich selbst regelnden Wesenheit hervor.

Das Tier steht in zweierlei Hinsicht höher als die Pflanze. Zum einen transzendiert die Sinnesempfindung der Tiere die Kategorie der bewegten Materie. Das Sinnesbewußtsein und die Emotionen sind außerhalb des Tieres prinzipiell nicht reproduzierbar. Zum anderen besitzt das Tier Einheit, Koordination und Selbstregulation auf einer höheren Ebene als die Pflanze, denn das Tier kann sich bewußt mit Hilfe der Wahrnehmung der Welt ausrichten. Es stellt ohne Zweifel eine höhere Wirkkraft dar. Pflanzen verfügen über keine eigene Bewußtheit der Welt, obwohl sie auf gewisse physikalische Reize reagieren und mit Hilfe der Tropismen Empfindungen vorspiegeln können – zum Beispiel, wenn sie ihre Blätter in Richtung Sonne drehen.

Die Wahrnehmung läßt sich weder auf die Materie reduzieren, noch geht sie aus ihr im Sinne einer Emergenz hervor. Die Form, die dem Tier die Fähigkeit der Sinneswahrnehmung und Gefühlsempfindung verleiht, steht also auf einem weit höheren Niveau als die Form der Pflanzen, die auf vegetative Aktivitäten beschränkt bleibt.

Diese Schlußfolgerungen treiben uns nicht zu einem cartesischen Dualismus. Trotz der Transzendenz, der wir in Sinneswahrnehmungen und Emotionen begegnen, ist für alle diese Aktivitäten des Tieres immer noch ein Körperorgan unerläßlich. Ohne Auge und ohne Sehnerv und ohne den entsprechenden Abschnitt der Hirnrinde gibt es kein Sehen. Die elektrischen und chemischen Aktivitäten stellen nicht selbst Empfindungen dar. Sie machen sie nur möglich – sie sind notwendig, aber nicht hinreichend, wie Eccles meint. Dies erklärt, warum Drogen oder Gehirnschäden zeitweilig oder für immer die Sinneswahrnehmung verändern können.

Wenn wir über die Wahrnehmung der Tiere sprechen, sollten wir noch auf eines hinweisen: Nichts zwingt uns dazu, denselben Grad der Bewußtheit für alle Arten anzunehmen. Die einen verfügen über deutlich geringere Sinnesleistungen als andere. Das innere Leben einer Seepocke ist minimal im Vergleich zu dem eines Schimpansen. Und auch innerhalb derselben Kategorie der Sinneswahrnehmung gibt es ganz unterschiedliche Grade. Viele Würmer und Muscheln beispielsweise zeigen eine Lichtempfindlichkeit, die über ihre ganze Haut verteilt ist. Sie können keine Objekte sehen, sondern nehmen Licht wahr, wie wir die Wärme spüren. Dagegen besitzt das Wirbeltierauge eine Linse, die ein scharfes Bild eines bestimmten Gegenstandes, dreidimensional und in Farbe, liefern kann. Zwischen diesen beiden Extremen finden wir bei den verschiedenen Arten die unterschiedlichsten Grade der Sehfähigkeit.

Das Verhalten der Tiere

Wenn die Tiere wirkliches Bewußtsein besitzen, dann können es keine Maschinen sein und ihr Verhalten läßt sich auch nicht allein auf mechanische Gründe reduzieren. Es gibt viele Methoden, um herauszufinden, was Tiere erfahren. Bei höheren Tieren ist die Empfindungsfähigkeit evident. Wenn ein Tier ein Paar Augen aufweist, die in ihrem Aufbau nahezu identisch mit den unsrigen sind, so erfährt es damit ohne Zweifel eine Art Sehen. Diese Schlußfolgerung kann man durch Experimente ergänzen, etwa um die Sehschärfe, die Farbtüchtigkeit, die Wahrnehmung der Schärfentiefe, das Formunterscheidungsvermögen und das Sehen bei Nacht zu testen. Zu den Untersuchungsmethoden gehört nicht nur das Verbinden der Augen und das Überprüfen der Orientierungsfähigkeit in diesem Zustand, sondern auch das Einführen winziger Elektroden mit Hilfe chirurgischer Verfahren in den Sehnerv der Tiere. Die elektrischen Impulse, die mit der Wahrnehmung der Tiere in Zusammenhang stehen, werden auf dem Schirm eines Oszillographen abgebildet, so daß wir auf einem ziemlich direkten Weg selber sehen können, welche Reize das Auge dem Gehirn übermittelt und wie intensiv sie sind. Das Problem gestaltet sich schwieriger, wenn die Augen eines Tiers sich sehr stark von den unsrigen unterscheiden oder wenn es gar um Sinnesorgane geht, über die wir selbst nicht verfügen. Nehmen Honigbienen polarisiertes Licht wahr? Können Fledermäuse Töne hören, die oberhalb unserer Hörschwelle liegen? Solche Fragen kann man nur mit Experimenten beantworten.

Die Sinnesleistungen von Wirbeltieren sind wegen ihrer Ähnlichkeit mit den unsrigen evident. Aber auch wirbellose Tiere nehmen jene Reize wahr, die für ihr Leben wesentlich sind. Der Verhaltensforscher Niko Tinbergen konnte auf experimentellem Weg nachweisen, daß der Bienenwolf beispielsweise olfaktorische, visuelle und taktile Reize bei der Jagd und der Identifikation seiner Beute, der Honigbiene, verwendet.[20] Tinbergen zeigte auch, daß sich diese Wespe Landmarken um das Nest herum merkt und daß sie nach Jagdflügen mit großer Gewißheit wieder zurückfindet. Die Experimente, von denen einige in Abbildung 3.2 wiedergegeben sind, zeigen deutlich die Erinnerungsfähigkeit und das Formerkennungsvermögen des Bienenwolfs.[21] Ähnliche Nachweise konnte man für das Gedächtnis und das Formunterscheidungsvermögen von Honigbienen, Kraken und Vögeln führen. Die höchsten Tiere besitzen nicht nur eine überlegene Sinnesausrüstung, sondern sie verwenden diese auch auf raffiniertere Weise. Gewisse Primaten können visuelle Bilder in taktile umsetzen. Wir sprechen dabei von einer heteromodalen Transposition. Otto Koehler berichtet von einem Schimpansen, der aus einem Sack mit verschiedenen Spielsteinen jenen heraus*fühlen* konnte, der in der Form einem anderen, nur *gesehenen* Spielstein entsprach.[22] Davenport und Rogers stellten auf experimentellem Weg fest, daß «Orang-Utans und Schimpansen aufgrund taktiler Reize zwischen zwei Objekten unterscheiden und jenes auswählen können, das einem visuell präsentierten Muster entspricht», selbst wenn dabei eine große Zahl dreidimensionaler Objekte gezeigt wurde, die den Versuchstieren nicht bekannt waren.[23] Die heteromodale Transposition erfordert den Datenvergleich zweier verschiedener Sinne und liegt jenseits der Fähigkeiten vieler Tiere. Der Krake beispielsweise kann seine Fangarme nicht allein mit Hilfe seines Sehvermögens lenken. Die Biologin Helena Curtis schreibt dazu:

«Wenn ein Krake eine Krabbe hinter einer gläsernen Scheidewand sieht, stürzt er sich erregt auf sie, und wenn er an die gläserne Wand gelangt ist, preßt er sich gegen die Scheibe, wobei er die Fangarme krümmt. Ein Tentakel kann dabei zufällig über die Oberkante der Glasscheibe langen und dann die Krabbe packen. Der Krake jedoch antwortet weiterhin auf den visuellen Reiz der

Abbildung 3.2. Nachweis der Formwahrnehmung bei Insekten. Der Bienenwolf erinnert sich stets an auffällige Geländemarken um das Nest herum und findet mit ihrer Hilfe leicht wieder ins Nest zurück. Bei einem Versuch setzte Tinbergen einen Kreis von Kiefernzapfen um den Nesteingang herum, und die Wespe lernte es, ihn wiederzuerkennen (oben links). Als er den Kreis von Kiefernzapfen versetzte, suchte die Wespe in dessen Mitte und konnte den Eingang nicht finden, obwohl er nur 30 Zentimeter weit entfernt lag (oben rechts). Als Tinbergen die Kiefernzapfen zu einem Dreieck um den Nesteingang anordnete und gleich daneben einen Steinkreis baute, suchte die Wespe in dessen Innerem. Damit war bewiesen, daß sie von der Form des Kreises und nicht vom Aussehen der Zapfen selbst geleitet wurde (unten); (nach Tinbergen, 1965).

Krabbe und drückt sich aufgeregt gegen das Glas, als ob er die Beute verfolgte. Offensichtlich werden die Impulse, die vom Berührungsreiz des erfolgreichen Fangarms ausgehen, nicht mit den Reizen integriert, die vom Auge her eintreffen. Auch die Bewegung des Fangarms wird nicht erkennbar von der Tatsache beeinflußt, daß der Krake seinen Tentakel und die Beute sehen kann.»[24]

Die höheren Tiere zeigen deutlich Emotionen. Der Biologe Wolfgang Köhler erzählt von seinen Erfahrungen mit Schimpansen: «Was aber an Ausdrucksbewegungen vorhanden ist, stellt eine überaus große Mannigfaltigkeit dar, der gegenüber nicht allein die Ausdrucksmöglichkeiten niederer Affen, sondern sogar auch die des Orang als recht beschränkt wirken. Manches davon versteht der Mensch leicht, zum Beispiel Wut, Schreck, Verzweiflung, Jammer, Trauer, bittendes Verlangen, wohl auch noch spielerische Stimmung, Sichfreuen.»[25]

Einige Tiere zeigen eine deutliche Einbildungskraft. Bienen und Ameisen verwenden für ihre Orientierung innere Karten.[26] Und wir haben gute Gründe zu der Annahme, daß selbst Träume, Produkte der Imagination, bei höheren Tieren vorkommen. Dazu der Verhaltensforscher Donald Griffin: «Schlafende Hunde bewegen sich mitunter und geben Laute von sich in einer Weise, die daran denken läßt, daß sie träumen. Ihre Bewegungen ähneln dann denen beim Essen, Rennen, Beißen und selbst bei der Paarung. Manchmal knurren oder bellen sie auch. Einige Beobachter schlafender Tiere haben den Schluß gezogen, daß diese Bewegungen und Lautäußerungen mit Träumen einhergehen, die mit kürzlichen Erlebnissen zu tun haben. Menschliche Schläfer zeigen zwei unterschiedliche Typen von EEG-Potentialen. Das erste, ein Muster relativ niedriger Frequenz, ist das Merkmal tiefen Schlafs; das zweite, REM-Schlaf genannt, ist unregelmäßiger und gewöhnlich von raschen Augenbewegungen begleitet, die separat aufgezeichnet werden können von Elektroden aus, die in der Nähe des Auges angebracht sind. Weckt man menschliche Versuchspersonen aus einer dieser beiden Schlafarten auf, berichten sie mit weitaus größerer Wahrscheinlichkeit, daß sie während des REM-Schlafs geträumt haben ... Vergleichbare Aufzeichnungen von schlafenden

Vögeln und Säugetieren zeigen sehr ähnliche REM-Schlafmuster ..., was bedeutet, daß Säuger und Vögel träumen mögen.»[27]

Tiere können auch auswählen, welchen von den vielen eintreffenden Reizen sie bewußt aufnehmen wollen. Wir alle haben dies schon am eigenen Leib erfahren: Wenn wir unsere Aufmerksamkeit auf eine Stimme unter vielen in einem lauten Raum konzentrieren, können wir tatsächlich die anderen störenden Geräusche ausschalten. Die Abbildung 3.3 zeigt, wie man mit Hilfe einer Elektrode aufzeichnen kann, was ein Tier bewußt wahrnimmt und wie dieses Bewußtsein sich von einem Gegenstand auf den anderen verlagert. Das Tier besitzt eine höhere Wirkkraft, indem es bestimmen kann, welche sensorische Information, die mit seinen Fähigkeiten in Zusammenhang steht, zu einem Teil seines Bewußtseins wird und sein Verhalten beeinflußt. Das Tier ist ein Agens; Tiere werden nicht nur von äußeren Kräften gelenkt, wie Descartes annahm.

Dies führt uns zu einem verwandten Problem. Die Erkenntnis, daß ein Tier hört, sieht, sich erinnert, sich etwas vorstellt und Emotionen hat, ist die eine Sache; die andere Sache ist zu verstehen, *was* es sieht, wie seine mit den Sinnen wahrgenommene Welt aussieht. Die theoretische Kapazität der Sinnesorgane selbst definiert nicht die Welt eines Tieres; entscheidend ist vielmehr die Interpretation der Wahrnehmungen durch das Tier auf der Grundlage des Instinkts und der früheren Erfahrungen.

Tinbergen sagt dazu: «Obwohl alle dieselbe Welt teilen, kann man doch sagen, daß alle in unterschiedlichen Welten leben, denn jede Art nimmt nur jenen Teil der Umwelt wahr, der für ihren Erfolg wesentlich ist.»[28] Der Verhaltensforscher Jacob von Uexküll, der als einer der ersten die bemerkenswerte Besonderheit der tierischen Wahrnehmung dokumentierte, bringt ein Beispiel aus dem Vogelreich: «Eine Dohle ist absolut unfähig, einen Grashüpfer zu sehen, der sich nicht bewegt ... Eine Dohle kennt die Form eines bewegungslosen Grashüpfers nicht und ist so gebaut, daß sie nur die sich bewegende Form erkennt. Das würde erklären, warum so viele Insekten sich tot stellen. Wenn ihre bewegungslose Form im Gesichtsfeld ihrer Feinde schlicht und einfach nicht existiert,

Abbildung 3.3. Tiere wählen aus den eintreffenden Reizen jene aus, die zum aktuellen Geschehen am meisten Bezug haben. Eine ruhig dasitzende Katze hört das Ticken eines Taktmessers. Wenn man eine Elektrode in ihr Gehirn einführt, kann man ihre Wahrnehmung graphisch aufzeichnen. Sieht die Katze eine Maus, so konzentriert sie ihre Aufmerksamkeit nur auf diese und schaltet das nun irrelevante Ticken aus, wie die graphische Darstellung erkennen läßt; (nach Tinbergen, 1965).

dann fallen sie durch die Mimese des Todes mit absoluter Sicherheit aus deren Welt heraus und können nicht gefunden werden, selbst wenn nach ihnen gesucht wird.»[29]

Die Frage, was ein Tier sehen könnte, wenn es mit diesem oder jenem Auge ausgestattet wäre, ist sekundär. Der springende Punkt ist, was das Tier *tatsächlich sieht*, wonach und wie es mit seinem Auge *Ausschau hält*. Ein Tier kann in einer bestimmten Situation auf gewisse Reize antworten, in einer anderen Situation dagegen wieder nicht. Tinbergen unterscheidet zwischen reaktionsauslösenden im Gegensatz zu überhaupt wahrnehmbaren Reizen:

«Die bloße Kenntnis dessen, was ein Sinnesorgan überhaupt leisten kann, sagt uns schlechterdings nichts über die Reize aus, die im Einzelfall eine bestimmte Reaktion wirklich auslösen. Wohl lehrt uns die Sinnesphysiologie, welche Wechsel in der Umgebung das Tier wahrnehmen kann und welche nicht; was aber im Normalfall die betreffende Reaktion wirklich auslöst, das läßt sie völlig offen. Tatsache ist, daß ein Tier keineswegs jede äußere Veränderung beantwortet, die seine Sinnesorgane nachweislich wahrnehmen können, sondern nur sehr wenige von ihnen. Das ist eine Grundeigentümlichkeit instinktiven Verhaltens, die gar nicht laut genug betont werden kann. So hat der Gelbrand (*Dytiscus marginalis*) hochentwickelte Komplexaugen ..., und man kann ihn auf Sehreize dressieren; aber in seinem angeborenen Beuteverhalten kommen Sehreize nicht vor. Eine im Glasrohr vor seinen Augen auf und ab schwimmende Kaulquappe löst weder eine Reaktion aus, noch richtet sie sie; vielmehr schlägt er die Beute ausschließlich aufgrund chemischer und taktiler Reize ... So zwingt ihn im Wasser gelöstes Fleischextrakt, jeden festen Gegenstand, den er zufällig berührt, zu jagen und zu ‹erbeuten› ...

Solche ‹Irrungen› und ‹Fehler› der künstlichen Versuchsbedingungen sind stets untrügliche Kennzeichen angeborenen Verhaltens. Sie rühren daher, daß das Tier ‹blind› nur auf bestimmte Teile der Außensituation antwortet, nicht aber auf andere, die seine Sinne ebensogut wahrnehmen könnten, ja sehr wahrscheinlich es auch wirklich tun, und die uns genauso wichtig vorkommen wie die Teile, die das Tier beachtet.»[30]

Eine Untersuchung am Massachusetts Institute of Technology begann damit, daß man feine Elektroden in den Sehnerv eines lebenden Frosches einführte. Damit wurden die elektrischen Impulse, die zum Froschhirn ziehen, meßbar. Mit Hilfe dieser Technik erhielten die Forscher eine gute Vorstellung davon, was der Frosch sieht und wie er es sieht. Wenn zum Beispiel ein kleiner Gegenstand in das Gesichtsfeld des Frosches gebracht, dann aber nicht mehr bewegt wird, so senden die Augen des Frosches einige Minuten lang elektrische Impulse ins Gehirn. Dann hören sie damit auf. Nach kurzer Zeit ist der Gegenstand für den Frosch also nicht mehr vorhanden. Sein Auge ist so geschaltet, daß es stillstehende Gegenstände nach wenigen Minuten auslöscht. Die Forscher berichten darüber: «Der Frosch sieht die Einzelheiten der stationären Welt anscheinend nicht oder ist jedenfalls davon nicht betroffen. Er wird in einer Welt voller Nahrung vor Hunger sterben, wenn sich diese Nahrung nicht bewegt. Er wählt seine Nahrung nur aufgrund der Größe und deren Bewegung aus. Er versucht jedes Objekt zu fangen, das die Größe eines Insekts oder Wurms aufweist, vorausgesetzt, es bewegt sich auch entsprechend. Man kann ihn sehr leicht in die Irre führen, nicht nur mit einem Stückchen Fleisch, das man vor seinen Augen bewegt, sondern auch mit irgendwelchen kleinen Gegenständen.»[31]

Überdies charakterisiert der Frosch einen Gegenstand auf visuellem Weg mit Hilfe von vier spezialisierten Nervenfasern. Sie messen den Kontrast, die Konvexität, die Bewegung von Rändern und die Abdunkelung. Das Froschauge kennt nur zwei Kategorien: «mein Feind» und «meine Beute». Das Geschlechtsleben des Frosches wird nur vom Hör- und Tastsinn geleitet.[32]

Jedes Tier, das man auf diese Weise untersucht, zeigt unterschiedliche Kategorien der Wahrnehmung, die mit seiner Lebensweise in Einklang stehen. Die Verhaltensforschung, die in den dreißiger Jahren von Frisch, Lorenz und Tinbergen begründet wurde, beginnt mit der Entdeckung dessen, was das Tier wahrnimmt, in welchem Grad man von einem Bewußtsein sprechen kann, worauf es achtgibt und wie die Wahrnehmungen die Handlungen erklären. Eine solche Wissenschaft versucht, die tierischen Instinkte zu verstehen, das heißt zu verstehen, was das Tier lernt und was es weiß, ohne es gelernt zu haben; wie es mit Artgenossen Verbindung aufnimmt; welche Emotionen das Tier erfährt, wie sie hervorgerufen werden und zu welchem Zweck. Die Wissenschaft vom tierischen Verhalten liefert uns Aufschluß über die Gründe für die Bewegungen eines Tieres, während die physikalischen Wissenschaften uns nur die Mechanik dieser Bewegungen erklären. Der Biologe E. S. Russell macht den Unterschied zwischen diesen Wissenschaften deutlich:

«Bei unserer Forschungsarbeit wird das Tier als ein lebendiges Ganzes betrachtet. Es zeigt gewisse charakteristische Aktivitäten, die man genau beobachten und registrieren, im Rahmen von Experimenten verändern und damit den Regeln einer wissenschaftlichen Untersuchung unterwerfen kann. Allerdings unterscheidet sich der Gesichtspunkt ziemlich deutlich von dem des Physikers. Die Tatsache, daß das Tier ein *aktives, nach etwas strebendes Agens* ist, wird für bare Münze genommen, und der Psychologe hat keine Angst vor der Annahme, daß das Tier über eine eigene Wahrnehmungswelt verfügt, deren Existenz man aus dem Verhalten des Tieres ableiten kann. Seine Auffassung von den Lebewesen ist viel reicher und weniger abstrakt als die des mechanisch denkenden Physikers.»[33]

Damit soll nicht gesagt sein, daß die Physik und die Chemie kein Licht in die Erforschung der Tiere bringen können. Ein Buch wie Helmut Tributschs *Wie das Leben leben lernte* macht uns im Gegenteil klar, welche Einsichten uns die Anwendung jener Wissenschaften auf die Biologie im allgemeinen und das Verhalten der Tiere im besonderen zu geben vermag. Tributsch schreibt: «Fast sämtliche fundamentalen Prinzipien aus der Mechanik, der Dynamik, der Wärmelehre, der Optik und Akustik standen bereits jahrmillionenlang im Dienst des Lebens, bevor der menschliche Geist ihre Funktion verstehen und beherrschen lernte.»[34] Wie kann der Albatros zum Beispiel stundenlang fliegen, ohne mit den Flügeln zu schlagen? Tributsch erklärt, wie der Vogel «seinen Auftrieb zum Teil aus den Auftriebsströmungen zieht, die durch die Reibung zwischen Luft und Wellen entstehen».[35] Er nutzt die Physik der Strömung zu seinen Gunsten aus, indem er im richtigen Augenblick aufsteigt und dahingleitet.

Warum sind die Fische derart effiziente Schwimmer? Abgesehen von ihrer hydrodynamischen Form reduziert die Schleimschicht an der Körperoberfläche die turbulente Reibung von Meerwasser um 66 Prozent.[36]

Die Natur verwendet das Rückstoßprinzip als Antriebsmittel bei Tieren, die im Wasser leben, zum Beispiel bei Kalmaren. Warum tut sie dies aber nicht auch bei Landtieren oder fliegenden Lebewesen? Die Physik lehrt uns, daß der erzeugte Rückstoß der Masse des ausgestoßenen Mediums proportional ist. Das funktioniert gut im Wasser. Die Luft hingegen müßte mit ihrer um soviel geringeren Masse als Wasser für biologische Verhältnisse zu stark beschleunigt werden.[37]

Wie kann eine Stechmücke dauernd so schnell mit den Flügeln schlagen, ohne die Muskeln zu überanstrengen? Tributsch antwortet darauf: «Die Insektenflügel werden durch periodische elastische Deformationen des Brustkorbes in Bewegung gehalten. Resilin verhindert, daß die Bewegungsenergie bei jedem Flügelschlag durch das Abbremsen am Umkehrpunkt des Flügels verlorengeht. Durch seine elastischen Fähigkeiten bewirkt es, daß der Flugapparat wie ein Gummiball reagiert, der beim Aufschlagen auf den Boden seine Bewegungsenergie beibehält, obwohl er dabei gleichzeitig die Bewegungsrichtung umdreht.»[38] Die Stechmücke muß also nur bei der Bewegung ihrer Flügel in einer Richtung Energie aufwenden. Die Bewegung in umgekehrter Richtung wird durch einen elastischen Stoß ohne Energieverlust für das Tier ermöglicht.

Was hindert einen Fisch daran, auf den Gewässerboden abzusinken, wenn er schwerer als Wasser ist, oder an der Wasseroberfläche zu treiben, wenn er leichter ist als Wasser? Ein dauernder Kampf gegen das Aufsteigen oder gegen die Erdanziehung würde einen empfindlichen Aderlaß für den Energiehaushalt des Fisches bedeuten. Die Antwort auf dieses Problem ist eine Huldigung an die Energiesparmaßnahmen der Natur. Ungefähr die Hälfte aller Knochenfische verfügt über Schwimmblasen, die sie je nach den

Bedürfnissen des Fisches mit mehr oder weniger metabolisch erzeugtem Gas füllen können. Andere Fische lösen das Problem mit einem größeren Anteil an auftriebserzeugendem Fett, das sie in ihren Geweben einlagern.[39]

Tributsch liefert in seinem Buch Dutzende weiterer Beispiele für die Anwendung physikalischer Prinzipien im Verhalten der Tiere. Über den Wert dieser Studie gibt es keinen Zweifel. Es erhebt sich nur die Frage, ob eine solche Untersuchung das gesamte Leben der Tiere zu erfassen vermag. Oder kommt irgend etwas zu kurz, wenn wir die Bewegungen der Tiere ausschließlich vom physikalischen und chemischen Gesichtspunkt aus studieren? Diese Betrachtungsweise erreicht nicht das Wesenszentrum der Tiere, ihr inneres Leben, ihr Sinnesbewußtsein, das Lernen, die Kommunikation und die Emotionen. Die Physik und die Chemie können erklären, *wie* sich ein Tier bewegt, aber nicht, *warum* es sich hierher und nicht dorthin bewegt. Um dies zu verstehen, müssen wir etwas wissen über das, was ein Tier wahrnimmt.

Selbst Instinkthandlungen erfolgen bewußt; sie werden von den Wahrnehmungen des Tieres ausgelöst und gelenkt. Einige Forscher behaupten, die Tiere würden unbewußt handeln, weil sie offensichtlich sinnlose Fehler machen, wenn die Umstände so verändert werden, daß sie nicht mehr dem natürlichen Zustand entsprechen. Sie weisen darauf hin, daß Grasmückeneltern pflichtbewußt einen Kuckuck füttern und ihre eigenen Nachkommen unterdessen zugrunde gehen lassen oder daß eine Seeschwalbe eine Blitzlichtlampe bebrütet, die man ihr anstelle eines eigenen Eies untergeschoben hat. Bewußtes Verhalten schließt die Möglichkeit von Täuschungen nicht aus – wir nehmen ja auch nicht an, daß ein Mensch mechanisch oder unbewußt handelt, wenn er auf einen falschen Fünfzigmarkschein hereinfällt. Die obenerwähnten Beispiele, etwa der hungernde Frosch, der von sich nicht bewegenden Insekten umringt ist, geben uns Aufschluß über die hochspezialisierte Art und Weise, mit der Tiere ihre Beute, ihre Feinde oder ihre Jungen wahrnehmen; auf ein fehlendes Bewußtsein deuten sie hingegen nicht hin. Ganz im Gegenteil: Da das Muster des aufgesperrten Kuckucksmauls für die unglücklichen Grasmückeneltern einen übernormalen Reiz darstellt, ziehen es diese vor, den Kukkuck anstatt ihr eigenes Junges zu füttern. Daß die Schlüsselreize, die den Vögeln als Auslöser dienen, in abnormalen Situationen zu falschem Verhalten führen, ist noch kein Beweis für das Fehlen eines Bewußtseins oder für Dummheit.

Außerdem finden Seeschwalben nach einem Flug ihre Eier, indem sie zuerst den Nistplatz finden. Was im Nest liegt, ist also für sie per definitionem ein Ei. Vögel wie die Lummen, die ihre Eier ohne Nest legen, haben eine sehr viel schärfere Wahrnehmung ihrer Eier und verwechseln sie nicht mit irgendwelchen runden Gegenständen. Seeschwalben und Möwen verfügen nicht über eine derart genaue Wahrnehmung, weil sie sie im Normalfall nicht brauchen. Ein blinder Fleck in der Wahrnehmung einer Art hat deswegen selten universelle Bedeutung. Aber die allgemeine Regel gilt doch: Was ein Tier nicht wahrnimmt, braucht es auch nicht zu wissen.

Die Tiere handeln auch nicht mit der Sturheit von Maschinen. Selbst die Handlungen von Gliederfüßern zeigen ein gut Teil an Flexibilität. Tinbergen stellte im Zuge seiner Studien über den Bienenwolf fest, daß das Verhalten dieser Tiere eine größere Plastizität aufweist, als er eigentlich erwartet hätte.[40] Der Verhaltensforscher W. S. Bristowe beschreibt, wie netzbauende Spinnen ihr stereotypes Verhalten neuen Situationen anpassen.[41] Diese Selbstausrichtung tritt am schärfsten im Verhalten höherer Tiere zutage. Beim Territorialverhalten höherer Tiere werden Reviere im allgemeinen von Männchen gehalten und dies nur während der Fortpflanzungszeit. Dieses Verhalten wird beim Streifengnu beispielsweise vom männlichen Hormon Testosteron ausgelöst. Doch wie der Säugetierforscher Richard Estes bemerkt, läßt sich die Territorialität nicht einfach auf einen chemischen Mechanismus zurückführen: «Bei der Territorialität erstaunt uns am meisten, daß sie nicht nur physiologisch, sondern auch psychologisch begründet ist. Das beweist uns die Tatsache, daß ein Revierbesitzer nahezu alle an die Geschlechtlichkeit und das Revier gebundenen Verhaltensweisen aufgibt, wenn er sein Stück Land verläßt.»[42] Wenn ein männliches Streifengnu sein Territorium verläßt und sich zur

Tränke begibt, so verhält es sich beim Durchqueren der Territorien anderer Männchen demütig und nicht aggressiv.

Der Laie hat oft den Eindruck, daß Individuen derselben Art einander völlig gleich und ohne Persönlichkeit sind. Das würde zutreffen, wenn es sich um Maschinen handelte, doch dem widerspricht das Zeugnis aller erfahrenen Verhaltensforscher, zumindest was die höheren Tiere angeht. Die Zoologin Dian Fossey studierte zum Beispiel fünf Jahre lang afrikanische Gorillas und erkannte die einzelnen an ihren Gewohnheiten und ihrer emotionalen Gestimmtheit: «Viele von ihnen sind Individuen, jedes mit einer eigenen Persönlichkeit. Und ich habe ihnen Namen gegeben, hauptsächlich um sie in meinen Aufzeichnungen identifizieren zu können.»[43] Jane Goodall behauptete dasselbe, nachdem sie zwei Jahre lang in engem Kontakt mit wilden Schimpansen gelebt hatte: «Die Schimpansen zeigen soviel Individualität wie der Mensch.»[44]

Ein weiterer Versuch, das Bewußtsein der Tiere zu leugnen, beruht auf der Theorie, das gesamte tierische Verhalten sei auf konditionierte Reaktionen zurückzuführen. Der Behaviorismus, der in seinen Prinzipien auf Descartes zurückgeht, erhielt mächtig Auftrieb durch die Experimente von Pawlow. Pawlow und Descartes verwenden beide das Maschinenmodell, um das tierische Verhalten auf eine Reihe von Reflexhandlungen zu reduzieren, die ohne Bewußtsein oder Wahrnehmung erfolgen. Wenn Sie mit der Hand zufällig einen sehr heißen Gegenstand oder einen Draht berühren, der unter Strom steht, so wird die Energie, die über die Nerven zu Ihrem Rückenmark zieht, in einem Reflexbogen eine Reflexantwort auslösen, so daß Sie die richtigen Muskeln kontrahieren und die Hand wegziehen. Dieser Reflex würde auch bei einer Person ohne Bewußtsein auf dieselbe Weise stattfinden. Die Reflexhandlung erfolgt automatisch und mechanisch, sie erfordert keine Wahrnehmung, kein Bewußtsein und keine Freiwilligkeit. Ein Frosch, dem man das Gehirn entnommen hat, führt noch die richtigen Beinbewegungen durch, um ein säuregetränktes Gazestück zu entfernen, mit dem man seinen Rücken reizt. Descartes, Huxley und Pawlow fragen übereinstimmend, warum man bei der Erklärung all dessen, was das Tier tut, auf Bewußtheit zurückgreifen sollte.

Sollte sich ein Tier nur dann bewegen, wenn man es mit einem Kabel berührt, das unter Strom steht, oder wenn man mit einem Hammer auf das Kniegelenk schlägt oder wenn es irgendeiner anderen übermäßigen physikalischen Reizung ausgesetzt ist, dann wäre die Reflextheorie als universelle Erklärung für das tierische Verhalten plausibel. Doch zeigen die Tiere sehr viel mehr Autonomie. Bei einer Reflexhandlung ist der physikalische Reiz der volle und adäquate Grund für die entsprechende Bewegung. Der Stromstoß, der durch die Hand zieht, reicht aus, um den Reflex auszulösen und zur Kontraktion der Muskeln zu führen. Ein geringerer Reiz würde diese Reflexhandlung nicht auslösen. Ein solches Modell ist jedoch sinnlos, wenn wir das bewußte Verhalten verstehen wollen. Warum greift zum Beispiel das Männchen des Dreistachligen Stichlings jeden roten Gegenstand an, der sich während der Fortpflanzungszeit seinem Nest nähert? Die winzige Energiemenge, die von den wenigen Quadratzentimetern roter Farbe ins Fischauge gelangt, kann keine Reflexhandlung auslösen, die zur Kontraktion der Muskeln für den Angriff führt. Aus strikt mechanischen Gründen geht der Versuch fehl, die Bewegungen des Fisches allein auf Reflexhandlungen zurückführen zu wollen. Das Männchen greift rote Gegenstände an, um sein Territorium gegenüber anderen Männchen zu verteidigen, und diese erkennt es an einem besonderen Merkmal: dem roten Unterbauch. Mit Hilfe seiner Wahrnehmung richtet der Fisch seine Bewegungsorgane auf die Handlung aus, die geeignet ist, den Eindringling zu vertreiben. Das zeigt, daß das Tier und nicht der äußere Reiz das Agens darstellt. Es ist nicht der rote Fleck, der den Angriff auslöst, sondern er ist nur die Veranlassung dazu. Tinbergen unterscheidet zwischen dem meßbaren elektrischen oder chemischen Reiz in der Reflexlehre und dem Schlüsselreiz, der Instinkthandlungen bei Tieren auslöst.[45]

In ähnlicher Weise stellt der Tanz der Honigbiene keinen hinreichenden physikalischen Grund für die Genossinnen dar, den Stock zu verlassen und eine festgelegte Strecke in bestimmter Richtung zurückzulegen, um auf eine reichliche Nahrungsquelle zu stoßen. Ihr Verhalten ist nur dann sinnvoll, wenn sie durch den Tanz wirkliche Informationen bekommen haben. Dies setzt voraus, daß die Tänzerin und ihre Genossinnen einen bestimmten Grad der Bewußtheit besitzen. Honigbienen sind keine Roboter ohne Bewußtsein. Dasselbe Prinzip gilt für Tierwanderungen, Balzverhalten, Brutpflege, Beutefang- und Freßverhalten, Selbstverteidigung, Kommunikation und Kampf – kurz, alle wahren Handlungen der Tiere im Gegensatz zu den metabolischen oder mechanischen und unbewußten Aktivitäten, die im Innern des Tieres ablaufen. Alle diese Verhaltensweisen erfordern eine bewußte Selbstausrichtung. Wenn, wie wir oben gesehen haben, die Sinneswahrnehmung die Materie transzendiert, so muß dies auch für das Verhalten der Tiere gelten. Es ist nicht nur schwierig, das tierische Verhalten von der Kodierung der DNS oder von Reflexbögen oder der Physiologie abzuleiten, es ist vielmehr unmöglich. Die Wurzel jeder wirklichen Handlung der Tiere ist eine Art Bewußtheit.

Da der Behaviorismus ein Bewußtsein bei Tieren leugnet, schließt er logischerweise auch jede Autonomie der Tiere aus. Er verwirft das Konzept des Instinkts und faßt das tierische Verhalten so auf, als sei es völlig von der Außenwelt bestimmt. Theoretisch sei es möglich, buchstäblich jedes Tier so zu konditionieren, daß es mit jeder beliebig gewählten Handlung reagiert (immer vorausgesetzt, daß dies dem Tier auch physisch möglich ist), und diese Handlung durch jeden beliebigen Reiz auszulösen (immer vorausgesetzt, daß der Reiz das Tier auch erreicht). Jedes beliebige Tier, jeder beliebige Reiz, jede beliebige Antwort. Der Behaviorismus betrachtet das Tier nicht so, als habe es eine gegebene Natur, sondern als verfüge es über eine unbeschränkte Plastizität.

Die Auffassung, das Tier sei kein autonomes Agens, kann man auch experimentell überprüfen. Die Besitzer der Firma Animal Behavior Enterprises, die Psychologen Keller Breland und Marian Breland, haben im Laufe von vierzehn Jahren über 6000 Tierindividuen aus 38 verschiedenen Arten, darunter Rentier, Kakadu, Tümmler und Wale, für verschiedene kommerzielle Zwecke trainiert. Diese Tätigkeit der Brelands stellt einen sehr günstigen Testfall dar, denn sie begannen als enthusiastische Behavioristen.[46]

Von Anfang an machten die Brelands die Erfahrung eines «andauernden, beunruhigenden Mißerfolgs... und von Zusammenbrüchen im konditionierten Verhalten».[47] Als die Brelands zum Beispiel einen Waschbär darauf dressieren wollten, zwei Münzen aufzuheben und sie in eine Metallschachtel zu werfen, um gleich darauf mit Futter belohnt zu werden, gab es Schwierigkeiten: «Er konnte die Münzen nicht fallen lassen und verbrachte darüber hinaus Sekunden, ja Minuten, damit, sie aneinanderzureiben und sie dann in den Behälter hineinzuhalten. Er blieb so hartnäckig bei diesem Verhalten, daß wir das beabsichtigte Projekt – einen Film darüber, wie der Waschbär Münzen in ein Sparschwein wirft – einfach nicht durchführen konnten. Im Laufe der Zeit rieb er die Münzen immer ausdauernder aneinander, und sein Verhalten wurde schlimmer und schlimmer, obwohl wir es nicht belohnten.»[48] Hühner, die einem Zuschauer eine Plastikkapsel mit einem Spielzeug darin aushändigen sollten, begannen nach einigen erfolgreichen Versuchen, die Kapseln zu öffnen und auf dem Boden ihres Käfigs mit Schnabelhieben zu traktieren. Schweine, die darauf trainiert waren, große hölzerne Münzen in ein Sparschwein zu legen, und die anschließend sofort mit Nahrung belohnt wurden, taten dies auch einige Wochen lang, aber dann ließen sie die Münzen wieder fallen, wühlten mit der Schnauze nach ihnen, warfen sie in die Luft und wühlten wieder endlos nach ihnen. Die Brelands dachten erst, fehlender Hunger würde zu diesem merkwürdigen, nicht konditionierten Verhalten führen: «Das Verhalten blieb aber bestehen und wurde trotz stark verschärfter Bedingungen [Hunger] immer intensiver – [das Schwein] bekam am Ende so wenige Belohnungen, daß es im Laufe eines Tages zuwenig zu fressen hatte. Schließlich brauchte das Schwein ungefähr zehn Minuten, um vier Münzen nicht ganz zwei Meter weit zu transportieren. Dieses problematische Verhalten entwickelte sich wiederholt bei mehreren Schweinen, die nacheinander dressiert wurden.»[49]

Ähnliche Probleme ergaben sich mit «Tümmlern und Walen, die ihre Gegenstände, wie Bälle und Luftschläuche, einfach verschlucken, ferner mit Katzen, die ihren Freßnapf nicht verlassen, mit Kaninchen, die kein Futter holen wollen. Bei vielen Arten machte es Schwierigkeiten, die Lautäußerung durch Belohnung mit Futter anzudressieren, oder Kühen beizubringen, einen Fußtritt auszuteilen. Es mißlang bei Huftieren auch, durch Verstärkung der Antriebsfaktoren eine deutlich bessere Leistung zu erzielen.»[50] Ein klarer Fehlschlag der Annahme «jedes beliebige Tier, jeder beliebige Reiz, jede beliebige Reaktion». Der Hunger ist offensichtlich nicht der einzige Faktor, der Tiere «antreibt». Die Brelands schließen daraus, daß die Ergebnisse ihrer langjährigen Untersuchungen die «klare und gänzliche Niederlage der Konditionierungstheorie» darstellen, und sie verweisen auf den Primat des Instinkts:

«Wir haben hier Tiere, die nach der Konditionierung auf eine bestimmte erlernte Antwort nach und nach zu Verhaltensweisen übergehen, die ganz anders sind als diejenigen, die wir ihnen beibrachten. Überdies kann man leicht erkennen, daß diese besonderen Verhaltensweisen, zu denen die Tiere übergehen, deutlich aus dem Instinktverhalten stammen und mit dem natürlichen Nahrungserwerb der betreffenden Art zu tun haben . . .

Das Huhn, das mit dem Schnabel auf Plastikkapseln einhackt, zeigt klar ein Instinktverhalten: Es will damit Samen öffnen oder Insekten und Larven töten usw. Der Waschbär zeigt das sogenannte Waschverhalten. Durch Reiben und Waschen entfernt er zum Beispiel das Außenskelett eines Flußkrebses. Das Schwein wühlt mit der Schnauze im Boden – ein Verhalten, das bei dieser Art stark verwurzelt ist und mit dem Nahrungserwerb in Zusammenhang steht.»[51]

Wie grundlegend der Instinkt ist, zeigt die Tatsache, daß er gegenüber der Konditionierung die Oberhand behalten kann. «Das allgemeine Prinzip scheint folgendes zu sein: Wenn ein Tier auf dem Gebiet der konditionierten Reaktion ein starkes Instinktverhalten besitzt, so wird es nach längeren Versuchen zum Instinktverhalten zurückkehren, und zwar zum Nachteil des konditionierten Verhaltens, selbst wenn es die Belohnung später oder gar nicht mehr erhält», bemerken die Brelands.[52] Entsprechend kritisieren sie die Postulate des Behaviorismus:

«Drei der wichtigsten der stillschweigenden Annahmen scheinen uns zu sein: daß das Tier buchstäblich als Tabula rasa ins

Labor kommt; daß Artunterschiede ohne Belang sind; und daß alle Reaktionen ungefähr in gleichem Maße auf alle Reize konditionierbar sind.

Aus dem Dargelegten wird unseres Erachtens klar, daß sich diese Annahmen nicht mehr länger aufrechterhalten lassen. Nach vierzehnjähriger Erfahrung in der Konditionierung und nach ebensolanger Beobachtung Tausender von Tieren schließen wir widerwillig, daß man das Verhalten irgendeiner Art nicht richtig verstehen, voraussagen oder kontrollieren kann ohne Kenntnis ihres Instinktverhaltens, ihrer Stammesgeschichte und der von ihr bewohnten ökologischen Nische.»[53] Die Brelands schreiben, daß sie den Arbeiten von Ethologen wie Lorenz und Tinbergen nützlichere Informationen entnehmen konnten als den Berichten von Laboratorien, die sich mit Konditionierung beschäftigen.[54] Die Erfahrung der Brelands deuten in überzeugender Weise darauf hin, daß das Tier ein autonomes Agens darstellt.

Sind Tiere intelligent?

Tiere sind eindeutig bewußte, wirkende Wesen, doch ist Bewußtsein dasselbe wie Intelligenz? Unbestreitbar handeln Tiere auf der Grundlage von Sinneswahrnehmung, Emotion und Instinkt, aber denken oder überlegen sie auch? Besitzen sie ein intellektuelles Verständnis? Gewisse Beobachtungen und Experimente scheinen positive Antworten auf diese Fragen nahezulegen, besonders bei den Primaten. Drei Gründe haben einige Verhaltensforscher und Psychologen zu der Schlußfolgerung bewogen, Tiere verfügten über intellektuelle Fähigkeiten, wenigstens in einem gewissen Grad.

Zunächst sind viele Arten offensichtlich imstande, universelle Konzepte zu unterscheiden. Bei Tests, die Hayes und Nissen durchführten, unterschied ein zu Hause aufgezogener Schimpanse auf Fotografien Dutzende von Kategorien und sortierte verschiedene Gegenstände nach Größe, Form und Farbe.[55] Nissen schreibt dazu: «Diese Leistung eines Primaten, der in der Entwicklung unter dem Menschen steht, nähert sich der Konzeptbildung, wie sie vom Menschen bekannt ist.»[56] Griffin berichtet über Experimente, bei denen Schimpansen von drei Gegenständen stets jenen auswählten, der den beiden anderen nicht ähnlich sah. Es scheint so, als hätten die Tiere das abstrakte Konzept der Unähnlichkeit begriffen.[57]

Außerdem scheinen viele Tiere über das, was sie wahrnehmen, Überlegungen anzustellen und daraus Schlüsse zu ziehen. Die klassischen Experimente von Wolfgang Köhler beispielsweise zeigten, daß der Schimpanse Einsichten gewinnen und offensichtlich Folgerungen daraus ableiten kann. Die Affen verwendeten Stöcke, um an Futter zu gelangen, das von der Käfigdecke herabhing; andere stellten Kisten übereinander, um dasselbe Problem zu lösen. Ein Tier führte den Experimentator sogar an die Stelle unterhalb der Banane, sprang auf dessen Schulter und holte sich die Frucht![58] Jane Goodall beobachtete, wie Schimpansen in der freien Wildbahn Baumzweige entblättern und die Stengel in Termitenhügel stecken; dann ziehen sie die Stengel wieder heraus und essen die Insekten, die sich daran festgebissen haben.[59] Solche Tiere begreifen anscheinend das Verhältnis zwischen Mittel und Zweck. In Japan hat man beobachtet, wie ein wildes Makakenweibchen eine Mischung aus Reis und Sand ins Wasser warf. Der Sand sank ab, während der Reis oben trieb, gesammelt und gegessen wurde. Diese offensichtlich überlegte Handlung ahmten andere Affen nach, und sie entwickelte sich zum festen Bestandteil des Verhaltensrepertoires der Gruppe.[60]

Schließlich hat man einigen Primaten eine sozusagen rudimentäre symbolische Kommunikation beigebracht. Verschiedene Psychologen haben auf diesem Gebiet fünf größere Projekte entwickelt und dabei zwei verschiedene Strategien verfolgt, die Zeichensprache und ein Symbolsystem. Im Jahr 1969 unterrichteten Beatrice Gardner und R. Allen Gardner die Schimpansin Washoe in der amerikanischen Zeichensprache. Nach dreijährigem Training verwendete das Tier über 85 Zeichen.[61] Francine Patterson führte dasselbe Projekt mit dem Gorillaweibchen Koko durch.[62] Im Rahmen des Projekts von Herbert Terrace wurde das Schimpansenmännchen Nim in der Zeichensprache unterrichtet. Nach vier Jahren beherrschte es ein Vokabular von 125 Wörtern.[63] Eine andere Strategie verfolgte David Premack, der einem Schimpansen beizubringen versuchte, mit Plastiksymbolen Sätze zu bilden.[64] Und ein Team unter der Leitung von Duane Rumbaugh brachte das Schimpansenweibchen Lana dazu, Tasten auf einer vom Computer kontrollierten Konsole zu betätigen und damit ihre Wünsche in Yerkish auszudrücken, einer künstlichen Sprache, die eigens für dieses Experiment entwickelt wurde.[65] Einige Forscher meinen, die Tiere in diesen fünf Projekten hätten eine echte Sprachfähigkeit erlangt und müßten deswegen die Fähigkeit besitzen, Bedeutungen und universelle Konzepte zu begreifen.

Zeigen diese Experimente und Beobachtungen ein intellektuelles Verständnis bei Tieren? Was die Konzeptbildung anbelangt, sortieren Tiere Gegenstände nach deren unterschiedlichem Aussehen oder nach Verfahren, die anderen Sinnen entsprechen. Nicht nur Affen, sondern eine ganze Reihe weiterer Tiere, darunter Säuger, Vögel, Weichtiere und Insekten, können Formen und Muster unterscheiden.[66] Wenn eine Libelle nicht zwischen einem größeren und einem kleineren, zwischen einem bewegten und einem stillstehenden Objekt unterscheiden könnte, wozu wäre dann ihr Gesichtssinn gut? Doch diese Urteilsfähigkeit liegt in der Wahrnehmung begründet und ist nicht intellektueller Natur. Es gibt keinen Grund zu der Annahme, daß der Bienenwolf die Definition eines Kreises versteht, nur weil er bei Experimenten dessen Form von anderen Mustern unterscheiden kann (siehe Abbildung 3.2). Das ist noch kein Beweis für eine Konzeptbildung oder für intellektuelle Fähigkeiten; damit ist nur die Fähigkeit bewiesen, Reize auf der Ebene der Sinneswahrnehmung zu unterscheiden. Selbst die heteromodale Transposition, auf die wir weiter oben eingegangen sind, übersteigt nicht die Ebene der Sinneswahrnehmung.

Ein Grund für die Verwirrung über abstrakte universelle Konzepte liegt darin, daß die Sinnesfähigkeiten selbst eine gewisse Art der Universalität besitzen. Die Augen von Sokrates sehen nicht nur dieses eine Rot vor ihm, sondern jede rote Farbe, und nicht nur Rot, sondern *alle* Farben. Ohne diese Art der Universalität wären die Sinnesorgane nutzlos, doch darf man sie nicht mit der Universalität intellektueller Konzepte verwechseln. Wenn wir diese rote Farbe sehen und nur mit dem Gesichtssinn ihren Unterschied gegenüber allen übrigen Farben wahrnehmen, so heißt das noch nicht, daß wir definieren können, was «rote Farbe» wirklich bedeutet, so daß wir verstehen, was alle Farben gemeinsam haben. Diese Aufgaben kann das Auge nicht lösen.

Der Unterschied zwischen intellektuellen Konzepten und Bildern der Sinneswahrnehmung tritt am deutlichsten zutage, wenn keine Sinneswahrnehmung das Problem lösen kann. Der Psychologe Jean Piaget, der über vierzig Jahre lang die kognitive Entwicklung von Kindern untersucht hat, entwickelte eine Vielzahl solcher Tests. Er beschreibt einen ingeniösen, aber ganz einfachen Versuch folgendermaßen: «Eine offene Schachtel mit ungefähr zwanzig braunen Holzperlen und zwei oder drei weißen Holzperlen wird dem Kind hingestellt. Wenn es damit gespielt hat, fragt man, ob mehr hölzerne Perlen oder mehr braune Perlen in der Schachtel waren. Die meisten Kinder unter sieben Jahren können nur sagen: ‹Mehr braune Perlen.›»[67] Das Kind, das «mehr braune Perlen» antwortet, entscheidet dies viel eher auf der Grundlage von Sinnesbildern und Sinneswahrnehmungen als von den logischen Beziehungen zwischen universellen Kategorien her. Diesen und ähnliche Tests könnte man leicht auch für Tiere verschiedener Arten adaptieren.

Tatsächlich ließe sich Piagets außergewöhnliche Arbeit mit ihren wichtigen Unterscheidungen und fruchtbaren Prinzipien mit großem Nutzen auf das Gebiet der Tierpsychologie anwenden. Um Einsichten zu erlangen in einen Geist, der beschränkt bleibt auf Sinneswahrnehmung, motorische Gewohnheiten, Gedächtnis und Assoziationen, ohne die Fähigkeit, die Natur oder den Ursprung irgendeiner Sache zu verstehen, ist es durchaus sinnvoll, mit jenem «Tier» zu beginnen, das am besten untersucht und uns am besten bekannt ist: dem menschlichen Kind. Über das Baby unter sechs Monaten schreibt Piaget: «Wenn ein Kind zu lächeln beginnt (von der fünften Woche an), erkennt es, vom Gesichtspunkt der Wahrnehmung aus gesehen, gewisse Personen, die sich von anderen unterscheiden usw. Wir dürfen jedoch nicht annehmen, daß es eine Vorstellung von einer Person oder selbst von einem Gegenstand hat. Personen und Gegenstände sind handgreiflich fühlbare belebte Erscheinungen, die es als solche erkennt, doch sagt dies nichts über deren Substantialität aus und ebensowenig über den Unterschied zwischen dem Ich und der Außenwelt.»[68]

Piaget entdeckte, daß das Kind in diesem Stadium Gegenstände wahrnimmt, jedoch nicht deren Permanenz oder deren Wesenheit bzw. Substantialität, wie er es nannte. Er berichtet über eine Beobachtung, die er bei seinem siebenmonatigen Sohn machte: «Als er gefüttert werden sollte, bot ich dem Kind die milchgefüllte Flasche an. Als es aber seine Hände ausstreckte, versteckte ich die Flasche hinter meinem erhobenen Arm. Wenn sie noch teilweise zu sehen war, langte das Baby um meinen Arm herum und ergriff sie. Wenn mein Arm die Flasche aber ganz verdeckte, begann es zu schreien, als ob die Flasche völlig verschwunden wäre!»[69] Bei einer anderen Gelegenheit beobachtete Piaget, wie ein Baby mit einem Ball in einem Zimmer spielte: «Wenn der Ball unter den Armsessel rollte, fand das Kind ihn ohne Schwierigkeiten. Wenn er aber unter das Sofa rollte, wo er nicht mehr zu sehen war, hörte das Kind bald auf, dort danach zu suchen, kehrte zum Armsessel zurück und schaute da nach! Daraus müssen wir schließen, daß es noch nicht das Konzept eines permanenten Gegenstandes entwikkelt hatte. Der Ball existierte nur als eine Art «Halbobjekt», ein Mittelding zwischen Wahrnehmung und Wesenheit. Der Beginn einer Lokalisierung war erkennbar, der nötig ist, um einem Gegenstand Permanenz/Substantialität zu verleihen, doch war diese Lokalisierung nicht mit dem Gegenstand selbst, sondern mit der Stelle verbunden, an der ihn das Kind zuvor gefunden hatte.»[70]

In ähnlicher Weise handeln die Tiere ohne Verständnis für die Substantialität oder Wesenheit eines Dinges. Es besteht jedoch die große Gefahr, daß man ihre Handlungen falsch interpretiert. Wenn eine Person zum Beispiel beobachtet, wie eine Gruppe Vögel eine Katze lärmend bedrängt, die einen Vogel aus ihrer Mitte gefangen hat, so könnte sie annehmen, die Vögel hätten die Situation erfaßt und eine sinnvolle Gegenmaßnahme ergriffen. Dem ist aber nicht so. Lorenz erzählt, daß er eines Tages nach der Rückkehr von einem Bad in der Donau plötzlich von den sonst freundlichen Dohlen, die auf dem Dach seines Hauses nisteten, angegriffen wurde. Die Vögel schnarrten wütend und versetzten Lorenz schmerzhafte Schnabelhiebe auf die Hand – in der er seine naße schwarze Badehose hielt. Dieser Anblick reichte aus, um einen Angriff der Dohlen auszulösen. Lorenz bemerkt dazu: «Als Reaktion auf den Feind ist der Dohle nur dies angeboren: Ein Lebewesen, das etwas schwarzes Baumelndes oder Zappelndes trägt, wird wütend angegriffen.»[71] Lorenz schreibt weiter, daß seine große Spiegelreflexkamera nie Anstoß erregt hatte, obwohl sie schwarz war. «Die Dohlen schnarrten aber sofort und griffen mich an, wenn ich die schwarzen Papierlaschen des Packfilms herauszog, wahrscheinlich deshalb, weil sie sich im Winde bewegten. Daß ich den Dohlen als ungefährlich bekannt, ja sogar Freund war, spielte dabei gar keine Rolle. Hatte ich etwas Schwarzes, Bewegliches in der Hand, so war ich für sie als Dohlenfresser gebrandmarkt.»[72]

Wenn Lorenz in der Hand ein nacktes Jungtier hielt, schnarrten die erwachsenen zahmen Dohlen nicht und griffen auch nicht an. Sobald sich aber die Federn des Nestlings entwickelten und der Vogel schwarz wurde, griffen die Eltern mit wütendem Schnarren an, wenn man den Jungvogel in die Hand nehmen wollte.[73] Dies zeigt uns, daß die Vögel nicht wie menschliche Wesen in ähnlichen Situationen handeln, nämlich erst nach Erkennen und Verstehen der Gefahr entscheiden, was zu unternehmen ist. Die Reaktion der Vögel wird zwar durch Sinneswahrnehmung ausgelöst, ist aber starr an den Instinkt gebunden. Die Dohlen sehen die schwarze Farbe, und sie nehmen eine Bewegung wahr; erstaunlicherweise können sie aber nicht einen Badeanzug oder Papierlaschen oder sogar Dohlen wahrnehmen, wie die Beobachtungen von Lorenz beweisen.

Da Tiere nicht die Substantialität oder die Wesenheit eines Dinges erfassen, sind ihre angeborenen Reaktionen nur an wenige äußere Reize gebunden. Eine taube Truthenne tötet alle ihre eigenen Küken mit Schnabelhieben, sobald sie geschlüpft sind. Das klagende Piepen der Jungtiere ist der einzige Reiz, der die natürliche Aggression der Henne zur Nestverteidigung hemmen kann. Das Piepen allein ruft in der Henne das Mutterverhalten hervor. Ohne das Piepen wird das Truthuhnküken vom Instinkt als Feind beurteilt und demgemäß angegriffen. Eine Henne, die normal hört, greift ein ausgestopftes Küken an, das mit Hilfe einer Schnur in Richtung Nest gezogen wird und dabei keinen Laut ausstößt. Umgekehrt zeigt sie mütterliches Verhalten gegenüber einem ausgestopften Iltis, der per eingebautem Lautsprecher das Piepen eines Putenkükens hören läßt.[74]

Köhler berichtet über ähnliche Reaktionen bei seinen Schimpansen: «Ich prüfte sie mit ganz primitiven Puppen aus Holzgerüst, auf einem Brett angebracht, mit Stroh darum und in Zeug eingenäht, mit Augen aus schwarzen Knöpfen usw., Kinderspielzeug, im ganzen vielleicht 40 Zentimeter hoch und allenfalls, aber in sehr komischer Verzerrung, für Ochsen- und Eselphantome zu halten. Es war überhaupt unmöglich, Sultan, der damals an der Hand draußen herumgeführt werden konnte, auch nur in die Nähe dieser kleinen und ganz unnatürlichen Wesen zu bringen; auf viele Meter Entfernung geriet er in die äußerste Angst und drohte, mich, ein Wesen von *bekannt*-gefährlichen Eigenschaften, rücksichtslos in die Finger zu beißen, wenn ich ihn gegen sein verzweifeltes Anstemmen auf das Spielzeug hinzuziehen versuchte. Eines Tages betrat ich mit solch einem ausgestopften Ding unter dem Arm unerwartet den Aufenthaltsraum der Tiere. Sie können sehr kurze Reaktionszeiten haben; in einem Augenblick hing im entferntesten Winkel am Drahtdach eine schwarze Traube, aus sämtlichen Schimpansen bestehend, die einander hastig fortzudrängen versuchten, indem jeder seinen Kopf soweit wie möglich im Knäuel der übrigen verbergen wollte.»[75]

Es ist sehr bemerkenswert, daß die Affen die Form, die Größe, die Farbe und das Aussehen der ausgestopften Puppen wahrnahmen, aber nicht erkannten, was sie in Wirklichkeit waren, nämlich Stoff und Holz. Die Psychologin Francine Patterson entdeckte dasselbe Phänomen bei der Arbeit mit ihrem Gorillaweibchen: «Obwohl Koko nie einen richtigen Alligator gesehen hatte, wurde sie starr vor Schreck beim Anblick zähnebewehrter ausgestopfter oder aus Gummi gefertigter Nachbildungen ... Ich benutzte Kokos irrationale Furcht vor diesem Reptil, indem ich Spielzeugalligatoren überall dorthin plazierte, wo sie nicht hinlangen sollte.»[76]

Bei den Tieren zählt somit die Erscheinung und nicht das Wesen der Dinge. Sie unterscheiden nicht zwischen den Sinnesqualitäten eines Dinges und dem, was dieses Ding wirklich ist. Somit sind sie nicht imstande, Ursachen zu erkennen. Im Gedächtnis ein Ding mit einem anderen zu assoziieren ist nicht dasselbe wie das Verstehen einer Ursache. Piagets Untersuchungen werfen Licht auch auf diesen Umstand. Kinder beginnen mit ungefähr 4½ Monaten Gegenstände aufzunehmen und zu untersuchen. Bei einem Experiment deckte Piaget das Bettchen seines Sohnes mit einem durchsichtigen Baldachin ab und legte auf diese Abdeckung mehrere Spielzeugrasseln. Eine Schnur, die in der Mitte des Baldachins befestigt war, hing in das Bettchen hinunter (siehe Abbildung 3.4). Das Baby entdeckte die Schnur durch einen Zufall und zog bald immer stärker daran, um beobachten zu können, wie die Spielsachen über ihm hin und her tanzten. Offensichtlich begriff es die Beziehung zwischen der Schnur und dem Baldachin mit den Spielsachen. Doch Piaget fragt: «Nimmt ein Kind in diesem Alter die physikalische Verbindung zwischen der Schnur und der Abdekkung des Bettchens wahr, und versteht es diese physikalische Ursache und Wirkung? Oder stellt es nur eine viel allgemeinere und subjektive – gleichzeitig egozentrisch und phänomenalistisch – Beziehung zwischen dem Ziehen an der Schnur und den interessanten sensorischen Ergebnissen in Form des Anblicks und des Geräuschs der oben herumhüpfenden Spielsachen her?»[77]

Um eine Antwort auf diese Frage zu finden, entfernte Piaget die Spielsachen und zeigte aus einer versteckten Position heraus dem Baby ein Spielzeug, das an einem langen Stab oberhalb des Baldachins hin- und herschwang. Das Kind beobachtete, lächelte und gluckste angesichts des Spielzeugs. Piaget hielt dann mit der Bewegung inne, worauf das Baby die Schnur ergriff und daran zog! Ein weiterer Test bestätigt dieses Ergebnis: «Das Baby kann auf dieselbe Weise auch auf einen weitentfernten Ton reagieren. Ich

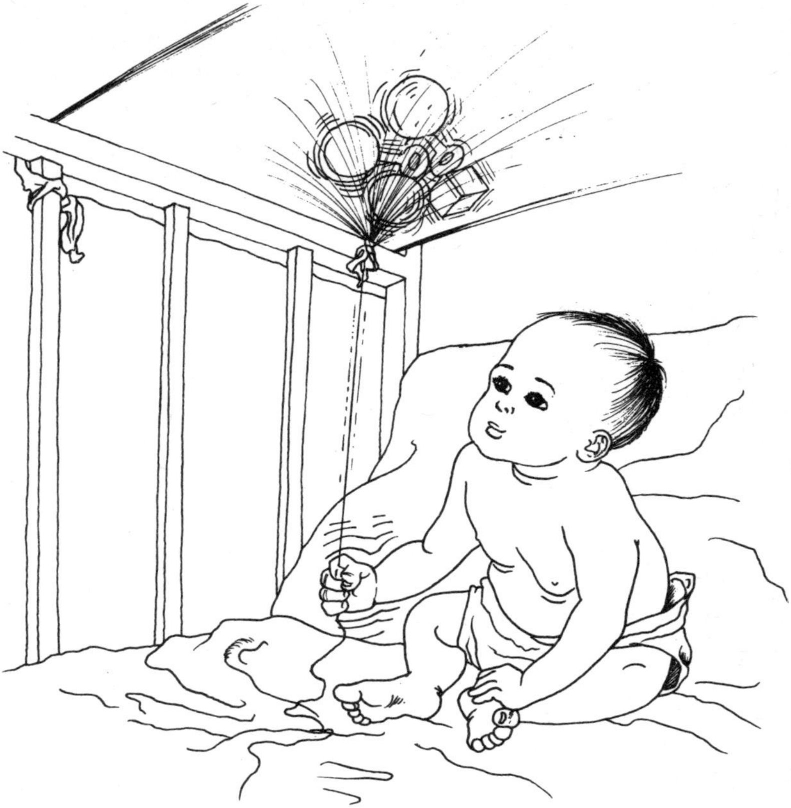

Abbildung 3.4. An einem durchsichtigen Baldachin über dem Bettchen des Babys ist eine Schnur befestigt. Das Kind zog wiederholt daran und freute sich am Gerassel der Spielsachen, die auf dem Baldachin lagen. Dann entfernte der Experimentator die Spielzeugrasseln und stieß von einem verborgenen Standpunkt aus eine Reihe von Pfiffen aus, welche die Aufmerksamkeit des Babys erregten. Als der Experimentator mit dem Pfeifen aufhörte, zog das Kind an der Schnur und schaute dabei in die Richtung, aus der die Pfiffe kamen. Dies zeigt uns, daß das Baby eher mit Hilfe sensomotorischer Assoziation und weniger durch intellektuelles Erfassen von Ursache und Wirkung reagiert. Tiere verhalten sich nach demselben Prinzip.

verstecke mich hinter einem Schirm in einer Ecke des Zimmers und pfeife einige Male in regelmäßigen Abständen, bis die Aufmerksamkeit des Babys erregt ist und es seinen Kopf in Richtung meiner Ecke dreht und dorthin schaut. Dann höre ich auf zu pfeifen. Das Baby sucht die Ecke einen Augenblick mit den Augen ab. Dann zieht es an der Schnur, die ins Bettchen hängt, und schaut zurück zur Ecke, aus der die Pfeiftöne kamen!»[78]

Das Baby hat das Verhältnis zwischen Ursache und Wirkung oder zwischen Mittel und Zweck noch nicht begriffen, sondern stellt nur eine diffuse Assoziation zwischen einer Tätigkeit (Ziehen an der Schnur) und der Verlängerung interessanter Erfahrungen her. All dies geschieht ohne Erkenntnis der Mechanik, der Distanz oder der möglichen Kontaktpunkte.

Menschenaffen verhalten sich ähnlich, wenn sie mit Fäden konfrontiert werden, die an nicht unmittelbar zugänglicher Nahrung befestigt sind. Köhler berichtet von einigen diesbezüglichen Experimenten. Wenn die Frucht außerhalb des Käfigs lag, aber durch Ziehen am richtigen Seil herangezogen werden konnte, so gaben sich seine Schimpansen nicht lange mit Beobachtungen ab, sondern packten einfach irgendein Seilende und zogen daran. «Ein hungriger Schimpanse zieht am Seil und beobachtet dabei sein Ziel, selbst wenn er klarerweise erkennen muß, daß zwischen Ziel und Seil keine Verknüpfung vorhanden ist.»[79] Hier handelt das Tier sicher auf der Grundlage einer Assoziation zwischen dem Ziehen des Seils und dem Erlangen der Frucht und nicht infolge eines Verstehens von Ursache und Wirkung oder von Mittel und Zweck. Weitere Experimente des Psychologen Herbert Birch bestätigen diesen Befund: Sechs Schimpansen wurden daran gewöhnt, an einem Seilende zu ziehen, wobei nur ein einziges Seil vorhanden war (30 Versuche). Keines dieser Tiere zeigte eine statistisch signifikante Leistung bei Versuchen mit zwei Seilen, von denen eines deutlich nicht mit der Nahrung verbunden war.[80] Köhler zweifelt daran, daß das «Konzept» der Verknüpfung für die Menschenaffen mehr bedeutet als visuelle Nähe.[81]

Köhler bringt mehrere Beispiele dafür, daß das beste Werkzeug leicht seine Bedeutung für das Tier verliert, wenn nicht gleichzeitig oder fast gleichzeitig auch das Ziel zu sehen ist. In Zusammenhang mit Versuchen, wo man nur mit Hilfe eines Stocks an Nahrung gelangen konnte, schreibt Köhler: «Ich habe Tschego schließlich mit allen Mitteln auf die Stäbe im Hintergrund ihres Käfigs hingewiesen, und sie blickte auch genau nach ihnen hin; aber dabei konnte sie die Zielregion hinter sich nicht sehen, und so blieben die Stöcke gleichgültig.»[82] Birch machte ähnliche Beobachtungen.[83] Dies deutet darauf hin, daß die Tiere keine Kenntnis haben von den Mitteln und dem Zweck als solchem. Das Problem liegt auf einer rein sensorischen Ebene. Menschenaffen zeigen deutlich, daß sie es nicht erfassen, wenn ein Werkzeug ganz klar nicht ausreicht. Birch berichtet, ein Tier habe 26mal hintereinander vergeblich nach Nahrung geangelt, obwohl der Stock dazu eindeutig zu kurz war. Nach einigen heftigen Wutausbrüchen schlug der Menschenaffe das Seilende, das mit einem genügend langen Stock verbunden war, in seine Greifnähe.[84]

Vielleicht am aufschlußreichsten sind die Fehler der Tiere. Köhler berichtet von «groben Gewöhnungstorheiten» bei seinen Schimpansen in Fällen, wo die Tiere eigentlich die Situation hätten überblicken müssen.[85] Ein Schimpanse, Sultan mit Namen, baute beispielsweise dort zwei Kisten übereinander, wo die Frucht im Versuch *vorher* gewesen war, nicht wo sie zur Zeit des laufenden Versuchs hing.[86] Das erinnert uns an das Kleinkind, das Piaget beobachtete, als es den Ball nicht unter dem Sofa, wo er hingerollt war, sondern unter dem Sessel suchte, wo es ihn auch beim letzten Mal gefunden hatte. Nachdem Köhler vier Wochen lang mit seinen Tieren Versuche mit Kisten angestellt hatte, plazierte er bei einer anderen Gelegenheit das Futter außerhalb des Käfigs und ließ in Griffnähe einen Stock zurück, mit dem es möglich war, die Frucht heranzuholen. Das Ergebnis: «Sultan schleppt eine Kiste an die Gitterstelle, der das Ziel draußen gegenüberliegt, und dreht sinnlos bald die, bald jene Fläche nach dem Gitter (oder nach oben?); holt mehr Kisten und setzt wie zum Bauen an»[87] (siehe Abbildung 3.5).

Ähnliche «Torheiten» vollführen auch die anderen Schimpansen.[88] Als die Frucht außerhalb der Gitterstäbe liegt, schleppt die

Abbildung 3.5. Der Schimpanse assoziiert das Aufeinanderstellen von Kisten mit dem Erhalt der Banane. Er versteht dabei Ursache und Wirkung nicht. Das wird uns deutlich, wenn er die Kisten an die Käfigstäbe stellt, um an die Banane zu kommen, die doch außerhalb liegt.

Schimpansin Grande in ihrem Käfig sinnlos Steine hin und her – Nachwirkung wiederholter Versuche, in denen ihr Steine als Schemel dienten.[89] Rumbaugh, Savage-Rumbaugh und Boysen stellten im Rahmen ihrer Experimente, die sie 1978 durchführten, ähnliche Fehler fest. Selbst nachdem ihre Schimpansen im Gebrauch mehrerer Werkzeuge sorgfältig trainiert worden waren, probierten sie doch wiederholt das falsche aus, wenn alle Werkzeuge gleichzeitig in der Kiste lagen – «Schlüssel wurden in lange Röhren gesteckt, mit Stäben stocherten sie in Schlössern, Schwämme wurden über Schrauben gedreht» –, um an das Futter zu kommen.[90]

Wenn die Menschenaffen über ein intellektuelles Verständnis von Ursache und Wirkung verfügten, würden sie solche Fehler nicht machen. Ihre Handlungen werden aber durchaus verständlich, wenn sie nur auf motorischen Gewohnheiten und erworbenen Assoziationen beruhen. Wenn jemand zum Beispiel sein Auto mit handbetriebener Gangschaltung gegen ein Auto mit Automatikgetriebe eintauscht, so wird er noch einige Zeit lang gegen die Neigung ankämpfen müssen, sein neues Fahrzeug von Hand zu schalten, wie er es nun mal lange gewöhnt war. In gewissem Sinn ist diese Neigung nicht eigentlich als Fehler zu bewerten, denn es findet keine *Entscheidung* dafür statt. Nicht Einsicht ist die Quelle dieser falschen Neigung; der Verstand spricht sogar dagegen. Auf ähnliche Weise zieht das Kind im Bettchen an der Schnur, um das Pfeifen zu hören, und der Schimpanse lehnt eine Kiste gegen die Stäbe, um an Futter zu kommen, das außerhalb des Käfigs liegt. Man muß dazu anmerken, daß keiner dieser «Fehler» der Tiere aufgetreten wäre, wenn Köhler und die anderen Experimentatoren vor jeder neuen Versuchsreihe alle überflüssigen Gegenstände entfernt hätten. Das Element der Assoziation wird deutlich in Köhlers Bemerkung: «Als viele Versuche mit Kisten (als Schemel) gemacht wurden, zerrten die Schimpansen ihr Werkzeug schon eifrig auf den gewöhnlichen Versuchsort zu, wenn ich nur zur üblichen Versuchsstunde in die Tür trat.»[91] Alle diese Beispiele deuten darauf hin, daß Primaten zwar gelegentlich Werkzeuge verwenden, sie aber doch nicht *verstehen*.

Obwohl solche Tierexperimente üblicherweise unter der Bezeichnung «Problemlösung» laufen, sollten wir doch erkennen, daß das Tier selbst kein irgendwie geartetes intellektuelles Problem zu lösen versucht. Es versucht nur, Nahrung oder irgendeinen anderen ersehnten Gegenstand zu bekommen. Deswegen zollt das Tier seinem eigenen Verhalten oft wenig Aufmerksamkeit und kann seine eigene erfolgreiche «Lösung» selbst wenige Minuten später oft nicht mehr wiederholen.[92] Der *Experimentator* versucht ein intellektuelles Problem zu lösen: Er will ein Experiment so gestalten, daß es ihm aufschlußreiche Einblicke in das Verhalten der Tiere gibt. Schimpansen hingegen sind dafür bekannt, daß sie rasch jedes Interesse am jeweiligen «Problem» verlieren. Das «Lernen» bei Tieren bedeutet, Gewohnheiten und Assoziationen zu erwerben, nicht Ursprünge oder Gründe zu verstehen. Eine Dressur oder Konditionierung ist nicht gleichbedeutend mit intellektuellem Verständnis.

Im Normalfall machen die Menschenaffen ziemlich viele Fehler, bevor sie das gewünschte Ziel erreichen. Bisweilen führt ihre Aktivität dazu, daß sie das Problem durch Zufall «lösen». Doch einige Experimentatoren, unter ihnen Köhler und Yerkes,[93] sind der Ansicht, einige Lösungen gingen auf eine echte Einsicht des Tieres zurück und beruhten nicht auf zufälligem Verhalten. Was wir gesehen haben, schließt eine solche Möglichkeit keineswegs aus. Piaget meint, eine motorische Gewohnheit könne auf einen neuen Gegenstand oder eine neue Situation angewandt und damit in ihrer Wirksamkeit ausgedehnt werden.[94] Ein Baby wird also einen neuen Gegenstand dadurch erforschen, daß es ihn routinemäßig den ihm bekannten motorischen Manipulationen unterwirft, es drückt ihn, schüttelt ihn, wirft ihn zu Boden, nimmt ihn in den Mund. Auf diese rein sensorische und motorische Weise lernt das Kind die Eigenschaften des neuen Gegenstandes kennen und kann schließlich Gebrauch von ihm machen, um neue Aufgaben zu lösen. In ähnlicher Weise müssen auch Primaten entweder durch spontane Manipulation oder durch gezielte Schulung sensorische und motorische Erfahrungen mit einem neuen Gegenstand sammeln, bevor sie ihn verwenden können. Der Verhaltensforscher Benjamin Beck beschreibt diesen Vorgang während eines Experiments mit Pavianen: «Der Werkzeuggebrauch wurde durch praktischen Versuch und Irrtum erlernt und ergab sich zufällig durch erforschende Manipulation des Werkzeugs.»[95] Ist diese Stufe einmal erreicht, so kann das Tier die einmal erworbenen motorischen Fähigkeiten auf eine neue Situation ausdehnen. Es spricht nichts dagegen, in diesem Fall von «Einsicht» zu sprechen, solange wir uns darüber klar sind, daß diese kein intellektuelles Verständnis verlangt.

Wenn motorische Gewohnheiten in ihrer Wirksamkeit ausgedehnt werden können, so sollte man dies nicht mit der Universalität intellektuell verstandener Prinzipien verwechseln. Zwischen dem Verständnis eines Dinges und dem Erlernen einer motorischen Fähigkeit, die sich auf dieses Ding bezieht, liegen Welten. Fahrradfahren zu lernen ist beispielsweise kein intellektuelles Problem, sondern eine Frage, wie man gewisse motorische Fähigkeiten erwirbt, ohne deren Ursprünge oder Gründe verstehen zu müssen. Man kann einem Zirkusbären das Fahrradfahren beibringen, aber dies bedeutet noch lange nicht, daß der Bär auch versteht, warum das Fahrrad ein stabiles Fahrzeug ist. Auch die meisten menschlichen Fahrradfahrer sind sich der komplizierten Physik und Mechanik des Fahrrades nicht bewußt. David E. H. Jones beginnt seine hübsche wissenschaftliche Arbeit über die Physik des Fahrrads mit den folgenden Worten: «Fast jedermann kann fahrradfahren, doch weiß offenbar niemand, wie man das tut ... Die einleuchtende Einfachheit und Leichtigkeit des Tricks verbirgt manche noch nicht erkannte Feinheiten, und ich habe viel Zeit und Mühe aufgewendet, um die Gründe für die Stabilität des Fahrrades zu entdecken.»[96] Jones erklärt uns, daß das Fahrrad mehrere Geheimnisse hat, darunter die Geschicklichkeit des Fahrers, die Funktion der sich drehenden Räder als Kreisel, das Drehmoment, das den Schwerpunkt absenkt, und die Rollreibung.[97] Hat man aber beispielsweise das Prinzip des Kreisels einmal begriffen, so kann man damit das Schwungrad eines Automobils, die Stabilität eines Kinderkreisels und sogar die Präzession der sich drehenden Erdachse erklären, die über Jahrtausende hinweg zu einer Veränderung der Lage des Polarsterns führt. Hat der Geist eine Ursache begriffen, so gibt es unendlich viele Anwendungsmöglichkeiten. Wer hingegen die Fähigkeit erworben hat, Fahrradzufahren, kann eben nur immer wieder andere Fahrräder fahren.

Wie sehen nun, nach all dem Gesagten, unsere Erwartungen aus im Hinblick auf die Fähigkeit von Tieren, eine Sprache zu erlernen? Zunächst sei angemerkt, daß man alle tierischen Handlungen, einschließlich des Werkzeuggebrauchs und der «Einsicht», mit Prinzipien erklären kann, die wir bei menschlichen Kindern *vor* dem Erwerb der Sprache antreffen. Zweitens, wenn Tiere und selbst Menschenaffen nicht das Wesen und die Ursache von Dingen erfassen können, so fällt uns die Vorstellung schwer, wie sie eine echte Sprache anwenden sollten. Und drittens: Obwohl Schimpansen in der freien Wildbahn voneinander Nahrung und Körperpflege verlangen, verwenden sie dazu nur nichtverbale Laute und unsystematische Gebärden.[98] Wenn die Tiere die Fähigkeit zu einer symbolischen Kommuniktion besäßen, müßte man erwarten, daß sie diese in der freien Wildbahn ohne Schulung oder Training verwenden. Der Primatologe Emil Menzel fand bei einem Versuch heraus, daß ein untrainierter Schimpanse weder durch Gesten noch durch Laute anderen Genossen die Lage einer Nahrungsquelle mitteilen kann, die in einem Feld verborgen liegt.[99]

Wenn wir diese Punkte berücksichtigen, können wir die enttäuschenden Ergebnisse der verschiedenen Versuche, Tieren eine Sprache beizubringen, besser verstehen. Wenn ein Haushund nach draußen will, dann bringt er vielleicht auch ohne Training seinem Herrn die Leine. Hier handelt es sich nicht um Sprache, sondern um Assoziation und Gedächtnis. In ähnlicher Weise können Schimpansen lernen, Plastikgeld oder Spielsteine mit gewünschten Gegenständen oder Handlungen zu assoziieren, und sie können sogar die beschränkte Fähigkeit erlangen, dies sinnvoll nacheinander zu tun. Aber auch hier handelt es sich nicht um Sprache. Für eine Englisch sprechende Person bedeutet das Wort «banana» nicht «etwas, was ich *tue*, um etwas Süßes zu schmecken». Als das Schimpansenweibchen Sarah jedoch trainiert wurde, bekam es die Banane erst, wenn es ein Plastiksymbol auf ein Sprachbrett legte.[100] Dieses Symbol ist für die Schimpansin weder ein Wort noch ein Symbol, das die Definition einer bestimmten Frucht bedeutet. Ganz im Gegenteil, das Niederlegen des Plastikgeldes stellt eine frei erfundene motorische Handlung dar, die sie durchführen muß, um die Frucht zu bekommen.

Um Tieren eine Zeichensprache beizubringen, organisierte der Psychologe Herbert Terrace eines der umfangreichsten Projekte – es kostete über 250 000 Dollar und erstreckte sich über vier Jahre. In dieser Zeit unterwiesen Terrace und sechzig weitere Mitarbeiter einen männlichen jungen Schimpansen in der amerikanischen Zeichensprache. Dieses Projekt ist bis heute das bestdokumentierte seiner Art. Es lieferte über vierzig Stunden Videoaufzeichnungen darüber, wie Nim Zeichen gab, und über 2000 Reports der Lehrer.[101] Bei der Analyse der 19 000 von Nim gegebenen Zeichen fand Terrace «keinen Hinweis auf lexikalische Regelmäßigkeiten», keine Sätze und keine Grammatik.[102] Nims «Sprache» ließ keine Anzeichen einer Syntax erkennen, er verband nicht einmal ein Adjektiv mit einem Substantiv. Terrace meint: Wenn der Schimpanse Washoe der Gardners das Zeichen «Wasservogel» beim Anblick eines Schwans gezeigt habe, so sei dies ohne syntaktische Verbindung geschehen, also nur das Zeichen für das Wasser, das er sah, und das Zeichen für Vogel. Nach einer ausgedehnten Analyse der Zeichengebung von Nim schließt Terrace, daß «jedes Beispiel für eine vermeintliche grammatikalische Fähigkeit sich ohne Zwang durch einfache nichtlinguistische Vorgänge erklären läßt».[103]

Überdies kombinierte Nim stets Zeichen in einer Reihe von Wiederholungen mit wenig neuer Information und viel Redundanz. Seine längste Zeichenkombination war beispielsweise: «Gib Orange mir gib essen Orange mir essen Orange gib mir essen Orange gib mir du.» Nur ungefähr zehn Prozent der Zeichen gab das Tier, ohne von seinem Lehrer dazu aufgefordert worden zu sein – dies in deutlichem Gegensatz zum Sprechen von Kleinkindern, das zu mehr als achtzig Prozent spontan erfolgt und stetig an Länge, Reichtum und Komplexität zunimmt.[104] «Im Alter von drei Jahren», schreibt Terrace, «hört ein Kind damit auf, die Äußerungen seiner Eltern nachzuahmen. Im Alter von vier Jahren nahmen Nims Imitationen auf 54 Prozent zu.»[105]

Noch signifikanter war Nims Motivation. Terrace schreibt dazu: «Mit wenigen Ausnahmen schien Nim nicht die ‹Kraft des Wortes› in demselben Sinn wie ein Kind entdeckt zu haben. Die Ausnahmen betrafen alle eine einzige Funktion der Sprache: die des *Bittens* um etwas. Umarmen, spielen, schmutzig, schlafen, essen usw. waren alles Forderungen, Nim wollte, daß man etwas für ihn tat.»[106] Es ist kein Zufall, wenn Nim die Zeichen für «Nim» oder «mich» in zwanzig von einundzwanzig seiner häufigsten Dreizeichenkombinationen verwendete.[107] Für den Schimpansen sind diese Zeichen keine Wörter, sondern nur Mittel, um das zu bekommen, was er will. Ein schlagendes Beispiel dafür: Nim verwendete das Zeichen für «schmutzig» nicht nur, wenn er zur Toilette gehen mußte, sondern auch, wenn kein solches Bedürfnis bestand, er nur gelangweilt war oder einen neuen Trainer nicht mochte, oder wenn er aus einer unliebsamen Lage herauskommen wollte. Er hatte gelernt, daß dieses Zeichen den Trainer sofort in Bewegung setzte. Nim verwendete das Zeichen für «Schlafen» auf dieselbe Weise, selbst wenn er ganz frisch und keineswegs schläfrig war.[108]

Eine erworbene motorische Gewohnheit, die mit einem bestimmten Objekt oder einer bestimmten Handlung assoziiert wird, ist jedoch kein Wort. Wenn die Sprache nur aus einem umfangreichen Repertoire solcher motorischer Assoziationen bestünde, dann gäbe es allerdings keinen Grund zu der Behauptung, Tiere könnten nicht sprechen. Piagets Unterscheidungen zwischen den sensomotorischen Schemata eines einjährigen Kindes und echten intellektuellen Konzepten, die erst später auftreten, werfen ein Licht auch auf diese ganze Diskussion über die Tiersprache:

«Die sensomotorische Intelligenz strebt in erster Linie nur nach praktischer Adaptation, das heißt, sie will nur den Erfolg und die praktische Verwendung, während das begriffliche Denken nach der Erkenntnis als solcher strebt und sich so den Normen der Wahrheit unterstellt. So existiert in dieser Art von sensomotorischen Assimilationen, unabhängig von der Genauigkeit der von ihnen gezeigten Akkomodationen, der Begriff von einem zu erreichenden praktischen Resultat, und dies selbst, wenn das Kind ein neues Objekt ‹exploriert› oder die Verlagerungen erforscht, die es durch eine Art von ‹Experiment um des Sehens willen› hervorruft. Aufgrund eben der Tatsache, daß das Kind seine Beobachtungen nicht in ein System verbaler Urteile und gedanklicher Konzepte umsetzt, sondern sie nur mit Hilfe seiner sensomotorischen Schemata registrieren kann..., steht außer Frage, daß man dem Kinde nicht die Fähigkeit zuschreiben kann, es könne reine Feststellungen treffen oder Urteile im eigentlichen Sinne fällen. Man muß vielmehr annehmen, daß diese Urteile – wären sie in Worten ausgedrückt – mit etwas gleichbedeutend wären wie ‹man kann diese bestimmte Handlung mit diesem Objekt ausführen› oder ‹man könnte zu diesem Ergebnis kommen› usw... Es besteht deshalb um so mehr das einzige Problem darin, das gewünschte Ziel zu erreichen, und die einzigen hier operierenden Werte sind also der Erfolg oder der Mißerfolg. Das Kind sucht keineswegs eine Wahrheit an sich, noch stellt es Überlegungen über die Beziehungen an, die das Erreichen des Zieles ermöglicht haben. Also ist die Behauptung nicht übertrieben, daß sich die sensomotorische Intelligenz auf das Ziel des Erfolges oder der praktischen Adaptation beschränkt, während die Funktion des verbalen oder begrifflichen Denkens das Erkennen und Ausdrücken von Wahrheiten ist.»[109]

Terrace entdeckte dasselbe bei Schimpansen: «Die Funktion der Symbole des Menschenaffenvokabulars ist offensichtlich nicht so sehr die Identifikation von Gegenständen oder die Übertragung von Informationen..., sondern sie verwenden das Symbol, um eine Belohnung zu bekommen.»[110]

Keine Grammatik, keine Sätze, keine Wörter. Tiere können Zeichen oder Symbole wie Werkzeuge und motorisch *verwenden*, aber sie *verstehen* sie nicht. Man vergleiche damit ein durchschnittliches dreijähriges Kind, das über ein Vokabular von tausend Wörtern verfügt. Jeden Tag bildet es zunehmend komplizierte und reichhaltigere Sätze; es stellt damit Fragen, äußert sein Erstaunen und beschreibt die Welt. Es verliert sich in einem symbolischen Spiel, verwandelt mit seiner Einbildungskraft sich selbst und die Gegenstände um sich herum in eine Scheinwelt. Es gibt mit seinen Zeichnungen und Kunstwerken gleichzeitig die reale und die eingebildete Welt wieder. Alle diese Aktivitäten des Kindes zeigen uns, daß ein Intellekt dahintersteht. Es sollte uns nicht überraschen, wenn auf der anderen Seite der Schimpanse aus all den Untersuchungen als Tier hervorgeht.

Nach einer gründlichen Prüfung aller Tatsachen ziehen die Linguisten Thomas Sebeok und Jean Umiker-Sebeok die folgende Schlußfolgerung: «Wirkliche Durchbrüche in der Kommunikation zwischen Mensch und Menschenaffe gehören immer noch ins Reich der Fiktion.»[111] Und Noam Chomsky, der Begründer der modernen Linguistik, fügt hinzu: «Daß ein Menschenaffe die Fähigkeit zur Sprache zeigen wird, ist ungefähr so wahrscheinlich wie die Entdeckung, daß irgendwo auf einer Insel eine flugunfähige Vogelart darauf wartet, daß der Mensch ihr das Fliegen beibringt.»[112]

Dasselbe gilt für die vielgepriesene Intelligenz von Delphinen. Nach einer ganzen Reihe von Experimenten und Beobachtungen gab die Forscherin Sheri Lynn Gish beispielsweise die Vorstellung auf, die Delphine besäßen eine komplexe, symbolische, menschenähnliche Sprache; sie wies nach, daß die meisten Studien deskriptiver und nicht quantitativ-analytischer Natur waren und daß sie von «ungeheuerlichen Annahmen» ausgingen.[113] Tiere sind sicher keine Maschinen, aber sie sind ebensowenig leicht reduzierte menschliche Wesen. Intellektuelles Verständnis, selbst in einem geringen Grad, findet man bei keinem Tier, sondern nur beim Menschen. Die menschliche Fähigkeit, das Wesen und die Ursache von Dingen zu erkennen, ist einzigartig im Tierreich. Im Hinblick auf diese Fähigkeit unterscheidet sich der Mensch seinem *Wesen* nach und nicht nur graduell von den Tieren. Der Unterschied zwischen Menschenaffen und anderen Tieren ist hingegen ein gradueller Unterschied, da beide in einem größeren bzw. geringeren Ausmaß dieselben Eigenschaften aufweisen. Der Unterschied hingegen, der zwischen den Menschen und den Menschenaffen besteht, ist größer als der zwischen zwei beliebigen anderen natürlichen Kreaturen.

Ein großer Teil der modernen Literatur über Tiere verwechselt Intelligenz mit Bewußtsein. Demzufolge argumentieren einige Forscher, die Tiere müßten intelligent sein, da sie sich der Dinge bewußt sind. Andere wiederum meinen, da den Tieren das intellektuelle Verstehen abgehe, müßte es sich um Roboter ohne Bewußtsein handeln. Beide Seiten haben einen Zipfel der Wahrheit erhascht: Die Tiere haben ein Bewußtsein, doch fehlt ihnen – und das gilt selbst für die Menschenaffen – die Fähigkeit des intellektuellen Verstehens. Es ist nicht weiter schlimm, die Begriffe «Intelligenz» und «Verstehen» im Hinblick auf Tiere anzuwenden, solange wir uns vor Augen halten, daß wir die Bedeutung dieser Wörter dann so weit ausdehnen, daß sie jede zielgerichtete bewußte Aktivität umfassen. In diesem Sinne spricht Piaget beim einjährigen Kind von einer sensomotorischen Intelligenz: «Es handelt sich um eine gänzlich praktische Intelligenz, die auf der Manipulation von Gegenständen beruht; anstelle von Wörtern und Begriffen verwendet sie Wahrnehmungen und Bewegungen, die in ‹Aktionsschemata› organisiert sind.»[114] Diese Art der Intelligenz ist auch für Tiere charakteristisch. Der Menschenaffe besitzt *prinzipiell* keine weitergehenden Fähigkeiten als ein einjähriges Kind.

Ein nichtmechanisches Modell

Im Gegensatz zum Behaviorismus stellt die moderne Verhaltensforschung mit ihren Vätern Konrad Lorenz, Niko Tinbergen und Karl von Frisch ein schönes Beispiel für eine nichtreduktionistische Wissenschaft dar. Reduktionismus entsteht dann, wenn man ein zu beschränktes Modell verwendet: Das Maschinenmodell genügt nicht für das Tier, ebenso wie das tierische Verhalten als Schlüssel zum menschlichen Verhalten einfach nicht ausreicht. Um die Enge des Reduktionismus zu umgehen, müssen wir ein Modell finden, dem nichts fehlt. Ein solches Modell, das alles umfaßt, würde die Notwendigkeit des Reduzierens oder des Wegerklärens überflüssig machen.

Gibt es ein solches Modell? Wenn die mechanistische Physik des 17. Jahrhunderts die Biologie mit diesem inadäquaten Modell versorgt hat, dann kann uns vielleicht die nichtmechanistische Physik des 20. Jahrhunderts als Wegweiser dienen auf der Suche nach einem neuen Modell. Die beiden großen Revolutionen in der modernen Physik sind die Relativitäts- und die Quantentheorie. Beide betonen die zentrale Stellung des Beobachters. Der Physiker Max Born schreibt: «Die Schwierigkeit liegt ... darin, daß keine Erscheinung der atomistischen Welt beschrieben werden kann, ohne auf den Beobachter Bezug zu nehmen, und zwar nicht nur auf seine Eigengeschwindigkeit, wie dies die Relativitätstheorie tut, sondern auf sein gesamtes Verhalten bei der Beobachtung, die Einstellung seiner Instrumente usw.»[115] Der Physiker John Wheeler meint dazu: «Der Beobachter ist nicht mehr allein ‹Beobachter›, sondern ‹Teilnehmer›. Was uns die Philosophie früher nahelegte, das lehrt uns heute die zentrale Aussage der Quantenmechanik mit beeindruckender Kraft. In einem eigentümlichen Sinn nehmen wir an diesem Universum teil.»[116] Und der Physiker Eugene Wigner fügt hinzu: «Es war nicht möglich, die Gesetze der Quantenmechanik auf eine absolut folgerichtige Weise zu formulieren, ohne auf das Bewußtsein Bezug zu nehmen.»[117]

Die Betonung der zentralen Stellung des Beobachters ist ein Hauptmerkmal der modernen Physik. Dieses Prinzip, übertragen auf die Biologie, legt uns nahe, daß wir selbst der Schlüssel zum Verständnis des Lebens und der Lebewesen sind. Viele Gründe sprechen dafür, den Menschen als Musterbeispiel in der Biologie zu verwenden, denn alle Ebenen der Natur sind in ihm vertreten: Intellekt und Wille, Sinne und Emotionen, willkürliche Bewegungen, vegetative und metabolische Funktionen und Materie. Natürlich haben wir nicht alle Organe, die andere Tierarten besitzen, aber zu jedem tierischen Organ haben wir ein Pendant, das uns erlaubt, die Fähigkeiten des Tieres im Analogieschluß aus unserer eigenen Erfahrung heraus zu verstehen. Und der Mensch verfügt im vollsten Sinne über eine Wirkkraft, denn er handelt im Hinblick auf Ziele, die er selber auswählt. Auch geringere Grade dieser Fähigkeit zum Handeln, wie sie für Tiere und Pflanzen charakteristisch ist, treten beim Menschen auf. Es ist viel vernünftiger, jenen Rest an Natur zu betrachten, der im

Menschen zu finden ist, als alle Dinge auf rein materieller Grundlage verstehen zu wollen. Das Mehr umfaßt das Weniger, nicht umgekehrt.

Die zentrale Stellung des Beobachters ist eher ein Prinzip der Biologie als der Physik. E. S. Russell erklärt: «Die Biologie nimmt unter den Naturwissenschaften eine einzigartige, privilegierte Stellung ein, denn ihr Gegenstand, das Lebewesen, ist uns nicht nur objektiv durch Sinneswahrnehmung, sondern in einem Fall auch direkt als Subjekt der unmittelbaren Erfahrung bekannt. In diesem besonderen Fall des eigenen persönlichen Lebens ist es deswegen möglich, selbst Einsicht in ein Lebewesen zu gewinnen. Natürlich kann das direkte intuitive Verständnis, das wir durch diese unmittelbare Erfahrung des Lebens selber gewinnen, nicht den Gegenstand der Biologie bilden, die ja eine objektive Naturwissenschaft ist, und wir müssen uns sehr davor hüten, in die Aktivitäten anderer Organismen die Motive und Erfahrungsweisen, die wir selbst in uns entdecken, hineinlesen zu wollen. Dennoch ermöglicht uns die Erfahrung, die wir durch Selbstbeobachtung gewinnen, eine Einsicht in die Realität des Lebewesens, die auf keine andere Weise gewonnen werden kann. Sie gibt uns einen Maßstab, an dem wir unsere Auffassungen vom Lebendigen testen können.»[118]

Auch Weizsäcker ist der Ansicht, daß die Kenntnis unserer selbst als lebende Kreaturen uns Einsicht verleiht in Wesen und Art anderer Lebewesen: «Alle meine Erfahrungen sind meinem Bewußtsein nicht mosaikartig getrennt gegeben, sondern in einem Zusammenhang, der sich schon daraus ergibt, daß ich selbst ein lebendes Wesen bin, das sich zugleich handelnd und wahrnehmend verhalten muß. In diesem Zusammenhang ist mir bereits etwas von dem Sinn des Verhaltens anderer lebender Wesen gegeben, mit denen ich in lebendiger Wechselwirkung stehe. Einen Stein kenne ich freilich nur als Objekt, ein Mensch aber ist mir notwendigerweise ‹Mitmensch›. Seine Äußerungen sind Träger einer Bedeutung, die ich verstehen kann, weil ich selbst ein Mensch bin, und es ist praktisch Notwendigkeit und zugleich ethische Forderung, die sich von selbst in mir regt, daß ich sie nicht nur als Objekte nehme, sondern das Meine tue, sie zu verstehen. Die biologische Sphäre ist nun von beiden Deutungsweisen durchzogen, ohne auf eine von ihnen ganz verzichten zu dürfen. Eine Amöbe ist mir kaum etwas anderes als ein absonderliches physikalisches Objekt. Ein Reitpferd ist mir in erster Linie Partner im Spiel des Lebens, mit dem der innere Kontakt stärker ist als mit manchen Menschen. Zwischen beiden gibt es alle Übergänge.»[119]

Die Gewißheit, lebendig zu sein, beziehen wir aus unserer eigenen inneren Erfahrung des Sehens, Fühlens, Hörens, Sicherinnerns, Sichvorstellens, des Empfindens von Emotionen, des selbstbestimmten Bewegens, des Verstehens, des Überlegens und des Wählens. Wir könnten diese Eigenschaften niemals als lebendige Funktionen bei anderen Menschen oder bei Tieren erkennen, wenn wir sie nicht selbst zuerst in uns erfahren hätten. Wenn wir nicht selbst Erfahrungen mit Träumen gemacht hätten, würden wir gar nicht auf die Idee kommen, daß sie auch bei Tieren vorkommen, ganz egal, wie ihr Verhalten während des Schlafs ist und wie viele Daten wir auch über die schnellen Augenbewegungen während des Schlafs gesammelt hätten. Wenn wir unsere Bewegungen niemals entsprechend unseren Kenntnissen gelenkt hätten, gäbe es für uns keinen Grund zur Unterscheidung zwischen bewußten Handlungen und unbewußten Reflexen bei Tieren.

Die Teilnehmer eines internationalen Workshops mit dem Titel «Animal Mind – Human Mind», der 1981 stattfand, waren sich einig darüber, daß die menschliche Erfahrung die Grundlage für die Untersuchungen an Tieren bildet. Griffin schreibt: «Viele Teilnehmer stimmten darin überein, daß all das, was wir über unser eigenes Denken, unsere subjektiven Gefühle und unser Bewußtsein wissen, einen guten Ausgangspunkt darstellt. Davon ausgehend, bleibt zu untersuchen, ob andere Arten etwas Ähnliches erfahren. Diese Art des Vorgehens wurde früher fälschlicherweise als anthropomorph betrachtet. Heute wird aber weithin oder gar allgemein anerkannt, daß dieser Einwand nur dann ernst zu nehmen ist, wenn man schon im voraus angenommen hat, Bewußtsein komme *nur* dem Menschen zu.»[120] Natürlich ist es falsch, wenn wir den Tieren menschliches Verständnis, Überlegung und freie Wahl zuschreiben, aber wir sollten auch nicht in das entgegengesetzte Extrem verfallen und die Tiere als Maschinen betrachten. Der Robotomorphismus ist nicht weniger falsch als der Anthropomorphismus.

Historisch gesehen, läßt sich die Vernachlässigung der inneren Erfahrung in der modernen Biologie teilweise dadurch erklären, daß eine Physik nachgeahmt wurde, die sich ausschließlich auf äußere Beobachtungen und Messungen berief. Doch dieses Modell entsprach der Newtonschen Physik, in der der Geist keine wesentliche Rolle spielt. Die moderne Physik hingegen bestätigt, wie wir gesehen haben, die Realität des Geistes und die wesentliche Beteiligung des Beobachters.

Die innere Erfahrung, die wir mit unseren eigenen lebenden Aktivitäten gemacht haben, wird von einigen als «subjektiv» und deswegen als bedeutungslos für die Zwecke der Wissenschaft verworfen. Im Hinblick auf Halluzinationen und andere rein private Phänomene, die anderen Menschen gar nicht zugänglich sind, wäre diese Kritik berechtigt. Doch wir sprechen hier von Aktivitäten, die jedermann sofort an sich selbst überprüfen kann: Empfinden, Erinnern, Angst oder Freude fühlen, Verstehen, Wählen. Diese Erfahrung hat universellen Charakter und muß uns als ständiger Leitfaden und Maßstab dienen, wenn wir diese Fähigkeiten beim Mensch oder bei Tieren untersuchen. Was spielt es dabei für eine Rolle, daß der eine Mensch nicht genau nachvollziehen kann, wie ein anderer Mensch die Farbe Rot erlebt? Er hat ja seine eigene Erfahrung. Was sich in jedermanns innerer Erfahrung verifizieren läßt, ist ebenso als Faktum der Biologie oder Psychologie zu betrachten wie das Verhalten einer Ratte in einem Irrgarten oder die molekulare Struktur eines Proteins.

Wenn wir uns selbst als Ausgangspunkt für Betrachtungen in der Biologie nehmen, so sollte man das nicht mit Descartes' *Cogito ergo sum* verwechseln, denn das erstgenannte Prinzip geht von einer grundlegenden Ähnlichkeit zwischen vielen unserer Fähigkeiten und jenen von Tieren aus. Descartes hingegen leugnet, daß Tiere Empfindungen und Emotionen haben, und betrachtet sie als Maschinen ohne Bewußtsein. Wenn dies wahr wäre, könnte die innere Erfahrung des Menschen zu keinen Einsichten in tierisches Verhalten führen. Überdies beginnt Descartes aus Gründen der Skepsis mit dem Denken selbst: Da er seine Sinne als unzuverlässig betrachtet, glaubt er, die Existenz der Welt sei ohnehin zweifelhaft, und meint, sich auf seine eigene Subjektivität zurückziehen zu müssen. Wenn wir hingegen anerkennen, daß unsere eigene innere Erfahrung für Untersuchungen an Tieren nützlich sein kann, so fordert diese Haltung nicht von uns, daß wir an unseren Sinnen oder der Welt zweifeln. Schließlich versucht Descartes, die Welt von seinen eigenen Ideen abzuleiten, während das Beobachterprinzip unsere eigene Erfahrung als Werkzeug und Maßstab verwendet, allerdings nicht zur Ableitung, sondern zur Erforschung dessen, was in Tieren vor sich geht.

Wenn wir die innere Erfahrung als Maßstab verwenden, können wir die unterschiedlichen Grade der Wirkfähigkeit bei Lebewesen unterscheiden. Unter den natürlichen Kreaturen genießen wir Menschen den vollsten Grad der Wirkfähigkeit. Wir entscheiden uns für ein bestimmtes Ziel, wissen dabei genau, daß wir auch ein anderes nehmen könnten, wenn wir wollten, und wählen dann frei die richtigen Mittel, um das Ziel zu erreichen. Bevor wir handeln, stellen wir uns im Geiste verschiedene mögliche Ergebnisse vor und entscheiden dann entsprechend. Infolge unserer Fähigkeit zu verstehen sind wir uns dessen voll bewußt, daß wir selbst handeln. Denn das Verstehen kann über seine eigenen Akte nachdenken und sich selbst verstehen. Unsere Fähigkeit der Wahl, der Wille, ist das wichtigste Agens, er setzt andere Fähigkeiten in Bewegung, denn durch die freie Wahl bringt ein Mensch seinen Intellekt dazu, über dieses oder jenes nachzudenken. Oder er veranlaßt seine Sinneskräfte, sich auf diesen oder jenen Gegenstand zu richten, oder er bewegt seine willkürlichen Muskeln. Unser Wille kann sich gegebenenfalls auch über unsere Emotionen hinwegsetzen. Der Wille aber führt sich selbst zur freien Wahl.

Wenn wir uns selbst als Maßstab nehmen, haben wir bei der Untersuchung tierischen Verhaltens einen beträchtlichen Gewinn zu verzeichnen. Wir können den Intellekt von der Sinneswahrnehmung und den Willen von der Emotion unterscheiden, denn wir verfügen selbst über alle diese vier Fähigkeiten. Wir haben einige Vorstellung davon, was es für das Tier bedeuten muß, wahrzunehmen ohne intellektuelles Verstehen, denn wir können in uns selbst Assoziationen der Wahrnehmung erfahren, die nicht auf Nachdenken beruhen. Wir haben Einsicht in den Zustand eines Tieres, wenn es sich emotional zu einem Gegenstand hingezogen oder von ihm abgestoßen fühlt – schließlich teilen wir die Emotionen mit den höheren Tieren, obwohl bei ihnen kein Intellekt und kein Wille die Gefühle beherrschen kann. Wir haben auch einen Begriff davon, wie Instinkthandlungen bei Tieren ungefähr ablaufen, wenn wir impulsiv ohne verbales Nachdenken oder Überlegen reagieren. Irgend etwas in uns entspricht dem Grad der Wirkfähigkeit, den Tiere aufweisen, und handelt autonom, wenn Wille und Verstand ausgeschaltet sind. Es ist kein Zufall, wenn wir von einem betrunkenen oder außer sich geratenen Menschen sagen, er handle wie ein Tier.

Wir erfahren diese Art des nichtverbalen Denkens, wenn wir das richtige Stück in einem Puzzle suchen oder wenn wir, ohne Worte, in unserer Imagination die Einrichtung eines Raumes umstellen. Diese Art des Denkens verwendet Wahrnehmungen und nicht Begriffe, Bilder und nicht Definitionen. Wir kennen auch die nicht an den Verstand gebundene Assoziation, die bei Tieren vorkommt, zum Beispiel wenn der Geruch, der beim Bleistiftspitzen entsteht, in uns in einem Schwall von Erinnerungen das Bild einer früher besuchten Schule wiedererstehen läßt. Unwillkürliche Gedächtnisassoziationen wie diese sind zwar klar begrenzt auf die Ebene der Wahrnehmung, können aber doch Emotionen hervorrufen. Eine Krankenschwester kann bisweilen ein ungewöhnliches, lähmendes Mitleid für einen Patienten empfinden und sich erst später Rechenschaft darüber ablegen, daß der kranke Mann genauso alt ist wie ihr Vater und ihm auch ähnlich sieht.[121] Solche Assoziationen beruhen nicht auf Überlegung, obwohl unser Geist darüber reflektieren und die Gründe dafür entdecken kann. Unser eigenes nichtverbales Denken und unsere unwillkürlichen Gedächtnisassoziationen geben uns einige Vorstellungen davon, wie das Bewußtsein der Tiere beschaffen sein muß.

In ähnlicher Weise können wir mutmaßen, wie Pflanzen ohne Bewußtsein wachsen und ihren Stoffwechsel in Gang halten, denn auch in uns erfolgen diese Vorgänge ohne Bewußtsein. Ein Kind wächst; eine Brandblase an seinem Arm heilt von selbst ab; seine Zellen teilen und differenzieren sich – doch keine dieser Aktivitäten erfolgt unter der Leitung oder nach der freien Wahl des Kindes, und es nimmt sie auch nicht in seinem Sinnesbewußtsein wahr. Sie alle sind unleugbar Aktivitäten des Kindes, Dinge, die der Körper von innen heraus tut und die nicht das Ergebnis äußerer Kräfte sind. Doch alle Vorgänge und Ergebnisse sind von der Natur bestimmt und laufen auf ein Ziel zu, das die Natur festgelegt hat. Diese vegetative Wirkfähigkeit ist in uns ebenso vorhanden wie in den Pflanzen.

Schließlich finden wir in uns selbst auch jene Art der Wirkfähigkeit, die charakteristisch ist für die Materie. Wenn wir beim Klettern abstürzen, fallen wir genauso wie ein Stein. Die Bewegung und ihre Grenzen werden von außen bestimmt. Ein unbelebtes Ding kann sich nicht selbst bewegen, es kann nur etwas anderes in Bewegung versetzen. Die Billardkugel A kann sich nicht selbst in Bewegung versetzen, doch wenn sie auf die Billardkugel B trifft, setzt sie diese in Bewegung. Dies ist die einzige Art der Wirkfähigkeit, über die unbelebte Dinge verfügen: Ein Ding setzt allein von außen her ein anderes Ding in Bewegung.

Natürlich weist die Materie die unvollständigste Art der Wirkfähigkeit auf, denn es fehlen ihr alle höheren Formen, die wir bei Lebewesen antreffen. Wenn wir also die Materie als Grundlage für das Verständnis der gesamten Natur nehmen, muß Reduktionismus zwangsläufig die Folge sein. Und dennoch verwendet der Materialismus das Maschinenmodell zur Analyse der Wirkfähigkeit aller Lebewesen, der Pflanze ebenso wie des Tieres und des Menschen. Nur ein nichtmechanisches Modell – das Beobachterprinzip – umfaßt alle Arten der Wirkfähigkeit, die wir in der Natur antreffen. Denn Materie, Wachstum, Fortpflanzung, Empfindung, Emotion, Intellekt und Wille kommen alle beim Menschen vor.

4 Kooperation – die Natur als Allianz

Das Paradigma der modernen Biologie beschreibt die Natur als erbarmungslosen Kampf zwischen einander entgegengesetzten Kräften. Im Jahr 1858 formulierte Charles Darwin dies zum ersten Mal in einer Arbeit, die er der Linnean Society übergab. Es war seine erste Schrift über die Evolutionstheorie. Darwin entwirft darin gleich zu Beginn ein starres Bild von der Natur: «Die gesamte Natur steht im Krieg, ein Lebewesen mit dem andern oder mit der äußeren Natur. Wer das glückliche Gesicht der Natur sieht, mag zunächst daran zweifeln. Doch durch Überlegung wird man unausweichlich darauf kommen, daß es der Wahrheit entspricht.»[1] Der Mitentdecker der natürlichen Auslese, Alfred R. Wallace, beschreibt dieselbe Szenerie in einer Arbeit, die er zur gleichen Zeit wie Darwin vorlegt. Er stellt fest, die Tiere und Pflanzen «befinden sich in einem Kampf ums Dasein, bei dem das schwächste und am wenigsten gut organisierte Lebewesen stets untergehen muß».[2] Der Biologe Thomas Huxley, ein Freund und Verteidiger Darwins, äußert sich ähnlich: «Die Tierwelt ist in etwa einem Gladiatorenkampf vergleichbar. Der Stärkste, der Schnellste und der Geschickteste überleben, um am nächsten Tag weiterzukämpfen . . ., und es gibt keine Schonung.»[3] Um diese Brutalität zu verdeutlichen, prägte Tennyson den berühmten Satz: «Natur, rot die Zähne und Klauen voller Gewalt.»[4] In seinem Werk *Die Entstehung der Arten* behauptet Darwin, alle Lebewesen unterlägen einem harten Konkurrenzkampf, dem «universellen Kampf ums Dasein». Er meint, dieser Konflikt zwischen Lebewesen sei eine unausweichliche Folge des angespannten Verhältnisses zwischen den beschränkten Ressourcen und dem unbeschränkten Populationswachstum.[5]

Dieses Paradigma beherrscht seit Darwins Zeiten die Biologie. Paradoxerweise stimmt es nicht mit der Beobachtung überein. Einen erbarmungslosen Kampf zwischen Arten kann man künstlich im Labor herbeiführen, doch fällt es schwer, klare Beispiele dafür zu finden, daß vom Menschen ungestört in der Natur lebende Arten sich gegenseitig Schaden zufügen. Viele Ökologen und andere Forscher mit Felderfahrung geben offen zu, daß die theoretischen Erwartungen von den beobachteten Fakten nicht gestützt werden. Daniel Simberloff schreibt: «Man sieht nur selten zwei Tiere, besonders Tiere verschiedener Arten, die um dieselben Fleischstücke kämpfen, und selbst wenn eine Konkurrenz zu beobachten ist, erscheint sie oft inkonsequent. Vielleicht klettert eine Winkerkrabbe schnell in ein Loch am Strand und wird sofort vom aktuellen Besitzer vertrieben. Doch die Krabbe macht sich dann einfach davon auf der Suche nach einem anderen Loch. Konkurrenz zwischen Arten scheint nur den Charakter einer geringen zeitweiligen Störung zu haben.»[6] Nach dreijährigem Studium der Brutvogelgesellschaften der nordamerikanischen Ebenen und Buschsteppen entdeckten John Weins und John Rotenberry, daß «Schwankungen der Populationsgröße einer Art in einem Gebiet weitgehend unabhängig sind vom Vorhandensein oder Fehlen anderer Arten sowie von Merkmalen des Lebensraums. Koexistierende Arten nutzen anscheinend die Ressourcen mehr oder minder zufällig. Es gibt nur wenige Beweise dafür, daß die gegenseitige Konkurrenz eine große Rolle spielt oder daß Konkurrenz in der Vergangenheit zu einer geordneten Struktur der Lebensgemeinschaften führte.»[7] Sie schließen daraus, «daß die Konkurrenz nicht jene allgegenwärtige Kraft darstellt, wie viele Ökologen annehmen».[8] Weins und Rotenberry begannen ihre Beobachtungen mit der konventionellen Annahme, die Arten-Konkurrenz stelle den zentralen Faktor dar, der bestimmt, wie die Lebensgemeinschaften zusammengesetzt sind. Sie gestehen, daß «im Laufe der Untersuchungen sich diese Erwartung als naiv erwiesen hat».[9]

Der Entomologe P. S. Messenger schreibt ebenfalls: «Wirklicher

Konkurrenzkampf ist in der Natur nur schwer zu beobachten.»[10] Und der Ökologe E. J. Kormondy stellt fest, Konkurrenz trete unter natürlichen Bedingungen selten auf.[11] Und die Biologen Allee, Emerson, Park, Park und Schmidt erklären in einem gemeinsam verfaßten Text: «Beispiele für direkte gegenseitige Schädigung zwischen Arten sind uns nicht bekannt.»[12]

Aufgrund dieses Konflikts zwischen dem akzeptierten Paradigma und den aktuellen Beobachtungen, die bei natürlichen Artengemeinschaften angestellt wurden, ist die Diskussion über das Wettbewerbsmodell in der Biologie voller Verwirrung und Widersprüchlichkeit. Alles, was gegen die Prämisse «Kampf ums Dasein» spricht, wird als *Ergebnis* eben dieses Daseinskampfes dargestellt. Einige behaupten, eine Konkurrenz in den Mechanismen zu sehen, die es Tieren ermöglichen, Konkurrenzkämpfe zu *vermeiden*. Wie der Ökologe Robert Ricklefs sagt, ist «die Konkurrenz vielleicht das am wenigsten faßbare und widersprüchlichste aller ökologischen Phänomene».[13]

Wie die Natur Konkurrenz vermeidet

Eine sorgfältige Übersicht über die zahlreichen Strategien, die die Natur zur Vermeidung einer Konkurrenzsituation einsetzt, wird Licht werfen auf die angesprochene Kontroverse und einen Teil dieser Verwirrung vertreiben. Der Angelsachse spricht in diesem Zusammenhang von *competition*. Colinvaux definiert sie folgendermaßen: «Eine Konkurrenz tritt überall da auf, wo zwei oder mehr Individuen oder Gruppen nach etwas streben, das nicht in genügender Menge vorhanden ist.»[14] Das deutsche Wort «Wettbewerb» kann man als Synonym betrachten. (Auf die Frage, ob die Kooperation, die wir heute in der Natur vorfinden, das Ergebnis einer früheren Konkurrenzsituation ist, werden wir in Kapitel 6 eingehen.)

Daß zwei Arten sich gegenseitig Schaden zufügen, läßt sich zunächst und am einfachsten durch geographische Isolation verhindern. Über die Erdkugel verstreut leben viele Arten, die sich innerhalb kurzer Zeit ausrotten könnten. Doch dies geschieht nicht, da sie getrennte Kontinente bewohnen. Im Jahre 1876 unterschied Wallace für die Landfauna sechs tiergeographische Regionen auf der Erde. Jede ist durch Tiere und Pflanzen charakterisiert, die dort einzigartig sind und die natürlicherweise nirgendwo anders vorkommen (siehe Abbildung 4.1). Diese sechs tiergeographischen Regionen, die in etwa mit der Einteilung in Kontinente zusammenfallen, gelten noch heute und werden weiterhin von den Biologen berücksichtigt. Hohe Bergzüge wie der Himalaya oder Meere oder große Wüstengebiete mit einer Ausdehnung von vielen hundert Kilometern isolieren die sechs Tierregionen voneinander, verhindern dadurch eine Konkurrenz und führen dazu, daß die Erde eine viel größere Mannigfaltigkeit an Tieren und Pflanzen beherbergen kann, als dies möglich war, bevor die Kontinente sich voneinander trennten. Hier liegt auch der Grund, warum es oft zu ökologischen Katastrophen und bisweilen zur Ausrottung einheimischer Arten kommt, wenn der Mensch eine Tierart in ein Gebiet einführt, wo diese natürlicherweise nicht präsent ist.

Doch wie steht es mit den Lebewesen, die sich *denselben* Lebensraum teilen? Wie können ähnliche Organismen eine gegenseitige Konkurrenz vermeiden, wenn Nahrung und andere Ressourcen nur in beschränkter Menge zur Verfügung stehen? Ähnliche Arten, die gemeinsam einen Lebensraum bewohnen, teilen diesen in ökologische Nischen auf. Im Lebensraum oder Habitat hält sich die Art auf, während die ökologische Nische sozusagen ihren «Beruf» darstellt. Das Vorhandensein einer Art schädigt eine andere Art mit unterschiedlicher Lebensweise nicht mehr, als «die Anwesenheit eines Arztes im gleichen Dorf dem Geschäftsgang des Fahrradmechanikers Eintrag tut», um einen Vergleich von Lorenz zu verwenden.[15] «Nische» bedeutet nicht nur den Raumausschnitt, den eine Pflanze oder ein Tier in Anspruch nimmt, sondern auch die Funktion der betreffenden Art in der Lebensgemeinschaft und wie sie hineinpaßt: Ob es sich zum Beispiel um einen Produzenten, einen Konsumenten oder einen Reduzenten handelt; wie sie die Energiequellen nutzt; welchen Tie-

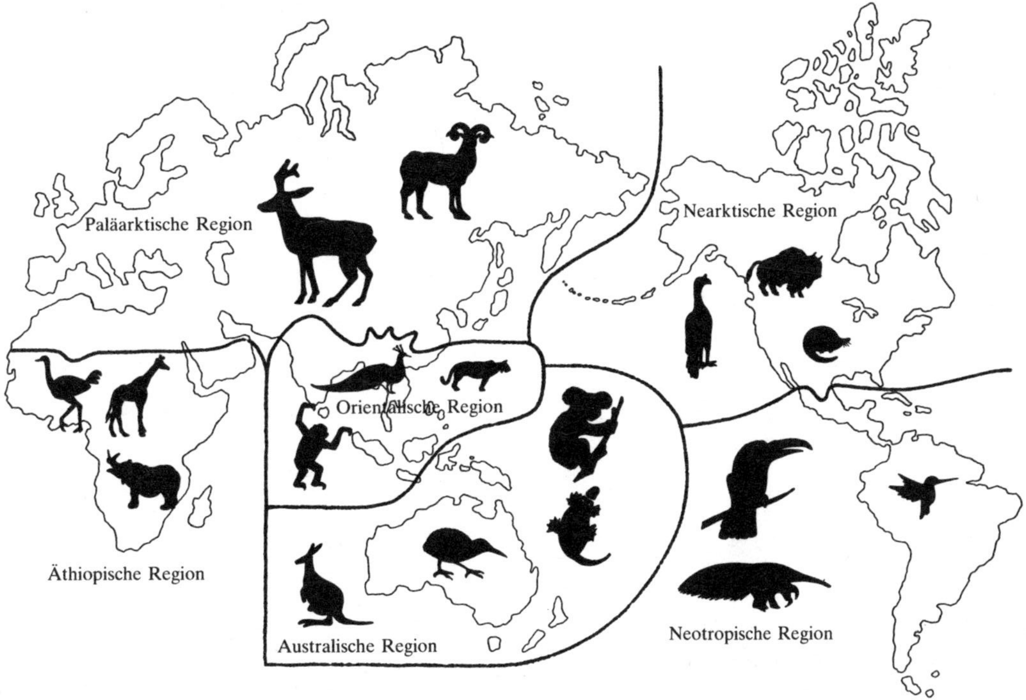

Abbildung 4.1. Die sechs tiergeographischen Regionen von Wallace mit Beispielen von Tieren, die typisch sind für die betreffende Region. Natürliche geographische Barrieren verhindern eine Konkurrenz und machen es möglich, daß die Erde eine reiche Vielfalt an Pflanzen und Tieren trägt.

ren sie zum Opfer fällt und welche sie selbst erbeutet; welche Aktivitätsperioden sie aufweist und was für Veränderungen sie in der Umwelt hervorruft.[16]

Eines der am besten dokumentierten Prinzipien der ökologischen Wissenschaft ist der Grundsatz, daß zwei Arten niemals dieselbe Nische bewohnen. Es sind Tausende von Beispielen bekannt, wo ähnliche Tierarten ohne Konkurrenz koexistieren, weil sie unterschiedliche Nahrung brauchen oder zu verschiedenen Zeiten aktiv sind oder sonstwie eine andere Nische besetzen. Jede Pflanzenart hat ihre eigene Nische: Die einen spezialisieren sich auf sandige, andere auf humusreiche Böden; die einen mögen hohe Säurewerte, andere gedeihen nur auf alkalischem Untergrund, und wiederum andere brauchen gar keinen Boden, etwa die Flechten; einige Arten nutzen die frühe Vegetationsperiode, andere die späte. Die einen kommen durch, weil sie klein sind, die anderen dagegen aufgrund ihrer Größe. Experimente haben beispielsweise gezeigt, daß zwei Kleearten miteinander im selben Feld gedeihen können. «Von den beiden Arten wächst *Trifolium repens* schneller und erreicht eher die größte Blattdichte, *T. fragiferum* hat dagegen längere Stiele und ist so in der Lage, schneller wachsende Arten zu überragen, besonders nachdem *T. repens* seinen Wachstumshöhepunkt überschritten hat, und wird dadurch nicht durch dauernde Beschattung geschädigt.»[17] Kräuter und Gräser haben flache Wurzeln, um die Feuchtigkeit leichter Niederschläge aufnehmen zu können. Sie treten also nicht in Konkurrenz mit Bäumen wie Eichen, die viel tieferreichende Wurzeln entwikkeln und sich damit Ressourcen weit in der Grundwasserschicht erschließen. In laubabwerfenden Wäldern blühen viele Pflanzen und vollenden ihren jährlichen Wachstumszyklus, *bevor* die Bäume alle Blätter ausgebildet haben und damit dem Unterwuchs das Sonnenlicht wegnehmen. Andere Pflanzen dagegen brauchen gerade den Schatten und die hohe Feuchtigkeit unter dem Kronendach der Wälder.

Der Pflanzenphysiologe Fritz Went schreibt: «Es herrscht kein heftiger Kampf zwischen Pflanzen, kein kriegsähnliches gegenseitiges Umbringen, sondern eine harmonische Entwicklung auf der

Grundlage gerechter Teilhabe. Das kooperative Prinzip ist stärker als das kompetitive.»[18] Went erläutert dieses Prinzip anhand des Wachstums von Sämlingen. Selbst wenn sich auf einem Quadratmeter mehrere tausend Keimlinge entwickeln, töten sie sich nicht gegenseitig. Sie wachsen nur nicht zu ihrer vollen Höhe heran, solange sie das verfügbare Wasser, die Nährstoffe und das Sonnenlicht teilen müssen. Er weist darauf hin, daß Unkraut bisweilen erwünschte Gartenpflanzen verdrängt, aber nur deshalb, weil diese außerhalb der richtigen Saison oder im falschen Klima gepflanzt wurden. Das kooperative Prinzip gilt sogar in unwirtlicher Umwelt: «In der Wüste, wo der Wassermangel und das Wasserbedürfnis alle Pflanzen trifft, finden wir keinen heftigen Kampf ums Dasein, bei dem die kräftigen Exemplare die schwachen verdrängen. Im Gegenteil, der verfügbare Raum, das Licht, das Wasser und die Nährstoffe werden gerecht geteilt. Wenn nicht genügend da ist für alle, um groß und stark zu werden, dann bleiben eben alle etwas kleiner. Dieses faktische Bild unterscheidet sich sehr von der altehrwürdigen Auffassung, die Natur bedeute eine halsabschneiderische Konkurrenz zwischen Individuen.»[19] Dasselbe gilt auch für den Dschungel: «Die Baumriesen bringen nicht die kleinen Pflanzen des Unterwuchses zum Absterben. Sie verlangsamen nur deren Entwicklung und verhindern eine weitere Keimung. In einem Bergwald in Java wurde beobachtet, daß die kleinen Bäume, die im Schatten der Baumriesen wuchsen, nach vierzig Jahren kaum größer geworden waren, doch lebten sie immerhin noch.»[20] Im Garten, in der Wüste und im Wald ist das Paradigma der Pflanzen nicht Konkurrenz, sondern friedliche Koexistenz.

Spezialisierung in der Ernährung ist eine der einfachsten Möglichkeiten, mit deren Hilfe Tiere Konkurrenz vermeiden. An den Küsten des Mwerusees in Zentralafrika leben friedlich nebeneinander drei Arten von Goldwebervögeln. Sie kämpfen nicht um Nahrung, denn die eine Art frißt nur harte schwarze Samen, die andere hält sich nur an weiche grüne Samen, und die dritte mag ausschließlich Insekten.[21] Viele Raupen fressen nur von einer Pflanzenart. In einigen Fällen machen Giftstoffe die betreffende Pflanzenart ungenießbar für alle Arten mit Ausnahme des einen

Spezialisten, wie dies etwa bei der Hundswurz und der Raupe des Monarchfalters der Fall ist. Zwanzig unterschiedliche Insektenarten fressen von der nordamerikanischen Weymouthskiefer, ohne sich Konkurrenz zu machen, denn fünf Arten fressen nur die Nadeln, drei konzentrieren sich auf die Knospen, weitere drei auf die Zweige, zwei auf das Holz, zwei auf die Wurzeln, eine auf die Rinde und vier auf das Kambium.[22] Experimente zeigen, daß gerade geschlüpfte, noch unerfahrene Strumpfbandnattern Wurmduft dem Duft von Grillen vorziehen und ihm folgen. Junge glatte Grasnattern, die in demselben Gebiet leben, zeigen gerade die umgekehrte Vorliebe, obwohl beide Schlangenarten beide Arten von Beutetieren fressen könnten.[23]

Der Kormoran und die Krähenscharbe leben beide in Großbritannien und sehen sich sehr ähnlich. Sie kommen in denselben Abschnitten der Küste vor, brüten und ernähren sich auf ähnliche Weise. Laut Paradigma der Konkurrenz müßten diese Tiere in einem erbarmungslosen Kampf stehen und versuchen, sich gegenseitig auszuschalten. Eingehende Forschungen haben aber gezeigt, daß die eine Art hauptsächlich Sandaale und Sprotten frißt, während die andere Art eine gemischte Kost ohne Sandaale und Sprotten bevorzugt. Die eine Vogelart fischt draußen in der See, die andere in seichten Ästuarien. Die eine Art nistet hoch oben auf Klippen oder breiten Felsvorsprüngen, die andere eher am Fuße der Klippen oder auf schmalen Felsvorsprüngen.[24] Kein Kampf. Überhaupt keine Konkurrenz. Die Vögel besetzen unterschiedliche Nischen.

Die Größe der Nahrung ist ein Hauptfaktor bei der Bestimmung der Nahrungspräferenzen. Fleischfresser beispielsweise müssen Tiere erbeuten, die so klein sind, daß sie sie überwältigen können, aber wiederum nicht so klein, daß ihr Beitrag zur Ernährung zu gering ausfällt im Vergleich zur aufgewendeten Zeit und Energie. Der Mensch ist das einzige Tier, das aufgrund solcher Größenerfordernisse nicht auf eine bestimmte Nahrung angewiesen ist. G. D. Carpenter, der die Tsetse-Fliege in der Umgebung des Victoriasees in Afrika untersuchte, fand heraus, daß sie nur das Blut von Säugern und Vögeln saugen kann, bei denen der Durchmesser der

Blutkörperchen zwischen sieben und achtzehn Tausendstel Millimeter schwankt. Einem Lungenfisch hingegen könnte die Tsetse-Fliege kein Blut abzapfen, denn seine Blutkörperchen sind mit einem Durchmesser von einundvierzig Tausendstel Millimeter zu groß, um den Rüssel der Fliege zu passieren.[25]

Bisweilen reicht eine räumliche Aufteilung des Lebensraums aus, um eine Konkurrenzsituation zu vermeiden. Fünf fleischfressende Kegelschnecken leben getrennt voneinander in fünf parallelen Streifen längs der hawaiianischen Küste. In ihrem eigenen Streifen greift jede dieser Arten eine einzige Gruppe von Beutetieren mit Giftpfeilen an.[26] Die Nischen vieler Süßwasserfische werden von deren Sauerstoffbedürfnis bestimmt. Der Wels bewohnt den langsamen, eher sauerstoffarmen Unterlauf von Flüssen, während die Bachforelle sehr viel mehr Sauerstoff benötigt und nur dort vorkommt, wo das Wasser in Schnellen und Wasserfällen gut durchlüftet wird. Die Abbildung 4.2 veranschaulicht die unterschiedlichen Toleranzen von Brackwassertieren im Hinblick auf den Salzgehalt. Die Auster tritt mit der Miesmuschel nicht in Konkurrenz, weil beide nicht an derselben Stelle leben können. Der Raum, der für eine ökologische Nische ausreicht, muß weder groß sein noch weit von den anderen Räumen entfernt liegen: Drei verschiedene parasitische Milbenarten bewohnen als ihre ökologische Nische drei unterschiedliche Abschnitte des Bienenkörpers.[27]

Sich in den Lebensraum zeitlich gestaffelt zu teilen ist eine weitere Strategie der Natur zur Verhinderung von Konkurrenz. Die meisten Standorte beherbergen zwei Lebensgemeinschaften; die eine ist tagsüber, die andere nachts aktiv. Tagsüber sind Bienen, Schmetterlinge, Wiesel, die meisten Eidechsen und Vögel zu sehen. In der Abenddämmerung ziehen sie sich zurück, und die Nachtschicht übernimmt die Herrschaft, darunter Schaben, Motten, Mäuse, Fledermäuse und Eulen. Die Nachtschmetterlinge besuchen weiße oder hellgelbe Blüten, die sich nur nachts öffnen, und vermeiden damit eine Konkurrenz mit Bienen und Tagschmetterlingen. Der Ökologe Charles Elton beschreibt die konkurrenzfreie Nutzung eines Lebensraums durch tag- und nachtak-

Abbildung 4.2. Unterschiedliche Grade des Salzgehalts errichten unsichtbare, doch starre Barrieren für die Verbreitung von Tieren in Ästuarien. Die hier in Betracht gezogene Miesmuschelart kann keinen größeren Salzgehalt als 0,5 Prozent ertragen, und sie tritt deswegen niemals mit der Auster in Konkurrenz, weil diese nicht in Wasser mit einem Salzgehalt von weniger als 0,5 Prozent überleben kann. Aus demselben Grund kann der Knochenhecht nicht in die ökologische Nische des Schnappers eindringen und umgekehrt. Eine solche räumliche Trennung ist eines der Mittel, mit denen Tiere der Konkurrenz aus dem Wege gehen.

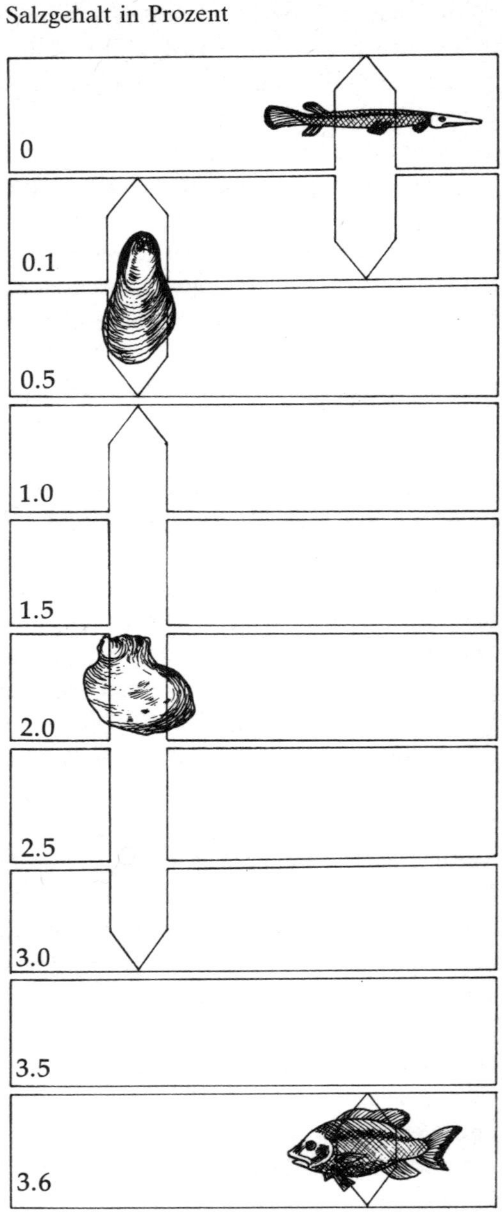

tive Tiere folgendermaßen: «Es wird nicht nur eine Tierart durch eine andere ersetzt, sondern auch die Nahrungsketten wechseln einander ab, und gewisse Nischen, die tagsüber von keinem Tier genutzt werden, sind nachts besetzt. Der Wiesel-Rötelmaus-Betrieb wird zu einem Waldkauz-Waldmaus-Betrieb. Die Beziehung zwischen Specht und Ameise hat in der Nacht keine Entsprechung, während die zwischen Nachtfalter und Ziegenmelker oder Fledermaus tagsüber fast nicht repräsentiert ist. Tatsächlich wird die eine Nahrungskette abgeschaltet und die andere aktiviert. In der Morgendämmerung fängt der Zyklus wieder von vorne an.»[28] Elton bringt als ungewöhnliches Beispiel die Rennmaus, die im südafrikanischen Busch lebt. Dieses Nagetier teilt oft die unterirdischen Tunnel mit dem fleischfressenden Ichneumon, wird aber nie angegriffen, denn «während die Rennmäuse nur nach Sonnenuntergang ihren Unterschlupf verlassen und stets vor der Morgendämmerung zurückkehren, geht das Ichneumon ... nur tagsüber auf Jagd und zieht sich nachts unter die Erde zurück».[29]

Die Biologen Leyhausen und Wolff entdeckten die interessante Möglichkeit, «daß eine räumliche Verteilung gleichartiger Tiere über den verfügbaren Biotop nicht nur durch einen Raumplan, sondern ebensogut durch einen Zeitplan bewirkt werden kann ... Eine zusätzliche Sicherung gegen unliebsame Begegnungen besteht in den Duftmarken, die diese Tiere ... in regelmäßigen Abständen, wo immer sie gehen und stehen, abzusetzen pflegen. Diese wirken genau wie das Blocksignal auf der Eisenbahn, daß ja in analoger Weise darauf abzielt, einen Zusammenstoß zweier Züge zu verhindern: Die Katze, die auf ihrem Pirschweg das Signal einer anderen vorfindet, dessen Alter sie sehr wohl zu beurteilen vermag, zögert oder schlägt einen anderen Weg ein, wenn es frisch abgesetzt ist, bzw. setzt ruhig ihren Weg fort, wenn es ein paar Stunden alt ist.»[30]

Ähnliche Arten weichen bisweilen dem Kampf um Ressourcen aus durch periodische Wanderungen. Der Weißstorch und der Schwarzstorch beispielsweise, die beide in Afrika überwintern, verbringen den Rest des Jahres in Europa. «Sie vermeiden eine Konkurrenz mit ihren tropischen Verwandten nicht dadurch, daß sie sich auf sonst ungenutzte Nahrungsnischen konzentrieren, sondern indem sie das Gebiet verlassen», sagt der Zoologe M. Philip Kahl.[31] Andere Tiere, die wandern – manchmal bis über 15 000 Kilometer weit –, sind Rentiere, Fledermäuse, Wale, Vögel, Libellen, Schmetterlinge, Fische, Aale und Schildkröten.

Die Migration als Strategie steht den Pflanzen natürlich nicht offen. Blütenpflanzen vermeiden eine Artenkonkurrenz um Bestäuber, indem jede Art zu einem anderen Zeitpunkt blüht, wie dies in der Arktis, den gemäßigten Zonen und in den Tropen der Fall ist.[32] Diesen unterschiedlichen Blühzeiten entsprechen die aktiven Perioden der Bestäuber wie Fledermäuse, Kolibris und Insekten. Ricklefs weist darauf hin, daß von den vier Hummelarten, die in England vorkommen, die Art *Bombus pratorum* friedlich mit *Bombus agrorum* zusammenlebt, weil die erstgenannte schon früher im Jahr aktiv wird. Die beiden übrigen Arten machen sich nicht dieselben Blüten streitig, denn die eine kommt eher in Wäldern, die andere auf offenen Feldern vor. Überdies hat *B. hortorum* einen viel längeren Rüssel und kann sich damit von Blüten mit langen Kronröhren ernähren, die von den drei anderen kurzrüsseligen Arten nicht besucht werden.[33] In ähnlicher Weise bilden mehrere Baumarten der Gattung *Miconia* auf der Insel Trinidad ihre Früchte zu unterschiedlichen Zeiten aus; sie vermeiden damit eine Konkurrenz um Vögel, die die Früchte fressen und dadurch für die Samenverbreitung sorgen.[34]

Wie können jedoch verschiedene Grasarten, die Blatt an Blatt im selben Rasen leben, dasselbe Wasser und dieselben Nährstoffe verwenden, einer Konkurrenzsituation aus dem Weg gehen? Dort scheint kein Platz für eine Aufteilung in unterschiedliche Nischen zu sein. Die Antwort darauf gibt uns das Weideprinzip, das Darwin folgendermaßen beschreibt: «Wenn man einen Rasen, der lange Zeit immer wieder abgemäht wurde (der Fall wäre derselbe, wenn er von Tieren kurz abgeweidet worden wäre), wachsen läßt, so werden die kräftigeren Pflanzen nach und nach die minder kräftigen töten, selbst wenn diese voll ausgewachsen sind. So gingen von zwanzig Arten auf einer kleinen, drei Fuß breiten und vier Fuß langen Rasenfläche neun zwischen den üppig gedeihenden ein.»[35]

Man kann es auch andersherum sagen: Die dauernde Weidetätigkeit führte dazu, daß neun zusätzliche Arten leben konnten, wo sie sonst keinen Platz hätten finden können. Das Tier, das die Gräser abweidet, verhindert die Elimination gewisser Arten aus dem Rasen aufgrund der Konkurrenz. Pflanzenfresser haben auch ihre Vorlieben, und dies führt zu einer Art Kooperation. Auf einer Bergwiese halten Ziegen die Population jener Pflanzen niedrig, die sie am liebsten mögen. Dies verschafft anderen Pflanzen mehr Chancen zu wachsen. Diese Arten wiederum werden vielleicht von Hirschen oder Dickhornschafen vorgezogen, und dies führt zu einer reichen Vielfalt von Pflanzenarten und zu Nahrung für alle ohne Konkurrenz. Zur ökologischen Nische einer Grasart auf einer Wiese gehört die Tatsache, daß sie für alle Pflanzenfresser mit Ausnahme eines einzigen ungenießbar oder zumindest unbekömmlich ist. Die Pflanze sorgt dafür durch Stacheln oder Dornen oder durch die Produktion besonderer Giftstoffe, etwa des Nikotins, der Digitalis-Toxine oder des Hypercins. Es gilt eine allgemeine Regel: Je größer ein pflanzenfressendes Säugetier ist, um so länger fällt auch die Liste der Pflanzenarten aus, die es frißt; daher nimmt es von jeder Pflanzenart nur geringe Mengen auf und verringert so die Wirkung von Giftstoffen auf ein Mindestmaß bei gleichzeitig ausgeglichener Ernährung.

Die Pflanzenfresser selbst verfügen über besondere Gewohnheiten und Anpassungsmechanismen, die eine Konkurrenz um dieselben Nahrungsquellen ausschließen. Colinvaux erklärt, wie drei solcher Arten in der afrikanischen Savanne koexistieren: «Zebras fressen die langen, trockenen Grashalme; für diese Aufgabe sind ihre pferdeähnlichen Schneidezähne gut geeignet. Das Gnu bevorzugt die Seitentriebe von Gräsern; wie eine Kuh packt es sie mit der Zunge und schneidet das Futter mit seiner einzigen Schneidezahnreihe ab. Die Thomsongazellen grasen da, wo die beiden anderen Arten schon am Werk waren; sie fressen Pflanzen, die sich ganz eng dem Boden anschmiegen, und suchen andere Delikatessen, die das Zebra und das Gnu mit ihren Äsungsmethoden übersehen haben oder stehenließen. Obwohl diese und auch andere große Säugerarten über dieselben Landstriche ziehen, vermeiden sie doch ganz klar eine Konkurrenzsituation, indem sie sich auf verschiedene Futterarten spezialisieren.»[36]

Das Zebra, das Gnu und die Gazelle sind wiederum die häufigsten Beutetiere fünf fleischfressender Säuger: des Löwen, des Leoparden, des Geparden, der Hyäne und des Hyänenhundes. Diese Beutegreifer können nebeneinander existieren, weil sie, dem Verhaltensforscher James Gould zufolge, «auf fünf verschiedene Weisen, die nicht direkt miteinander konkurrieren, ihren Lebensunterhalt auf Kosten dreier Beutetiere bestreiten». Er erklärt: «Fleischfresser vermeiden Konkurrenz, indem sie zunächst an unterschiedlichen Orten und zu unterschiedlichen Zeiten jagen und indem sie unterschiedliche Techniken für den Fang unterschiedlicher Teile der Beutepopulation verwenden. Die Geparden stehen mit ihrer Hochgeschwindigkeits-Verfolgungsjagd einzigartig da, müssen sich als Folge davon aber auf kleine Gazellen spezialisieren. Nur der Leopard liegt auf der Lauer und bevorzugt dabei anscheinend keine Beute speziell. Hyänen und Hyänenhunde jagen auf ähnliche Weise, jedoch zu unterschiedlichen Zeiten. Und der Löwe schließlich nutzt die Nische der rohen Gewalt; entweder setzt er auf kurze, schlagkräftige Angriffe, oder er jagt anderen Fleischfressern brutal ihre Beute ab.»[37] Aber diese fünf Räuber sind weit davon entfernt, ihre drei Beutearten in signifikantem Maße zu reduzieren. Allein im ostafrikanischen Serengeti-Mara-Gebiet leben annähernd 170 000 Zebras, 240 000 Gnus und 640 000 Thomson-Gazellen.[38]

Die Vermeidung von Konkurrenz durch Aufteilung des Lebensraums in verschiedene Nischen ist eine derart universelle Erscheinung im Pflanzen- und Tierreich, daß sie als Basis für Voraussagen und Entdeckungen bei Feldstudien dienen kann. Colinvaux schreibt: «Wo auch immer wir einander ziemlich ähnliche Tiere finden, die in der freien Wildbahn zusammenleben, erwarten wir keine Konkurrenz auf Leben und Tod, sondern wir fragen uns vielmehr, wie Konkurrenz in diesem Fall wohl vermieden wird. Wenn wir feststellen, daß sich viele Tiere offensichtlich in eine Nahrungsquelle teilen, so sprechen wir nicht vom Kampf ums Überleben; wir beobachten vielmehr, mit welchen Tricks die Tiere es schaffen, friedlich nebeneinander zu existieren.»[39]

In einer klassischen Studie versuchte der Ökologe Robert MacArthur herauszufinden, wie fünf Arten von Baumsängern, die sich in Größe, Form und Ernährungsweise ähnlich sind, zusammen im selben Nadelwald von Maine leben. Welcher Faktor «verhinderte, daß alle Arten mit Ausnahme einer einzigen durch Konkurrenz ausgelöscht wurden»? Nach monatelangen Beobachtungen entdeckte MacArthur, daß jede Art eine subtil definierte und hauptsächlich auf dem jeweiligen Verhalten beruhende Nische besetzt: «Die Vögel verhalten sich so, daß sie auf unterschiedliche Arten von Nahrung treffen. Sie fressen in unterschiedlichen Haltungen, rütteln in unterschiedlichem Umfang, bewegen sich durch die Bäume in unterschiedlichen Richtungen, sind einmal aktiv und dann wieder faul und haben wahrscheinlich den größten Nahrungsbedarf zu unterschiedlichen Zeiten, die den unterschiedlichen Brutzeiten entsprechen. Alle diese Unterschiede sind jedoch statistischer Natur; beliebige zwei Arten zeigen bei all diesen Aktivitäten gewisse Überschneidungen»[40] (siehe Abbildung 4.3). Colinvaux schließt daraus, daß «die Natur so angeordnet ist, daß Konkurrenzkämpfe vermieden werden», und fügt hinzu, «die friedliche Koexistenz und nicht der Kampf ist die Regel».[41]

Wo Nahrung und andere Lebensnotwendigkeiten in reichlichem Maß vorhanden sind, können viele Arten im selben Gebiet ohne Konflikt koexistieren. Herbert Ross fand heraus, daß in Illinois sechs Arten von Heuschrecken nebeneinander auf denselben Bäumen ohne Konkurrenz leben.[42] Es sind Hunderte von Fällen bekannt, bei denen mehrere ähnliche Arten ohne gegenseitige Beeinträchtigung nebeneinander leben. Eine Untersuchung über vierzehn koexistierende Kolibriarten zeigte, daß sich die Vögel je nach Blütendichte, Höhe der Blüten und Zeit der Nektarerneuerung unterschiedlich ernähren, wobei zwischen den Arten nur geringe Überschneidungen vorkommen.[43] Im Holz desselben Waldes gibt es auch unterschiedliche Nischen für sieben Arten von Tausendfüßlern.[44] Ricklefs berichtet, daß «die seichten Gewässer der Golfküste Floridas bis acht Arten großer räuberischer Schnecken beherbergen können ... Der Malawisee in Afrika weist über zweihundert Arten von Buntbarschen auf, die offensichtlich ähnliche

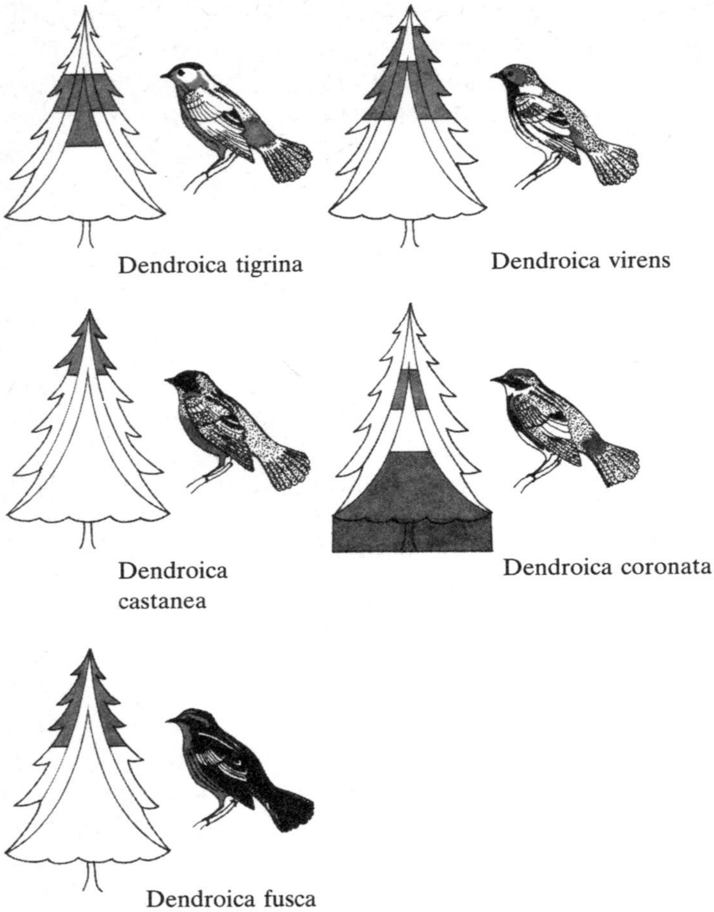

Abbildung 4.3. Das Diagramm, entnommen einer klassischen Arbeit des Ökologen Robert MacArthur, zeigt fünf Waldsängerarten, die in Größe und Aussehen einander ähnlich sind und sich von Wicklerraupen auf denselben Fichtenbäumen ernähren. Sie vermeiden eine Konkurrenz, indem sie leicht unterschiedliche ökologische Nischen besetzt halten. Im grau schraffierten Gebiet verbringt jede Art mehr als die Hälfte ihrer Zeit. Die Vögel verwenden auch andere Jagdmethoden. Diese Art, eine Konkurrenzsituation zu vermeiden, ist typisch für natürlich koexistierende Arten.

ökologische Ansprüche haben.»[45] Die Natur setzt ihre ganze Erfindungskraft ein, wenn es darum geht, Techniken zur Verhinderung einer Konkurrenz zwischen Arten zu entwickeln. Es überrascht deshalb nicht, daß selbst gewissenhafte und erfahrene Forscher, die das Paradigma der Konkurrenz dokumentieren wollen, nur mit enttäuschenden Ergebnissen aufwarten können. Andrewartha und Birch kommentieren David Lacks Arbeit mit dem Titel «Competition for Food by Birds of Prey»[46] folgendermaßen: «Wir haben die Untersuchungen von Lack über die Vögel im Detail diskutiert, weil diese Arbeit so gut dokumentiert ist. Doch wir sehen uns zu dem Schluß gezwungen, daß seine interessanten Ergebnisse keinesfalls zeigen, daß eine ‹Konkurrenz› zwischen Vögeln in der Natur üblicherweise oder auch nur häufig vorkommt. Im Gegenteil, seine Resultate scheinen uns zu zeigen, daß sie kaum jemals auftritt. Wo er Arten zusammen antrifft, da wird deutlich, daß ihr Futter ‹überreichlich› vorhanden ist oder diese Arten unterschiedliche Nahrung fressen. Wenn sie getrennt leben, gibt es keinen Hinweis darauf, daß die eine in das Territorium der anderen eindringt.»[47]

Da jede Art ihre eigene Nische und ihre eigene Aufgabe hat, sind Kämpfe zwischen Tieren verschiedener Arten außerordentlich selten, wenn sie denn überhaupt jemals vorkommen. Lorenz bemerkt nach vielen Jahren, die er dem Studium der Fische gewidmet hatte: «Nie habe ich Fische zweier verschiedener Arten einander angreifen sehen, und seien beide noch so aggressiv.»[48] Löwen stehlen oft die erlegten Beutetiere von Geparden, doch kommt es dabei nie zum Kampf. Der Gepard ist viel zu klug, um es mit einem Gegner aufzunehmen, der doppelt soviel wiegt wie er selbst, und überläßt seine Beute kampflos.[49] Denselben vorsichtigen Rückzug können wir beobachten, wenn ein Kaiseradler eine kleinere Adlerart bei der Mahlzeit stört. Der kleinere Vogel zieht sich ohne Protest zurück und wartet, bis der Kaiseradler sich vollgefressen hat. Wie bereits erwähnt, kannten Allee und seine Mitarbeiter keine «direkte gegenseitige Schädigung zwischen Arten».[50] Colinvaux sagt es noch bündiger: «Ein gesundes Tier ist nicht eines, das gut kämpft, sondern eines, das jedem Kampf aus dem Weg geht.»[51]

Die Prädation faßt man am besten nicht als Kampf, sondern eher als eine Art ausgeglichene Koexistenz auf. In natürlichen Populationen rotten Prädatoren ihre Beutetierarten nicht aus. Wenn ein bestimmtes Beutetier seltener wird, verlegt der Räuber sich auf andere, häufigere Arten.

Der Wolf steht nicht in Konkurrenz mit dem Karibu, sondern hängt von ihm ab. Das Karibu seinerseits kämpft nicht ums Dasein mit den Flechten, die es frißt, sondern hängt gänzlich von ihnen ab. Es liegt im Interesse des Räubers, daß seine Beute als Art gut gedeiht. Andrewartha und Birch sagen es ganz deutlich: «Es gibt keine Konkurrenz zwischen dem Räuber und seiner Beute.»[52] Odum bemerkt, daß, «wo Parasiten und Räuber lange Zeit mit ihren entsprechenden Wirten oder Beutetieren zusammenleben, der Effekt gemäßigt oder neutral oder auf längere Sicht gesehen sogar günstig ist».[53] Prädation bringt dem Individuum, das gerade gefressen wird, natürlich keinen Nutzen, doch ist dieser für den Rest der Beutepopulation in vielfacher Weise gegeben. Nach einer dreijährigen Untersuchung der Wolfspopulation auf Isle Royale, einer Insel im Lake Superior, schreibt L. David Mech: «Die Wölfe scheinen die Elchherde zahlenmäßig so gehalten zu haben, daß sie weiterhin als Beutequelle dienen kann; sie haben unerwünschte Individuen ausgemerzt und die Fortpflanzung stimuliert. Wolf und Elch werden wahrscheinlich weiterhin in einem dynamischen Gleichgewicht bleiben.»[54] Nach einer ähnlichen Untersuchung der Wölfe des Mount McKinley National Park in Alaska schreibt Adolph Murie über das dort heimische weiße Dickhornschaf: «Die Prädation durch den Wolf hat wahrscheinlich günstige Auswirkungen auf das Schaf als Art. Zur Zeit scheinen sich die Schafs- und Wolfspopulationen im Gleichgewicht zu befinden.»[55]

Ein Vorteil der Prädation liegt darin, daß in gewissen Fällen eine größere Mannigfaltigkeit der Beutetiere möglich ist, weil durch sie Artenkonkurrenz verhindert wird. Wenn ein einziger Prädator hinzukommt, kann die Zahl der Beutetiere, die nebeneinander an einem bestimmten Standort leben, sogar *zunehmen*. Der Biologe David Kirk schreibt beispielsweise: «Eine der wichtigsten Auswirkungen der Wechselbeziehungen zwischen Räuber und Beute ist die Minderung der Konkurrenz zwischen Beutearten mit gemeinsamem Prädator. Der Seestern Pisaster beispielsweise ist ein wichtiger Räuber von festsitzenden Weichtieren und von Seepocken in der Gezeitenzone. Wird dieser Seestern aus der Lebensgemeinschaft ausgeschlossen, dann überwachsen und verdrängen eine oder zwei dieser sessilen Arten alle anderen festsitzenden Arten, weil sie im Konkurrenzkampf um Nahrung und Fortpflanzung Vorteile haben. Hat der Seestern jedoch Zugang zu dieser einfachen Lebensgemeinschaft, so entfernt er viele Individuen aus diesen erfolgreichen sessilen Populationen und schafft dadurch Raum für die Ausbreitung von Individuen mehrerer anderer Arten. Mit anderen Worten: Wenn eine einzige räuberische Art Zugang hat, kann dies zu einer Zunahme der Gesamtzahl der Beutetierarten führen.»[56] L. B. Slobodkin erhielt ähnliche Ergebnisse mit Laborkulturen unterschiedlicher Polypenarten.[57] Auf vergleichbare Weise verhindern oder reduzieren verschiedene Insekten, die von ganz bestimmten Samen oder Keimlingen leben, die Konkurrenz zwischen Bäumen.

Der Räuber ist nicht der Feind seiner Beute in dem Sinne, daß er ihn haßt oder zornig auf ihn ist. Lorenz macht das gegenseitige Verhältnis klar: «Aber auch in anderer Hinsicht ist die Auseinandersetzung zwischen Raubtier und Beute kein Kampf im eigentlichen Sinne des Wortes. Zwar mag das Zuschlagen der Tatze, mit dem der Löwe seine Beute ergreift, in seiner Bewegungsform demjenigen gleichen, mit dem er seinem Nebenbuhler eins auswischt, wie ja auch ein Jagdgewehr und ein Militärkarabiner einander äußerlich ähneln. Aber die inneren verhaltensphysiologischen Beweggründe des Jägers sind von denen des Kämpfers grundverschieden. Der Büffel, den der Löwe niederschlägt, ruft dessen Aggression so wenig hervor, wie der schöne Truthahn, den ich soeben voll Wohlgefallen in der Speisekammer hängen sah, die meine erregt. Schon in den Ausdrucksbewegungen ist die Verschiedenheit der inneren Antriebe deutlich abzulesen. Der Hund, der sich voll Jagdpassion auf einen Hasen stürzt, macht dabei genau dasselbe gespannt-freudige Gesicht, mit dem er seinen Herrn begrüßt oder ersehnten Ereignissen entgegensieht. Auch dem Gesicht des Löwen kann man, wie aus vielen ausgezeichneten Fotografien zu entnehmen ist, im dramatischen Augenblick vor dem Sprunge ganz eindeutig ansehen, daß er keineswegs böse ist.»[58]

Selbst die vermeidbaren Kämpfe werden auf ein Minimum reduziert. Mech berichtet, daß die 51 Elche, die als Beute getötet wurden und die er untersuchte, aus ganz jungen, aus alten und kranken Tieren bestanden. *Keines* der Tiere, das die Wölfe töteten, stand im Vollbesitz seiner Kräfte.[59] Ein Wolfsrudel erkennt sofort das Beutetier, das den geringsten Kampf verspricht. Murie konnte dasselbe Phänomen bei der Prädation des weißen Dickhornschafes durch den Wolf beobachten.[60] Prädatoren geraten schließlich auch nicht in einen Blutrausch, und selbst der Schmerz wird anscheinend auf das geringste Maß reduziert. Nagetiere, die von Schlangen angegriffen werden, geraten normalerweise in einen Schockzustand, bevor sie getötet und verschlungen werden. Auch wenn ein Gnu von angreifenden Löwen umgeben ist, leistet es keinen Widerstand mehr und fällt ebenfalls in einen Schockzustand.

Dieselben Prinzipien gelten auch für Parasiten, die überall bei Pflanzen und Tieren anzutreffen sind. Führende Forscher auf dem Gebiet der Parasitologie sind sich darin einig, daß Schmarotzerbefall nur selten dem Wirt schadet. «Es ist der außergewöhnliche Parasit, der zum Tode führt», schreibt Thomas Cheng.[61] «Das Okapi, das im tropischen Wald Zentralafrikas lebt, beherbergt mindestens zwanzig Arten von Würmern, von denen einige mehrere hundert Individuen zählen. Offensichtlich wird das Befinden des Wirts dadurch nicht beeinträchtigt, da es diesem gelingt, sich selbst und die in ihm lebende Fauna zu ernähren», schreibt der Parasitologe Jean G. Baer.[62]

Einige Parasiten haben einen verwickelten Lebenszyklus mit einem oder mehreren Zwischenwirten. Die Larven des Hirnwurms, der im Weißwedelhirsch parasitiert, leben in Schnecken, die der Hirsch beim Äsen unabsichtlich verschluckt. Die Larven durchbohren die Magenwände des Tieres und dringen in die Wirbelsäule ein. Schließlich wandern sie in die Räume, die das Gehirn umgeben. Hier paaren sich die Würmer und legen Eier, die mit der Blutzirkulation in die Lungen des Hirsches gelangen. Von dort werden sie hochgehustet, verschluckt und verlassen den Tierkörper mit dem Kot. Draußen infizieren sie neue Schnecken. Der Schaden für das Wirtstier ist aber gering. Der Ökologe Robert L. Smith bemerkt dazu: «Wie es bei den meisten Parasiten und ihren Wirtstieren der Fall ist, haben auch der Hirsch und der Hirnwurm zu einer gegenseitigen Toleranz gefunden, und der Hirsch leidet nicht sehr unter der Infektion.»[63]

Gesundheit und Wohlergehen des Wirts liegen natürlich im Interesse des Parasiten. Dies ist der Grund, wie Cheng anmerkt, warum «moderne Beurteilungen der Natur des Wirt-Parasiten-Verhältnisses bewußt das Kriterium der Schädigung vermeiden, um den Parasitismus von anderen Formen des Zusammenlebens zu unterscheiden».[64] Schädigungen zeigen sich nur, wenn die Parasiten in überaus großer Menge vorhanden sind. Tatsächlich haben sogar mehrere kontrollierte Versuche bewiesen, daß gewisse Parasiten Wachstum und Lebenskraft des Wirts stärken, indem sie ihm bestimmte Nährstoffe verschaffen oder durch Änderung des Wirtsmetabolismus.[65]

Man kann im Labor künstlich eine Konkurrenzsituation zwischen Arten schaffen. Doch die Experimente von Gause[66] und anderen Autoren beweisen, daß eine solche Konkurrenz sich nicht stabilisieren läßt. Entweder finden beide Arten Nischen mit leichten Unterschieden und vermeiden dadurch Konkurrenz, oder die eine Art ersetzt die andere. Dieses bestätigt das Eine-Art-eine-Nische-Prinzip der Natur. Mathematische Modelle, Laborversuche und Feldstudien zeigen alle, daß eine Konkurrenz zwischen Arten nicht aufrechterhalten werden kann. Die Konkurrenz zwischen Pantoffeltierchen in einem Aquarium oder zwischen Mehlkäfern in einem Zuchtkasten ist unnatürlich, da die Migration, eine der natürlichen Strategien zur Vermeidung von Konkurrenz, ausgeschlossen bleibt. Überdies implizieren diese Laborversuche, daß nur eine einzige Art überleben würde, wenn die gesamte Natur sich in einem Kriegszustand befände. Wenn sich Lebewesen nicht selbst zerstören wollen, muß Konkurrenz vermieden werden. Somit scheidet Konkurrenz als Paradigma aus.

Kooperation zwischen Arten

Die Erkenntnis einer friedlichen Koexistenz zwischen Tieren und Pflanzen ist nur die eine Hälfte der Geschichte. Die Darwinschen Modelle des Kampfes und des Krieges haben die Biologen dazu verleitet, überall nach Konkurrenz zu suchen und die Kooperation zu übersehen oder herunterzuspielen. Der Biologe William Hamilton schreibt: «Der Kooperation per se haben die Biologen verhältnismäßig wenig Aufmerksamkeit gewidmet.»[67] Der Zoologe Robert M. May bemerkt, daß «der Mutualismus ziemlich vernachlässigt worden ist, bei Feldstudien, im Labor, in der Theorie und in den Lehrbüchern».[68] Und Lynn Margulis meint: «Obwohl symbiotische Beziehungen in der biologischen Literatur oft als exotische Erscheinungen behandelt werden, kommen sie in der Natur doch häufig vor, und viele davon betreffen ganze Ökosysteme.»[69]

Die Umgangsformen der Natur sind nicht nur friedliche Koexistenz, sondern Kooperation. Kirk erklärt dazu: «Es ist fraglich, ob es überhaupt ein Tier gibt, das keine symbiotische Beziehung mit mindestens einer anderen Lebensform aufweist.»[70] Einige wenige Beispiele mögen eine Vorstellung von der Bedeutung dieser gegenseitigen Abhängigkeit von Lebewesen geben.

Ein Lebewesen kann einem anderen auf verschiedene Weisen nützlich sein: Indem es den Partner mit Nahrung versorgt oder Schutz vor Räubern gewährt, indem es ihm einen Lebensraum oder eine Transportmöglichkeit zur Verfügung stellt, indem es ihn von Krankheiten befreit oder sonst eine irgendwie geartete Bedingung schafft, die für dessen Leben oder Wohlergehen notwendig ist. Die unzähligen kooperativen Vereinigungen zwischen verschiedenen Arten stellen eines der aufregendsten Kapitel der Biologie dar. Die Mannigfaltigkeit und Subtilität der gegenseitigen Abhängigkeit ist erstaunlich.

Der einfachste Dienst, den ein Organismus einem anderen anbieten kann, ist die Bereitstellung eines Lebensraums. Der Quappenwurm *Urechis caupo* trägt in Amerika den volkstümlichen Namen «Innkeeper» (Gastwirt), weil er regelmäßig verschiedene Fische, Weichtiere, Gliederfüßer und Ringelwürmer – bis zu dreizehn Arten – in seiner U-förmigen Grabröhre im kalifornischen Küstenschlick beherbergt. Obwohl die Einmieter auch für sich leben können, wohnen sie doch gern in der Wurmröhre, weil sie dort Schutz genießen. Einige ernähren sich von dem, was *Urechis* an Nahrung heranschafft, aber nicht selber konsumiert.[71] Gewisse Krabben leben im letzten Darmabschnitt von Seegurken, andere innerhalb der Schalen lebender Muscheln.[72] Der amerikanische Pfeilschwanzkrebs beherbergt ebenfalls viele Gäste. Clarke schreibt dazu: «Jeder, der die Gelegenheit hat, einen älteren Pfeilschwanzkrebs (*Limulus polyphemus*) in den flachen Küstengewässern vor Neuengland zu fangen, findet gleichzeitig mit ihm mehrere Arten von Weichtieren, Seepocken und Röhrenwürmern, die sich an seinem Panzer festgeheftet haben, sowie manche beweglichere Kommensalen, die sich zwischen den Blattfüßen oder in einem anderen anatomischen Winkel dieses merkwürdigen Tieres aufhalten.»[73] Tatsächlich dient jedes Meerestier mit einer Schale oder mit sonst irgendwie verfügbarem Raum als Unterschlupf für andere Arten. Farb bemerkt dazu, daß «der poröse Körper des Schwammes ein Heim für eine große Vielfalt meeresbewohnender Tiere bietet. Ein großer Schwamm, der vor den Florida Keys wuchs, diente 13500 weiteren Tieren als Wohnort; darunter waren etwa 12000 kleine Garnelen, doch die übrigen 1500 Tiere gehörten zu achtzehn unterschiedlichen Arten, zu den Würmern, den Ruderfußkrebsen, und sogar ein kleiner Fisch war darunter.»[74] Die Epiphyten unter den Pflanzen verwenden andere, bereits bestehende Pflanzen als Wuchsunterlage. Tropische Orchideen, Moose, Bromelien und Lianen wachsen entlang horizontaler Baumäste oder hängen von ihnen herunter. Diese Epiphyten finden mit ihrer Lebensweise einen Platz in der Sonne, brauchen dazu aber nicht riesige Investitionen zu tätigen, wie es die Ausbildung großer Stützstrukturen verlangen würde.

Es wäre unmöglich, eine Liste all jener Tiere aufzustellen, die Pflanzen als Unterschlupf und Brutplatz verwenden. Einige Tiere aber sind in enge wechselseitige Beziehungen mit gewissen Pflanzenarten getreten. Kirk schreibt über die zentralamerikanischen Baumarten der Gattung *Acacia*: «Ameisen der Gattung *Pseudo-*

myrmex leben in den verdickten Dornen der Pflanze; sie erhalten ihren Zucker von Nektarien auf den Blättern, füttern ihre Larven mit umgebauten protein- und steroidreichen Blattspitzen und verfügen über eine nahezu kontinuierliche Nahrungsversorgung, weil diese *Acacia*-Arten auch während der Trockenzeit (im Gegensatz zu anderen *Acacia*-Arten, die nicht mit Ameisen zusammenleben) ihre grünen Blätter beibehalten. Die Ameisen ihrerseits vertreiben pflanzenfressende Insekten und stutzen Lianen und Sträucher zurecht, welche die Akazien zu überwuchern drohen. Diese Tätigkeit ist von unmittelbarem Nutzen für die Ameisen, denn so bleibt ihr Wirtsbaum kräftig und stark und gewährleistet eine kontinuierliche und reichliche Nahrungsversorgung. Je größer die Ameisenkolonie ist, um so effektiver ist auch der Schutz, den sie der Pflanze gewährt. Damit können die Ameisen und die *Acacia* ihr Wachstum über diesen engen Mutualismus maximieren»[75] (siehe Abbildung 4.4). Viele weitere Bäume, Sträucher und Kräuter stehen mit Ameisen in einer kooperativen Vereinigung. Eine Sonnenblumenart der Rocky Mountains scheidet in extrafloralen Nektarien einen Saft aus, der viel Zucker und achtzehn unterschiedliche, für die Ernährung von Ameisen wesentliche Aminosäuren enthält. Ameisen nehmen diesen Nektar auf und schützen die Samen der Blume als Gegenleistung vor Parasiten.[76]

Andere Ameisenarten halten sich Pilzkulturen zur Ernährung, und noch andere pflegen für denselben Zweck Blattläuse. Viele Käfer, die im Holz bohren, leben zusammen mit Pilzen, die ihnen einen Teil der Verdauung abnehmen. Das Käferweibchen beschmiert jedes Ei, das es ablegt, mit dem entsprechenden Pilz und garantiert damit, daß die Partnerschaft auch in der nächsten Generation anhält.

Viele Tiere nehmen bei der Nahrungssuche die Hilfe anderer Arten in Anspruch. Der amerikanische Blauhäher kann Eicheln öffnen, die Virginiawachtel hingegen nicht. Der Blauhäher ist jedoch ein unordentlicher Esser und läßt in der geöffneten Schale noch viel Nahrung zurück. Die Virginiawachtel kann somit eine Nahrungsquelle ausbeuten, die ihr sonst nicht offenstünde. Sich von den Überresten der Mahlzeiten anderer Lebewesen zu ernäh-

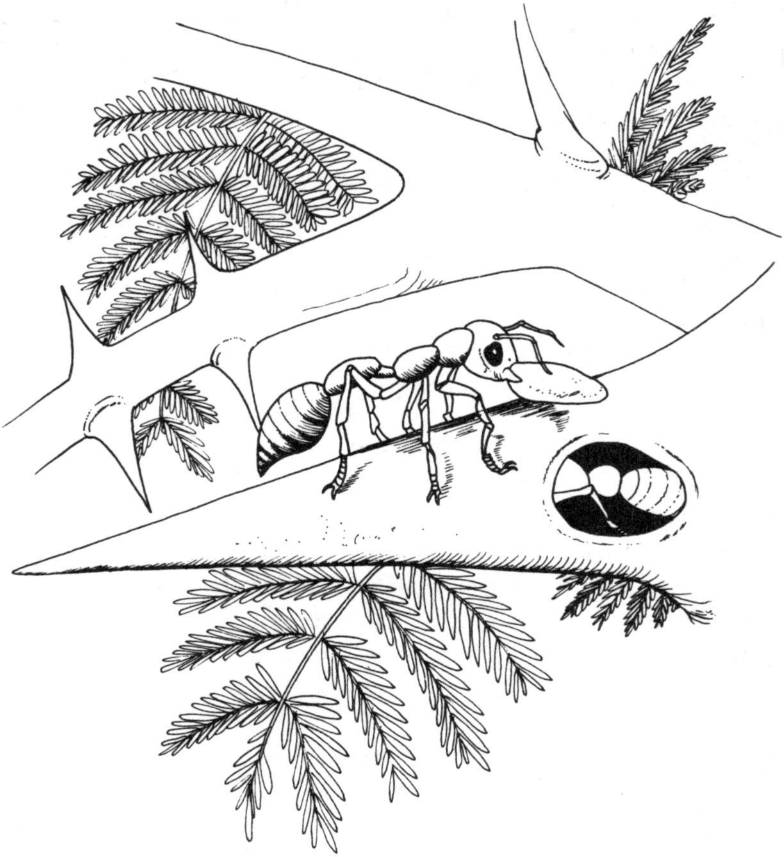

Abbildung 4.4. Die Kooperation zwischen Bäumen der Gattung Acacia in Zentralamerika und der Ameise Pseudomyrmex. Die Ameise lebt in hohlen Dornen der Pflanze und ernährt sich von ihrem Nektar. Die Ameise ihrerseits vertreibt pflanzenfressende Insekten und eliminiert Unkräuter und Lianen, welche die Akazie zu überwuchern drohen.

ren stellt eine vielfältig genutzte Nische in jedem Ökosystem dar. Hyänen gehen häufig an die Überreste von Tieren, die von Löwen geschlagen wurden – darunter auch Arten, welche die Hyäne selbst niemals erlegen könnte. Der Eisfuchs lebt zu einem großen Teil von den Resten der Eisbärmahlzeiten.

Farb beschreibt die erstaunliche gegenseitige Hilfe, die sich ein kleiner afrikanischer Vogel, der Honiganzeiger, und der Honigdachs gewähren: «Sie suchen nicht dasselbe bei den Bienen – der Honigdachs will den Honig und die Larven, der Vogel ist ein Wachsfresser. Der Honiganzeiger kann jedoch den Bienenhaufen nicht aufbrechen und braucht dazu einen Partner wie den Honigdachs, dem die Stiche wegen seiner zähen pelzbewehrten Haut, die locker an seinem Körper sitzt, fast gar nichts anhaben können. Als Gegenleistung hilft er dem Honigdachs, die Wohnplätze der Bienen ausfindig zu machen. Sobald der Honiganzeiger einen Honigdachs im Wald erblickt, lenkt er durch lautes Geschrei dessen Aufmerksamkeit auf sich. Dieser stößt eine Reihe grunzender Laute aus, als wolle er dem Vogel versichern, daß er ihm folge. Sobald sie einen Bienenstock erreicht haben, reißt der Honigdachs ihn auf. Natürlich versuchen die wütenden Bienen vergeblich, ihre Stachel in sein Fell zu senken. Der Vogel wartet währenddessen in der Nähe und ist damit zufrieden, die leeren wächsernen Waben zu verzehren, wenn sein Partner seine Mahlzeit beendet hat.»[77]

Ein weiterer Dienst, den eine Art einer anderen erweisen kann, besteht im Transport, sei es des ganzen Organismus oder der Samen. Für ihre Ausbreitung verwenden festsitzende Lebewesen oft andere, bewegliche Organismen, und dies auf bemerkenswerte Weise. Der Mantel der Süßwassermuschel *Lampsilis ventricosa* sieht aus wie ein kleiner Fisch. Clarke schreibt: «Wenn ein richtiger Fisch von diesem Aussehen angezogen wird, über der Muschel schwimmt und dabei einen Schatten wirft, so stößt diese ihre Glochidienlarven aus. Einige Larven gelangen zu den Kiemen oder den Flossen des Fisches, wo sie sich festheften und wo sie als Parasiten leben, bis sie zur Umwandlung in die Erwachsenengestalt bereit sind. Parasitierte Fische wandern flußaufwärts, wo die jungen Muscheln abfallen und ein neues Leben als unabhängige, bodenbewohnende Organismen aufnehmen. Auf diese Weise verbreiten sich festsitzende Formen auch gegen den Strom und besiedeln den Oberlauf.»[78]

Seepocken, die sich an Walen, und Seeanemonen, die sich an Krabben festgeheftet haben, verfügen über eine freie Transportmöglichkeit und erhalten dabei Nahrung, die ihnen sonst nicht zugänglich wäre. Die Seeanemonen verschaffen den Krabben eine Tarnung und verhindern wahrscheinlich, daß diese von Kraken gefressen werden. Es gibt Hunderte von Insekten und Würmern, die andere Lebewesen für den Transport und die Verbreitung in günstigere Lebensräume verwenden. Diese Art des Reisens per Anhalter gibt es seit mindestens 25 Millionen Jahren, wie Bernsteinfossilien verschiedener Milben und Fadenwürmer beweisen, die auf eingeschlossenen Käfern und Wespen gefunden wurden.[79]

Blütenpflanzen sichern sich mit Hilfe von Bienen, Schmetterlingen, Kolibris und Fledermäusen ihre Fremdbestäubung und belohnen ihre Mitarbeiter mit nahrhaftem Nektar. Viele solcher Vereinigungen haben sich zu einem obligatorischen Mutualismus zwischen Pflanzen und Tieren weiterentwickelt, der auch Voraussagen erlaubt. Als Darwin beispielsweise zum ersten Mal die madegassische Orchidee *Angraecum sesquipedale* mit ihrem ungefähr fußlangen Sporn untersuchte, wußte er aus Erfahrung, daß solche Orchideen nur eine einzige Insektenart als Bestäuber haben. Um aber an den Nektar auf dem Grunde des Sporns zu gelangen, muß das Insekt über einen unglaublich langen Saugrüssel verfügen. Darwin wagte eine kühne Voraussage: Auf Madagaskar gibt es ein Insekt mit einem 30 Zentimeter langen Rüssel![80] Die Entomologen spotteten über die Vorstellung eines solchen Insekts, doch wurden die Zweifler zum Verstummen gebracht, als einige Jahre später *Xanthopan morgani praedicta*, ein zuvor unbekannter Schwärmer mit einem fußlangen Saugrüssel, einem Sammler ins Netz flog. Später wiederholte sich diese Geschichte mit umgekehrten Vorzeichen, als man in Südamerika zunächst einen Nachtschmetterling mit einem 30 Zentimeter langen Rüssel entdeckte und schließlich nach einiger Zeit auch eine Blüte mit entsprechend langem Sporn fand.

Früchte sind ein weiteres Hilfsmittel, um die Samen mit Hilfe von Tieren zu verbreiten. Die Tiere fressen die Früchte und scheiden später und in einiger Entfernung davon die unverdauten Samen aus. Gleichzeitig werden diese mit Düngemitteln versorgt. Früchte haben im allgemeinen eine mild abführende Wirkung, die dafür sorgt, daß die Tiere ihre Aufgabe auch richtig erfüllen. Man hat nachgewiesen, daß gewisse Samen der Gattungen *Amelanchier*, *Rosa* und *Goultheria* keimen, wenn sie den Verdauungskanal des Schwarzwedelhirschs durchlaufen haben.[81] Einige Samen keimen sogar besser, wenn sie erst der Verdauung unterworfen waren. Der *Calvaria*-Baum auf der Insel Mauritius im Indischen Ozean kann seit über 300 Jahren nicht mehr keimen – seit dem Aussterben der Dronte, jener flugunfähigen Vogelart, die einst auf dieser Insel lebte. Die Dronte fraß die Früchte der *Calvaria*, rieb in ihrem kräftigen Muskelmagen die harte Außenschale ab, so daß der Keimling nach der Ausscheidung die Schale durchbrechen und wachsen konnte. Ohne die Hilfe der Dronte kann der *Calvaria*-Keimling diese harte Schale aber nicht durchdringen. Auf Mauritius gibt es heute nur noch wenige *Calvaria*-Bäume – alle über 300 Jahre alt und alle am Absterben[82] (siehe Abbildung 4.5).

Verschiedene Algenarten bilden symbiotische Partnerschaften mit einer Vielzahl von Tieren: mit Einzellern, Schnecken und anderen Weichtieren, mit Wimpertierchen, Hohltieren (darunter dem Süßwasserpolypen), mit Rädertierchen und vielen Würmern. Korallen beispielsweise erhöhen in signifikanter Weise ihre Wachstumsrate, wenn sie sich mit gewissen Algenarten zusammentun und kooperieren. Jeder der beiden Partner verwendet die Ausscheidungsprodukte des anderen: Die Alge nutzt das Kohlendioxid und die stickstoffhaltigen Abfälle der Koralle, und die Koralle bekommt dafür den Sauerstoff, den die Alge abgibt. Die Koralle und ihre Algen sind so fein aufeinander abgestimmt, daß sie zwei Wochen lang in versiegelten, mit Meerwasser gefüllten Glasbehältern überleben können.[83] Mehrere Arten der Wimpertierchen, darunter das Pantoffeltierchen *Paramecium*, enthalten viele winzige Algen, die, ohne Schaden zu nehmen, in ihrem Zellkörper leben. Sie tragen Produkte der Photosynthese bei und genießen

Abbildung 4.5. Die Kooperation zwischen der Dronte und dem Calvaria-Baum. Die Calvaria lieferte der Dronte Früchte. Die Dronte hingegen sorgte für die Entfernung der harten Schalen auf dem Calvaria-Samen, so daß dieser auskeimen konnte.

gleichzeitig die wachstumsfördernde Umgebung. Eine ähnliche Beziehung findet man bei manchen Strudelwürmern; einige sehen sogar grün aus, weil sie so viele Algenzellen in ihrem Gewebe beherbergen.[84] Die Mördermuschel kultiviert Algen in ihrem Mantelsaum. Auf den langen, gefurchten Haaren des südamerikanischen Faultiers wächst eine Grünalge in solchen Mengen, daß sie dem Tier tatsächlich ein grünliches Aussehen verleiht; damit ist das Tier während seines Schlafs in den Kronen der Bäume besonders gut getarnt.[85]

Algen treten mit vielen Pilzen in sehr enge symbiotische Beziehungen und bilden dabei sogar neue Lebewesen, die Flechten. Diese können unter Bedingungen wachsen, bei denen weder die Alge noch der Pilz allein überleben könnte. Die Flechten kommen auf der ganzen Welt vor und stellen einen beträchtlichen Teil der Erdflora dar. Margulis bemerkt dazu: «Ungefähr ein Viertel aller Pilzarten gehen eine Symbiose in Form von Flechten ein – das sind ungefähr 25 000 Arten!... Flechten sind bemerkenswerte Beispiele für eine Neuentwicklung, die aus einer partnerschaftlichen Beziehung hervorgegangen ist: Sie besitzen viele morphologische, chemische und physiologische Eigenschaften, die den beiden Partnern, wenn sie getrennt wachsen, völlig fehlen. Die Assoziation ist hier viel mehr als die Summe ihrer Teile.»[86]

Eine weitere Partnerschaft zwischen zwei Pflanzen betrifft die Mykorrhiza, also jene Pilze, die in enger Verbindung mit den Wurzeln der meisten Waldbäume leben, zum Beispiel der Föhren, Eichen und Birken sowie vieler anderer Pflanzen. Odum erklärt diese Beziehung: «Viele Bäume können ohne Mykorrhizen nicht leben. Waldbäume, die auf Prärieboden oder in ein anderes Gebiet verpflanzt werden, können oft nicht wachsen, sofern sie nicht mit den symbiotischen Pilzen beimpft werden. Kiefern mit gesunden Mykorrhizen wachsen selbst auf solchen Böden noch kräftig, die so arm sind, daß weder Mais noch Weizen auf ihnen gedeihen könnte. Die Pilze können ‹unverwertbaren› Phosphor und andere Mineralien durch Bildung von Chelaten oder auf andere, noch wenig verstandene Weise in den Stoffwechsel miteinbeziehen.»[87]

Eine weitere Dienstleistung für gewisse Pflanzenarten besorgen stickstoffixierende Bakterien. Diese Mikroben leben in den Wurzeln von Hülsenfrüchtlern, zum Beispiel der Luzerne, des Klees und der Bohnen, und sie können aus atmosphärischem Stickstoff Nitrate und Nitrite herstellen und damit den Boden anreichern. Curtis erklärt dies: «Ein einleuchtendes Beispiel für die Fähigkeit der stickstoffixierenden Bakterien, die Fruchtbarkeit des Bodens zu erhöhen, ergab sich bei einem Versuch des US Forest Service in der Umgebung von Athens, Ohio. In einem Gebiet mit sehr armem Boden wurde eine Pflanzung mit Lebensbäumen angelegt. In einem Teilgebiet pflanzte man zwischen die Lebensbäume auch Robinien. Bei diesen handelt es sich um Hülsenfrüchtler, die stickstoffixierende Bakterien in ihren Wurzeln haben. Elf Jahre später waren die Lebensbäume, die ganz allein gepflanzt wurden, im Durchschnitt 75 Zentimeter hoch, während die Lebensbäume in der Mischpflanzung mit den Robinien durchschnittlich 2,10 Meter erreichten.»[88] Es gibt ungefähr 500 Gattungen und 13000 Arten von Hülsenfrüchtlern; sie heißen auch Schmetterlingsblütler oder Leguminosen und fixieren jedes Jahr schätzungsweise 100 Millionen Tonnen Stickstoff. Ohne diese dauernde Anreicherung würden die Böden der Welt schnell verarmen und könnten nicht jene Vielfalt und Qualität an Pflanzen, Bäumen und Sträuchern tragen, die wir heute kennen.

Andere Bakterien und auch Einzeller haben einen Mutualismus mit Hunderten von pflanzenfressenden Säugern entwickelt, darunter Elefanten, Rinder, Schafe, Ziegen, Kamele, Giraffen, Hirsche und Antilopen. Diese Tiere käuen ihre Nahrung wieder und haben einen drei- oder vierteiligen Magen. Das Hausrind beispielsweise verfügt nicht über die nötigen Enzyme, um die Zellulose abzubauen, die den Hauptbestandteil seiner Nahrung darstellt. Besondere Bakterien in den ersten beiden Teilen des Magens schließen die Zellulose auf und wandeln sie in Fettsäuren um, welche die Kuh verdauen kann. Im dritten und vierten Magenabschnitt werden die Bakterien, die nach zwanzig Stunden von Natur aus sterben, verdaut und beliefern die Tiere mit lebenswichtigen Proteinen. Diese Bakterien würden in sauerstoffhaltiger Umgebung sterben. Sie brauchen einen anaeroben Lebensraum und dauernde

Zellulosezufuhr. In den ersten beiden Abschnitten des Rindermagens leben sie geschützt, warm und gut gefüttert. Da die Kuh allein, ohne Hilfe der Bakterien, ihre Nahrung gar nicht verdauen kann, hängt die Existenz der Rinder der ganzen Welt von der Zusammenarbeit mit diesen Mikroben ab. Durch die Tätigkeit dieser Bakterien läßt sich auch erklären, warum Vitamin B in der Kuhmilch, aber nicht in der Nahrung der Kuh vorkommt. Auch im Darm des Menschen leben harmlose Bakterien, die uns mit dem Vitamin B_{12} versorgen.[89] Gewisse Termiten und Schaben können Holz nur deswegen verdauen, weil einzellige Geißeltierchen in ihrem Verdauungskanal leben und ihnen dabei helfen. Die Beziehung besteht zu beiderseitigem Nutzen und ist überdies obligatorisch. Eine Termite ohne Geißeltierchen verhungert, selbst wenn sie normale Mengen an Holzfasern aufnimmt.

Eine weitere Dienstleistung ist der Schutz, den ein Lebewesen einem anderen gewähren kann. Eine Strategie besteht darin, sich eng mit einem gefährlichen Räuber zu verbinden. Der Clown- oder Anemonenfisch ist gegen die Nesselstiche von Seeanemonen unempfindlich und lebt zwischen deren Tentakeln; dabei wirkt er als Köder für andere Fische und ist selbst vor Räubern sicher. Der Quallenfisch lebt zwischen den Fangfäden der gefährlichen Portugiesischen Galeere, einer Staatsqualle. Garnelen halten sich zwischen den Stacheln von Seeigeln auf. Viele Vögel bauen ihre Nester in der Nähe von Bienenstöcken. In Algerien lebt eine besondere eßbare Pflanze in enger Assoziation mit einer dornigen ungenießbaren Pflanze. Die erste genießt Schutz, und auch der zweiten geschieht nichts.[90]

Viele Arten werden von anderen Arten vor einer Gefahr gewarnt. Die Alarmrufe sind bei allen Beutevögeln ähnlich, so daß alle Arten in einem Gebiet gewarnt werden, wenn eines der Tiere diesen Ruf ausstößt. Paviane kommen häufig zusammen mit Gazellen vor und profitieren von deren hervorragendem Geruchssinn, während die Gazellen aus dem besseren Sehvermögen der Paviane, besonders bei der Entdeckung von Feinden, Nutzen ziehen. Aus demselben Grund bilden auch Strauße und Zebras oft gemischte Herden.

Putzen ist eine weitere Dienstleistung unter Tieren. Besonders wichtig ist diese Form der Körperpflege für Tiere, die aus anatomischen Gründen ihren Körper nicht selbst reinigen können. Die Assoziation bringt beiden Nutzen, denn der Wirt wird seine Parasiten los und das putzende Tier erhält Nahrung. Unter den Landtieren putzt der Madenhacker Nashörner, der Kuhreiher widmet sich dem Rind, und der Krokodilwächter kriecht auf der Suche nach Blutegeln sogar in das geöffnete Maul von Krokodilen und kommt unbeschadet wieder daraus hervor. Der Biologe William Beebe beobachtete auf den Galapagosinseln, wie rote Krabben Zecken von der Haut der Meerechsen ablasen.[91] Daß auch Meereslebewesen eine Putzertätigkeit entfalten, wurde erst deutlich, als man mit Tauchgeräten längere Unterwasserbeobachtungen anstellen konnte. Dem Meeresbiologen Conrad Limbaugh zufolge stellt die Beziehung zwischen dem Putzer und seinem Kunden eine der primären Beziehungen in der Lebensgemeinschaft des Meeres dar.[92] Als Putzer sind bisher 42 Fischarten, 6 Garnelenarten und Beebes Krabbe bekannt. Diese Putzer haben feste Stationen, die von zahllosen Fischarten aufgesucht werden. Limbaugh berichtet: «Ich sah, wie bis zu 300 Fische an einer Station in den Bahamas während eines Sechsstundentages geputzt wurden.»[93] Die Kunden nähern sich der Station und bringen sich in eine Stellung, die es dem Putzer erlaubt, ohne Gefahr zwischen den Kiemen auf Jagd zu gehen oder sogar in das Maul einzudringen (siehe Abbildung 4.6).Niemand weiß, was gefräßige Fische daran hindert, die Putzer zu verschlingen. Limbaugh beobachtete, wie die Putzer die Ausdehnung normalerweise tödlicher Bakterieninfektionen verhindern konnten. Er schließt daraus: «Die Ausbreitung des Putzverhaltens im Meer bekräftigt die Rolle der Kooperation in der Natur, die dem Kampf ums Dasein mit Zähnen und Krallen völlig entgegengesetzt ist.»[94]

Ein erstaunliches Beispiel für das Putzverhalten finden wir bei der Schmeißfliege. Sie legt ihre Eier in die schwärenden Wunden anderer Tiere. Auf den ersten Blick mag dies wie eine der großen Grausamkeiten der Natur aussehen. Doch wenn die Larven schlüpfen, ernähren sie sich von Eiter und totem Gewebe. Selbst ihre Ausscheidungen desinfizieren die Wunde! Weit entfernt von Grausamkeit, stellen die Fliegenlarven vielleicht die einzige Chance des Tieres dar, sich von einer möglicherweise tödlichen Infektion zu erholen. Schmeißfliegenlarven hat man tatsächlich im vergangenen Jahrhundert in Krankenhäusern zur Säuberung von Wunden verwendet.[95]

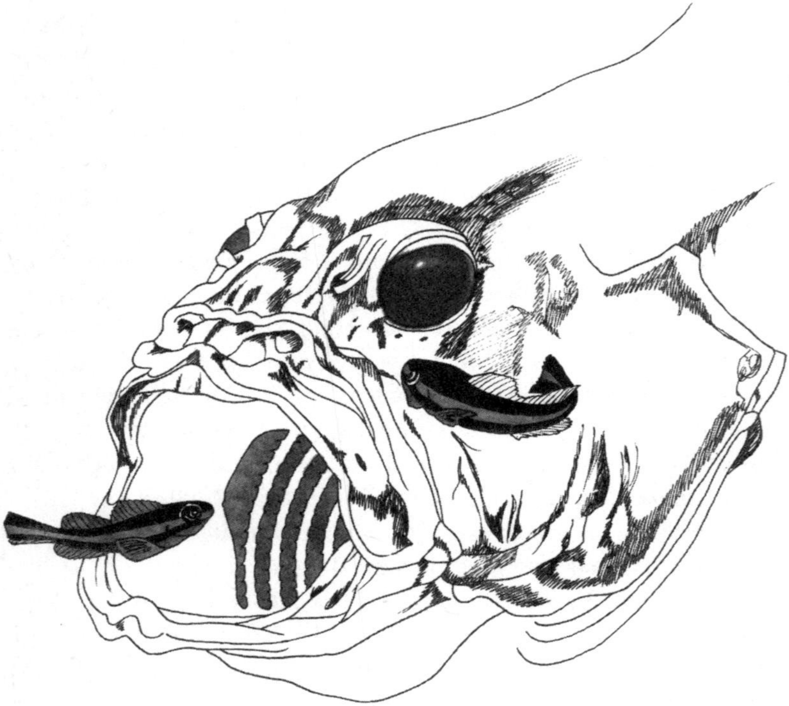

Abbildung 4.6. Zwei Neongrundeln putzen einen Gestreiften Wrackbarsch. Die Grundeln machen zwischen den Kiemen des großen Fisches Jagd auf Parasiten und dringen unbeschadet in sein Maul ein. Die Putzersymbiose ist eine häufige Art der Kooperation.

Einer weiteren Dienstleistung begegnen wir bei der ökologischen Sukzession, bei der die einen Arten nach und nach von anderen Arten ersetzt werden. Man versteht diese Erscheinung am besten als Kooperation und nicht als erbarmungslosen Ausrottungskampf durch nachfolgende Arten. Eine Sukzession findet statt, weil sich neue Arten einstellen, die die Umwelt *verändern*. Die einjährigen Pflanzen sind Nomaden vergleichbar. Sie bereiten den Boden vor für mehrjährige Pflanzen und ziehen dann weiter. Permanenz gehört nicht zu den Eigenschaften ihrer ökologischen Nische; sie sind auch gar nicht dafür ausgerüstet. Die Flechten sind die zähesten Pioniere überhaupt. Sie brauchen keinen Boden, sondern sie *schaffen* ihn vielmehr selber. Sie besiedeln selbst nackten Fels, den sie langsam zu Humus zerkleinern, was später Moosen und anderen höheren Pflanzen erlaubt, Fuß zu fassen.

Die Sukzession geht so lange weiter, bis ein stabiles Endstadium erreicht ist, die Klimax, und neu eintreffende Arten keine weiteren Veränderungen mehr bewirken können. In Wäldern der nördlichen gemäßigten Breiten treten im Klimaxstadium Fichten, Buchen und Ahorne auf, weil nur ihre Keimlinge im Schatten bereits bestehender ausgewachsener Bäume gedeihen können. Eine Sukzession, angefangen vom nackten Boden bis zur Klimax mit Hikkory-Eiche im Laufe von 150 Jahren wurde in North Carolina untersucht.[96] Die ökologische Sukzession ist sozusagen die Wundheilung der Natur. Nicht alle Arten werden im Laufe einer Sukzession ersetzt: Flechten wachsen weiterhin auf Baumstämmen, während die schattigen Stellen in dichten Wäldern weiterhin ideale Standorte für Moose und Farne darstellen.

In einer anderen Form der wechselseitigen Abhängigkeit unterhalten gewisse Großtiere ganze Artengemeinschaften. Ein einziges Nilpferd beispielsweise wird von ungefähr zwanzig Lippfischen geputzt und wirbelt im Gehen unter Wasser Nahrung für andere Fische auf. Wenn es auftaucht, setzt sich vielleicht ein Storch auf seinen Rücken und fängt die Schnecken, die aufgewirbelt wurden und an die Wasseroberfläche steigen. Und der Dung des Nilpferdes stellt Nahrung dar für Pflanzen, Bakterien, Insektenlarven und Krebse in den Teichen und Seen, in denen es lebt. Diese Organismen liefern wiederum Futter für viele Fischarten und erweitern damit das Nahrungsnetz in beträchtlichem Maße. Das Leben in Wasserkörpern, die vom Nilpferd bewohnt werden, ist stets viel reicher als anderswo.[97]

Die Elefanten in Sri Lanka bilden die Grundlage für eine ähnliche Gemeinschaft. Sie sind nachlässige Esser, die anderen Tieren viel übriglassen. An einem einzigen Tag können zehn Elefanten auf dem Waldboden eine Tonne Dung hinterlassen. Davon geht nichts verloren: Schmetterlinge und Käfer ernähren sich davon; Vögel picken Samen heraus; Pilze wachsen darauf; Insekten legen ihre Eier darauf ab; und Termiten wandeln den größten Teil der Zellulose in Zucker um. Alle diese Tiere stellen den Anfang einer neuen Nahrungskette dar. Dazu zählen auch Termitenfresser wie der Lippenbär und das Schuppentier. Was für den Elefanten ein Abfallprodukt darstellt, ist ein organischer Schatz für andere Lebewesen.[98] In einer Lebensgemeinschaft «liefert jede Art... direkt oder indirekt wesentliche Stoffe oder Dienstleistungen für eine oder mehrere andere Arten», schreibt Dice.[99]

Die ausgeklügelte Kooperation zwischen Pflanzen und Tieren im allgemeinen stellt in sich ein Wunder dar. Jede Gruppe braucht die Produkte der anderen. Pflanzen verwenden das Kohlendioxid der Luft und Wasser aus dem Boden, um daraus Zucker herzustellen. Als Nebenprodukt geben sie Sauerstoff ab. Tiere konsumieren pflanzliche Zucker und verbrennen sie mit Sauerstoff, um Energie zu gewinnen. Das dabei entstehende Kohlendioxid atmen sie aus, während das Wasser als Urin wieder in den Boden gelangt. Der Kreislauf ist damit geschlossen, und nichts geht verloren. Das folgende Schema zeigt eine vereinfachte Version der chemischen Vorgänge, die dabei eine Rolle spielen.

Pflanzen:	$6CO_2$	+	$6H_2O$	+	Energie	$\rightarrow$	$C_6H_{12}O_6$	+	$6O_2$
	aus der Luft		aus dem Boden		von der Sonne		Zucker		Abgabe an die Luft

Tiere:	$C_6H_{12}O_6$	+	$6O_2$	→	Energie	→	$6CO_2$	+	$6H_2O$
	in die Gewebe aufgenommener Zucker		aus der Luft				in die Luft ausgeatmet		Rückkehr in den Boden

Ohne diesen vollkommenen Zyklus wäre das Leben auf der Erde schon längst zum Stillstand gekommen. Kohlendioxid ist ein seltenes Gas auf unserem Planeten. Es stellt nur 35 Promille von 1 Prozent der Atmosphäre dar, weniger sogar als Argon. Diese Kohlendioxidmenge würde, wenn sie nicht ergänzt würde, für die heutige Pflanzenpopulation der Erde nur vierzig Jahre lang ausreichen. Die Atmung der Tiere und gewisser Bakterien ist folglich von entscheidender Bedeutung für das Leben der Pflanzen. Und ohne Pflanzen könnten keine Tiere überleben.

Ähnliches gilt für den Stickstoff. Obwohl dieses Gas fast 80 Prozent der Atmosphäre ausmacht, können nur wenige Pflanzen es direkt aufnehmen. Pflanzen brauchen Nitrate aus dem Boden für die Synthese ihrer Proteine. Wenn pflanzliche und tierische Proteine im Stoffkreislauf nicht den Weg zurück in den Boden fänden, stünde den Pflanzen keine Stickstoffquelle zur Verfügung und sie würden schließlich aussterben. Glücklicherweise bauen verschiedene Bakterien, die sich auf die Zersetzung organischen Materials spezialisiert haben, routinemäßig Proteine zu Ammoniak ab; andere wiederum verwandeln das Ammoniak in Nitrite, wiederum andere sorgen für den Umbau in Nitrate, die schließlich von den Pflanzen aufgenommen werden können. Wenn es keine reduzierenden Bakterien gäbe, wäre früher oder später aller Stickstoff in Pflanzen oder Tierkörpern fixiert und nicht mehr wiederzugewinnen. Die Zersetzung geschieht nur durch Einwirkung spezialisierter Lebewesen, nicht durch automatische chemische Vorgänge. Die Abbildung 4.7 faßt die obligatorische wechselseitige Abhängigkeit aller Lebewesen im Hinblick auf die Ernährung zusammen.

«Alle Lebewesen hängen von den vielfältigen Aktivitäten anderer Lebewesen ab, um mit lebenswichtigen Stoffen versorgt zu werden», schreibt Burkholder.[101] Keine Art könnte überleben, wenn sie die einzige auf dem Planeten wäre. Sie würde am Ende alle verfügbaren Nährstoffe aufgezehrt haben und schließlich aussterben, weil es keine Möglichkeit gäbe, die eigenen Abfallprodukte in Nahrung umzuwandeln. Das Leben ist notwendigerweise ein kooperatives Unterfangen. Lynn Margulis schreibt: «Alle Lebewesen hängen für die Vollendung ihres Lebenszyklus von anderen Lebewesen ab. Selbst in Räumen, die nur einen Kubikmeter umfassen, gibt es keine Lebensgemeinschaften von Organismen nur einer Art. Vielfalt oder Diversität in morphologischer und metabolischer Hinsicht ist die Regel. Die meisten Organismen hängen im Hinblick auf Nährstoffe und Gase direkt von anderen Lebewesen ab. Nur photo- und chemoautotrophe Bakterien produzieren alle ihre organischen Verbindungen aus anorganischen Ausgangsmaterialien; selbst sie brauchen aber Nahrung, Gase wie

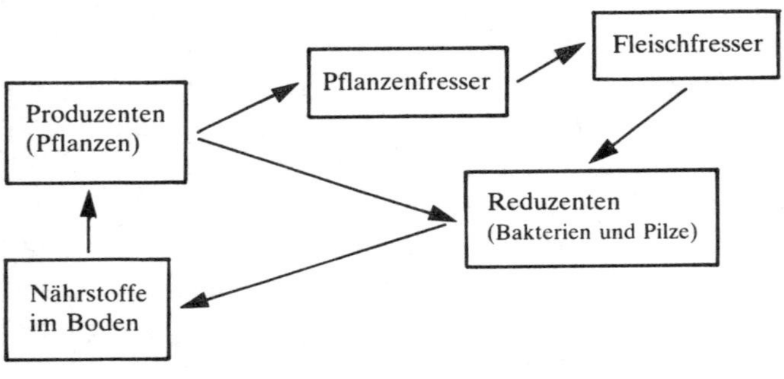

Abbildung 4.7. Alle Lebewesen hängen notwendigerweise im Hinblick auf die Ernährung voneinander ab. Pflanzen würden schließlich aussterben, wenn die Reduzenten sie nicht dauernd mit Stickstoffverbindungen aus abgebautem organischem Material versorgen würden. Ohne Pflanzen müßten die Tiere Hungers sterben.

Sauerstoff, Kohlendioxid und Ammoniak. Obwohl diese anorganischer Natur sind, stellen sie doch Stoffwechsel-Endprodukte anderer Lebewesen dar. Heterotrophe Lebewesen brauchen organische Verbindungen als Nahrung; abgesehen von den seltenen Fällen des Kannibalismus, umfaßt diese Nahrung andere Lebewesen und deren Überreste.»[102]

Die Erkenntnis einer derart universellen, lebenswichtigen Kooperation zwischen Pflanzen und Tieren verändert unser konventionelles Bild von der Natur. Der Biologe Lewis Thomas schreibt dazu: «Eines der wichtigsten Probleme, das zu untersuchen wäre, betrifft die allgemeine Haltung der Natur. Vor ungefähr einem Jahrhundert herrschte hier noch Übereinstimmung; die Natur war ‹blutig rot an Zähnen und Krallen›; die Evolution war ein mächtiger offener Kampf zwischen konkurrierenden Arten; die am besten Angepaßten waren die kräftigsten Aggressoren usw. Heute sehen die Dinge anders aus ... Die Notwendigkeit, Partnerschaften und kooperative Vereinigungen zu bilden, ist die vielleicht älteste, stärkste und grundlegendste Kraft der Natur. Es gibt keine einzeln und frei lebenden Kreaturen, denn jede Lebensform hängt von anderen Formen ab.»[103]

Kooperation innerhalb einer Art

Bis jetzt haben wir nur die Beziehungen zwischen verschiedenen Arten behandelt. Kooperation ist aber auch das grundlegende Prinzip der Beziehungen zwischen Angehörigen derselben Art, trotz Darwins Behauptung: «Doch ist solcher Kampf noch viel andauernder und erbitterter zwischen Individuen derselben Art, die dasselbe Gebiet bewohnen, dasselbe Futter verlangen und denselben Gefahren ausgesetzt sind.»[104] Wie können die Angehörigen einer Art eine Konkurrenzsituation vermeiden, wenn sie alle dieselbe Nische besetzen? Die Natur ist da um Mittel und Wege nicht verlegen. Eine Strategie besteht darin, die Individuen voneinander zu trennen. Das wird bei Tieren und Pflanzen durch verschiedene Ausbreitungstechniken erreicht. Tinbergen erklärt: «Diese

‹Dispersionsmechanismen› reduzieren die Konkurrenz auf ein Minimum. Der vielleicht einfachste Weg der Dispersion besteht darin, sich eine Weile lang ziellos vom Wind oder vom Wasser treiben zu lassen, bis die Zeit gekommen ist, sich niederzulassen. Die Larven vieler Meerestiere, etwa der Muscheln, der Seesterne und der Krabben, verfahren auf diese Weise. Nach einigen Tagen, Wochen oder sogar Monaten eines frei schwimmenden Daseins ändern sie ihr Verhalten, sinken auf den Boden ab und lassen sich nieder. Viele Raupenarten würden die Wirksamkeit ihrer natürlichen Tarnung verlieren und gefährlich auffallen, wenn sie in großen Gruppen zusammenlebten. Um das zu verhindern, legen manche Schmetterlingsarten ihre Eier einzeln und an verschiedenen Orten ab.»[105]

Jedes Lebewesen hat in einem bestimmten Stadium seines Lebenszyklus eine Ausbreitungsphase. Die gleichmäßige Verbreitung verhindert Konkurrenz und erhält gleichzeitig eine bemerkenswerte Populationsstabilität. Curtis beschreibt ein eindrucksvolles Beispiel dafür: «Im Rahmen eines Experiments wurde acht Jahre lang jedes Jahr eine bestimmte Schmetterlingsart ausgezählt. Jeden Herbst gab es 8000 bis 14000 Raupen dieser Art auf einem Feld in New England. In den meisten Jahren überlebten ungefähr 30 Raupen bis zum Frühling; und in den meisten Sommern gab es ungefähr 20 Schmetterlinge. Im Herbst des sechsten Jahres lebten auf dem Feld 20000 zusätzliche Raupen. Im darauffolgenden Jahr gab es 80 Frühjahrsraupen; im Sommer flogen jedoch nur 22 Schmetterlinge auf dem Feld, also ungefähr die übliche Zahl. In jenem Herbst waren nur 400 Herbstraupen zu finden. Doch bei der Überprüfung der umliegenden Gebiete zeigte sich, daß sehr viel mehr Eier als üblich außerhalb des betreffenden Feldes abgelegt worden waren. Als Reaktion auf die Übervölkerung auf dem Feld waren die Schmetterlinge ausgewandert, trotz der Tatsache, daß die Raupen noch reichlich Nahrung gehabt hätten und auch genügend Raum für die Eiablage vorhanden gewesen wäre.»[106]

Ein Weg zur gleichmäßigen Verteilung von Angehörigen einer Art an einem Standort ist die Bildung von Territorien. Tiere, die bestimmte Gebiete markieren und verteidigen, teilen ihre ökologische Nische in Sektoren ein, in denen sie leben können. Solche Territorien für die Fortpflanzung, die Nahrungssuche oder für beides haben Hunderte von Arten, darunter Napfschnecken, Hummer, Krabben, Spinnen, Grillen, Heuschrecken, viele andere Insekten, Knochenfische, Eidechsen, Singvögel, Greifvögel, Meeresvögel, Nagetiere, Wiederkäuer und überhaupt die meisten Säuger. Die Macht territorialer Grenzen ist überraschend. Der Zoologe Hans Kruuk beobachtete, wie Hyänen die Jagd auf eine vielversprechende Beute an den Grenzen zum benachbarten Hyänenterritorium abbrachen, obwohl ihre Artgenossen nicht in Sicht waren. Seine Feldstudien zeigten, daß «ganze 20 Prozent erfolgloser Gnu-Jagden auf das Konto von Hyänen gingen, welche die Territorialgrenze anderer Hyänen respektierten».[107] Kirk schreibt: «Das Territorialverhalten führt zu einer optimalen Verteilung begrenzter Ressourcen unter der größtmöglichen Zahl von Individuen einer Art.»[108] Die Größe eines Territoriums wird offensichtlich durch angeborene Faktoren bestimmt. Singammern beispielsweise haben Territorien, die größer sind als 40 Hektar, egal, wie wenig Tiere auch vorhanden sein mögen. Sie verteidigen auch keine Territorien unter 20 Hektar Größe, egal, wie viele andere Ammern vorhanden sein mögen.[109] Eine Untersuchung über 400 koexistierende Brüllaffen in Zentralamerika enthüllte die Existenz von 23 unterschiedlichen Clans mit wohlabgegrenzten Territorien.[110]

Die Verteidigung eines Territoriums geschieht bei allen Arten nicht durch einen Kampf auf Leben und Tod, sondern durch stark ritualisiertes Drohgebaren, durch aggressives Zurschaustellen und durch Beschwichtigungsgesten; nur selten kommt es dabei zu Verletzungen. Lorenz schreibt, daß diese ritualisierten Schlüsselreize beim Tier so stark wirken wie die Impulse des Hungers, des Geschlechtstriebes und der Angst[111] (siehe Abbildung 4.8). Das Zusammentreffen ist eher ein ritualisierter Wettstreit als ein realer Kampf, wobei sich am Ende ein Tier zurückzieht, ohne Schaden erlitten zu haben. Territoriale Grenzen werden im allgemeinen respektiert. Kirk führt dazu aus:

«Besonders wenn ein Territorium gut etabliert ist, verteidigt der

Besitzer es im Normalfall mit Erfolg, ungeachtet der Größe des Eindringlings, seiner Kraft und der Entwicklung spezialisierter Strukturen, die beim Agressionsverhalten eine Rolle spielen, usw. Dies sieht man am deutlichsten im Fall zweier Individuen mit benachbarten Territorien. Hier verteidigt jedes Individuum normalerweise sein *eigenes* Territorium mit Erfolg, doch es bleibt erfolglos, wenn es versucht, in das *benachbarte* Territorium einzudringen. Bei jeder Interaktion wird jedes der beiden Individuen von

Abbildung 4.8. Intraspezifische Begegnungen zwischen rivalisierenden Tieren führen selten zu einer Schädigung, denn sie werden durch ein ritualisiertes Aggressionsverhalten und durch Beschwichtigungsgesten reguliert. Wenn ein Wolf beispielsweise spürt, daß er einem anderen Tier während einer solchen Begegnung nicht gewachsen ist, so vermeidet er einen Kampf, indem er dem Gegner seine ungeschützte Kehle präsentiert. Dieser Reiz führt niemals zu einem Angriff des anderen Wolfs. Das Signal bewirkt vielmehr, daß das dominante Tier sich abwendet und die Spannung der Begegnung aufgelöst wird.

zwei entgegengesetzten Tendenzen beherrscht: Kampf und Flucht. Je näher ein Individuum dem Zentrum seines Territoriums ist, um so größer ist seine Motivation zum Kampf. Je weiter entfernt es sich vom Zentrum seines Territoriums befindet, um so größer ist umgekehrt seine Tendenz zur Flucht.»[112] Dieses System kann man kaum als brutalen Kampf oder erbarmungslosen Krieg bezeichnen, zumal weder Größe noch Kraft entscheidend ist für den Erfolg.

Der Zoologe Norman Owen-Smith schreibt: «Das Territorialverhalten des Breitmaulnashorns kann man als System beschreiben, das die spezifisch reproduktive Konkurrenz zwischen Männchen in geordnete Bahnen lenkt. Seine primäre Funktion innerhalb der Population ist die Optimierung der reproduktiven Effizienz der hochrangigen Bullen, indem die Häufigkeit von Kämpfen verringert wird, die zu einer Verletzung führen könnten. Diese Feststellungen gelten wahrscheinlich, mit Ausnahme des Panzernashorns, für alle anderen Huftiere mit einem Territorialverhalten, und vielleicht sogar für alle Tierarten, deren Territorialität sich auf erwachsene Männchen bezieht.»[113]

Einige Arten halten eine nicht auf Wettbewerb eingestellte Verbreitung aufrecht, ohne einander überhaupt zu begegnen. Bestimmte Säuger schaffen dies, indem sie Duftmarken an den Grenzen ihres Territoriums zurücklassen; Artgenossen nehmen diese wahr und meiden das Territorium. Froschmännchen gewisser Arten verteilen sich gleichmäßig über den Lebensraum, indem sie sich gegenseitig durch ihre Quakrufe auf Distanz halten. Pflanzen vermeiden eine räumliche Konkurrenz durch vielfältige Methoden der Samenverbreitung. Daß eine Pflanzenart gleichmäßig und dicht über ein großes Gebiet hinweg verbreitet ist, kommt in der Natur nicht vor, sondern nur in den künstlichen Lebensräumen, die die Landwirtschaft geschaffen hat.

Ein weiterer Weg, um Konkurrenz und Kampf zwischen herdenbildenden Tieren zu verhindern, besteht in der hierarchischen Rangordnung. Sie hält die Aggression innerhalb einer sozialen Gruppe möglichst gering. Die Rangordnung wurde zuerst anhand der Hackordnung von Vögeln untersucht. Sie verhindert, daß die

Tiere derselben Gruppe Zeit und Energie in dauernden Kämpfen um Futter und Geschlechtspartner verschwenden. Anstatt zu kämpfen, räumt das niederrangige Tier dem höherrangigen kampflos das Feld. Kirk beschreibt, was ohne diese Strategie geschähe: «Innerhalb der Gruppe sorgt die Dominanz für Stabilität. Ist die hierarchische Ordnung einmal hergestellt, so bleibt die Aggression um Ressourcen und Geschlechtspartner auf ein Minimum beschränkt. Bei einem Versuch sorgte der Forscher bewußt dafür, daß die Rangordnung in einer Hühnergruppe gestört blieb. Dabei zeigte sich, daß die Hennen mehr kämpften, weniger fraßen, dadurch weniger an Gewicht zunahmen und mehr ernsthafte Verletzungen erlitten als in einer Kontrollgruppe mit stabiler Rangordnung.»[114] Unter den Rotgesichtsmakaken von Koshima Island schlichten dominante Männchen Streitigkeiten zwischen den Weibchen, die keine eigene hierarchische Ordnung kennen. Rangordnungen treten bei vielen Vogel- und Säugerarten auf und zeigen, daß die Natur nicht nur friedlich, sondern auch vernünftig ist. Warum sollte ein schwächeres Individuum mit einem stärkeren kämpfen, wenn dieses ohnehin gewinnen wird und beide vielleicht eine Verletzung davontragen?

Nur in seltenen Fällen kommt es bei der Verteidigung eines Territoriums oder bei Rivalenkämpfen zu Schädigungen, doch das Ziel ist niemals die Tötung des Artgenossen. Wenn dem so wäre, würde sich die betreffende Art innerhalb kurzer Zeit selber ausrotten. Kämpfe, die mit dem Tod enden, und Kannibalismus treten gelegentlich unter unnatürlichen Bedingungen auf, bei denen sich kein Tier zurückziehen kann, etwa bei der Käfighaltung von Vögeln oder bei der Aquarienhaltung von Fischen. Doch ist dies nicht der Weg der Natur. Die Tiere mit den gefährlichsten Waffen haben gleichzeitig die stärksten Instinkte, die ihre Träger daran hindern, diese Waffen gegen Artgenossen einzusetzen. Giraffenmännchen können mit einem einzigen Schlag ihrer Hufe einen Löwen töten. Doch sie setzen ihre Waffe nur gegen Räuber ein; bei Begegnungen mit Rivalen verwenden sie ihre stumpfen, harmlosen Hörner. Lorenz verdeutlicht dies: Jene Hemmungen, die ein Beschädigen oder gar Töten von Artgenossen verhindern, müssen bei solchen

Tierarten am stärksten und verläßlichsten sein, die erstens als berufsmäßige Jagdtiere über eine zum raschen und sicheren Töten großer Beutetiere ausreichende Bewaffnung verfügen, zweitens aber im sozialen Verbande leben.»[115]

Nach seinen Untersuchungen zur Dominanz in Bisonherden kommt der Ethologe Dale F. Lott zu folgendem Schluß: «Da der Kampf gefährlich ist und viel Zeit und Energie verlangt, wurden Ersatzhandlungen dafür entwickelt. Bei Tieren, die Territorien einrichten und verteidigen . . ., wird ein Kampf oft dadurch vermieden, daß die Individuen durch räumliche Entfernung voneinander getrennt sind. Arten, deren soziales Leben durch eine Rangordnung bestimmt ist, sind stark auf die Fähigkeit angewiesen, das gegenseitige Verhalten aus Signalen wie Haltungen und Lautäußerungen vorauszusagen.»[116]

Eine ökologische Nische kann auch durch erlernte Verhaltensunterschiede innerhalb einer Art aufgeteilt werden. Beim Austernfischer, der entlang der englischen Küste lebt, kann man zum Beispiel zwei Gruppen nach ihrem Verhalten unterscheiden: die «stabbers» (Stecher) und die «hammerers» (Hämmerer). Die Tiere paaren sich nur mit Partnern derselben Gruppe. Die «stabbers» ernähren sich von Miesmuscheln und Herzmuscheln, die bei Ebbe in Gezeitentümpeln von Wasser bedeckt bleiben. Solche Muscheln lassen ihre Schalen halb offen, um Nahrung aus dem Seewasser herauszufiltern. Der Vogel steckt seinen Schnabel in die Schale, durchtrennt den Schließmuskel und kann die Schale dann ganz öffnen, um den fleischigen Inhalt zu verspeisen. Die «hammerers» ernähren sich von Miesmuscheln und Herzmuscheln, die bei Ebbe ganz geschlossen bleiben. Die Vögel hämmern unermüdlich auf eine bestimmte dünne Stelle der Muschelschale ein, bis diese nachgibt und sie den Schnabel einführen und das Fleisch entnehmen können. Auf diese Weise können zwei Gruppen derselben Art in demselben Gebiet leben und die gleichen Tiere fressen, denn aufgrund ihrer unterschiedlichen Jagdtechnik treten sie nicht miteinander in Konkurrenz.

Innerhalb einer Art können wir von einer engen Kooperation der Familie, der Herde, des Rudels, der Schule oder der Gruppe ausgehen. Doch gründen sich diese Beziehungen auch auf starke natürliche Instinkte. Lorenz berichtet von den großen Hemmungen der Männchen bei den Wölfen, den Eidechsen, den Hamstern, bei manchen Finkenvögeln und vielen anderen Arten gegenüber beißenden Weibchen.[117] Und er fügt hinzu: «Daß Tiermütter brutpflegender Arten ihren Jungen nichts zuleide tun, ist also keineswegs ein selbstverständliches Naturgesetz, sondern muß in jedem Einzelfall durch eine besondere Hemmung... gesichert werden. Jeder Tiergärtner, Kaninchen- oder Pelztierzüchter weiß sein Lied davon zu singen, welch scheinbar geringfügige Störungen ausreichen, um derartige Hemmungsmechanismen zum Versagen zu bringen. Ich kenne einen Fall, wo ein im Nebel vom Kurs abgewichenes Passagierflugzeug... niedrig über eine Silberfuchsfarm hinflog und dadurch sämtliche Fähen, die eben kleine Junge hatten, veranlaßte, diese aufzufressen.»[118]

Das Leben in Gruppen hat manche Vorteile. Viele Augen halten besser Ausschau nach Räubern als ein einzelnes Paar, und der Verteidigungsring der Moschusochsen bietet eine effizientere Abwehr gegenüber einem Wolfsrudel als ein Einzeltier. Wenn sich viele Tiere in Schulen oder Herden zusammenschließen, hat es ein Räuber viel schwerer, ein einzelnes Indviduum ins Auge zu fassen, wenn gleichzeitig Dutzende anderer Tiere sich in seinem Gesichtsfeld bewegen. Das weiß jeder, der schon einmal versucht hat, einen einzelnen Vogel aus einem bevölkerten Käfig herauszufangen. Eine gewisse Populationsdichte ist für viele Tiere notwendig. Bisamratten beispielsweise pflanzen sich nicht erfolgreich fort, wenn die Dichte unter ein Paar pro 1,6 Kilometer Flußlauf oder pro 34 Hektar Sumpfgebiet fällt.[119] Viele Meeresvögel jagen in Gruppen, weil diese Methode effizienter ist. Alle sozialen Insekten hängen von der Kooperation ab. Die Individuen in einem Termitenstaat sind absolut aufeinander angewiesen; einige sind unfähig, sich selbst zu ernähren, und andere sind nicht imstande, sich fortzupflanzen. Brutpflege, Fütterung, Schutz und Erziehung der Jungen sind zu umfangreiche Kapitel, als daß wir sie hier kurz zusammenfassen könnten. Wir möchten nur darauf hinweisen, daß bei jenen Arten, die sich geschlechtlich fortpflanzen, zumindest eine gewisse

Kooperation zwischen den Geschlechtern unverzichtbar ist. Nach jahrelangem Studium des Zusammenlebens der Tiere in Gruppen erklärt Allee: «Kein freilebendes Tier ist während seines ganzen Lebenszyklus solitär.»[120]

Darwins Argument

Nachdem wir jetzt einen Überblick über das große Ausmaß an Kooperation zwischen verschiedenen Arten und innerhalb derselben Art gewonnen haben, wenden wir uns nun noch einmal Darwins Konkurrenzmodell für die lebende Natur zu. Er behauptet: «Der Kampf ums Dasein ist die notwendige Folge des stark entwickelten Strebens aller Lebewesen, sich zu vermehren.»[121] Darwin geht von der Annahme aus, daß jedes Lebewesen möglichst viele Nachkommen hervorzubringen versucht: «Nie dürfen wir vergessen, daß jedes organische Wesen sozusagen die äußerste Vermehrung seiner Kopfzahl erstrebt.»[122] Und er fügt hinzu: «Es gibt keine Ausnahme von der Regel, daß sich jedes organische Wesen auf natürlichem Wege so stark vermehrt, daß, wenn es nicht der Vernichtung ausgesetzt wäre, die Erde bald von den Nachkommen eines einzigen Paares erfüllt sein würde.»[123] Als Beispiel dafür nimmt er den Elefanten: «Der Elefant vermehrt sich langsamer als alle anderen Tiere, und ich habe mir die Mühe gemacht, das wahrscheinliche Minimum seiner natürlichen Vermehrung zu berechnen. Man kann als ziemlich sicher annehmen, daß er nach dreißig Jahren seine Fortpflanzung beginnt und sie bis zum neunzigsten Lebensjahr fortsetzt, daß er während dieser Zeit sechs Junge hervorbringt und bis zum hundertsten Jahre lebt. In diesem Falle würde es nach Verlauf von 740 bis 750 Jahren etwa 19 Millionen Elefanten als Abkömmlinge eines Paares geben.»[124] Wenn die Erde tatsächlich nicht von Elefanten oder irgendeiner anderen Art geradezu überschwemmt ist, so muß es irgendwelche Beschränkungen dieser geometrischen Wachstumsrate geben. Daher schließt er, daß jede Art, selbst bei reichlichem Vorkommen, in gewissen Phasen des Lebens eine enorme Dezimierung erleidet.[125]

Darwin führt vier Gründe an, die die Tendenz zum unbegrenzten Wachstum bei jeder Art bremsen: Raub, Nahrungsmangel, Klima und Krankheit.[126] Mit einem Wort: Tod.

Da zu seiner Zeit detaillierte Feldstudien natürlicher Populationen fehlten – sie wurden erst hundert Jahre später durchgeführt –, stützt Darwin sein Argument auf «einfache theoretische Berechnungen»[127] und nimmt als Beispiel domestizierte Tiere «im Naturzustande»[128]. Mit anderen Worten: Er ging aus von der künstlichen Einführung einer Art in einen Lebensraum, in dem sie vorher nicht vorkam. Kürzlich durchgeführte Feldstudien von Ökologen an heimischen, nicht importierten Tieren legen aber Schlüsse nahe, die ganz anders ausfallen als die von Darwin. Elton und Andrewartha und Birch zeigen, daß Hunger nur selten einen direkten Einfluß auf die Artenzahl hat; Lack behauptet dasselbe von Krankheiten.[129] Welche Faktoren bleiben dann? Nehmen wir Darwins Beispiel von den Elefanten. Der Biologe Richard M. Laws berichtet über eine Studie, in deren Verlauf von 1966 bis 1968 mehr als 3000 Elefanten in Kenia und Tansania beobachtet wurden. Sie zeigte, daß «das Alter der geschlechtlichen Reife bei den Elefanten nicht starr festgelegt war und unter ungünstigen Bedingungen auch verschoben werden konnte... Die einzelnen Tiere erreichten die Reife im Alter von 8 bis 30 Jahren».[130] Dieselbe Studie zeigte, daß die Weibchen durchaus nicht bis ins hohe Alter von 90 Jahren Junge zur Welt bringen, wie Darwin glaubte, sondern im Alter von ungefähr 55 Jahren nicht mehr trächtig werden können. Die Elefantenpopulation wird also nicht durch Prädation, durch Hunger oder Tod, sondern durch Flexibilität beim Beginn der Geschlechtsreife der Weibchen geregelt. Wenn Überbevölkerung droht, wird die Geburtenrate gesenkt.

Die Elefanten sind aber keineswegs die einzigen Tiere mit einem solchen inneren Mechanismus zur Regulierung des Populationswachstums. Andere Feldstudien zeigten, daß die Geburtenrate oder das fortpflanzungsfähige Alter bei vielen Großsäugern von der Populationsdichte abhängt; dazu gehören Weißwedelhirsch, Wapiti, Bison, Elch, Dickhornschaf, Steinbock, Gnu, Himalajathar, Nilpferd, Löwe, Grizzlybär, Dugong, Sattelrobbe, südlicher See-Elefant, Fleckendelphin, Streifendelphin, Blauwal und Pottwal.[131] Von der zunehmenden Populationsdichte werden auch die Geburtenraten bei Kleinsäugern beeinflußt. Kirk meint: «Bei Versuchen mit Ratten und Mäusen gingen mit zunehmender Populationsdichte auch ganz bestimmte physiologische Veränderungen vor sich. Wenn eine Population in einem gegebenen Raum wuchs, nahm das Gewicht der Nebennieren zu und das der Thymusdrüse sowie der Geschlechtsdrüsen ab. Der Grad dieser Veränderungen war umgekehrt proportional zum sozialen Rang. Dominante Individuen waren nur wenig oder gar nicht davon betroffen, rangniedrige Individuen hingegen in hohem Maße. Diese Veränderungen gingen mit geringerer Fortpflanzungsrate einher.»[132] Bei Überbevölkerung ovulieren Mausweibchen langsamer oder hören ganz damit auf. Bei einigen Vogelarten bleibt die Geschlechtsreife aus, wenn es dem betreffenden Individuum nicht gelingt, sich ein Territorium zu erobern.

Bei vielen Tieren wird das Populationswachstum durch harmlose innere Faktoren geregelt, und es kommt nicht zu den periodischen Desastern, die Darwin vermutete. Ein weiterer Fehler in Darwins Argumentation ist folgende Annahme: «Unter den Tieren gibt es nur wenige, die sich nicht alljährlich paaren.»[133] Im Gegenteil: Ein hoher Anteil erwachsener Tiere, die sich nicht fortpflanzen, ist bei vielen Arten die Regel. Im Rahmen einer fünfjährigen Studie an fast 200 Breitmaulnashörnern im südafrikanischen Zululand entdeckte Norman Owen-Smith, daß nur zwei Drittel der erwachsenen Tiere Territorien hielten. Die Besitzer erlauben es rangniedrigen Männchen, in ihrem Territorium zu äsen, aber nicht, sich fortzupflanzen.[134] Viele Vogelarten halten in ihren Populationen eine Reserve nichtbrütender Individuen. Dies wurde zufällig während einer Untersuchung über den Fichtenwickler *Choristoneura fumiferana* und seine Räuber entdeckt. Die Forscher Robert Stewart und John Aldrich versuchten, alle Vögel auf einem 16 Hektar großen Landstück in Maine zu eliminieren.[135] Die Zahl der männlichen Besitzer eines Territoriums vor der Schießaktion betrug 148. Stewart und Aldrich schossen und sammelten in weniger als einem Monat in besagtem Gebiet jedoch 302

Männchen. Sie schrieben: «Bei den meisten Arten wurden mehr als doppelt so viele erwachsene Männchen in dem Gebiet gesammelt, als vor dieser Aktion vorhanden waren.»[136] Der Grund dafür liegt in einer großen Überschußpopulation von Männchen ohne Geschlechtspartner. Sie dringen schnell in freiwerdende Territorien ein. Daß geschossene Vögel ersetzt wurden, verweist nicht auf Konkurrenz, sondern ist vielmehr eine sichere Methode zur Regulierung der Population. Bei anderen Versuchen erwies es sich als unmöglich, die Zahl der Juncos in einem bestimmten Gebiet zu reduzieren, weil sofort Einwanderer aus angrenzenden Gebieten nachrückten.[137] Wir können aus diesen Untersuchungen schließen, daß die Prädation bei solchen Arten die Wachstumsrate der Population nicht signifikant zu beeinträchtigen vermag. Ricklefs zufolge «brachten detaillierte Experimente, bei denen Tiere entfernt und wieder ersetzt wurden, ähnliche Ergebnisse; sie wiesen darauf hin, daß die territoriale Beschränkung der Brutpopulation eine ziemlich allgemeine Erscheinung darstellt».[138] Gemeint sind damit Feldstudien über Stärlinge, Schottische Schneehühner, Mäuse, Libellen und Demoisellen. Wer diese Tatsachen nicht in Betracht zieht, dessen Argumente für ein geometrisches Wachstum natürlicher Populationen beruhen nur auf «einfachen theoretischen Berechnungen»; sie mögen mathematisch korrekt sein, sind biologisch aber irrelevant.

Es ist auch falsch anzunehmen, daß jene erwachsenen Tiere, die sich paaren, jede Saison dieselbe Zahl an Nachkommen hervorbringen. Viele Tierarten richten die Zahl ihrer Nachkommen nach der vorhandenen Futtermenge. Elton schreibt dazu: «Die Sumpfohreule (*Asio flammeus*) kann während einer Mäuseplage mit ihrem reichlichen Nahrungsangebot doppelt so viele Junge in einer Brut und doppelt so viele Bruten haben.»[139] Lack schreibt dazu, daß Tannenhäher normalerweise nur drei Eier legen, doch das Gelege auf vier Eier erhöhen, wenn es eine reiche Ernte an Haselnüssen gibt. Er erwähnt auch, daß der Eisfuchs mehr Junge wirft, wenn es viele Lemminge gibt, und daß auch Löwen je nach Futterangebot mehr oder weniger Junge haben.[140] Und in mageren Jahren pflanzen sich viele Arten überhaupt nicht fort.

In einigen Fällen wird die Population eines Pflanzenfressers von der Pflanze kontrolliert. In Jahren, die auf eine Trockenheit folgen, entwickelt der Beifuß hohe Konzentrationen an Phytoöstrogenen, die dem Fortpflanzungshormon der kalifornischen Schopfwachtel ähnlich sind. Diese Hormone hindern die Ovulation bei der Wachtel, wenn sie vom Beifußstrauch frißt, und bewirken dadurch einen scharfen Knick der Wachtelpopulation nach unten. Wenn wieder mehr Regen fällt, produziert der Beifuß keine oder nur wenige Östrogene und die Wachtelpopulation erreicht wieder ihre normale Größe. In diesem Fall übt die Futterpflanze eine Geburtenkontrolle aus. Untersuchungen zeigen auch, daß die Ovarialaktivität bei gewissen Mäusen im Spätsommer infolge der Phytoöstrogenproduktion der Futtergräser abrupt zurückgeht.[141]

Ebenso falsch ist die Annahme, Pflanzen oder Tiere produzierten so viele Samen oder Eier als physiologisch nur möglich sei. Alle Vogelarten haben eine normale Gelegegröße. Doch wenn man Eier entfernt, kann das Weibchen dazu veranlaßt werden, weitere Eier zu legen. Wenn man dem Haushuhn alle seine Eier läßt, beträgt die Gelegegröße ungefähr 12 Eier. Wenn ihm aber jeden Tag welche fortgenommen werden, so kann es bis zu 360 Eier im Jahr legen.

Die normale Eizahl schwankt stark von Art zu Art. Flamingos legen ein Ei, Strauße hingegen zwölf bis fünfzehn. Der Ökologe Y. Ito schreibt: «Bei den Fröschen enthält der Laich von *Rana nigromaculata* ungefähr 1000 Eier; *Flectonotus pygmaeus* hingegen bringt es nur auf 4 bis 7 Eier, was ein kleineres Gelege darstellt, als wir es bei vielen Vögeln oder bei Ratten finden.»[142] Im allgemeinen verhält sich die Zahl der Eier umgekehrt proportional zum Grad der Brutfürsorge und Brutpflege. Das Makrelenweibchen, das sich um seine Jungen nicht kümmert, legt zwei bis drei Millionen Eier, von denen 99,9996 Prozent innerhalb der darauffolgenden siebzig Tage von Räubern gefressen werden. Nur zwei oder drei Individuen erreichen das Erwachsenenalter.[143] Der Kreuzwels dagegen legt pro Saison nur dreißig Eier; fast alle überleben, denn das Männchen beschützt sie in seinem Maul. Die Produktion riesiger Mengen von Nachkommen ist kein Beweis für eine erbarmungslose Konkurrenz, sondern eher für Kooperation, denn der Überschuß an Eiern oder Samen bildet Nahrung für Tausende von Räubern, die sonst nicht existieren könnten. Wenn alle Arten die Strategie der intensiven Brutpflege und der geringen Fruchtbarkeit verfolgten, wäre die große Zahl und die Vielfalt an Tieren in der Natur nicht möglich. Und dies wird nicht zu einem Preis erreicht, der das Aussterben von Beutetierarten verlangt. Es gibt noch jedes Jahr Millionen von Makrelen im Meer.

Keine Art strebt danach, sich ohne Maß und Ziel zu vermehren, ebensowenig wie ein Individuum dazu neigt, unbeschränkt zu wachsen. Und Tierpopulationen werden nicht durch Kampf, Hunger und Tod begrenzt, sondern sie beschränken selber auf verschiedene Weise die Zahl der fortpflanzungsfähigen Adulttiere und regulieren die Zahl der Nachkommen jedes Weibchens. Der Biologe V. C. Wynne-Edwards meint zu Darwins Annahme, daß jedes Lebewesen danach strebe, seine Bevölkerungszahl geometrisch zu vergrößern:

«Diese intuitive Annahme eines universellen, von innen her kommenden Druckes, der von äußeren feindlichen Kräften dominiert wird, beherrscht das Denken der Biologen hinsichtlich der Regulierung von Populationen und der Natur des Kampfes ums Dasein bis auf den heutigen Tag.

Wenn wir alle vorgefaßten Konzepte beiseite lassen und zu einer vorurteilslosen Wertung der Fakten zurückkehren, wie sie aus modernen Beobachtungen und Versuchen hervorgehen, so wird uns fast sofort deutlich, daß ein großer Teil der zahlenmäßigen Regulierung nicht von Darwins feindlichen Kräften abhängt, sondern auf die Initiative der Tiere selbst zurückgeht. Das heißt: Bis zu einem bedeutenden Grad handelt es sich um ein innewohnendes Phänomen.»[144]

Daß sich Populationen selbst regulieren, paßt gut in das Konzept des Lebens als einer gerichteten Selbstbewegung. Die Natur befindet sich nicht im Kampf Lebewesen gegen Lebewesen. Die Natur ist eine Allianz, die auf Kooperation gegründet ist.

5 Harmonie – Künstlerin Natur

Darwin glaubte, die Tiere und Pflanzen stünden nicht nur untereinander, sondern auch mit den Elementen im Kampf: «So muß auf jeden Fall ein Kampf ums Dasein stattfinden, entweder zwischen Individuen derselben oder verschiedenen Arten oder zwischen Individuen und *äußeren Lebensbedingungen*.»[1] Im vorhergehenden Kapitel haben wir die Behauptung untersucht, zwischen den Lebewesen herrsche Feindschaft. In diesem Kapitel wollen wir den angeblichen Antagonismus zwischen den Lebewesen und ihrer Umwelt betrachten. Darwin liefert ein Beispiel dafür: «Aber man kann auch sagen, eine Pflanze kämpfe am Rande der Wüste mit der Dürre ums Dasein.»[2] Bisweilen wird diese Eigenschaft «Umweltwiderstand» genannt, und dieser Fachbegriff hat Eingang gefunden in Lehrbücher, Monographien und Zeitschriftenartikel. In einem Lehrbuch der Pflanzenökologie etwa lesen wir, daß «der Kampf ums Dasein in der Pflanzenwelt sich eigentlich zwischen jeder Pflanze und ihrem Standort abspielt».[3]

Beispiele für eine offensichtliche Spannung zwischen den Lebewesen und den Kräften der unbelebten Natur springen einem geradezu ins Auge. Die Schwerkraft wirkt auf Vögel und andere Landtiere ein und muß überwunden werden. Im Wasser lebende Tiere müssen dem riesigen Druck der Tiefsee standhalten. Pflanzen und Tiere müssen sich bemühen, jene Körpertemperatur konstant zu halten, bei der Stoffwechsel und andere Lebensfunktionen trotz extremer Klimaschwankungen ablaufen können. In einigen

Gebieten bedroht Trockenheit alle Lebewesen; in anderen Regionen waschen übermäßige Regenmengen alle Nährstoffe aus dem Boden. Man kann sich leicht vorstellen, daß die Lebewesen in einem dauernden Konflikt mit ihrer Umgebung stehen und übergroße Anstrengungen unternehmen müssen, um in einem ungastlichen Universum einfach zu überleben.

Wir beginnen mit einem Blick auf die Beziehung der heutigen Tiere und Pflanzen zu ihrer Umwelt und behandeln Fragen des Ursprungs dieser Beziehungen im nächsten Kapitel. Logischerweise müssen wir zuerst schauen, wie sich die Natur heute verhält, bevor wir zu erklären versuchen, wie die Dinge überhaupt entstanden sind.

Der Kampf der Lebewesen mit ihrer Umwelt scheint vor allem an extremen Standorten klar auf der Hand zu liegen. Die Arktis ist ein guter Testfall dafür. Wie können die Tiere ihre Körperwärme in einer derart kalten Umgebung aufrechterhalten? Gelingt das durch Kampf und größtmöglichen Energieaufwand? Der Eisfuchs, der kleiner ist als ein durchschnittlicher Haushund, rückt bis auf vierzig Kilometer an den Nordpol vor und hält dabei leicht den Bedingungen des arktischen Winters stand. «Sie überleben an Orten, wo es für die meisten Säuger unerträglich wäre. Offensichtlich finden sie es dort sogar recht angenehm», schreibt der Naturforscher Larry Underwood.[4] Aber wie? Underwood erklärt es: «Sie sind im Winter mit einem dicken, weichen, üppigen Fell bedeckt. Obwohl ein dickes Fell dem Tier keine Wärme zuführt, bildet es doch eine Barriere gegen Wärmeverlust und verringert die Geschwindigkeit, mit der Wärme den Körper verläßt. Wie bei den meisten Säugern zieht der Fuchs bei kalter Witterung das Blut aus peripheren Körperteilen ab, verringert dadurch den Wärmeverlust und konzentriert die Wärme im Kerngebiet des Körpers. Säuger stellen ihre Haare auf und machen dadurch die Fellschicht dicker. Weil dabei mehr Luft zwischen den Haaren eingeschlossen wird, ist die Isolation auch besser. Die Tiere ziehen ihre Beine auch näher an den Rumpf heran und verringern dadurch die Körperoberfläche, die der Kälte ausgesetzt ist.»[5]

Mit diesen Methoden kann der Eisfuchs im Ruhestoffwechsel

Windtemperaturen von $-51\,^{\circ}C$ aushalten. Sinkt die Temperatur darunter, so gräbt der Fuchs sich eine Kuhle in den Schnee und wartet das Ende des Sturms ab, wobei er von seinem Körperfett zehrt. Unter extremen Bedingungen hält sich der Eisfuchs durch Zittern oder Schlottern warm und erhöht dabei den Stoffwechsel. Da zitternde Muskeln keine äußere Arbeit leisten, erscheint die gesamte für die Muskelkontraktion aufgewendete Energie am Ende als Wärme im Inneren des Fuchskörpers. Auf diese Weise gelingt es dem Tier, Temperaturen bis $-71\,^{\circ}C$ auszuhalten. Es erhöht dabei seinen Stoffwechsel um etwas mehr als ein Drittel.[6] Das Schlottern bedeutet also keineswegs Leiden oder Kampf, sondern ist ein natürliches Mittel, um sich warm zu halten. Der Eisfuchs wurde von der Natur so gut mit einer speziellen Isolation, mit den richtigen Verhaltensweisen und mit metabolischen Fähigkeiten ausgestattet, daß er nicht gegen eine derartig widrige Umwelt kämpfen muß. Tatsächlich ist der Fuchs so gut isoliert, daß ihm (selbst im Winter) schnell zu heiß würde, wenn er liefe oder auf eine andere Weise aktiv wäre – zumindest so lange, bis er einen Weg gefunden hat, überschüssige Hitze loszuwerden. Seine dünnisolierten Füße und die Schnauze übernehmen diese Aufgabe (siehe Abbildung 5.1). Der Eisfuchs, der Polarhund und das Rentier hecheln auch, wenn sie sich durch Wasserverdunstung abkühlen wollen.

Die Natur isoliert und rüstet nicht alle Säuger auf die gleiche Weise aus wie ein Eisfuchs, sondern nur jene Tiere, die es nötig haben. Der tropische Nasenbär beispielsweise muß seinen Stoffwechsel erhöhen, wenn die Lufttemperatur unter $24^{\circ}C$ absinkt.[8] Es wehren sich auch nicht alle Tiere auf dieselbe Weise gegen Kälte. Einige ziehen fort, bevor die kalte Jahreszeit anbricht, andere fallen in einen Winterschlaf oder einen ähnlichen Zustand. Bären sind Meister darin. In Minnesota schlafen Schwarzbären sieben Monate lang, ohne Nahrung aufzunehmen oder zu trinken und ohne Urin oder Kot abzugeben. Sie leben von gespeichertem Körperfett und können ihren Stoffwechsel halbieren: Die Herzschlagrate fällt von fünfzig Schlägen pro Minute auf acht, und die Basaltemperatur sinkt von normal $37{,}8^{\circ}C$ auf $31{,}1^{\circ}C$, indem sie

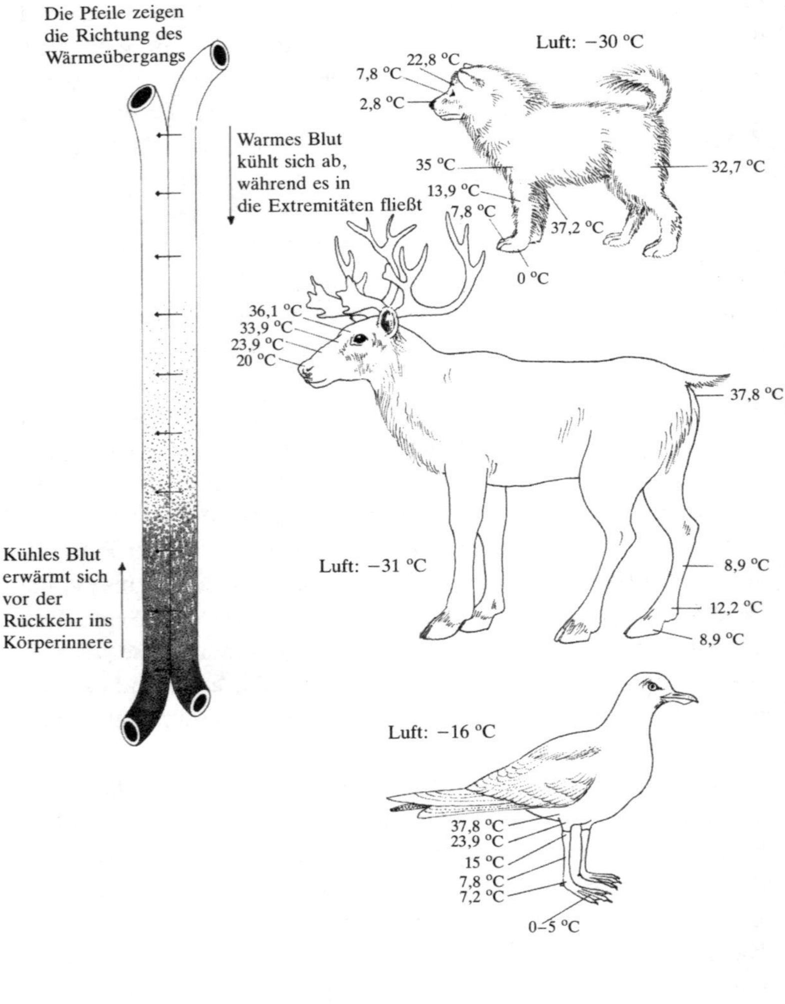

Abbildung 5.1. Die unterschiedliche Erwärmung der Extremitäten, die sich bei allen Säugern und Vögeln kalter Gebiete findet, reduziert in großem Maße den Verlust von Körperwärme an die Umwelt. Das Gegenstrom-Wärmeaustauschsystem ermöglicht es den Tieren, die Extremitäten weniger stark aufzuheizen als den restlichen Körper, ohne dabei Wärme zu verlieren.

sozusagen den Thermostaten herunterschrauben. Der Zoologe Lann Rogers erklärt: «Bären, die von ihrem Fett leben, haben einen mehr als doppelt so hohen Cholesterinspiegel wie im Sommer – er ist auch doppelt so hoch wie bei den meisten Menschen. Man weiß aber nichts davon, daß Bären Probleme mit der Verhärtung von Arterien und mit der Bildung cholesterinhaltiger Gallensteine hätten. Medizinische Untersuchungen haben gezeigt, daß Bären im Winter einen besonderen Gallensaft mit Ursodesoxycholsäure produzieren, der ihnen hilft, Probleme mit Gallensteinen zu verhüten. Wenn man diese Gallensäure Menschen verabreicht, löst sie deren Gallensteine auf und macht einen chirurgischen Eingriff überflüssig. Die Schwarzbären reduzieren im Winter auch ihre Nierenfunktion radikal. Sie geben monatelang keinen Harn ab und vergiften ihren Körper dennoch nicht mit Abfallprodukten, zum Beispiel mit Harnstoff. Dieser wird auf irgendeine Weise abgebaut, und der Stickstoff daraus dient dem Aufbau von Proteinen. Diese Fähigkeit des Proteinaufbaus während des Fastens erlaubt es dem Tier, sein Muskel- und Organgewebe den ganzen Winter über zu erhalten. Es zehrt nur von seinem Fett.»[9] Der Schwarzbär kämpft also nicht gegen die strenge winterliche Witterung; sein einzigartiger Stoffwechsel erlaubt ihm, das alles buchstäblich «auszuschlafen».

Wie aber erhalten wasserbewohnende Tiere, etwa Wale, ihre Körperwärme in den gefrierenden Gewässern der Arktis aufrecht (besonders da Wasser die Wärme sehr viel schneller abführt als Luft)? Isolation ist nur ein Teil der Antwort. Der Walkörper ist mit Fett sehr gut isoliert; das gilt jedoch nicht für die Finnen. Da die Finnen dauernd mit Blut versorgt werden müssen, erhebt sich die Frage, wie der Wal es vermeidet, all seine Körperwärme im Meerwasser zu verlieren. Zunächst ist die Temperatur der Finnen viel niedriger als die des Walinnern. Dieselbe unterschiedliche Aufheizung zwischen Extremitäten und Körperinnern finden wir bei allen Säugern und Vögeln, die in kalten Gebieten leben. Wie aber können solche Tiere warmes Blut in die Extremitäten entsenden, ohne der gesamten Körperwärme verlustig zu gehen? Die Lösung des Problems liegt in einem Gegenstrom-Wärmeaustauschsystem, einem Wunder an Effizienz und Einfachheit. Diesen Mechanismus verwenden die Natur und die Industrie zu vielen Zwecken (siehe Abbildung 5.1). Bei diesem System wird dem Blut, bevor es in die Extremität gelangt, die Wärme entzogen, und bei seiner Rückkehr ins Kerngebiet des Körpers wird es langsam wieder erwärmt. Diese Wärmeaustauschanlage erlaubt es, die Walfinnen ohne Wärmeverlust dauernd mit Blut zu versorgen. Die Wale haben es angenehm selbst in Meeren mit Wassertemperaturen unter dem Gefrierpunkt.

Was geschieht mit den Kaltblütern unter den Tieren? Wie bewahren sich Fische der Antarktis vor dem Gefrieren, wenn die Wassertemperatur unter dem Gefrierpunkt ihres Blutplasmas liegt? Mit Gefrierschutzmitteln! Der Physiologe Knut Schmidt-Nielsen berichtet, daß «das Blut des antarktischen Fisches *Trematomus borchgrevinki* ein Glykoprotein enthält, welches als Gefrierschutzmittel dient. Dies erlaubt es dem Fisch, im Meerwasser bei einer Temperatur von −1,8° C zu schwimmen, obwohl der osmotische Druck des Blutes *ohne* das Gefrierschutzmittel nicht ausreicht, die Eisbildung bei dieser Temperatur zu verhindern.»[10] Die Fische der Antarktis sind in ihrer Umwelt sicher nicht fehl am Platz.

Kleine Tiere müssen vor allem darauf achten, daß sie warm bleiben, denn bei ihnen ist das Verhältnis Oberfläche – Volumen besonders ungünstig. Standvögel verwenden eine große Zahl von Strategien, nicht um gegen die Kälte zu kämpfen, sondern eher, um sie zu überlisten. Dazu gehören eine besondere Isolation, eine große Flexibilität des Stoffwechsels und ein vorsichtiges Verhalten. Ein schlagendes Beispiel finden wir in der Isolation des Moorschneehuhns von Alaska. Das Gefieder dieses Vogels «variiert jahreszeitlich nicht nur in der Farbe – im Sommer braun und im Winter weiß –, sondern auch in seiner Isolationsfähigkeit. Aufgrund dieses Unterschiedes in der Isolation ist die Wärmeproduktion, die das Schneehuhn zur Erhaltung einer hohen Körpertemperatur aufbringen muß, dieselbe bei 0° C im Sommer wie bei −25° C im Winter.»[11] Auch hier keine Anzeichen eines Kampfes. Durch Zittern können Vögel ihre Stoffwechselrate um das Fünffache erhöhen. Zittern ermöglicht es auch den Hummeln, bei Temperaturen um den Gefrierpunkt, wenn alle anderen Insekten bewegungslos verharren, auf Futtersuche zu gehen.[12] Vögel, die im Winter bei uns bleiben, finden Ruheplätze in der Vegetation und Schlupfwinkel, die sie vor Kälte schützen. Sie sparen dabei bis zu 30 Prozent der Energie, die sie sonst aufwenden müßten, wenn sie sich an ungeschützten Stellen aufhalten würden. Man hat nachgewiesen, daß die Chickadee-Meise Alaskas während Kälteperioden weniger lange auf Nahrungssuche geht – eine sehr vernünftige Maßnahme. Durch Untersuchungen weiß man auch, daß die Chickadee-Meise ihre Basaltemperatur nachts um ungefähr 6° C absenken und am nächsten Morgen spontan wieder zu ihrer normalen Körpertemperatur zurückkehren kann. Diese temporäre Hypothermie spart dem Vogel bis zu 23 Prozent Energieaufwand während jeder Winternacht.[13] Die Chickadee-Meise behauptet sich gegenüber der Kälte – aber nicht durch brutale Gewalt, sondern durch Einfallsreichtum.

Entsprechende Strategien finden wir an trockenheißen Standorten. Wie schaffen es Tiere, ihre Körperwärme ohne innere Temperaturkontrolle auf einer bestimmten Höhe zu halten, ohne sich zu erhitzen? Echsen beispielsweise nutzen durch besondere Verhaltensweisen die Hitze der Wüste, vermeiden aber gleichzeitig, zuviel davon abzukriegen. Sie lassen sich am Morgen voll von der Sonne bescheinen, bis ihr Körper eine Temperatur erreicht hat, die für Aktivität ausreicht. Während der heißesten Tageszeit suchen Echsen wie der Chuckwalla einen Unterschlupf auf oder drehen sich so zu den Sonnenstrahlen, daß so wenig Körperoberfläche wie möglich der Wärme ausgesetzt ist, oder sie beginnen zu hecheln, um sich durch Wasserverdunstung abzukühlen. Mit solchen Mitteln kontrollieren Stachelleguane ihre Körpertemperatur während ihrer gesamten aktiven Periode in einem Bereich von nur 2,5° C. Die Texas-Krötenechse kann sogar ihre Haut dunkler oder heller werden lassen, um Wärme schneller oder langsamer aufzunehmen.[14] Man stelle sich eine Kleidung vor, die je nach den Wärmebedürfnissen ihres Trägers die Farbe verändert!

Eine Taktik, der Wasserarmut zu begegnen, ist die Übersömmerung. Wenn der Wohnteich des Afrikanischen Lungenfisches austrocknet, gräbt sich dieser in den Schlamm ein, bildet eine Art Schleimkapsel und verharrt dort bei reduziertem Stoffwechsel bis zum nächsten Regen. Während dieser Zeit gibt der Fisch keinen Urin ab, und sein Blut kann die außerordentliche Menge von 4 Prozent Harnstoff ohne Schaden tolerieren.[15] Auch hier kein Kampf.

An heißen Standorten sind Säugetiere viel stärker gefordert als wechselwarme Tiere, denn Säugetiere produzieren dauernd innere Wärme, und diese Produktion kann nicht abgeschaltet werden. Dennoch leben in der trockenheißen Mojave-Wüste Kaliforniens zwei Arten von Erdhörnchen, und jede ist an ihre Umgebung gut angepaßt. Der Harris-Antilopenziesel hält leicht Körpertemperaturen bis zu 43° C aus, weit mehr als jedes andere Tier, das nicht schwitzen kann. Es kann Hitze speichern und sie dann abgeben, indem es in seinen Bau kriecht und sich flach an die kühle Erde schmiegt. Der Ziesel kann Wasser mit dem 1,4fachen Meerwassersalzgehalt trinken, ohne Schaden zu nehmen. Kein anderes Säugetier kann von derart salzigem Wasser leben.[16] Dank solcher ungewöhnlichen Fähigkeiten braucht der Harris-Antilopenziesel nicht gegen Hitze oder Trockenheit zu kämpfen. Der Preis für den sparsamsten Umgang mit Wasser gebührt allerdings der Känguruhratte. Dieses Tier «lebt in den trockensten Gebieten, selbst in den nackten Sanddünen des Death Valley. Trinkwasser, ja selbst Tau, ist an seinem natürlichen Standort nur selten vorhanden», schreiben Knut und Bodil Schmidt-Nielsen.[17] Die Känguruhratte trinkt niemals, frißt derart trockenes Futter, daß andere Nagetiere damit verdursten müßten, nimmt niemals saftige Pflanzenteile zu sich und kann in Gefangenschaft dauernd ohne Wasser auskommen, indem sie sich nur von trockenen Gerstenkörnern ernährt. Dieses offensichtlich wasserlose Leben stellte die Biologen lange Zeit vor ein Rätsel. Versuche zeigten dann, daß die Känguruhratte ihren Wasserhaushalt dadurch ausgleicht, daß sie metabolisches Wasser als Nebenprodukt bei der Verbrennung ihrer Nahrung produziert. Spezielle Ausstattungen und Verhaltensweisen helfen mit, den Wasserverlust auf ein Minimum zu beschränken: Das Nagetier ist nachts aktiv, verliert durch Verdunstung weniger Wasser als andere Säuger und gibt aufgrund seiner extrem effizienten Nieren bei der Ausscheidung auch nur sehr wenig Wasser ab.[18]

Der Harris-Antilopenziesel und die Känguruhratte leben also ohne Streß oder Kampf in einer der unwirtlichsten Gegenden der Welt. Die Lösung des Wasserproblems ist auch für viele andere Tiere in jenen Gebieten einfach: Es geht nur darum, saftige Pflanzen zu finden und zu fressen. Deswegen lebt die Buschschwanzratte von Kaktusfleisch, das zu 90 Prozent aus Wasser besteht. Das verschiebt unser Problem allerdings nur um eine Stufe: Woher kriegen Pflanzen in Gebieten mit weniger als 5 Zentimeter Niederschlag pro Jahr Wasser? Die Mittel und Wege der Wüstenpflanzen, an Wasser zu kommen und es auch zu behalten, sind ungefähr so vielfältig wie die Arten selbst. Um den Wasserverlust zu reduzieren, verfügt die Kaktusart mit dem Namen «Teufels-Nadelkissen» über eine dicke Haut und über Dornen anstatt Blätter. Die ziehharmonikaartigen Falten auf der Oberfläche erlauben dem Kaktus, sich bei einem Regenguß bis zum Platzen zu füllen und auszudehnen. Wenn der Kaktus vollgesogen ist, kann er mit diesem Wasser leicht ein Jahr oder mehr auskommen. Eine andere Strategie besteht darin, besonders Wasservorräte anzuzapfen. Der Mesquite-Baum beispielsweise entwickelt Wurzeln, die bis zu 30 Meter lang werden und damit in die Grundwasserschicht hinunterreichen, die den übrigen Pflanzen nicht zugänglich ist.

Eine andere, unübliche Methode ist die kontrollierte Austrocknung. Verschiedene «Wiederauferstehungspflanzen» können eine fast völlige Entwässerung überleben; während dieser Zeit zeigen sie keinen meßbaren Stoffwechsel. Diese Pflanzen «sind im ganzen Pflanzenreich am widerstandsfähigsten gegenüber Austrocknung».[19] Beim Austrocknen erleiden sie zwar einige begrenzte Schäden, doch führen diese nicht zum Tod – und beim ersten Regen entrollen sich die Pflanzen, reparieren beschädigte Stellen und beginnen innerhalb von 24 Stunden mit der vollen Photosynthese.

Andere Wüstenpflanzen haben durch reinen Opportunismus Erfolg: Sie keimen und bilden Blüten und Früchte nur dann aus, wenn es geregnet hat. Frits Went schreibt über den Blütenteppich, der ungefähr alle zehn Jahre das Death Valley überzieht: «Seine wohl bemerkenswerteste Eigenschaft liegt darin, daß es sich um völlig normale Pflanzen handelt, ohne besondere Anpassungsmechanismen, mit deren Hilfe sie Trockenheit überstehen könnten. Dennoch kommen sie nicht außerhalb der Wüstengebiete vor. Der Grund dafür liegt in der merkwürdigen Vorsicht ihrer Samen. Trockene Jahre verbringen sie schlafend. Das ist keineswegs erstaunlich. Bemerkenswert ist hingegen, daß sie sich selbst nach einem Regenguß weigern auszukeimen, sofern dieser nicht mindestens 12 Millimeter, vorzugsweise jedoch 2,5 oder 5 Zentimeter betrug.»[20]

Gewisse Sträucher leben nur in trockenen Flußtälern. Die Samen des Perückenstrauchs, des Sumach und der Art *Cercidium floridum* beispielsweise keimen nur, wenn ihre äußere Schicht von Sand und Kies in einem reißenden Fluß nach einem heftigen Gewitter abgeschliffen und aufgebrochen wurde. Die Samen dieser Sträucher keimen also nur nach entsprechendem Niederschlag und bleiben ungefähr 50 bis 100 Meter flußabwärts von der Elternpflanze liegen (längere Entfernungen führen dazu, daß die Samen pulverisiert werden; bei kürzeren Entfernungen kann die Keimung nicht stattfinden). Dies ist ein elegantes System, das gleichzeitig genügend Feuchtigkeit und genügend Platz für die neue Pflanze garantiert.[21]

Was aber geschieht, wenn überhaupt kein Regen fällt? Nicht einmal das hat zur Folge, daß alle Vegetation fehlt. Tributsch beschreibt einen bemerkenswerten Fall: «Die Atacamawüste im Norden Chiles gehört zu den trockensten Wüstengebieten der Erde. In manchen Gegenden hat es seit Menschengedenken nie geregnet. In anderen regnet es nur alle paar Jahre. Kaum mehr als zwei Zentimeter Wasser pro Jahr erreichen im Durchschnitt den staubtrockenen Wüstenboden. Trotz dieses akuten Mangels an Wasser gibt es in den Hügeln der küstennahen Gebirgszüge Vegetation. Sie ist nicht sonderlich dicht, besteht jedoch aus dem stattlichen, über mannshohen Tamarugobaum und vielen großen Kakteen. Diese Wüstenpflanzen finden im Boden keine Spur von

Feuchtigkeit. Sie entziehen diese zur Gänze dem Nebel, der sich durch die Abkühlung der feuchten Meeresluft dort häufig bildet.»[22] Aus demselben Grund brauchen das amerikanische *Peucephyllum* und der Kapernstrauch der Sahara kein Grundwasser. Sie leben beide vom Wasserdampf, den sie der feuchten Abendluft der Wüste entziehen.[23] Diese Pflanzen sind nicht weniger erstaunlich als die Känguruhratten.

Alle diese Beispiele von Wüstenpflanzen und Wüstentieren illustrieren dasselbe Prinzip: Lebewesen kämpfen nicht mit ihrer Umwelt; sie arbeiten vielmehr mit ihr zusammen oder überlisten sie. Einige entgehen der Trockenheit, andere sorgen für diese Zeit vor. Aber kein Lebewesen will mit dem Kopf durch die Wand; keines verhält sich in seinem Lebenszyklus verrückt oder ineffizient oder verschwenderisch. Lebewesen vergeuden keine Energie im Kampf gegen den Wind. Wenn ein Baum Winden ausgesetzt ist, die stets aus einer Richtung wehen, dann bildet der Stamm mehr Holz in Windrichtung als senkrecht dazu. Nach und nach bekommt der Stamm einen elliptischen Querschnitt, wobei die längere Achse parallel zur Windrichtung steht. Diese elliptische Form ist windschlüpfig und verringert den Druck, den der Wind auf den Baum ausüben kann, auf das Minimum. Viele Bäume beginnen als Antwort auf stärkeren Wind- oder Schneedruck spiralförmig zu wachsen.[24] Andere Bäume, besonders in der Tundra, zeigen einen Zwergwuchs oder breiten sich horizontal aus, um dem Wind möglichst wenig Angriffsfläche zu bieten. Dieselben Arten, die unter diesen Bedingungen so ungewöhnliche Formen annehmen, wachsen in Wäldern zu stattlichen, spindelförmigen Exemplaren und freistehend in einem Park zu mächtigen, weitausladenden Bäumen heran. Nichts spricht hier für einen Kampf von seiten des Baumes, sondern vielmehr alles für Flexibilität und Anpassungsfähigkeit (siehe Abbildung 5.2).

Ein weiteres natürliches Element, von dem man ohne jede Einschränkung annimmt, daß es zerstörerisch auf das Leben wirkt, ist das Feuer. Doch zusammen mit dem Wetter, dem Boden, der Topographie und der Tierwelt bilden natürliche Brände einen Teil der Waldökologie vieler Gebiete. Sie helfen mit bei der Festlegung, welche Bäume in einem bestimmten Gebiet wachsen können. Viele Arten schnellwüchsiger, doch kurzlebiger Bäume sind spezialisierte Pioniere auf von Bränden heimgesuchten oder frisch abgeholzten Flächen. Ein Beispiel dafür ist die Zitterpappelverwandte *Populus tremuloides*, der am weitesten verbreitete Baum Nordamerikas.[25] Die Zapfen der Bankskiefer öffnen sich nur, wenn sie von einem Waldbrand erhitzt wurden, denn die Sämlinge nutzen nach dem Waldbrand einen Vorteil: offenes Gebiet mit

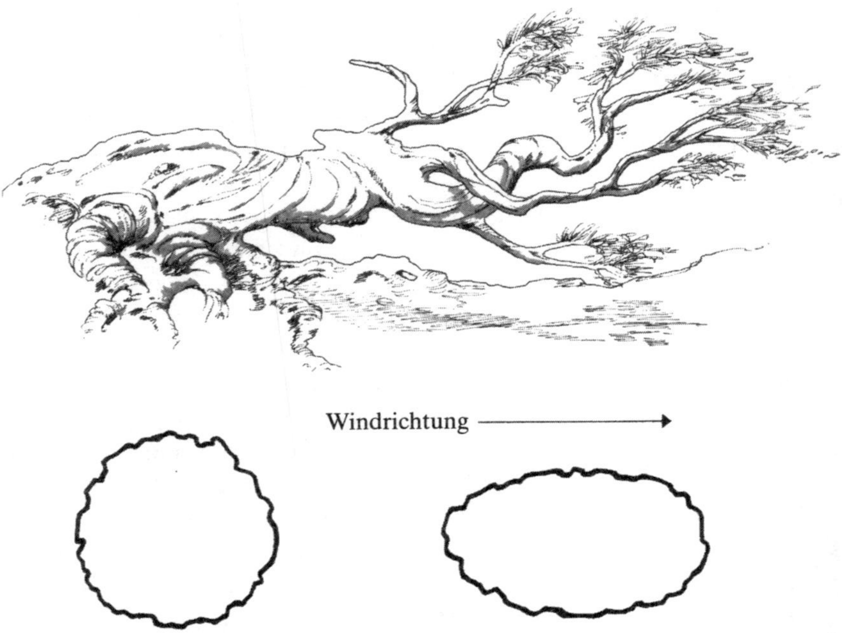

Abbildung 5.2. Das Leben arbeitet mit der Umwelt zusammen und nicht gegen sie. Wenn ein Baum beispielsweise dauernd den Winden aus einer Richtung ausgesetzt ist, setzt er mehr Holz längs der Windrichtung an. Das führt schließlich zu einem elliptischen Stamm (Querschnitt rechts), der den Winddruck auf den Baum verringert. Im Querschnitt links ist das normale Wachstum ohne Winddruck dargestellt. Wo dauernd kräftige Winde wehen, kämpfen die Bäume nicht gegen sie, sondern schmiegen sich einfach dem Boden an und wachsen horizontal (oben).

mineralischem Boden und gleichzeitig fruchtbare Asche. Der Förster Charles F. Cooper weist darauf hin, daß «eigens gelegte Brände ein heute überall akzeptiertes Mittel der Waldpflege in den Sumpfkiefernwäldern der südöstlichen Staaten geworden sind».[26] Er erklärt, daß periodische kleine Brände die Ansammlung von zuviel Streu und damit katastrophale Brände verhindern, denen sonst ganze Waldbestände zum Opfer fallen würden. Feuer dünnt auch Bestände von Jungbäumen aus. Begrenzte Waldbrände sind wichtig, damit sich die Douglastanne und die Gelbkiefer etablieren können.[27]

Trotz der Extreme von Hitze, Kälte, Trockenheit und Feuer gibt es Lebewesen an allen, auch den unwahrscheinlichsten Standorten. Gewisse Mikroben gedeihen in Schwefelsäure; einige Algen wachsen in 60° C warmem Wasser, andere bei −60° C. Doch niemals sehen wir, daß Lebewesen gegen ihre Umwelt kämpfen. Die Natur löst die Probleme des Lebens nicht durch rohe Gewalt – das wäre unnötig und verrückt –, sondern durch ihren Einfallsreichtum im Hinblick auf Strukturen, Stoffwechsel und Verhalten. Erinnern wir uns an den Bären, der schläft, anstatt gegen den Winter anzukämpfen. Erinnern wir uns an den Baum, der eher mit dem Wind als gegen ihn wächst. Erinnern wir uns an die Meise, die ihren Thermostaten herunterdreht, anstatt im Kampf gegen die Kälte Energien zu vergeuden. Das Motto der Natur lautet: «Work smarter, not harder.»

Effizienz und Ökonomie in der Natur

Kein Lebewesen steht in Widerspruch zu seinem Lebensraum. Ganz im Gegenteil, jedes Lebewesen ist auf wunderbare Weise an seine Umwelt angepaßt. Die Anstrengungen dabei sind nicht maximal, sondern so minimal wie möglich, da jede Pflanze und jedes Tier so hervorragend geplant ist. Die Vollkommenheit der organischen Form sieht man an ihrem sparsamen Materialgebrauch beim Aufbau von Strukturen, die mit dem geringsten Aufwand die geforderte Leistung erbringen.

Die Regel der Materialeinsparung erkennt man gut an den hohlen Knochen von Tieren. Hier nutzt die Natur jenes Prinzip der Physik und der Ingenieurskunst, das besagt, daß hohle Stützen genauso widerstandsfähig sind wie massive. Demselben Prinzip begegnen wir bei hohlen Pflanzenstengeln. Ein Strohhalm beispielsweise kann einer großen vertikalen Belastung ausgesetzt werden, ohne daß er zusammenbricht. Eine seitliche Belastung dagegen hält er weniger gut aus. Massive Stützen wären jedoch noch weniger belastbar, da sie ihr eigenes Extragewicht mittragen müßten (siehe Abbildung 5.3). Gewisse Säuger haben hohle Haare, die mehr Luft für eine bessere Isolation aufnehmen können. Wenn ein Problem mit weniger Aufwand gelöst werden kann, dann spart die Natur Material.

Die Sechseckform der Honigwabe ist ein weiteres vertrautes Beispiel für den ökonomischen Umgang der Natur mit Materialien. Tributsch schreibt darüber: «Ihre sechseckige Form bietet den größtmöglichen Innenraum für die Brut bei geringstem Materialaufwand und fehlenden nutzlosen Zwischenräumen. Man kann sich vorstellen, daß die sechseckigen Bienenwaben dadurch entstanden sind, daß zylindrische Zellen gegeneinandergedrückt wurden und ihre sechs Berührungsflächen auf gleiche Materialdicke angeglichen wurden. Bemerkenswerterweise ist die geometrische Formgebung auch an der Basis ideal, wo sich zwei Wabenschichten zu einer Doppelwabe vereinigen. Auch dort wurde Material gespart. Das Ergebnis ist ein Wabenboden, der aus drei rhombischen Flächen besteht. Jede dieser drei rhombischen Flächen stellt eine gemeinsame Wand zwischen je einer Wabe der einen und der anderen Seite dar, so daß das Zellmuster an beiden Flächen gegeneinander verschoben ist. Die Bienenwaben können, weil Tiere sie bauen, natürlich keine mathematisch exakten Gebilde sein. Die erreichten Genauigkeiten sind aber immerhin verblüffend:

Die Zellwände werden nur mit zwei Prozent Abweichung 73 Tausendstel Millimeter dick gebaut. Der Durchmesser der Waben beträgt 5,5 Millimeter mit nur fünf Prozent Abweichung. Gegen die Horizontallage sind die Zellen um 13 Grad geneigt. Menschen würden für solche Genauigkeiten ziemlich präzise Meßin-

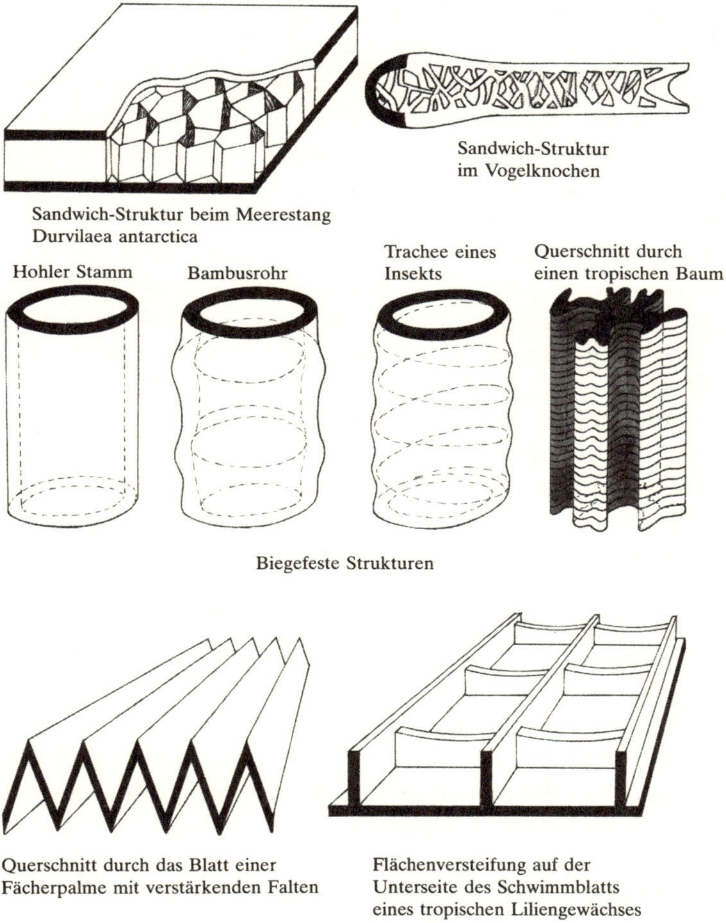

Abbildung 5.3. Allen Elementen zur Verstärkung von Strukturen, die von Ingenieuren verwendet werden, begegnet man auch in der Natur. Die Anwendung dieser Prinzipien führt zu lebenden Strukturen mit einer maximalen Widerstandskraft bei geringstmöglichem Materialaufwand (aus Tributsch).

strumente benötigen. Bei den Bienen übernehmen die Fühler diese Funktion.»[28]

Man kann mit mathematischen Methoden zeigen, daß das Sechseck jene zweidimensionale Figur mit dem größtmöglichen Inhalt darstellt, die man noch lückenlos zu einem Muster anordnen kann. Deswegen ist das sechseckige Prisma die effizienteste Möglichkeit für Honigwaben: Es liefert das größtmögliche Volumen bei geringstem Wachsverbrauch (und damit natürlich auch geringstem Arbeitsaufwand). Die Mathematik kann erklären, warum das Sechseck die effizienteste Form darstellt, aber die Mathematiker können nicht sagen, warum diese Form *in der Natur vorkommt*. Wir müssen den Erkenntnissen der Mathematik das Postulat hinzufügen, daß die Natur, vor allem im Hinblick auf Lebewesen, stets zur effizientesten Form tendiert.

Wenn die unbelebte Natur kein besonders effizientes Material für Spezialzwecke zur Verfügung stellen kann, so erfindet die Natur eines. Jedesmal, wenn ein Knochen von einer Seite einem Zug ausgesetzt ist, wird er gleichzeitig auf der anderen Seite zusammengedrückt. Das Material, aus dem der Knochen besteht, entspricht dieser Belastung in vollkommener Weise: Anders als bei vom Menschen hergestellten Werkstoffen ist seine Zugfestigkeit gleich seiner Druckfestigkeit. Der große Morphologe und Anatom D'Arcy Thompson bemerkt dazu: «Vom Standpunkt eines Ingenieurs aus betrachtet, mag ein Knochen ziemlich schwach erscheinen. Aber er hat den großen Vorteil, daß er als Bindeglied ebenso brauchbar ist wie als Strebe, fast ebenso gut dem Brechen oder Auseinanderreißen widersteht wie dem Zerdrücktwerden.» Und er fügt hinzu: «Es herrscht eine große Ökonomie in jedem Material, das, soweit es möglich ist, beiden Belastungsarten gleich gut widersteht. Und so sehen wir, daß vom Standpunkt des Ingenieurs und des Bauherrn aus, der Knochen ein gutes und geeignetes Material für Konstruktionszwecke darstellt.»[29]

Ein weiteres Beispiel für ein Material mit bemerkenswerten Eigenschaften ist die Spinnenseide. Sie muß so dünn sein, daß ein fliegendes Insekt sie erst dann wahrnimmt, wenn es ohnehin schon zu spät ist, aber auch stark genug, um das einmal gefangene Insekt festzuhalten. Spinnenseide (7,8 Gramm/Denier) ist mehr als doppelt so zäh wie Stahl, und die Elastizität ist um 9 Prozent höher als die von Nylon.[30] Wenn also in der unbelebtenWelt kein genügend effizientes Material vorhanden ist, so stellen die Lebewesen selber eine Substanz her, die unseren künstlichen Werkstoffen oft überlegen ist.

Lebewesen bestehen aus außergewöhnlichen Materialien, die bemerkenswert effiziente Strukturen annehmen. Dies garantiert, daß der lebendige Körper mit einem Minimum an Energieaufwand hervorgebracht, unterhalten und in Gang gesetzt werden kann. Das ist das Prinzip des geringsten Aufwandes. Wir finden es auf allen Ebenen, beginnend mit der Zelle, die ihr eigener Werkzeugmacher, Troubleshooter (Störungssucher) und Konstrukteur ist. Wie effizient ist der Zellstoffwechsel? Mit welchem Wirkungsgrad beispielsweise entziehen die Zellen unseres Körpers die Energie den Zuckermolekülen? Man hat dies aufgrund einer Messung der Energie berechnet, die bei der Oxidation während der Hydrolyse von ATP in intakten roten Blutkörperchen frei wurde. Es ergab sich ein Wirkungsgrad von 72 Prozent, der bei weitem die 25 bis 30 Prozent Wirkungsgrad von Verbrennungsmotoren übertrifft.[31] Ferner bemerkt Tributsch: «Der Photosyntheseprozeß besitzt mit nahezu 100 Prozent Quantenausbeute eine optimale Wirksamkeit. Das zu erreichen, war nur durch eine raffinierte strukturelle Organisation der Materie möglich.»[32] Obwohl die Photosynthese nur zwei Prozent der eingestrahlten Sonnenenergie nutzt, macht sie daraus doch das Beste. Der Molekularbiologe George Wald weist darauf hin, daß Chlorophyll «eine Kombination von drei Fähigkeiten aufweist: eine hohe Aufnahmekapazität für Licht, eine inerte Struktur, die es erlaubt, die Energie zu speichern und auf andere Moleküle zu übertragen, und eine reaktive Stelle, an der die Übertragung des Wasserstoffs stattfinden kann».[33] Deswegen ist das Chlorophyll ein unvergleichlicher Wirkstoff, das effektivste photosynthetische Molekül, das man sich denken kann. Enzyme, die maßgeschneiderte Katalysatoren der Zelle, sind viel effizienter als ihre anorganischen Verwandten. Die Katalase beispielsweise bewirkt, daß Wasserstoffperoxid einemillionmal schneller zerfällt, als wenn kein Katalysator vorhanden wäre. Eisen beschleunigt diesen Zerfall nur um das Hundertfache. «Ohne Enzyme würde kaum eine der schnellen Reaktionen in der Zelle während der Zeitspanne eines menschlichen Lebens auch nur zu einem meßbaren Grad vonstatten gehen.»[34]

Für das Naturgesetz der Effizienz findet man überall in der belebten Welt Beispiele. Aufgrund ihrer besonderen Struktur und Gewohnheiten bewegen sich Tiere mit dem geringstmöglichen Energieaufwand. Die Vögel beispielsweise, angefangen vom Kolibri bis zum Albatros, fliegen mit der geringstmöglichen Geschwindigkeit, bei der der Flug überhaupt aufrechterhalten werden kann. Besondere Einrichtungen reduzieren weiterhin die Energie, die nötig ist, um zu fliegen. Der Sperber trägt an der Vorderkante des Flügels eine besondere Feder, die Luftturbulenzen während des langsamen Fluges reduziert. Moderne Flugzeuge verwenden eine ähnliche Einrichtung (siehe Abbildung 5.4). Die Vögel haben hohle Knochen, um Gewicht zu sparen. Die Knochen eines Fregattvogels wiegen weniger als seine Federn. Die Vögel eliminieren alles überschüssige Gepäck: «Um ihr Gewicht möglichst niedrig und die Federn trocken zu halten, verzichten sie auf den Luxus von Schweißdrüsen», schreibt der Zoologe Carl Welty. «Sie haben sogar ihre Fortpflanzungsorgane auf ein Minimum reduziert. Das Weibchen hat nur einen Eierstock, und außerhalb der Brutzeit bilden sich die männlichen wie die weiblichen Geschlechtsorgane zurück. T. H. Bissonette, der bekannte Erforscher der Vögel und ihrer Photoperiodizität, fand heraus, daß die Organe bei Staren während der Brutzeit 1500mal soviel wiegen wie während der übrigen Zeit des Jahres.»[36] Meeresvögel, Greifvögel und Zugvögel nutzen aufsteigende Luftströmungen, um sich mit einem Minimalaufwand an Energie hoch in den Himmel heben zu lassen. Gänse und andere Zugvögel fliegen in einer V-Formation, die allen Individuen, mit Ausnahme des Anführers, erlaubt, den leichten Auftrieb hinter dem Vordermann auszunutzen. «Die Flugformationen von Vögeln steigern die aerodynamische Effizienz. In der Theorie erhöht sich die Reichweite von 25 Vögeln um ungefähr 70 Prozent im Vergleich zu einem Einzeltier ... Und

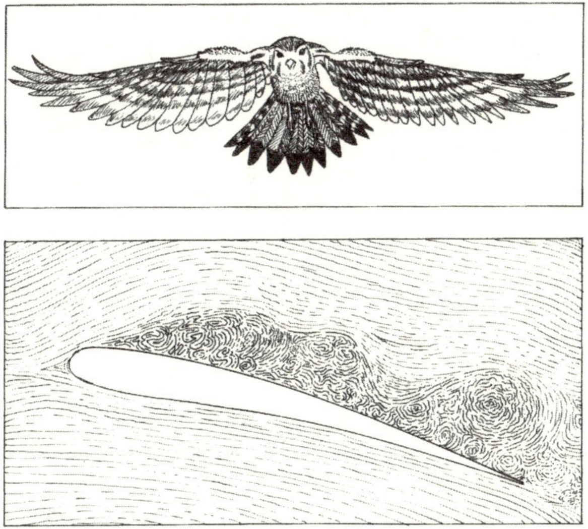

Turbulenzen am Vogelflügel ohne Daumenfittich

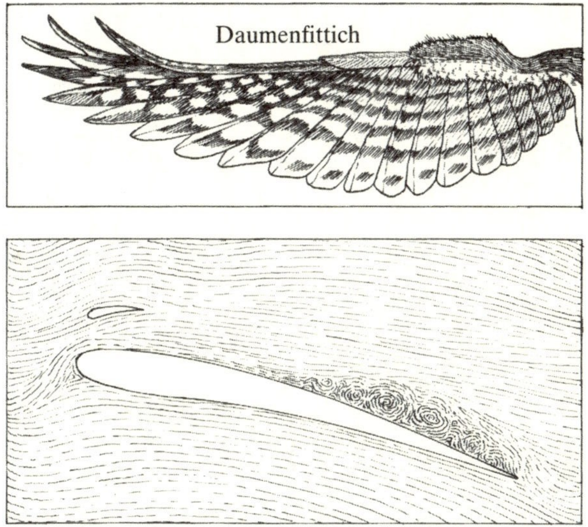

Reduzierte Luftturbulenzen mit Daumenfittich oder mit Vorflügel

Abbildung 5.4. Der Daumenfittich (Alula) beim Sperberflügel reduziert die Luftturbulenzen auf ein Minimum. Dies verhindert, daß die Strömung beim langsamen Flug abreißt. Heutige Flugzeuge verwenden zu diesem Zweck Vorflügel, die am Vorderende der Tragflächen ausgefahren werden.

im Gegensatz zu anderen Feststellungen nimmt der führende Vogel nicht notwendigerweise die anstrengendste Position ein.»[37] Vögel vergeuden keine Energie.

Andere Tiere haben ähnlich günstige Strukturen in ihrem Körper eingebaut. Der Aerodynamiker Mohamed Gad-el-Hak stellte fest, daß «einige Insekten Flugstrukturen aufweisen, die besser sind als alles, was wir auf dem Gebiet der Flugzeugtechnik kennen».[38] Durch Anwendung einfacher hydrodynamischer Prinzipien konnte Egbert G. Leigh vom Smithsonian Tropical Research Institute zeigen, daß Schwämme die effizienteste Form für ihre Art des Nahrungserwerbs aufweisen.[39] Wenn das Fesselgelenk des Pferdes sich beim Auftreffen des Hufes auf den Boden biegt, wird eine elastische Sehne gestreckt. Sobald der Huf den Boden verläßt, zieht die Sehne das Gelenk wieder in gerade Stellung und erteilt dem Fuß gleichzeitig «Befehl» zu einer Aufwärtsbewegung. Dies alles wird von der Elastizität einer Sehne besorgt und erfordert keine Muskelarbeit. Dasselbe geschieht bei anderen Huftieren. Verschiedene Tiere zeigen auch unterschiedliche Übersetzungsverhältnisse, wenn man die Ansatzstellen der Muskeln an den Knochen betrachtet. Der Zoologe Milton Hildebrand: «Schnelle Läufer haben nicht nur längere Beine, sondern die entsprechenden Muskeln sind auch näher am Drehpunkt der Bewegung an den Knochen befestigt. Ihre Muskeln arbeiten mit großer Übersetzung und haben, mit anderen Worten, kurze Hebelarme. Die Anatomie langsam gehender Tiere zeigt im Vergleich dazu beträchtlich niedrigere Übersetzungen; bei schwimmenden und grabenden Tieren sind sie noch niedriger.»[40] Einige Tiere haben die Fähigkeit, je nach Bedarf, die Übersetzung zu wechseln. Genau wie bei Automobilen und anderen Maschinen hilft diese Gangschaltung Brennstoff sparen.

Die Effizienz der Natur ist oft erstaunlich. Welty nennt als Beispiel die Zahl der zurückgelegten Kilometer pro Brennstoffeinheit beim Goldregenpfeifer: «Im Herbst frißt der Regenpfeifer sehr viele Gagelstrauchbeeren in Labrador und legt sich dabei eine Fettschicht zu. Dann fliegt er quer über den offenen Ozean nonstop 3800 Kilometer weit nach Südamerika. Bei der Ankunft wiegt er ungefähr 50 Gramm weniger als beim Abflug. Die Energiemenge entspräche einem 32 Kilometer weiten Flug eines 450 Kilogramm schweren Flugzeugs mit einem Verbrauch von 0,6 Liter Benzin anstatt der üblichen 4 Liter. Der Mensch muß sich noch einiges einfallen lassen, um an eine solche Effizienz auch nur heranzukommen.»[41]

Wasser enthält normalerweise nur ungefähr 0,05 Prozent gelösten Sauerstoff. Dies bedeutet, daß die Fischkiemen außergewöhnlich effizient sein müssen. Dank dem Gegenstromprinzip können die Kiemen eines Fischs dem durchströmenden Wasser bis zu 90 Prozent des Sauerstoffs entziehen.[42]

Die Natur hat die nötige Ausrüstung der Tiere und Pflanzen so genau abgestimmt, daß man kaum etwas verbessern kann, ohne irgend etwas anderes zu gefährden. Der Genetiker Richard Lewontin meint, daß längere Beine für das Zebra nicht unbedingt von Nutzen sein würden: «Ein längerer Knochen kann leichter brechen oder während der Entwicklung mehr Ressourcen und Stoffwechselenergie für die Herstellung und nachher für den Unterhalt benötigen oder die Effizienz der daran befestigten Muskeln verändern.»[43]

Es kommt oft vor, daß eine Form größtmöglicher Effizienz, die von Mathematikern oder Ingenieuren entdeckt wurde, später bei Tieren oder Pflanzen gefunden wird. Auch dies ist ein Zeichen für die Effizienz der Natur. Die Topologie beispielsweise kann uns zeigen, daß die wirkungsvollste Art der Anordnung von Venen und Arterien für einen maximalen Oberflächentransport entweder in einem schachbrettähnlichen Muster mit Vierecken oder einem Muster mit Sechsecken und Dreiecken an den offenen Ecken besteht. Das Mikroskop enthüllt genau diese beiden Muster bei der Schwimmblase von Tiefseefischen.[44]

Die Ökonomie und die Effizienz der Natur sind beide führende Prinzipien für den Biologen, wenn er irgendeinen Mechanismus untersuchen will. Thompson erklärt: «Daß dieser Mechanismus der bestmögliche unter allen Umständen dieses Falles, daß die Arbeit mit einem Maximum an Effizienz und einem Minimum an Aufwand geleistet wird, mag zwar nicht immer in der Reichweite unserer Beweisfähigkeit in quantitativer Hinsicht liegen. Doch der Glaube daran, daß dem so ist, stellt einen Teil unseres gemeinsamen Glaubens an die Perfektion der Naturschöpfung dar. Alle Erfahrungen und der Instinkt sagen dem Physiologen, daß dies wahr ist. Er verwendet es als Postulat oder *methodus inveniendi* (Methode der Entdeckung), und sie führt ihn nicht in die Irre.»[45] Die Effizienz, so meint Thompson implizit, muß im Hinblick auf Anforderungen und Leben der Organismen definiert werden. Für die Natur käme es einer Verschwendung gleich, wollte sie einer Pflanze oder einem Tier eine leistungsfähigere Struktur verleihen als die gerade benötigte. Säugetiere haben deswegen nicht die außergewöhnlich effizienten Lungen der Vögel, weil sie sie nicht brauchen.

Auf jeden Fall schickt uns die Natur wieder zurück auf die Schulbank. Das größte Schiff der fünfziger Jahre des vergangenen Jahrhunderts war die Great Eastern, ein großer Ozeandampfer mit Eisenrumpf. Obwohl sie mit Radschaufeln, einer Schiffsschraube mit Hilfssegeln ausgerüstet war, konnte sie nicht gewinnbringend eingesetzt werden, weil sie zu langsam fuhr. Die Form ihres Rumpfes war weitgehend aufs Geratewohl geplant worden, was zur Folge hatte, daß sie bei Fahrt zuviel Wasser bewegte, so daß an ein effizientes Fortkommen nicht zu denken war. Als Ergebnis dieses Irrtums der Ingenieure und durch spätere Experimente entdeckte man die physikalischen Gesetzmäßigkeiten von Wellenbewegung, Wasserwiderstand und Entstehung von Turbulenzen aufgrund verschiedener Formen, die man durchs Wasser zog.[46] Erst damals konnte der Mensch richtig schätzen lernen, wie die Fische stets den Regeln der effizientesten Form gehorchen (siehe Abbildung 5.5). Man findet unter den Lebewesen kein solches Fiasko, wie es die Great Eastern darstellte.

Ein weiteres Zeugnis für die Vollkommenheit organischer Formen stammt aus der prothetischen Medizin. Der Biophysiker Keith Copeland bemerkt: «Die Versuche, normale Körperfunktionen mit Hilfe künstlicher Vorrichtungen zu ersetzen, zu simulieren oder zu ergänzen, sind bestenfalls grob und unvollständig. Kein vom Menschen geschaffenes System hat jemals die Eleganz einer

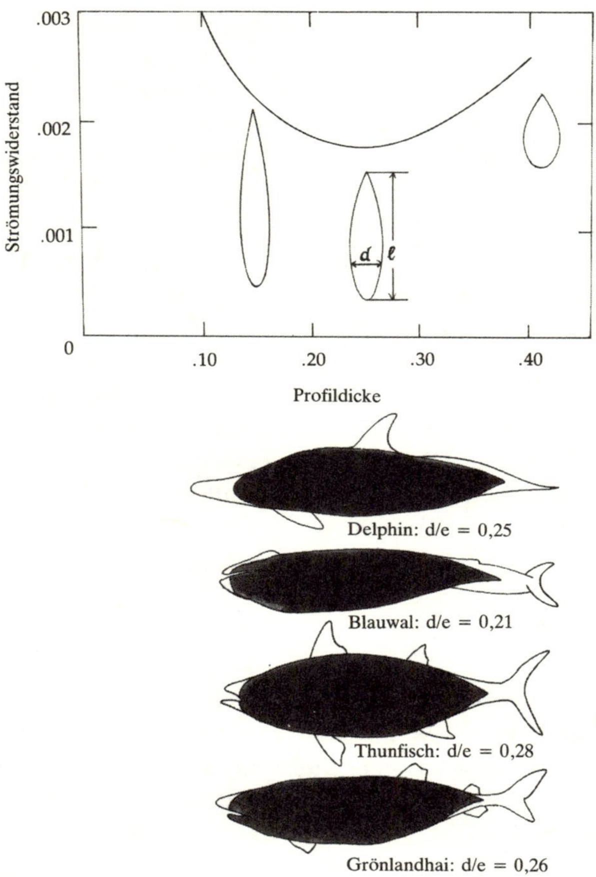

Abbildung 5.5. Laborversuche haben gezeigt, daß ein Körper mit einem Längen-Breiten-Verhältnis von 0,25 mit geringster Anstrengung durch das Wasser zu bewegen ist. Ein kürzerer und damit etwas plumperer Körper erzeugt zu viele Turbulenzen und vergeudet dadurch Energie. Ein längerer und schmalerer Körper muß zuviel Oberflächenreibung mit dem Wasser überwinden. Die Profile schnell schwimmender Fische und Säugetiere zeigen ein Längen-Höhen-Verhältnis von nahezu 0,25, wie man aus ihren Silhouetten sehen kann. Ihr Design führt also nicht zum Kampf, sondern hat einen geringstmöglichen Energieaufwand bei der Bewegung im Wasser zur Folge (nach McMahon und Bonner).

Aufwärtsbewegung des Kopfes oder einer Bewegung des Handgelenks, die Subtilität des Lächelns oder die Modulationsfähigkeit der menschlichen Stimme erfaßt oder reproduziert. Selbst mit den modernsten Methoden der Mikroelektronik gelingt es uns nicht, mit vergleichbarer ‹Knappheit› jene Körperfunktionen zu imitieren, die wegen eines angeborenen Defekts fehlen oder die durch Verletzungen, Krankheit oder hohes Alter verlorengingen.»[47] Der Prototyp des künstlichen Herzens beispielsweise wird, nach fünfundzwanzig Jahren Forschung, die sieben Millionen Dollar kosteten, von einem 170 Kilogramm schweren Luftkompressor angetrieben. Selbst zukünftige Modelle, von denen jedes vielleicht 20 000 Dollar kosten wird, brauchen eine separate Energieversorgung, sind sperrig und geradezu unbeholfen im Vergleich zum «Modell» der Natur. Es wird ihnen, im Gegensatz zum natürlichen Herzen auch nicht gelingen, die sich ständig ändernden Durchblutungsbedürfnisse des Körpers zu erfüllen.

Die Schönheit der Natur

Die Beispiele ließen sich ins Unendliche fortsetzen, doch sollte schon klargeworden sein, daß die Natur eine weise und wirtschaftliche Konstrukteurin ist, eine Meisterin der Ingenieurkunst. Die organische Form besitzt aber mehr als Effizienz. Es liegt auch eine große Schönheit in den Lebewesen. Aber weil einige Biologen den Akzent fast ausschließlich auf Konkurrenz und Kampf legen, neigen sie dazu, die Schönheit als wissenschaftlich bedeutungslos einzustufen. Damit befinden sie sich nicht auf der Höhe der modernen Physik. Werner Heisenberg erklärt, daß die Schönheit «in der exakten Naturwissenschaft ebenso wie in den Künsten die wichtigste Quelle des Leuchtens und der Klarheit ist».[48] Und die berühmtesten Physiker des 20. Jahrhunderts sind sich alle darin einig, daß Schönheit die primäre Richtschnur für wissenschaftliche Wahrheit ist. Das gilt ebenso für die Biologie wie für die Physik. James Watson erwähnt in seinem Buch *Die Doppel-Helix*, daß der Gedanke an die Schönheit die Entdeckung der DNS-Struktur leitete.[49] Und im Hinblick auf seine genetischen Untersuchungen sagt Matthew Scott: «Was uns bei der Stange hält, ist das erfreuliche Gefühl, über etwas zu arbeiten, das auf einer grundlegenden Ebene außerordentlich schön ist.»[50]

Die Welt des Lebendigen umfaßt viele unterschiedliche Arten des Schönen: nicht nur elegante Formen und leuchtende Farben, die das Auge erfreuen, sondern auch eine raffinierte Harmonie, die dem Geist Vergnügen bereitet. Der Physiker David Bohm bemerkt dazu: «Fast alles, was wir in der Natur vorfinden, offenbart eine gewisse Form von Schönheit sowohl in der unmittelbaren Wahrnehmung wie bei der intellektuellen Analyse.»[51] Der Flug eines Vogels besitzt nicht nur eine dem Auge wahrnehmbare Anmut, sondern auch eine intellektuelle Schönheit in der Analyse des Biophysikers und des Anatomen. D'Arcy Thompson beispielsweise ruft aus: «Auf dem ganzen mechanischen Gebiet der Anatomie kann es nichts Schöneres geben als den Bau des Mittelhandknochens eines Geiers ... Der Ingenieur sieht in ihm einen perfekten Gitterträger, wie er oft für einen Hauptspant in einem Flugzeug verwendet wird. Doch nicht nur das, der Knochen ist besser als der Gitterträger, denn der Ingenieur muß sich damit begnügen, seine V-förmigen Verstrebungen alle in einer Ebene anzuordnen, während sie im Knochen mit sofort einleuchtendem und unnachahmlichem Vorteil zu einer dreidimensionalen Konfiguration verschmolzen sind.»[52] Und Elliott Coues, ein Ornithologe des 19. Jahrhunderts, nannte den wundervoll gestalteten Vogelschädel ein «Gedicht in Knochen».[53]

Die Schönheit der Lebewesen kann nicht auf das Konto von Darwins Hypothese der geschlechtlichen Zuchtwahl gehen, vor allem dann nicht, wenn, wie Kirk uns berichtet, der Verteidiger eines Territoriums «im allgemeinen erfolgreich den Eindringling vertreibt, ungeachtet der Unterschiede in der Größe, der Stärke und der Entwicklung spezialisierter Strukturen, die für das Aggressionsverhalten eine Rolle spielen».[54] Der Biologe John M. Smith meint, Darwins Hypothese der geschlechtlichen Zuchtwahl sei allgemein aufgegeben worden, da man sie nicht beweisen könne.[55]

Nicht alle Organismen weisen dieselbe Art von Schönheit auf. Einige zeigen einen einfachen Charme, andere wiederum sind aufwendig geschmückt; einige erfreuen das Auge durch ihre offensichtliche Schlichtheit, andere überwältigen geradezu durch die Pracht ihrer Farben. Als man um die Jahrhundertwende Dr. Bowdler Sharpe, dem Kustos der Vogelabteilung im British Museum, das erste Exemplar eines ungewöhnlich prächtigen Paradiesvogels zeigte, «weigerte er sich zu glauben, es sei kein menschliches Artefakt»![56] Die Jungtiere und die Erwachsenen derselben Tierart sind oft schön auf ganz unterschiedliche Weise: Die Jungtiere bezaubern uns mit ihrer niedlichen Art, die Alttiere erwekken unsere Bewunderung durch ihre Noblesse. Der Naturforscher Joseph Krutch meint, von Insekten könne man zwar kaum behaupten, sie besäßen eine homerische Statur, von Löwen und Rothirschen dagegen sehr wohl.[57] Der Biologe John Muir zollt dem Dickhornschaf der Rocky Mountains seinen Tribut mit folgender Charakterisierung: «Es besitzt ein scharfes Auge, eine gute Nase und starke Gliedmaßen, es bewegt sich sicher zwischen den erhabensten Bergspitzen, springt unbeschadet von Klippe zu Klippe, hinauf und hinunter angesichts schwindelnder Abgründe, überquert schäumende Bergbäche und gefrorene Schneehänge, ist den wildesten Stürmen ausgesetzt und behält dabei doch stets seine rechtschaffene warme Schönheit.»[58]

Die Schönheit der organischen Welt ist für alle sichtbar, auch für Laien. Der Baumliebhaber Hugh Johnson beginnt sein Buch über Bäume mit folgender Ermahnung: «Man kann jahrelang jeden Morgen an einer 20 Meter hohen Schönheit vorbeigehen, ohne sie jemals wahrzunehmen. Mir ist das passiert. Oder man kann die Augen öffnen, mit dem Blick dem Muster der Zweige folgen, die Gründe und Ursprünge entdecken und in jedem Baum, an jeder Straße unendlich viel Freude finden.» Und er fügt hinzu: «Ich bin weder Botaniker noch Förster, nicht einmal Gärtner (außer in meinem eigenen Garten), sondern ein Autor, der in Bäumen einen neuen Berührungspunkt mit der Schöpfung gefunden hat, eine Quelle des Staunens und der Befriedigung.»[59]

Auch der Fachmann wird von der Schönheit der Natur bewegt.

Sinnott betrachtet sie weder als trivial noch als zufällig: «Vielfalt und Verbreitung der Schönheit in Form von Lauten und Formen und Farben... sind bei den Hervorbringungen des Lebens viel größer als anderswo. Schönheit ist die wahre Essenz des Lebens. Sie stellt einen der dauernden und unzerstörbaren Teile der Natur dar.»[60] Der Zoologe Adolf Portmann, der die ornamentale und ästhetische Morphologie der Tiere intensiv studiert hat, zeigt, daß die Natur sich ebensoviel Mühe gibt mit dem Äußeren der Tiere wie mit den inneren Mechanismen. Es ist eine Freude, das Fell eines Säugers zu betrachten, ein Fest für das Auge, sagt er, und meint dann, daß diese Schönheit nicht wegerklärt oder auf ihren Überlebenswert reduziert werden kann: «Gebilde wie die Federn und der Pelz sind in den feinsten Einzelheiten ihrer Struktur nur zu verstehen, wenn wir annehmen, daß dieses Äußere nicht allein den als notwendig verständlichen Leistungen für die Erhaltung dient (wie Wärmeschutz, mechanischer Schutz, Verhindern des Verdunstens, Sinnesfunktionen), sondern noch ganz besonders für anschauende Augen gebaut ist. Es erscheint vielleicht zunächst gar leichtfertig, den Hautgebilden einen solchen Sinn zu geben. Wir sind so sehr gewöhnt, bei der Betrachtung des Tiers währschaftere Arten von Nützlichkeit der Glieder hervorzuheben. Und doch müssen wir uns daran gewöhnen, vieles in der Erscheinung höherer Tiere als ‹Augenweide› aufzufassen, wie unsere Sprache es so liebevoll seit ältester Zeit schon getan hat: als Gebilde ‹zum Anschauen›.»

Nur die sichtbaren Federn von Vögeln tragen das charakteristische Muster oder die schimmernden Farben der betreffenden Art, meint er, nicht die verborgenen unteren Federn. Im Gegensatz dazu sind die Formen der inneren Organe verwandter Tiere «alle sehr monoton» und außerordentlich schwer zu unterscheiden: «Löwe und Tiger. Wer als Kind die beiden Katzenarten im zoologischen Garten gesehen hat, wird sie nie mehr in seinem Leben verwechseln. Arg verlegen wäre er aber, wenn er nur auf Grund des Magens, der Leber urteilen müßte, die gar keine einwandfreien Kennzeichen tragen. Ja nicht einmal das Skelett zeigt solche. Natürlich gibt es auch im Innern des Körpers Artunterschiede. Aber es braucht schon sehr viel Mühe und Kenntnisse, um diese Abweichungen der Proportionen und Formen zu erfassen – und noch viel mehr Anstrengung ist nötig, um solche Unterschiede im Gedächtnis fest einzuprägen.»[61]

Darwin hielt die Schönheit für ein subjektives Gefühl: «Dazu möchte ich vor allem bemerken, daß der Begriff der Schönheit doch offenbar vom Menschen ausgeht, ohne Rücksicht auf die wirklichen Eigenschaften des bewunderten Gegenstandes.»[62] Wäre dies wahr, so könnte die Schönheit kaum jener Leitstern sein, den sie für die Physiker darstellt. In der Tat ist die Schönheit der Hauptgrund dafür, daß die besten Mathematiker sich mit Mathematik und die besten Physiker sich mit Physik beschäftigen. Poincaré schreibt: «Der Wissenschaftler studiert nicht die Natur, weil man daraus einen Nutzen ziehen kann. Er studiert sie, weil er Vergnügen an ihr hat. Und er findet sein Vergnügen in ihr, weil sie wundervoll ist. Wäre die Natur nicht wundervoll, so wäre es nicht wert, etwas über sie zu wissen und das Leben wäre nicht lebenswert.»[63] Doch Darwin war ein viel zu bedeutender Wissenschaftler, als daß er dies nicht in der Praxis, wenn nicht sogar in der Theorie, erkannt hätte. Hören wir, wie er in seinem Reisetagebuch seinen ersten Tag in einem tropischen Regenwald beschreibt:

«Dieser Tag war bezaubernd; bezaubernd ist jedoch ein zu schwacher Ausdruck für die Empfindung eines solchen Vergnügens. Ich bin allein durch den brasilianischen Wald gewandert. Unter all den Eindrücken fällt es schwer zu sagen, was mich am meisten beeindruckt hat. Die allgemeine Üppigkeit der Vegetation trägt den Sieg davon, die Eleganz der Gräser, die Neuartigkeit der Parasitenpflanzen, die Schönheit der Blüten, das glänzende Grün des Laubes, alles aber kommt dem nahe. Eine höchst paradoxe Mischung zwischen Geräuschen und Stille durchdringt die schattigen Teile des Waldes ...» Und einen Tag später schreibt er: «Ich kann meinem Entzücken nur neue Hingerissenheit hinzufügen. Ich ging ... ein paar Meilen weit in das Landesinnere. Das Land besteht aus kleinen Hügeln, und jedes neue Tal ist schöner als das vorherige. Ich sammelte eine größere Anzahl leuchtendbunter Blumen, genug, um einen Blumenliebhaber verrückt werden zu lassen. Die brasilianische Landschaft ist nichts mehr oder weniger als ein Blick in Tausendundeine Nacht, mit dem Vorteil, daß sie wirklich ist.»[64] Die Schönheit erfreut nicht nur Männer und Frauen, sondern motiviert sie auch dazu, Wissenschaft zu betreiben, und führt sie dazu, jene Theorien zu entwickeln, die dem Naturgeschehen am ehesten entsprechen.

Die überwältigende Vielfalt ist ein Teil der Schönheit der Lebewesen. Die Mannigfaltigkeit des Lebens ist überraschend; die Abbildungen 5.6, 5.7 und 5.8 geben uns eine Vorstellung davon. Die vierzehn abgebildeten Fischarten stellen nur 1/1500 der gesamten Fischvielfalt dar. Und es gibt über dreizehnmal mehr Pflanzenarten als Fische. «Wie viele Arten von Lebewesen gibt es auf der Erde? Wir wissen es nicht, nicht einmal der Zahl nach», schreibt E. O. Wilson.[65] Nach intensiver Sammeltätigkeit in einem tropischen Regenwald im Jahr 1982 schätzte der Entomologe Terry Erwin, daß es wahrscheinlich allein ungefähr 30 Millionen Insektenarten gibt.[66] Unzählige Millionen von Pflanzen- und Tierarten schmücken unseren Planeten, jede mit ihrer eigenen Form, ihrer eigenen ökologischen Nische und ihrem eigenen Lebenszyklus. Das entspricht einer größeren Vielfalt als im gesamten nichtbelebten Universum zusammengenommen. Von diesen unbekannten Myriaden lebender Kreaturen wurden nur ungefähr 1,7 Millionen identifiziert und mit einem Namen versehen. «Jedes Jahr werden einige Zehntausend neue Arten gefunden und benannt!»[67] Die meisten der noch unbekannten Arten sind Insekten und Bakterien, doch entdecken Expeditionen regelmäßig auch neue Arten anderer Tierstämme. Im März 1985 brachte ein Team von mehr als 120 amerikanischen, britischen und venezolanischen Botanikern und Zoologen Dutzende unbekannter Pflanzen-, Reptilien- und Amphibienarten von Cerro de la Neblina zurück, einem derart isoliert gelegenen Berg im südlichen Venezuela, daß er bis 1953 unentdeckt blieb.[68] Noch überraschender war die Tatsache, daß Geologen 1977 eine große Vielfalt von Meereslebewesen entdeckten, die auf dem Boden des Pazifiks nahe vulkanischen Ausströmöffnungen völlig unabhängig von der Sonne leben. Das warme Wasser erlaubt die Existenz von Bakterien, die Schwefel

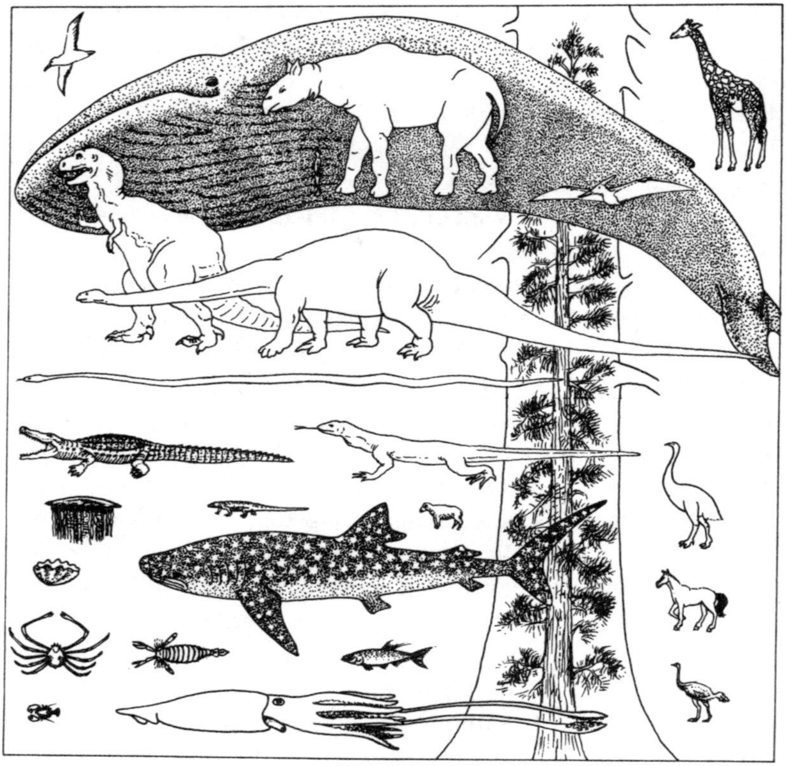

Abbildung 5.6. Die Vielfalt der Größen von Pflanzen und Tieren illustriert die erstaunliche Mannigfaltigkeit der Natur. Es werden hier einige der größten Arten in ihren jeweiligen Gruppen gezeigt. Eine 30 Meter hohe Lärche wird hier von der Silhouette eines Mammutbaumes überragt, dem größten aller Lebewesen. Alle Lebewesen sind im gleichen Maßstab dargestellt (nach Wells, Huxley und Wells).

verarbeiten. Sie sind die Grundnahrung für mehrere Gemeinschaften bisher unbekannter Arten: für riesige blutrote Röhrenwürmer, für weiße Krabben aus einer bisher unbekannten Familie, für Muscheln mit bizarr rotgefärbtem Fleisch aufgrund einer hohen Hämoglobinkonzentration, für einen neuen löwenzahnartigen Spritzwurm, für neue Napfschnecken, Wellhornschnecken, Seepocken und Egel. «Für die Meeresbiologen sind die Gesellschaften um solche Ausströmöffnungen ebenso merkwürdig wie ein verlorenes

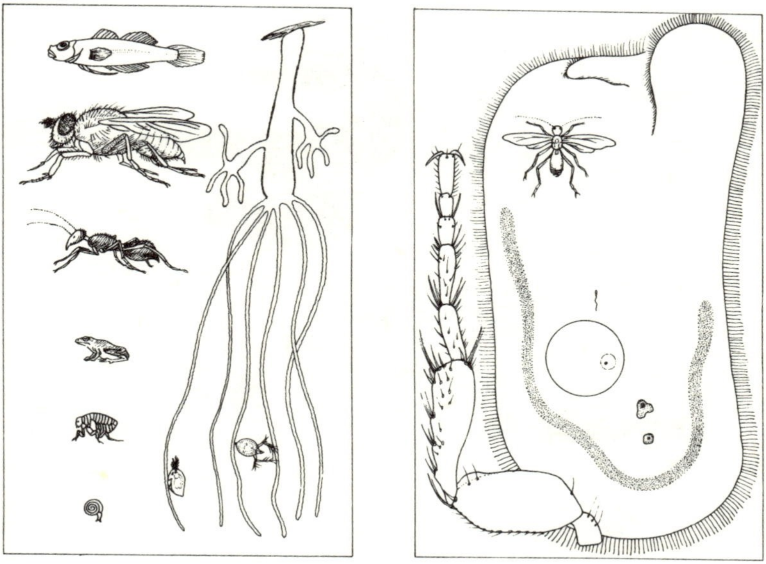

Abbildung 5.7. Die Natur zeigt eine überraschende Mannigfaltigkeit auch in kleinen Größenmaßstäben. Das Bild links zeigt einen erwachsenen tropischen Frosch, der kleiner ist als eine Stubenfliege. Auch ein Süßwasserpolyp mit gefangenen Wasserflöhen an den Tentakeln ist dargestellt. Im Bild rechts ist ein Bein der Stubenfliege wiedergegeben sowie das kleinste fliegende Insekt im Verhältnis zum größten Wimpertierchen. Es ist ungefähr so groß wie das menschliche Ei, das unter der winzigen länglichen Samenzelle zu erkennen ist (nach Wells, Huxley und Wells).

Abbildung 5.8. Diese vierzehn Fischarten stellen weniger als 1/1500 der gesamten Fischmannigfaltigkeit der Erde dar. Diese umfaßt 21 000 Arten. Wenn man diese Zahl mit zehn multipliziert, erhält man ungefähr die Artenanzahl der Blütenpflanzen (210 000). Und es gibt auf unserem Planeten mindestens viermal mehr bisher beschriebene Insektenarten (900 000) als Blütenpflanzen.

Tal voll von Dinosauriern», schrieben die Expeditionsmitglieder Robert Ballard und J. Frederick Grassle.[69]

Wenn wir ausgestorbene Arten mit einschließen, so sollen nach einer vorsichtigen Schätzung bisher zwei Milliarden Arten von Lebewesen die Erde bewohnt haben. Bei der Erschaffung einer solchen Vielfalt handelt die Natur wie ein Künstler, der wundervolle Variationen über ein Theme ersinnt. Für die Natur wie für den Künstler steckt eine grundlegende Form die Grenzen ab, innerhalb derer allerdings eine große Vielfalt möglich wird. Die Natur ist damit nicht nur ein genialer Ingenieur, sondern eine ebenso begnadete Künstlerin. Tributsch meint, daß die Architektur der Natur nicht nur vernünftig und ökonomisch, sondern auch wunderschön anzusehen ist.[70] Und Bohm bemerkt: «Die Natur ist eher eine Künstlerin denn ein Ingenieur . . . Man braucht deswegen eine grundsätzlich künstlerische Haltung, um sie zu verstehen.»[71]

6 Der Ursprung des Lebens

Die moderne synthetische Evolutionstheorie, die in den dreißiger und vierziger Jahren hauptsächlich von dem Biologen Julian Huxley, dem Paläontologen George Simpson, dem Systematiker Ernst Mayr und dem Genetiker Theodosius Dobzhansky entwickelt wurde, stellt im wesentlichen eine Form des Neodarwinismus dar. Sie integriert die neuen Entdeckungen auf dem Gebiet der Genetik sowie auf anderen Gebieten, behält aber das Kernstück der Darwinschen Theorie bei, vor allem die natürliche Auslese (oder Zuchtwahl). Der Geniestreich von Darwin bestand darin, für evolutionäre Veränderungen einen Mechanismus zu finden, der mit der Newtonschen Physik übereinstimmte. Wallace hatte also ganz recht, wenn er Darwin den Newton der Biologie nannte.

Die Grenzen der Newtonschen Physik und des mechanistischen Ansatzes ganz allgemein haben die Entdeckungen der Relativitätstheorie und der Quantenphysik deutlich gemacht. Die Physik, die Darwin noch als Modell für seine Wissenschaft diente, erfuhr seither tiefgreifende Veränderungen. Das macht den Darwinismus oder den Neodarwinismus nicht automatisch wertlos, weist aber darauf hin, daß man die Evolutionstheorie im Licht der neuen Physik noch einmal überprüfen müßte.

Über die Evolutionstheorie wird zur Zeit ernsthaft nachgedacht, und dabei kommt es in der Biologie zu einigen Kontroversen. Die Diskussion geht nicht darum, ob die Evolution stattgefunden hat, sondern ob die Darwinschen Mechanismen, nämlich die natürliche

Auslese und die stufenweise Veränderung, ausreichen als Erklärung für die evolutionäre Entwicklung. Auf der einen Seite stehen die Kritiker des Neodarwinismus, zum Beispiel Stephen Jay Gould, der erklärt: «Die synthetische Theorie ... als allgemeines Lehrgebäude ist tot, obwohl sie in den Lehrbüchern als orthodoxe Meinung fortlebt.»[1] Auch Colin Patterson, leitender Paläontologe am British Museum of Natural History, drückt im Hinblick auf die herkömmliche Evolutionstheorie Skeptizismus und Enttäuschung aus: «Mehr als zwanzig Jahre lang glaubte ich, ich würde auf irgendeine Weise über Evolution arbeiten. Eines Morgens wachte ich auf ... und erkannte plötzlich, daß ich mehr als zwanzig Jahre lang über diese Dinge gearbeitet hatte und doch nichts wirklich darüber wußte. Es ist ein ziemlicher Schock zu entdecken, daß man so lange Zeit in die Irre gehen kann.»[2]

Auf der anderen Seite meinen die Verteidiger des Neodarwinismus, daß die Kritiker mit ihren Behauptungen zu weit gehen und daß alles, was über die Evolution bekannt ist, im Rahmen von Darwins natürlicher Auslese untergebracht werden kann. Deswegen suchen G. Ledyard Stebbins und Francisco J. Ayala nach einer Kompromißlösung: «Mit Modifikationen sowohl der traditionellen Ansichten wie der konkurrierenden Theorien können die meisten Einwände in die umfassende Vision der synthetischen Theorie eingebaut werden.»[3] In ähnlicher Weise sieht der Biologe Richard Dawkins in Stephen Goulds und Niles Eldredges Theorie des gestörten Gleichgewichts (Punktualismus), die Darwins schrittweise Veränderung (Gradualismus) ablösen soll, keine drohende Umwälzung: «Die Debatte über diese interessante kleine Theorie ist technischer und peripherer Natur, wenn überhaupt. Sie steht fest *innerhalb* der neodarwinistischen Synthese. Und sie ist nicht revolutionärer als viele andere Argumente, die die synthetische Theorie bereichert haben.»[4]

Im allgemeinen ist es besser, das, was wir haben, mit kleinen Veränderungen so lange wie möglich beizubehalten, bis es sich als wirklich unbrauchbar erweist. Doch was haben wir in Händen? Das Wesen der natürlichen Auslese faßt Darwin selbst folgendermaßen kurz zusammen: «Wenn die Lebewesen unter wechselnden

Lebensbedingungen in fast allen ihren Teilen individuelle Unterschiede aufweisen (was nicht bestritten werden kann) und wenn unter ihnen infolge ihrer geometrischen Zunahme an Zahl in irgendeinem Alter oder zu irgendeiner Jahreszeit ein harter Kampf ums Dasein stattfindet (was gleichfalls nicht bestritten werden kann), so wäre es in Anbetracht der verwickelten Wechselbeziehungen zwischen den Lebewesen, sowohl unter sich wie zu ihren Lebensbedingungen (die wiederum große, nutzbringende Unterschiede der Struktur, Konstitution und Gewohnheiten hervorrufen), Zufall, wenn niemals Veränderungen vorkämen, die für das Gedeihen dieser Wesen ebenso nützlich sind, wie wir zahlreiche Veränderungen für den Menschen nützlich werden sahen. Wenn nun Veränderungen auftreten, die jedem dieser Lebewesen nützen, so werden sicher die damit beglückten Individuen am ehesten im Kampf ums Dasein erhalten bleiben; und nach dem Prinzip der Vererbung werden sie die Neigung haben, ähnlich charakterisierte Nachkommen hervorzubringen. Dieses Prinzip der Erhaltung oder das Überleben des Tüchtigsten nannte ich natürliche Zuchtwahl.»[5]

Darwins Argumentation ist klar. Er meinte, daß das Studium der Vielfalt von Haustieren und Zuchtpflanzen den besten und sichersten Schlüssel zum Verständnis der Evolution liefert.[6] Darwin erkannte, daß die Charakteristika fast jedes Haustiers und jeder Ackerpflanze durch geschickte Kreuzung und künstliche Auslese verbessert worden war, und übertrug diese Erkenntnis in plausibler Weise auch auf die wildlebenden Pflanzen und Tiere. Es erschien wahrscheinlich, daß die Natur durch Kreuzung und Selektion von bestimmten Merkmalen neue Arten hervorbringen konnte. Doch welcher Mechanismus in der Natur entspräche der selektierenden Hand des Menschen? Darauf antwortet Darwin mit einem brillanten Syllogismus: 1. Durch das geometrische Wachstum entstehen mehr Individuen jeder Art als überleben können. 2. Folglich kommt es zum Kampf ums Dasein, wobei ein Lebewesen mit dem anderen in Konkurrenz tritt. 3. Aufgrund dieses Kampfes ums Dasein summieren sich geringe Variationen, sofern sie in irgendeiner Weise nützlich sind, und führen schließlich zur Entstehung einer neuen Art. Darwin nennt die Eliminierung der weniger Begünstigten und die Förderung der Tüchtigeren «natürliche Auslese» oder «Zuchtwahl», durchaus in Analogie zur künstlichen Merkmalsauslese der Tierzüchter.

Kritik der natürlichen Auslese

Wie kann man über die natürliche Auslese streiten? Sie erscheint so zwingend und plausibel, die ihr innewohnende Logik bestach viele. Kritiker stellen auch gar nicht Darwins Logik in Frage, sondern die Richtigkeit seiner Prämissen. Alle seine Annahmen über das Wachstum von Populationen, über Konkurrenzverhalten und Akkumulation geringfügiger Variationen stehen in Konflikt mit den Ergebnissen moderner ökologischer und genetischer Untersuchungen. Zunächst zeigen Feldstudien, daß Tierpopulationen nicht durch Prädation, durch Hunger, durch extremes Klima und Krankheiten begrenzt werden, wie Darwin postulierte, sondern vielmehr durch verschiedene natürliche Beschränkungen der Zahl fortpflanzungsfähiger Tiere und durch Anpassungen in der Zahl der Nachkommen, die jedes Weibchen hervorbringt (siehe Kapitel 4).

Zweitens ist in der Natur keine Konkurrenz zwischen Arten oder zwischen Individuen derselben Art festzustellen. Ähnliche Tierarten existieren nebeneinander, ohne in Konkurrenz miteinander zu treten, weil sie unterschiedliche Nahrung zu sich nehmen oder zu unterschiedlichen Zeiten aktiv sind oder sonst unterschiedliche ökologische Nischen besetzen. Verbreitungsmechanismen reduzieren die Konkurrenz zwischen Individuen derselben Art auf ein Minimum (siehe Kapitel 4). Niles Eldredge verweist auf die vielen «Ökologen, die dem Konzept der Konkurrenz zwischen Arten skeptisch gegenüberstehen ... und die behaupten, sie könnten einfach keine Hinweise für einen derart rohen Kampf in der Natur entdecken».[7] Der Evolutionsbiologe William D. Hamilton zeigt den inneren Widerspruch auf: «Die Evolutionstheorie basiert auf dem Kampf ums Dasein und auf dem Überleben des Tüchtigsten. Kooperation kommt aber häufig vor zwischen Artgenossen und selbst zwischen Angehörigen verschiedener Arten.»[8] Der bekannte japanische Biologe Kinji Imanishi entwickelte eine Evolutionstheorie, ausgehend von Ansichten, die denen Darwins entgegengesetzt sind. Er schreibt: «Ich sehe die biologische Natur nicht als einen Kampf ums Dasein, sondern als friedliche Koexistenz der Arten.»[9]

Und drittens nimmt Darwin mit seinem Gradualismus an, daß Varietäten sich gerade im Prozeß der Artbildung befinden, also beginnende Arten darstellen; der geringe Unterschied zwischen Varietäten wächst immer mehr bis zum großen Unterschied zwischen Arten.[10] Das setzt eine unbegrenzte Plastizität innerhalb jeder Art voraus. Doch die Ergebnisse der Tier- und Pflanzenzüchtung und genetischer Experimente mit künstlich induzierten Mutationen widersprechen Darwins Annahme, Lebewesen seien ohne Einschränkung und in jeder Richtung formbar. Die natürlichen Grenzen der künstlichen Auslese wurden von Pflanzenzüchtern schon sehr bald entdeckt. In der Zeit zwischen 1800 und 1878 wurde der Zuckergehalt von Zuckerrüben durch Kreuzung von 6 auf 17 Prozent erhöht. Trotz ständiger Versuche in den darauffolgenden fünfzig Jahren konnte diese Quote nicht weiter gesteigert werden.[11]

Alle erfahrenen Züchter anerkennen diese Grenzen. Luther Burbank: «Ich weiß aus eigener Erfahrung, daß ich eine Pflaume züchten kann, die einen Zentimeter lang ist, oder eine Pflaume, die sechs Zentimeter lang ist, sowie Pflaumen mit Längen dazwischen. Aber ich glaube, der Versuch ist hoffnungslos, eine Pflaume zu erhalten, die so groß wie eine Erbse, oder eine Pflaume, die so groß wie eine Grapefruit wird. Auf meinen Farmen wachsen Maßliebchen, die etwas größer sind als mein Fingernagel, und andere Maßliebchen mit einem Durchmesser von 15 Zentimeter. Aber ich habe kein Exemplar, das so groß wird wie eine Sonnenblume, und erwarte es auch niemals. Ich habe Rosen, die sechs Monate im Jahr durchgehend blühen, aber ich habe keine Rosensorte, die zwölf Monate blüht, und ich werde sie auch nie haben. Kurz gesagt, für die möglichen Entwicklungen gibt es durchaus Grenzen.»[12] Burbank stellte auch fest, daß es noch nie jemandem gelungen ist, blaue Rosen oder echt schwarze Tulpen zu züchten, weil das dafür nötige genetische Material bei den Arten einfach fehlt.[13] Die Ansammlung von Merkmalen durch Kreuzung überschreitet nie die Grenzen der Art. Der Mensch züchtet seit 14000 Jahren Hunde und hat auch eine große Vielfalt an Rassen hervorgebracht, doch ist darunter keine einzige neue Art. Alle Hunderassen sind untereinander fruchtbar, obwohl einige Rassen wegen ihres Größenunterschiedes sich nicht mehr paaren können.[14] Wenn eine bestimmte Grenze erreicht ist, machen durch Kreuzung entstandene Lebewesen weitere Verbesserungsversuche zunichte, indem sie unfruchtbar werden oder zum Ausgangstyp zurückkehren.

Diese Ergebnisse sind gesichert durch Experimente mit künstlich induzierten Mutationen. Seit Beginn unseres Jahrhunderts führt man genetische Experimente an Fruchtfliegen durch. Sie werden Röntgenstrahlen und anderen Behandlungen ausgesetzt, die ihre Mutationsrate bis auf das Hundertfünfzigfache der normalen Rate erhöhen; Tausende von Generationen wurden aufgezogen und genau beobachtet. Diese Versuche haben Nachkommen mit gefransten Flügeln, mit Stummelflügeln, flügellose Tiere und andere Variationen hervorgebracht, doch alle diese Tiere waren deutlich Fruchtfliegen.[15] Keine Käfer, keine Gottesanbeterinnen, keine Schmetterlinge. Nicht einmal eine neue Fliegenart. Diese Arbeit enthüllte sehr viel über die Genetik dieser Tiere, widersprach aber Darwins Annahme, daß die Akkumulation von Varietäten zu Tieren führt, die sich in der Artzugehörigkeit, ja am Ende in der Gattungs-, Ordnungs-, Klassen- oder gar Stammeszugehörigkeit unterscheiden.

Damit sind alle Voraussetzungen Darwins fehlerhaft. Es gibt kein unbegrenztes Wachstum in natürlichen Populationen, keine Konkurrenz zwischen Individuen, und es entstehen keine neuen Arten durch die Auslese bestimmter Varietäten. Und wenn die Voraussetzungen Darwins falsch sind, dann folgt daraus, daß auch sein Schluß nicht richtig sein kann. Das bedeutet nicht, daß die natürliche Auslese an sich falsch ist. Das bedeutet nur, daß Darwins Argumentation, all ihrer Brillanz zum Trotz, nicht taugt, um die natürliche Auslese als mögliche Erklärung des Ursprungs der Arten zu akzeptieren.

Die Art und Weise, wie die Natur *heute* handelt, stimmt nicht mit den Voraussetzungen von Darwin überein – aber gilt das vielleicht auch für die *Geschichte* des Lebens? Darwin selbst erkannte, daß die Fossilnachweise den Gradualismus nicht zu stützen vermögen. Aber anstatt seine Theorie zu ändern, behauptete er, der geologische Nachweis sei unvollständig und nicht repräsentativ. Der Paläontologe Eldredge sagt es unverblümt: Darwins Diskussion der «Lückenhaftigkeit der geologischen Zeugnisse ist eine lange, flehende Verteidigung ad hoc; sie soll die Unterschiede zwischen dem, was er als logische, aus seiner Theorie abgeleitete Voraussage betrachtete, und den Fakten des fossilen Nachweises vernunftgemäß erklären oder geradewegs wegerklären.»[17] Darwin hatte für seine Behauptung, der fossile Nachweis sei lückenhaft, keinen Beweis – außer seiner Theorie.

Heute, mehr als hundert Jahre später, ist der fossile Nachweis viel vollständiger und wird auch viel besser verstanden, aber er widerspricht immer noch dem Gradualismus. Er zeigt buchstäblich keine jener Zwischenformen zwischen den größeren Gruppen, die die natürliche Auslese eigentlich postuliert. Der Paläontologe David Raup: «Unterschiedliche Arten erscheinen und verschwinden üblicherweise im Zuge des fossilen Nachweises, ohne jene Übergänge zu zeigen, die Darwin postulierte.»[18] Der Paläontologe Steven Stanley pflichtet dem bei: «Der Fossiliennachweis befindet sich nicht und befand sich niemals in Übereinstimmung mit dem Gradualismus.»[19]

Und Heribert Nilsson von der Lund-Universität in Schweden schreibt nach vierzigjähriger Erfahrung: «Es ist nicht einmal möglich, ein Zerrbild der Evolution (Darwinscher Gradualismus) aus paläobiologischen Fakten herzustellen. Das Fossilmaterial ist nun so vollständig . . ., daß das Fehlen von Übergangsreihen nicht mehr mit der Lückenhaftigkeit des Materials erklärt werden kann. Die Lücken bestehen wirklich, und sie werden auch nie aufgefüllt werden.»[20]

Damit soll nicht gesagt werden, daß Gradualismus niemals bei

Fossilien vorkommt. Es gibt ihn. Aber die Veränderungen sind trivial, heben sich oft gegenseitig auf und ergeben selbst bei einer Addition über Jahrmillionen keine neuen Arten. «Eine schrittweise Veränderung ... scheint niemals zu einem bestimmten *Ziel* zu führen ... Die Veränderung ergibt nur einen historischen *Trend innerhalb der Art*», schreibt Eldredge.[21]

Der Fossiliennachweis stützt auch nicht Darwins Annahme einer Konkurrenz. Er meinte, daß durch natürliche Auslese «neue Varietäten dauernd an die Stelle ihrer Elternformen treten».[22] Er faßte es so auf, daß eine Art die andere vertreibt, so wie ein Keil einen anderen austreibt, indem er dessen Raum einnimmt.[23] Die Fossilien sprechen aber eine andere Sprache. Typischerweise treten neue Arten plötzlich im Fossiliennachweis auf und halten sich neben der Elternart – oft mehrere Millionen Jahre lang.[24] Es gibt keine schrittweise Veränderung des einen in das andere, keine Verdrängung. Das deutet kaum auf Konkurrenz hin, sondern vielmehr auf jene friedliche Koexistenz, die wir in Kapitel 4 behandelt haben.

Die zweite Verteidigungslinie

Die natürliche Auslese stimmt weder mit den Erkenntnissen für die Gegenwart noch für die Vergangenheit überein. Da die zeitgenössischen Verteidiger des Neodarwinismus diese Kritik kennen, liefern sie eine Widerlegung, die wir hier als «die zweite Verteidigungslinie» bezeichnen.

Zunächst räumen viele Neodarwinisten ein, daß die Natur nicht auf Konkurrenz beruht. Sie versuchen aber, die heutige Kooperation als Ergebnis früheren Konkurrenzverhaltens und der Elimination nichtlebensfähiger Strategien zu erklären. Abgesehen davon, daß es wenig plausibel ist, eine Sache von ihrem Gegenteil herzuleiten, postuliert ihr Verfahren einen Naturzustand in weit entfernter, nicht mehr beobachtbarer Vergangenheit, für den es keinerlei Nachweis gibt.

Wie beantworten die Verteidiger des Neodarwinismus den Angriff, daß es im Fossiliennachweis keinen Gradualismus gibt? Stebbins und Ayala meinen dazu: «Die ‹geologischen Augenblicke›, in denen die Artbildung und morphologische Veränderungen geschehen, umfassen wohl Intervalle in der Größenordnung von 50 000 Jahren. Es besteht wenig Zweifel darüber, daß die schrittweise Akkumulation von Mutationen mit geringen Auswirkungen in solchen Zeiträumen faßbare morphologische Veränderungen liefern können.»[25] Die Paläontologen sind sich darin einig, daß selbst an den besten Fossilfundstellen die geringste zuverlässig bekannte Zeitspanne zwischen den Schichten 50 000 Jahre beträgt. Der Neodarwinismus behauptet deswegen, daß der Gradualismus in Zeiträumen wirkt, die per fossilen Nachweis nicht beobachtet werden können. Allerdings wird kein Grund dafür angegeben, warum die schrittweise Veränderung gerade dann stattfindet, wenn wir sie nicht sehen können. Wiederum flüchtet sich die Theorie auf das Gebiet des Nichtbeobachtbaren. Mayr besteht darauf, daß «die Artbildung ein langsamer historischer Prozeß ist, und er kann niemals von einem einzelnen Forscher direkt beobachtet werden».[26]

Dasselbe Schnittmuster muß herhalten, wenn es darum geht, die unterschiedliche Fortpflanzungsquote von Individuen derselben Population zu messen; dieser Punkt nimmt im neodarwinistischen Gradualismus eine Schlüsselstellung ein. Patterson erklärt: «Die Theorie der natürlichen Auslese sagt, daß sehr geringe Auslesekoeffizienten in der Größenordnung von 1 Prozent oder weniger stammesgeschichtliche Veränderungen hervorrufen. Derart geringe Unterschiede in der Tüchtigkeit per Experiment zu beweisen, ist aber einfach nicht möglich. Man hat berechnet, daß ein einprozentiger Fertilitätsunterschied zwischen zwei Genotypen nur dann mit einer Gewißheit von 95 Prozent bewiesen werden kann, wenn man die Fruchtbarkeit von 130 000 Weibchen jedes dieser Typen messen würde. Würde man die Fruchtbarkeit von 380 Weibchen jedes Typs messen, so hätte der Forscher nur die Chance, einen viel größeren Fertilitätsunterschied, etwa in der Größenordnung von 10 Prozent, zu entdecken. Die natürliche Auslese fängt sich hier in ihrer eigenen Spitzfindigkeit: Sie behauptet, geringe Unterschiede in der Tüchtigkeit seien die wirksamen Kräfte im Hinblick auf stammesgeschichtliche Veränderung, doch Unterschiede dieser Größenordnung sind in der Praxis nicht nachzuweisen.»[27]

Das Nichtnachprüfbare und Nichtbeobachtbare nimmt in der Theorie der natürlichen Auslese überhaupt viel Platz ein. Eine «stabilisierende Auslese» wird zu Hilfe genommen, um die langen Zeiträume zu erklären, in denen die Arten in der Fossiliengeschichte keine Veränderungen durchmachten. Offensichtlich hindert ein unbekannter Faktor die natürliche Auslese daran, in diesen Zeiten wirksam zu werden. Wenn die natürliche Auslese mit dem Begriff der genetischen Drift (ungerichtete Zufallsverteilung in der Genpopulation) kombiniert wird, läßt sie sich nicht überprüfen und steht im Prinzip jenseits aller Kritik. Patterson schreibt: «Es ist egal, in wie vielen Fällen es mißlingt, die natürliche Auslese einer Analyse zu unterziehen. Die Theorie selbst ist nicht bedroht, denn man kann immer behaupten, daß sich dieses Versagen der Selektionstheorie mit genetischer Drift erklären läßt. Und es spielt auch keine Rolle, wie viele mutmaßliche Beispiele für genetische Drift am Ende bewiesenermaßen auf natürliche Auslese zurückgehen, denn die neutrale Theorie ist wiederum nicht gefährdet, weil sie niemals für sich in Anspruch nahm, die gesamte Evolution zu erklären.»[28]

Die Verteidiger der natürlichen Auslese haben diese gegen Kritik immunisiert, indem sie sie von der Ebene der Fakten auf die Ebene des Nichtbeobachtbaren gehoben haben. Der Biologe Søren Løvtrup weist darauf hin, daß die Verwendung von Ad-hoc-Argumenten den Anhängern der zweiten Verteidigungslinie erlaubt, «jede Tatsache, die sie widerlegt, zurückzuweisen».[29] Diese zweite Verteidigungslinie führt zu einer nichtverifizierbaren und nichtfalsifizierbaren Theorie. Die Kritik, die Sir Karl Popper schon seit langem gegen die Evolution vorbringt, bezieht sich auf diese zweite Verteidigungslinie, nicht auf die natürliche Auslese als solche, die ein Gegenstand der Falsifikation *ist*, wenn man es zuläßt.

Es gibt zwei Möglichkeiten, eine Theorie mit Beobachtungen, die ihr widersprechen, in Einklang zu bringen. Der eine Weg besteht darin, etwas an der Substanz der Theorie zu ändern, sie so zu modifizieren, daß sie den neuen Fakten gerecht wird, vielleicht eine grundlegende Annahme in ihr Gegenteil zu verkehren; wenn es nötig wird, muß die Theorie zugunsten eines völlig neuen Ansatzes ganz aufgegeben werden. Alle diese Veränderungen fallen so aus, daß die daraus hervorgehende Theorie neue, überprüfbare Postulate ermöglicht. Dies wiederum führt zu weiteren Entdekkungen, am Ende zu einer Bestätigung oder Widerlegung, mit einem Wort: zu einem Erkenntnisfortschritt.

Ein anderer Weg, eine Theorie angesichts von Beobachtungen, die ihr widersprechen, zu modifizieren, ist folgender: Es werden keine Veränderungen an der Substanz der Theorie vorgenommen, sondern man stellt die Ansprüche der Theorie jenseits der Grenzen dessen, was man beobachten kann. Das macht es unmöglich, die Theorie an den Fakten zu messen. In der Tat bewahrt dieses Manöver die Theorie vor allen Attacken, doch um den Preis, daß sie alle Erklärungskraft verliert. Sie verliert damit ihren Sinn als Theorie: Sie hilft uns nicht mehr dabei, etwas zu verstehen, und wird selbst zu einer Voraussetzung, die nicht in Frage gestellt werden darf. Das allerdings entspricht nicht der Zielrichtung guter Wissenschaft, sondern bedeutet Stagnation und Obskurantismus. Eine Theorie um jeden Preis und angesichts von Gegenbeweisen aufrechterhalten zu wollen dient nicht der Sache der Wahrheit. Es erhebt sich damit die Frage, ob eine Theorie, die keine Möglichkeit offenläßt, durch Experimente per Sinneswahrnehmung widerlegt zu werden, überhaupt in den Bereich der Naturwissenschaft gehört.

Die Geschichte der Lichtäther-Hypothese bietet uns ein gutes Beispiel für diese zweite Art, eine Theorie zu modifizieren. Die Physiker des 19. Jahrhunderts postulierten, daß die Lichtphänomene ein Trägermaterial benötigten, das man schließlich Lichtäther nannte. Dieser Stoff sollte alle Körper und den gesamten Raum durchdringen und galt als gewichtslos, unsichtbar, reibungslos und nicht nachweisbar durch gewöhnliche chemische und physikalische Methoden: Wenn es ihn überhaupt gab, konnte er nicht nachgewiesen werden. Selbst als in Versuchen der Nachweis gelang, daß dieser Lichtäther in sich gegensätzliche Eigenschaften aufweisen müßte, krallten sich viele Physiker noch an der Theorie fest und versuchten, die klaren Konsequenzen der Experimente mit zusätzlichen grundlosen Annahmen ad hoc zu umgehen. Der Physiker Leopold Infeld schreibt dazu: «Wissenschaftliche Vorurteile haben ein zähes Leben. Der Wunsch nach der Erfindung eines Mediums für die Fortpflanzung von elektromagnetischen Wellen war so stark, daß selbst nach dem Beweis, daß Äther weder ruht noch sich bewegt, immer wieder Versuche gemacht wurden, durch Einführung neuer Annahmen den Ätherbegriff festzuhalten. Diese Annahmen machen das Gebäude der theoretischen Physik komplizierter, künstlicher und weniger überzeugend.»[30] Die Physik wurde schließlich aus dieser Sackgasse geführt, als Einstein 1905 seine Relativitätstheorie entwickelte.

Der Teil der Evolutionstheorie, welcher der Äthertheorie analog ist, besteht in jener hypothetischen Vergangenheit, als natürliche Populationen geometrisch anwuchsen, die Natur von Konkurrenz beherrscht wurde und neue Arten durch schrittweise Akkumulation kleiner Variationen entstanden. Alle diese Dinge können wir in der heutigen Natur nicht beobachten, und auch Fossiliennachweise dokumentieren sie nicht, ja deuten nicht einmal darauf hin. Diese hypothetische Vergangenheit entzieht sich damit jeder Beobachtung oder Untersuchung.

Die Evolutionstheorie steht heute, wie die Physik im 19. Jahrhundert, an einem Scheideweg. Sie kann einmal versuchen, die zweite Verteidigungslinie zu halten, auf der natürlichen Auslese bestehen und weiter fordern, daß man die heutige Natur mit Hilfe einer hypothetischen Vergangenheit verstehen muß, deren Merkmale sich von der Theorie der natürlichen Auslese herleiten, nicht aber von aktuellen Beobachtungen und auch nicht von den heutigen historischen Nachweisen. Doch diese Wahl würde bedeuten, daß wir einen nichtbeobachtbaren Mechanismus akzeptieren, eine nichtverifizierbare Theorie statt eines wissenschaftlichen Forschungsprogramms. Ironischerweise sind gerade dies die Punkte, welche die Evolutionisten den Kreationisten vorwerfen. Stanley behauptet: «Der Gesichtspunkt ‹Das ist Allahs Wille› läßt sich nicht überprüfen, nicht widerlegen und ist deswegen unwissenschaftlich.»[31] Der Evolutionsforscher James Valentine verwendet dasselbe logische Argument: «Die Widerlegung der Schöpfungshypothese oder des Kreationismus ist unmöglich, und deswegen liegt die ganze Vorstellung jenseits des Einflußbereiches der Wissenschaft.»[32]

Die andere Möglichkeit besteht darin, neu zu beginnen, alle Nachweise objektiv zu überprüfen und festzuhalten, was wir über die Geschichte des Lebens wirklich wissen. Dabei hat uns klar zu sein, daß wir vielleicht einige der konventionellen Annahmen des Neodarwinismus modifizieren oder gar fallenlassen müssen. Diese Möglichkeit ist nicht nur in sich selbst vernünftig, sie entspricht auch dem Geist von Darwins Werk: «Ich habe mich immer wieder bemüht, meinen Verstand freizuhalten, zum Beispiel in der Form, irgendeine, wenn auch geliebte Hypothese (und ich kann nicht widerstehen, über alles eine Hypothese aufzustellen) aufzugeben, sobald die Tatsachen dagegensprechen.»[33]

Der Fossiliennachweis

Wir müssen also wieder von vorn beginnen, die wichtigsten Ergebnisse auf die Grundbegriffe zurückführen, sorgfältig das Bekannte vom Unbekannten, das Sichere vom Zweifelhaften und das Wahrscheinlichere vom weniger Wahrscheinlichen trennen. Da die Fragen nach der Anpassung und nach Gründen des Aussterbens erst auf die Frage nach der Evolution folgen, werden wir sie auch erst im nächsten Kapitel wieder aufgreifen.

Ein ganz allgemeines Prinzip, das man von Anfang an festhalten sollte, besagt, daß die Gegenwart besser bekannt ist als die Vergangenheit. Der Paläontologe David Kitts meint: «Heute noch existierende Pflanzen und Tiere haben bei der Überprüfung biologischer Theorien stets den Vorrang vor fossilen Lebewesen.»[34] Die Behauptung, nichts ergäbe in der Biologie einen Sinn ohne den Bezug auf die Evolution, ist eine tollkühne Übertreibung. Besser wäre es zu sagen, kein Teil der Evolutionslehre sei sinnvoll ohne die übrige Biologie. Ökologie, Ethologie, Anatomie, Physiologie und Molekularbiologie sind nicht nur unabhängig von der Evolution verständlich, sie schaffen vielmehr auch die Grundlagen, um die Vergangenheit zu verstehen, die viel weniger gewiß ist. Die Ökologen Birch und Ehrlich meinen, es gebe zwei Fragen in der Biologie, die man nicht miteinander verwechseln dürfe: «Wenn ein Ökologe eine Art untersucht, mag er sich folgendes fragen: Was bestimmt die Verbreitung und die Individuenzahl dieser Art auf der Welt in Anbetracht ihrer gegebenen Merkmale, zum Beispiel ihrer Temperaturtoleranzen, der Geburts- und Todesrate, der Fähigkeit zur Ausbreitung usw.? Um diese Frage zu beantworten, müssen wir nicht wissen, wie diese Art ihre besonderen Merkmale entwickelt hat. Die stammesgeschichtliche Frage ist an sich interessant, aber nicht entscheidend für die Erforschung von Verbreitung und Häufigkeit einer Art. Wie die Art ihre gegenwärtigen adaptiven Merkmale erworben hat, ist eine zweite und von jener unabhängige Frage.»[35] Die eine Frage lautet also: «Welche Eigenschaften besitzen die Lebewesen heute?» Und die andere Frage ist: «Wie kamen sie zu diesen ihren Eigenschaften?» Die erste Frage liefert genügend Material für eine vollausgewachsene Wissenschaft, selbst wenn wir niemals Antworten auf die zweite Frage erhalten könnten. Eine gegenteilige Behauptung würde zum Beispiel bedeuten, daß man nichts von einer Säge verstehen könnte, bis man genau wüßte, wie Sägen hergestellt werden. Wir müssen nicht auf eine Evolutionstheorie warten, die die Ökologie, die Physiologie und andere Wissenschaften vom Leben ins rechte Licht rückt. Ganz im Gegenteil, die Evolutionstheorie muß im Licht dieser Disziplinen beurteilt und interpretiert werden. Alle fossilen Lebewesen müssen in Analogie zu lebenden Organismen verstanden und interpretiert werden. Die Regel ist ganz einfach: Erst muß man die lebenden Organismen kennenlernen.

Darwin respektierte dieses Prinzip, als er die natürliche Auslese aus den Erfahrungen zeitgenössischer Tier- und Pflanzenzüchter und aus ökologischen Ansprüchen (geometrisches Wachstum natürlicher Populationen und Konkurrenz) herleitete. Wie die Natur heute funktioniert, haben wir in Kapitel 4 und 5 gezeigt. Wir möchten hier nur hinzufügen, daß viele Biologen lediglich aufgrund neodarwinistischer Vorurteile annehmen, Konkurrenz beherrsche die Natur; die moderne Ökologie hat diese Vorstellung längst zerstört.

Zunächst müssen wir skizzieren, was über die Vergangenheit bekannt ist, und wir beginnen dabei mit dem Fossiliennachweis. Ohne Fossilien gäbe es keinen Grund zu der Annahme, prähistorische Tiere und Pflanzen würden sich irgendwie von heutigen Arten unterscheiden. Ohne Fossiliennachweis würden wir natürlicherweise annehmen, alle Arten wären unveränderlich und ewig, mit Ausnahme jener, die der Mensch selbst zum Aussterben verurteilt hat, etwa der Dronte. Fossilienfunde dokumentieren aber die Existenz früherer Arten und liefern uns Beweise für die Evolution, ihren Verlauf und ihre Zeiteinteilung. Mit einem Wort: keine Fossilien, keine Evolution. Und dennoch schreibt Stanley: «Fossilien spielten bei Darwins Konzept des evolutionären Prozesses nur eine untergeordnete Rolle, und ihr Studium trug im Jahrhundert, das auf Darwins revolutionäre Veröffentlichung im Jahre 1859 folgte, nur wenig zur Evolutionstheorie bei.»[36] Der Grund für diese Geringschätzung liegt darin, daß die paläontologischen Daten nicht mit den Voraussagen der Darwinschen Theorie übereinstimmen.

Was kann man aufgrund der Fossiliennachweise wirklich wissen? Selbst ohne jede Datierungsmethode für Fossilien kann man das Aussterben von Arten nachweisen. Das tat zum erstenmal Georges Cuvier, der Vater der Paläontologie, im Jahre 1786, im Hinblick auf gewisse große Landtiere. Bald nach Cuvier behaupteten die Geologen, daß tiefere Gesteinsschichten älter sein müßten als darüberliegende. Das erlaubte eine grobe relative Datierung. Erst im 20. Jahrhundert wurden absolute Datierungsverfahren entwickelt. Patterson erklärt die am häufigsten verwendete Methode: «Erst im 20. Jahrhundert und mit der Entdeckung der Radioaktivität wurden verläßliche Methoden möglich, um das Alter von Gesteinsproben zu bestimmen. Radioaktive Elemente sind instabil und zerfallen mit einer Geschwindigkeit, die für jede Atomsorte typisch ist. Wenn ein neugebildetes Mineral, das ein radioaktives Element enthält, in ein Gestein eingebettet wird, so bleiben auch die radioaktiven Zerfallsprodukte darin gefangen und das Mengenverhältnis zwischen dem Element und seinem Zerfallsprodukt zeigt annähernd das Alter des Gesteins an. Die am häufigsten verwendeten Elemente sind Uran und Thorium, die beide zu Blei und Helium zerfallen, ferner radioaktive Kalium- und Rubidiumisotope, die zu Argon bzw. Strontium zerfallen; in verhältnismäßig jungen Gesteinen (bis zu einem Alter von 50 000 Jahren) verwendet man auch ein radioaktives Kohlenstoffisotop.

Das reale Alter bestimmter Gesteine, das aufgrund von Messungen der Radioaktivität berechnet wird, kombiniert man mit der herkömmlichen geologischen Zeitskala. Diese entstand aufgrund der Tatsache, daß man die Schichten mit Hilfe der enthaltenen Fossilien zueinander in Beziehung setzen kann und daß jüngere Schichten oberhalb älterer liegen. Auf diese Weise ergibt sich eine Zeitskala der Erdgeschichte»[37] (siehe Abbildung 6.1).

Wir können mit diesen Methoden der Gesteinsdatierung den Zeitpunkt des ersten Auftretens der verschiedenen Stämme, Klassen und Familien der Lebewesen in der Erdgeschichte bestimmen. Jedes Lebewesen hat einen bestimmten Ursprung und eine Geschichte (siehe Abbildung 8.1 in Kapitel 8). Die Taxonomen fassen ähnliche, aber deutlich voneinander verschiedene Arten in einer Gattung zusammen, die grundlegende, für alle gemeinsame Merkmale aufweist. In ähnlicher Weise faßt man Gattungen zu Familien, Familien zu Ordnungen, Ordnungen zu Klassen, Klassen zu Stämmen zusammen. Unser großes Glühwürmchen, *Lampyris noctiluca*, gehört zum Beispiel zur Gattung *Lampyris*. Diese bildet mit vielen anderen, darunter der einheimischen *Lamprohiza*, die Familie *Lampyridae*, die nachtaktive Käfer, meist mit Leuchtorganen, umfaßt. Diese Familie gehört zur Ordnung *Coleoptera*, der auch alle anderen Käfer angehören, und diese wiederum gehört zur Klasse der Insekten. Zusammen mit den Spinnen und anderen Lebewesen, die durch ihr gegliedertes Außenskelett gekennzeichnet sind, bilden die Insekten den Stamm der Gliederfüßer.

Der Fossiliennachweis über die gesamte geologische Geschichte zeigt eine langfristige Abnahme der Zahl der Stämme und anderer höherer Kategorien, obwohl die Zahl der verschiedenen Arten

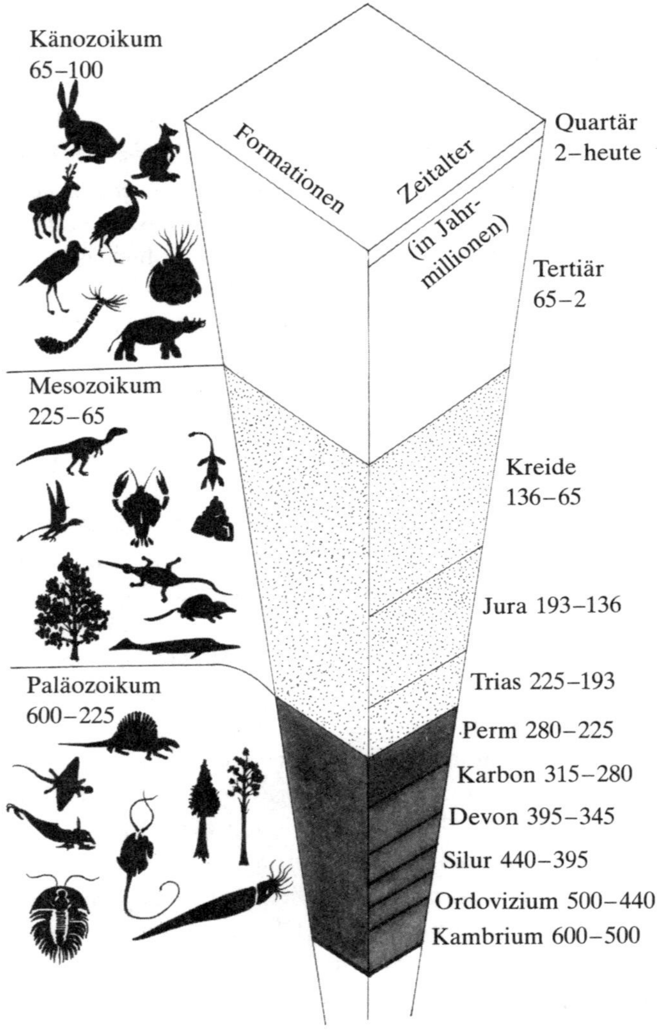

Abbildung 6.1. Die Säule der Erdgeschichte besteht aus zahlreichen Schichten. Diese werden in Zeitalter und Formationen gegliedert, wobei jede einen deutlich umrissenen Abschnitt des Lebens und der Erdgeschichte darstellt. Einige der Lebensformen, die jedes Zeitalter charakterisieren, sind auf der linken Seite abgebildet (nach Lambert u. a.).

insgesamt zunimmt. Das Ergebnis ist eine intensivere Diversifizierung in immer kleineren Grenzen. Gould nennt als Beispiel die Meerestiere: «In unseren modernen Meeren dominieren nur noch wenige Gruppen – vor allem Muscheln, Schnecken, Krabben, Fische und Seeigel –, aber jede umfaßt viel mehr Arten, als irgendein Stamm im Paläozoikum jemals erreichte (vielleicht mit Ausnahme der Trilobiten im Ordovizium und der Seelilien im Karbon). Paläozoische Meere enthielten vielleicht nur halb so viele Arten wie die heutigen Ozeane, doch besaßen diese eine große Vielfalt grundlegend verschiedener Baupläne. Diese stetige Abnahme der Mannigfaltigkeit von Bauplänen – bei gleichzeitiger starker Zunahme der Artenanzahl – stellt wohl den außergewöhnlichsten Trend des Fossiliennachweises dar.»[38]

Der Zoologe James Brough von der Universität of Wales betrachtet die «Evolution als einen Prozeß, der sich stetig verlangsamt».[39] Er weist darauf hin, daß alle heute noch lebenden Tierstämme seit dem Kambrium existieren, also seit 500 Millionen Jahren. Seither sind keine neuen Tierstämme entstanden, doch einige der frühen sind inzwischen ausgestorben. In ähnlicher Weise treten seit dem unteren Paläozoikum, seit ungefähr 400 Millionen Jahren, keine neuen Klassen innerhalb dieser Tierstämme mehr auf. Alle heutigen Klassen kamen zusammen mit anderen vor, die nicht bis zur Gegenwart überlebt haben. Die Bildung neuer Ordnungen hörte gegen Ende des Mesozoikums auf, vor ungefähr 60 Millionen Jahren. Brough konstatiert auch eine Abnahme im Auftreten neuer Familien und kommentiert diesen Trend folgendermaßen: «Die Evolution war in einer Reihe immer stärker eingeschränkter Gebiete wirksam, und die Auswirkungen im großen Maßstab gingen immer mehr zurück ... In Zukunft wird die Evolution wohl auf immer kleineren Gebieten wirksam werden, bis sie völlig aufhört.»[40] Dieser Trend deutet darauf hin, daß die Evolution keine ewige, unbegrenzte Kraft darstellt, sondern selbst Beschränkungen unterliegt und sich in einem langen, aber begrenzten Zeitraum abspielt. Der zweite Hauptsatz der Thermodynamik sagt, daß das Universum als Gesamtes seinem Ende entgegengeht. Der Fossiliennachweis behauptet dasselbe für den Evolutionsprozeß.

Diese «Verschiebung von wenigen Arten in vielen Gruppen zu vielen Arten in weniger Gruppen»[41] widerspricht rundweg dem Darwinschen Gradualismus. Denn wenn die Evolution so voranschritte, daß die Arten kleine Veränderungen summieren, dann müßten über lange Zeiträume hinweg mit zunehmender Häufigkeit neue Ordnungen, Klassen und Tierstämme auftreten. Aber gerade das Gegenteil geschieht bei den Fossilien. Darwins Modell ist verkehrt.

Ein anderes eindeutiges Merkmal des Fossiliennachweises ist die bemerkenswerte Stabilität der neuen Arten, wenn sie sich einmal etabliert haben. Stanley schreibt: «Die Evolution ist keineswegs das, wofür fast alle von uns sie vor ein oder zwei Jahrzehnten hielten. Das haben vor allem jene Fossilien gezeigt, die bis vor kurzem noch nicht richtig in die absolute Zeitskala eingeordnet werden konnten. Die Befunde zeigen uns heute, daß Arten im typischen Fall Hunderttausende oder Millionen Generationen lang überleben, ohne sich groß weiter zu verändern ... Einmal da, machen die meisten Arten nur eine geringe Evolution durch, bevor sie wieder aussterben.»[42] Diese Stabilität ist leicht zu sehen, wenn man fossilie Arten mit ihren lebenden Nachfahren vergleicht. G. R. Coope von der University of Birmingham zeigte beispielsweise, daß alle Käferfossilien des letzten Eiszeitalters identisch sind mit heute noch lebenden Arten.[43] Dies bedeutet, daß die Käfer sich in zwei Millionen Jahren nicht signifikant verändert haben. Stanley weist auf den amerikanischen Schlammfisch hin, dessen ältester Fossilnachweis bis in die Kreide zurückreicht: «Was geschah mit dem Schlammfisch während seiner langen Geschichte, die mehr als einhundert Millionen Jahre umfaßt? Nahezu nichts! Gegen Ende der Kreide wurden die Schlammfische etwas schlanker, aber während der gesamten 65 Millionen Jahre des Känozoikums entwickelten sie sich nur auf belanglose Weise. Zwei neue Arten wurden registriert, doch unterscheiden diese sich von ihren Vorfahren der Spätkreide nur durch winzige Merkmale, die keinen Hinweis auf einen grundlegenden Anpassungsschub geben. Die Schlammfische lebten vor 70 oder 80 Millionen Jahren wahrscheinlich genauso wie die seebewohnenden Nachfahren heutzutage»[44] (siehe Abbildung 6.2).

Der Lungenfisch kann mit einer noch viel beeindruckenderen Vergangenheit aufwarten: In 300 Millionen Jahren hat er sich nicht wesentlich verändert. Dieselbe langfristige Stabilität finden wir bei einer Vielzahl von Tieren, darunter bei den Stören, den Knochenhechten, den Schnappschildkröten, den Alligatoren, den Tapiren, den Erdferkeln, den Ameisen, bei verschiedenen Weichtieren und Stachelhäutern (siehe Abbildung 6.3). Und selbst ausgestorbene Arten besitzen im Normalfall eine lange, durch Fossi-

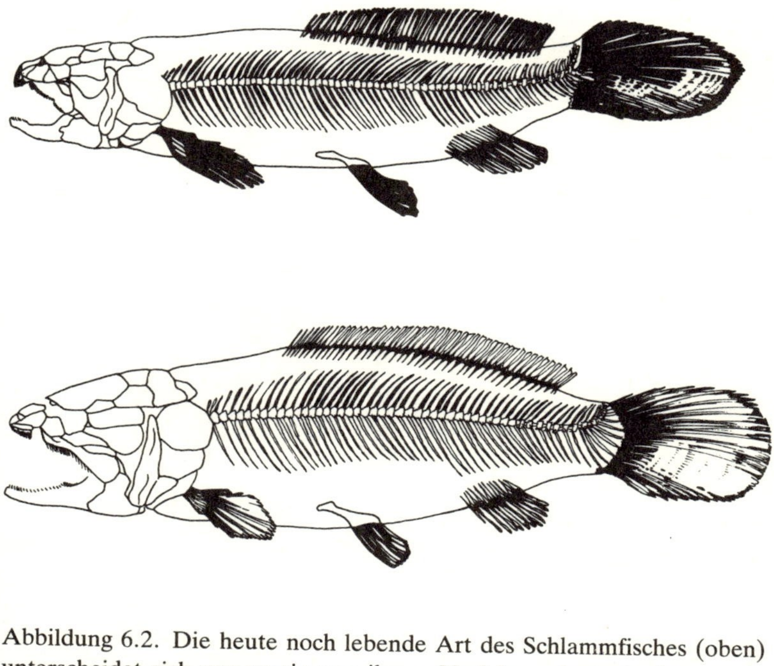

Abbildung 6.2. Die heute noch lebende Art des Schlammfisches (oben) unterscheidet sich nur wenig von ihrem Vorfahren (unten), der vor 65 Millionen Jahren lebte. Dieses Beispiel zeigt das Fehlen einer schrittweisen Evolution neuer Arten, wie es Darwin vorausgesagt hat. Die langfristige Stabilität ist typisch für nahezu alle fossil nachgewiesenen Arten (nach Boreske).

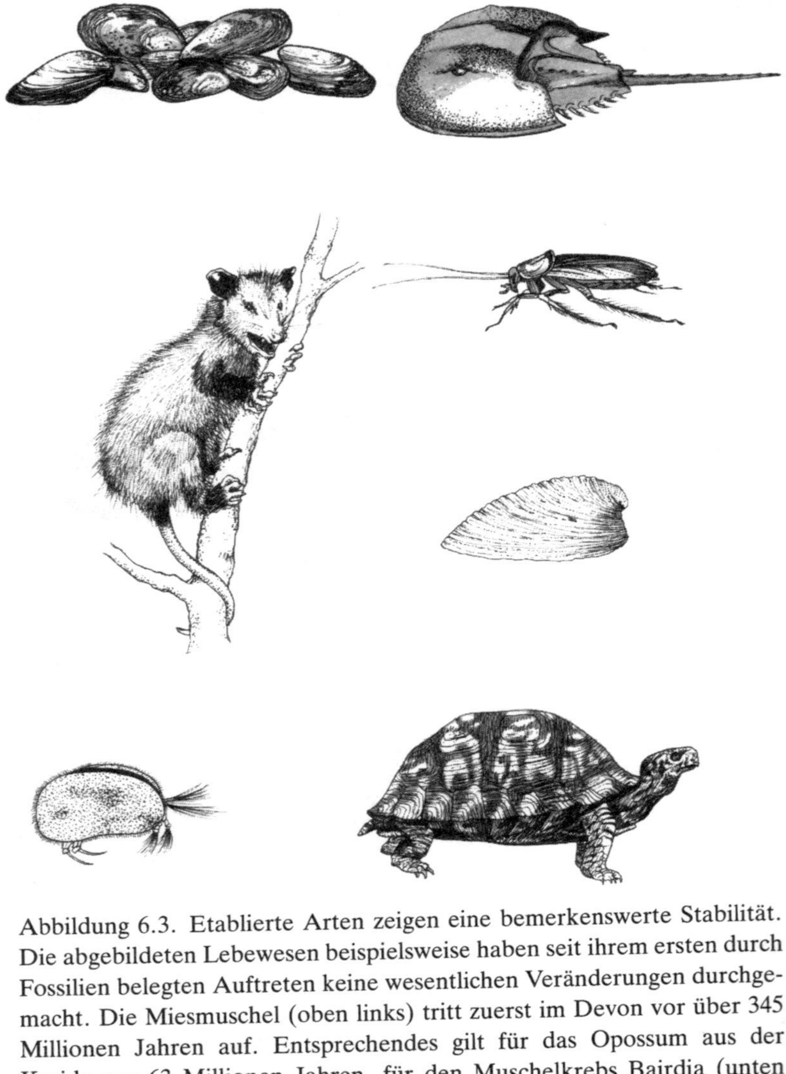

Abbildung 6.3. Etablierte Arten zeigen eine bemerkenswerte Stabilität. Die abgebildeten Lebewesen beispielsweise haben seit ihrem ersten durch Fossilien belegten Auftreten keine wesentlichen Veränderungen durchgemacht. Die Miesmuschel (oben links) tritt zuerst im Devon vor über 345 Millionen Jahren auf. Entsprechendes gilt für das Opossum aus der Kreide vor 63 Millionen Jahren, für den Muschelkrebs Bairdia (unten links) aus dem Ordovizium vor 425 Millionen Jahren, für die Schabe aus dem Pennsylvanian vor 280 Millionen Jahren, für den Urmollusk Neopilina aus dem Kambrium und für die Schildkröte aus der späten Trias vor 180 Millionen Jahren.

lienfunde nachgewiesene Geschichte ohne Veränderungen. Bei den Schnecken und Muscheln beispielsweise halten sich Arten im Durchschnitt 10 Millionen Jahre, bei den Foraminiferen 30 Millionen Jahre.[45] Bei anderen Arten ist ähnliches zu beobachten. Der Genetiker Gabriel Dover von der Cambridge University hält diese langfristige Artenstabilität für «das einzige wirklich wichtige Charakteristikum der Makroevolution».[46]

Wiederum können diese unleugbaren paläontologischen Tatsachen nicht mit der Darwinschen Theorie in Einklang gebracht werden. Die natürliche Auslese sagt vielmehr gerade das Gegenteil voraus: Ihr zufolge unterliegen alle Arten einer dauernden Veränderung, besonders wenn, wie Darwin schreibt, «die natürliche Zuchtwahl täglich und stündlich dabei ist, überall in der Welt die geringsten Veränderungen aufzuspüren und sie zu verwerfen, sobald sie schlecht sind, zu erhalten und zu vermehren, sobald sie gut sind; still und unsichtbar wirkt sie, wann und wo immer sich eine Gelegenheit bietet, an der Verbesserung der organischen Wesen und ihrer organischen und anorganischen Lebensbedingungen».[47] So wie Darwin den Mechanismus der Konkurrenz sieht – ständige Auslese der Varietäten in der Population –, gibt es keine Möglichkeit, diesen Prozeß abzuschalten. Stanley schließt: «Die lebenden Fossilien stellen für das herkömmliche gradualistische Evolutionsschema ein schwieriges Problem dar. Wenn die natürliche Auslese die Arten dauernd in signifikanter Weise umformt, warum waren dann einige Arten diesem Vorgang gegenüber nahezu immun? Darwin prägte als erster den Begriff ‹lebende Fossilien› (*Die Entstehung der Arten*, S. 154) und meinte, ‹sie blieben bis auf den heutigen Tag erhalten, weil sie ein begrenztes Gebiet bewohnten, sich wenig veränderten und daher wenig in Wettbewerb traten›. Ganz im Gegenteil: Wir sehen heute, daß viele Arten lebender Fossilien durchaus nicht nur eine beschränkte Verbreitung aufweisen.»[48]

Eldredge stellt fest, daß die langfristige Artenstabilität oder *Stasis* «den Paläontologen vor Darwin durchaus bekannt war (alle paläontologischen Kritiken der *Entstehung der Arten* erwähnten diese Stasis!), aber später höflich ignoriert wurde, da sie so gar nicht in das Bild der schrittweisen Evolution paßte».[49]

Ein weiteres signifikantes Merkmal des Fossiliennachweises ist die Schnelligkeit der Divergenz. Ganze neue Ordnungen treten plötzlich und gleichzeitig auf, und Zwischenstufen sind nicht zu finden. Dieses plötzliche Auftauchen neuer Tiere und Pflanzen, das so typisch ist für den Fossiliennachweis, heißt Radiation, weil der Ausgangsstamm gleichzeitig viele neue Baupläne entwickelt und sich zur selben Zeit in unterschiedliche Richtungen diversifiziert. Die Säuger sind ein gutes Beispiel dafür. Während des frühen Känozoikums, vor ungefähr 50 Millionen Jahren, entwickelten sich die Säuger plötzlich in ungefähr 25 verschiedene Ordnungen, angefangen von den Fledermäusen bis zu den Walen, von den Känguruhs bis zu den Elefanten und von den Nagetieren bis zu den Nashörnern (siehe Abbildung 6.4). Doch bleibt dieses Phänomen nicht auf die Säugetiere beschränkt. Eine schnelle «Radiation ist verantwortlich für die meisten stammesgeschichtlichen Veränderungen im großen Maßstab», schreibt Stanley.[50] Wirbellose Tiere in großer Zahl und Vielfalt erscheinen plötzlich und voll ausgebildet im Kambrium. Fische treten reich an Arten und Individuen im Ordovizium auf, und das ohne vorausgehende Zwischenstadien. Blütenpflanzen finden wir plötzlich in der Kreide, ohne irgendeinen Hinweis auf andere, bereits existierende Vorformen. Und sie sind selbst bei den ältesten Fossilienfunden bereits erstaunlich formenreich.

Man kann dieses Phänomen, das Auftreten großer Gruppen diversifizierter Lebewesen, mit Athene vergleichen, die in voller Rüstung dem Kopf des Zeus entsprang. Dieses typische Muster der Radiation ist dem Darwinschen Gradualismus diametral entgegengesetzt. Darwin selbst erkannte dies und nannte das plötzliche Auftreten und die frühe Mannigfaltigkeit der Blütenpflanzen «ein widerwärtiges Geheimnis».[51] Er gab auch zu, daß die offenbar unvermittelte Mannigfaltigkeit der Wirbellosen im Kambrium mit seiner Theorie nicht erklärt werden kann. Stanley konstruiert ein beredtes Argument aus der Radiation der Säugetiere:

«Nehmen wir hypothetisch an, wir wollten eine Fledermaus oder einen Wal entstehen lassen, ohne Veränderungen durch schnelle Abzweigungen zu Hilfe zu nehmen. Mit anderen Worten, wir wollen sehen, was geschieht, wenn wir die Evolution auf den Vorgang der schrittweisen Veränderung etablierter Arten beschränken. Wenn eine durchschnittliche Chronospezies – sie entspricht einem Abschnitt der Stammesgeschichte, bei dem so geringe Veränderungen stattfinden, daß man die Individuen in diesem Abschnitt einer einzigen Art zuordnen kann – ungefähr eine Million Jahre dauert oder noch länger und wenn wir nur zehn Millionen

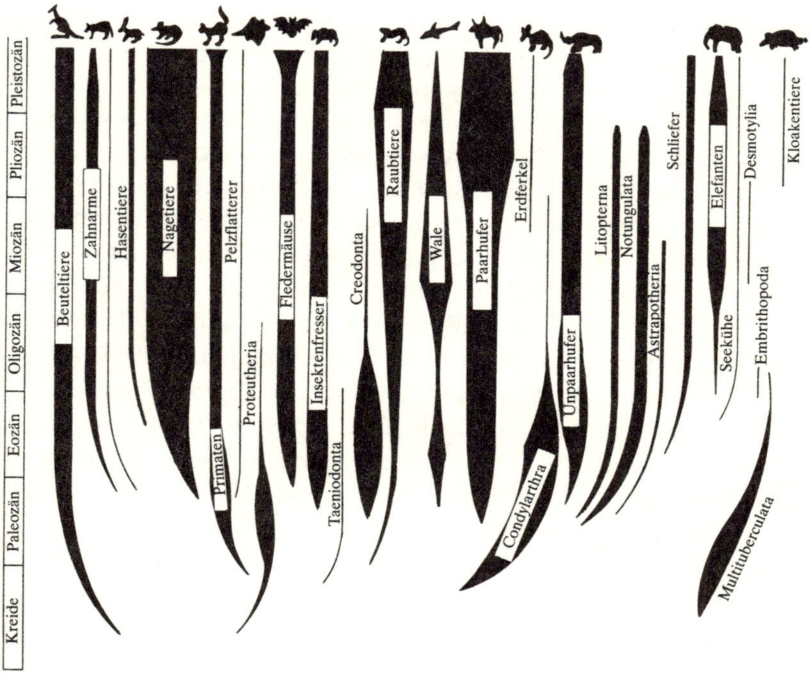

Abbildung 6.4. Schnelle Radiation der Säuger im frühen Känozoikum vor ungefähr 50 Millionen Jahren. Die Breite der Linien ist proportional zur Anzahl der Gattungen innerhalb der Ordnung. Die enormen Veränderungen, die in das Zeitalter der Säuger mündeten, fanden in weniger als 12 Millionen Jahren statt. Dem Darwinschen Gradualismus gelingt es nicht, das plötzliche Auftreten so vieler unterschiedlicher Tierformen zu erklären.

Jahre zur Verfügung haben, dann stehen in einer Reihe nur zehn oder fünfzehn Chronospezies vom Anfang bis zum Ende. Sie bilden eine kontinuierliche Linie und verbinden das primitive Säugetier mit der Fledermaus oder dem Wal. Das ist eindeutig widersinnig. Chronospezies gehen definitionsgemäß ineinander über, und jede von ihnen umfaßt nur geringe Veränderungen. Eine Kette von zehn oder fünfzehn Chronospezies führt uns von einer kleinen nagetierähnlichen Form bis zu einer leicht unterschiedlichen Form, die vielleicht eine neue Gattung darstellt, aber keineswegs zu einer Fledermaus oder zu einem Wal.»[53] Wenn wir auf dem Gradualismus bestehen, würde die Evolution neuer Ordnungen viel mehr Zeit erfordern, als die Erde überhaupt alt ist.[54]

Zusammenfassend gesagt, können der Gradualismus und die natürliche Auslese nicht die abnehmende Zahl der Tierstämme und anderer höherer Kategorien in der Erdgeschichte erklären, ebensowenig die langfristige Stabilität der Arten und die schnelle Radiation neuer Baupläne. Die meisten der bestdokumentierten Fossiliennachweise widersprechen den Voraussetzungen und den Schlußfolgerungen der Darwinschen Theorie. Die Evolution ist kein langsamer und gleichmäßig verlaufender Prozeß, wie Darwin annahm. Stanley bedauert, daß «seit Darwins Zeiten die Paläontologen mit Nachweisen konfrontiert waren, die mit dem Gradualismus nicht übereinstimmten. Doch die Botschaft des Fossiliennachweises wurde ignoriert. Dieser eigentümliche Umstand stellt ein bemerkenswertes Kapitel in der Geschichte der Naturwissenschaften dar, und er gibt den Fossilienforschern Anlaß zur Beunruhigung.»[55] Raup pflichtet dem bei: «Seit Darwin sind nun 120 Jahre vergangen, und unsere Kenntnisse der fossilen Nachweise sind stark gewachsen . . ., doch an der Situation hat sich nicht viel geändert.»[56] Auch Eldredge ist der Meinung, daß ein Umdenken in der Paläontologie längst überfällig ist: «Wir haben eine Theorie, die . . . nicht mehr übereinstimmt mit der heutigen Sicht der Vorgänge, die sich im typischen Fall bei der Geschichte einer Art abspielen.»[57] Es muß etwas Schwerwiegendes falsch sein an einer Theorie, die uns zwingt, die Erkenntnisse einer gesamten Wissenschaft zu leugnen oder zu ignorieren.

Wir haben gesehen, daß die Erfahrung der modernen Ökologie und Genetik die Annahmen der natürlichen Auslese zerstört hat, daß der Gradualismus für die Makroevolution nicht verantwortlich sein kann und daß die Voraussagen der natürlichen Auslese dem Fossiliennachweis widersprechen. Diese Schwierigkeiten dürfen nicht leichtgenommen oder vernachlässigt werden, denn sie greifen die Substanz der Theorie, ihre Voraussetzungen und ihre Schlußfolgerungen, an. Es kann nun nicht mehr davon die Rede sein, daß kleinere Revisionen die Theorie der natürlichen Auslese zu retten vermögen. Leider haben die Kritiker des Darwinismus keine einheitliche Ausweichmöglichkeit anzubieten. Die Theorie des gestörten Gleichgewichts von Gould und Eldredge beispielsweise überträgt ein neues Modell der Artenbildung (in Sprüngen) auf den Darwinismus und zerstört dabei die straffe Logik der natürlichen Auslese. Das Ergebnis sind zwei nebeneinander stehende Theorien und keine theoretische Erklärung dafür, warum die Artbildung gerade in Sprüngen erfolgen sollte. Weder die Kritiker noch die Verteidiger des Neodarwinismus bieten eine zufriedenstellende Evolutionstheorie an. Kein Zweifel, wir brauchen eine neue Synthese.

Eine neue stammesgeschichtliche Synthese

Darwins Modell war die Tierzucht. Diese Wahl, obwohl an sich ganz vernünftig, hatte einen ernsthaften Nachteil: Kein Züchtungsexperiment hat bisher eine neue Tierart hervorgebracht. Wenn Darwin seinen Gradualismus auf alle stammesgeschichtlichen Veränderungen ausdehnte, so gründete das auf einem ungewissen Mechanismus. Viel besser wäre ein Modell gewesen, das schon erfolgreich neue Arten hervorgebracht hat. Glücklicherweise existiert ein solches Modell, allerdings nicht bei den Tieren, sondern bei den Pflanzen. Von der Verdoppelung der Chromosomenzahl, einer seit über vierzig Jahren wohlbekannten Erscheinung, weiß man, daß sie für die Entstehung zahlreicher neuer Pflanzenarten, natürlicher wie künstlich gezüchteter, verantwortlich ist. Stebbins schreibt, daß dieses Phänomen schnell auftritt und weit verbreitet ist: «Innerhalb einer einzigen oder zweier Generationen entsteht aus einer alten Art oder einem Artenpaar eine völlig neue Pflanze. Sie unterscheidet sich deutlich von ihren Eltern und pflanzt ihren neuen Typ auch weiter fort. Diese umwälzende Form der Evolution tritt keineswegs selten auf: Durch sie entstanden manche Kulturpflanzen wie der Weizen, der Hafer, die Baumwolle, der Tabak, das Zuckerrohr und in weit zurückliegender Vergangenheit vielleicht auch die Äpfel, die Birnen, der Flieder, die Weide und viele andere Pflanzen.»[58] Patterson fügt hinzu, die Verdoppelung der Chromosomenzahl oder «Polyploidie tritt sehr selten bei Tieren auf, ist aber bei der Evolution der Pflanzen von größter Bedeutung gewesen: Ungefähr die Hälfte der bekannten Blütenpflanzen ist polyploid.»[59]

Im Jahr 1937 entdeckte man, daß geringe Mengen des chemischen Stoffes Colchicin bei sich teilenden Pflanzenzellen künstlich eine Verdoppelung der Chromosomenzahl bewirkt. Das führte nicht nur zur Entwicklung neuer, für den Menschen nützlicher Pflanzenarten, sondern erlaubte auch die experimentelle Bestätigung von Abstammungshypothesen, bei denen man eine Verdoppelung der Chromosomenzahl als Grund der Artenbildung vermutete[60] (siehe Abbildung 6.5).

Dieses Modell legt uns die Konstruktion eines Syllogismus ähnlich dem Darwinschen nahe, doch mit umgekehrten Voraussetzungen und einem ganz anderen Schluß. Darwin behauptete, daß beim Wettbewerb unter den Arten Varietäten mit einem wenn auch nur geringen Überlebensvorteil nach und nach selektiert und begünstigt würden. Dieses verschwenderische System von Versuch und Irrtum postuliert, daß die Natur zunächst fast alles falsch macht. Zusammenfassen läßt sich Darwins Modell in drei Konzepten: Konkurrenz, Ineffizienz und schrittweise Veränderung. Doch die Natur ist weder verschwenderisch noch ineffizient. Die nicht auf Konkurrenz beruhende Beziehung zwischen Arten, die wir in der Natur beobachten, beruht auf dem umfassenderen Prinzip, daß die Natur stets auf möglichst effiziente, ökonomische Weise vorgeht. Diese allgemeine Voraussetzung wird empirisch

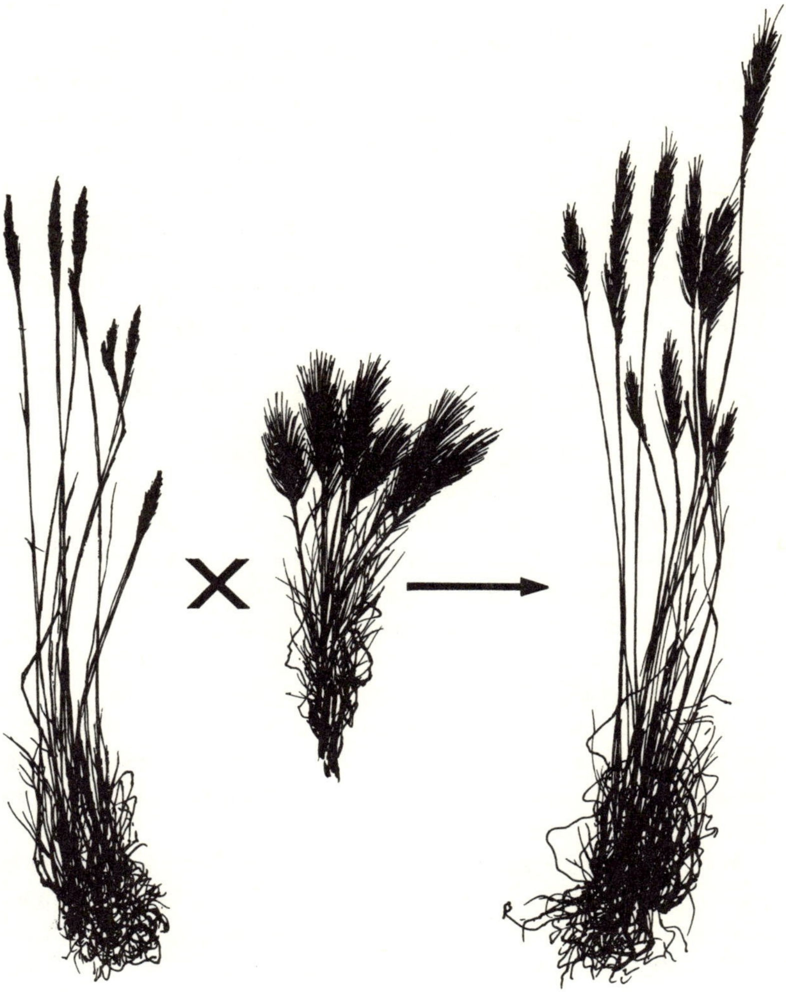

Abbildung 6.5. Zwei Grasarten, die Haargerste Elymus glaucus (links) und die Art Sitanion hystrix (Mitte) wurden gekreuzt und ergaben eine Hybridart (rechts). Obwohl anfänglich steril, wurde dieser Hybrid fruchtbar, als man seine Chromosomen mit einer Colchicin-Behandlung künstlich verdoppelte. Das Ergebnis war eine neue, sich in konstanter Form fortpflanzende Art. Die natürliche Verdoppelung der Chromosomen (Polyploidie) hat fast die Hälfte der bekannten Arten der Blütenpflanzen hervorgebracht (aus Stebbins, 1951).

von jeder Naturwissenschaft bestätigt. Die Einfachheit und Ökonomie der Natur ist beispielsweise in der Physik wohlbekannt. Das Prinzip des kleinsten Zwanges besagt, daß unbelebte Systeme sich mit dem geringsten Energieaufwand verändern. Wasser fließt talwärts. Seifenblasen sind kugelig. Die äußere Form eines Virus wird wie die aller molekularer Strukturen von der geringstmöglichen Energie bestimmt. Auch die Lebewesen verwenden Rohstoffe und Energie auf sparsamste Weise (siehe Kapitel 5). Diese Überlegungen führen uns zu folgenden Argumenten:

1. Die Natur geht auf möglichst effiziente und ökonomische Weise vor.
2. Das Verhältnis zwischen Arten in der Natur beruht nicht auf Konkurrenz oder Wettbewerb.
3. Die effizienteste Weise für die Bildung einer neuen Art, die nicht mit ihren Vorfahren in Konkurrenz tritt, ist ein unvermittelter Sprung. Wir müßten deshalb eigentlich erwarten, daß die Natur neue Arten durch Sprünge hervorbringt.

Auf diese Weise ist der neue Organismus seinem Vorfahren ähnlich genug, um als lebendes Wesen in sich sinnvoll zu sein, doch auch verschieden genug, um einen Wettbewerb zu vermeiden. Die wesentlichen Züge sind hier: keine Konkurrenz, Effizienz und sprunghafte Evolution.

Einmal hervorgebracht, besitzt eine neue Art die Fähigkeit, sich an eine Umweltveränderung anzupassen. Der Polymorphismus, die Vielgestaltigkeit der Individuen im Hinblick auf Farbe, Form oder Stoffwechsel, verleiht einer Art Flexibilität, so daß eine Umweltveränderung nicht zwangsläufig zu ihrem Aussterben führen muß. Ein Beispiel dafür ist der wohlbekannte Industriemelanismus. In der ersten Hälfte des vergangenen Jahrhunderts war die schwarze Form des Birkenspanners in England noch sehr selten. Mit zunehmender Industrialisierung wurde sie immer häufiger, bis sie in den fünfziger Jahren unseres Jahrhunderts in einigen Gebieten fast hundert Prozent der Population ausmachte. Der Grund dafür lag in der Umweltverschmutzung der Industriegebiete, die zu einer Schwärzung der Baumstämme führte, so daß die weiße Form darauf Räubern sofort auffiel.[61] In den vergangenen zwanzig Jahren ging die Verschmutzung wieder zurück, und tatsächlich registriert man in den letzten Jahren wieder eine Zunahme der hellen Form. Der Polymorphismus ist damit nicht ein Mechanismus stammesgeschichtlicher Neuartigkeit, sondern ein Mechanismus der Stabilität, der eine einmal etablierte Art erhalten hilft.

Mit der Polyploidie bei Pflanzen verfügen wir über ein Modell, das zu allen Fakten paßt, doch nur für einen Teil der Evolution bei Pflanzen verantwortlich ist. Polyploidie bei Tieren tritt selten und nur bei einigen wenigen Fröschen und Eidechsen auf. Was für ein ähnlicher innerer Mechanismus könnte die Mehrzahl der Pflanzen und Tierarten geschaffen haben? Punktmutationen (zufällige Veränderungen in einzelnen DNS-Basen) können wir von vornherein ausschließen, da die Häufigkeit ihres Auftretens ungefähr bei allen Arten dieselbe ist, obwohl sich gewisse Familien viel schneller als andere entwickelt haben. Allan Wilson erklärt dies folgendermaßen:

«Zwar hat die Erforschung von Punktmutationen unser Verständnis der Evolutionsvorgänge vertieft, doch ist es nicht gelungen, dadurch die Verknüpfung zwischen der Evolution von Molekülen und der von ganzen Organismen völlig herzustellen. Zwei Artengruppen wie die Frösche und die Säuger wie Katzen, Fledermäuse, Wale und Menschen unterscheiden sich kraß in ihrer an Merkmalen erkennbaren Evolutionsgeschwindigkeit. Und dies paßt nicht zu der annähernd gleichen Geschwindigkeit, mit der sich Punktmutationen in beiden Gruppen anhäufen.

Die Frösche sind eine alte Tiergruppe mit Tausenden von Arten. Dennoch zeigen sie so viele anatomische Gemeinsamkeiten, daß die Zoologen alle Frösche in eine einzige Ordnung stellen. In derselben Zeitspanne, in der sich Katzen, Fledermäuse, Wale und der Mensch aus einem gemeinsamen Urahnen entwickelt haben, hat sich eine Froschlinie so langsam verändert, daß sowohl 90 Millionen Jahre alte Fossilien als auch heutige Vertreter in dieselbe Gattung *Xenopus* (Krallenfrösche) eingeordnet werden. Die Plazentatiere – die höheren Säuger – dagegen unterscheiden sich, obwohl sie eine jüngere Gruppe darstellen, so stark voneinander, daß die Zoologen sie in sechzehn Ordnungen untergliedern.

Tatsachen wie diese zeigen an, daß das Entwicklungstempo der Säuger viel höher war als das der Frösche. Dennoch geschehen Punktmutationen im Genom von Säugern nicht schneller als in dem von Fröschen. Ähnliche Gegenstände zwischen der Anhäufungsrate von Punktmutationen einerseits und der Evolutionsgeschwindigkeit der Organismen andererseits sind auch für zahlreiche andere Gruppen charakteristisch.»[62]

Der Mechanismus, der für den Ursprung neuer Arten, Gattungen, Ordnungen, Klassen und Stämme verantwortlich ist, muß also grundsätzlicher sein, als zufällige Mutationen einzelner Basen der DNS es sind. Die Nachweise deuten in Richtung Regulator-Gene. Britten und Davidson glauben, «größere Ereignisse in der Evolution erforderten signifikante Veränderungen in der Art der Genregulation. Diese Veränderungen bestehen sehr wahrscheinlich in der Hinzufügung neuer Regulationsmuster oder der Neuordnung bereits existierender Muster.»[63] Ihre Argumente sind zwingend: Differenzierung und Koordination von Geweben und Organen bei höheren Lebewesen werden duch das Zellwachstum hervorgerufen, und dieses wiederum wird von genetischen Regulationsprogrammen gesteuert. Deswegen erfordern größere Ereignisse in der Evolution das Auftreten neuer Programme der Genregulation.[64] Jede Zelle eines Organismus enthält alle genetischen Informationen für den Aufbau *jedes* Körperteils. Natürlich wird der größte Teil dieser Information unterdrückt, wenn sich die Zelle zum Beispiel in ein Blutkörperchen, eine Muskelzelle, eine Nervenzelle oder in eine andere Zelle mit spezifischen Aufgaben entwickelt. Die Unterdrückung der nicht benötigten Instruktionen besorgen die Regulator-Gene. Im Gegensatz zu den Struktur-Genen, die die Herstellung einzelner Proteine codieren, üben die Regulator-Gene eine Kontrolle über ganze Sätze anderer Gensequenzen aus. Sie aktivieren oder blockieren sie je nach Bedarf. Wenn man die Struktur-Gene verschiedener Arten vergleicht, erscheinen diese sehr ähnlich. Viele Stoffwechselwege und über neunzig Prozent der Enzyme sind bei Bakterien und Säugetieren beispielsweise identisch. Da die Materialien und die molekularen Werkzeuge aller Lebewesen im wesentlichen die gleichen sind, müssen die Hauptunterschiede zwischen den Lebewesen in den Programmen liegen, nach denen diese gleichen Materialien und Werkzeuge verwendet werden.[65] Wilson, Maxon und Sarich stimmen darin überein, daß «die anatomische Evolution hauptsächlich auf Veränderungen des Regulationssystems beruht».[66]

Diese molekulare Erklärung revolutioniert die Evolutionsbiologie, da sich nun die Möglichkeit experimenteller Verifizierung und kausaler Erklärungen bietet. Der Mikrobiologe Bernard Davis von der Harvard Medical School meint dazu: «Die molekulare Genetik ist nicht nur eine Hilfe für die Evolutionsbiologie. Sie liefert ihr auch eine neue Basis. Wir stehen am Anfang einer großen neuen Synthese der Evolutionsbiologie.»[67]

Der molekulare Erklärungsversuch hat schon zu vielen aufregenden Erkenntnisdurchbrüchen geführt. Im Hinblick auf Wachstum und Entwicklung berichtet Walter Gehring beispielsweise von der Isolation einer Gensequenz, der Homöobox, die bei Fruchtfliegen, Ringelwürmern und Säugern für gewisse Struktureinheiten verantwortlich ist.[68] Eine weitere Anwendung dieser Methode ist die Sequenzanalyse der DNS. Die heutigen molekularbiologischen Techniken erlauben es Spezialisten, nicht nur einige wenige morphologische Merkmale zweier Arten, sondern die gesamte DNS beider Arten zu vergleichen. Mit dieser Methode haben die Ornithologen Charles Sibley und Jon Ahlquist von der Yale University einen Stammbaum aller Vögel entwickelt. Sie lösten dabei manche seit langem anstehenden, schwierigen Probleme der Klassifikation und der Abstammung.[69] Ähnliche Untersuchungen zeigten, daß der Riesenpanda den echten Bären näher verwandt ist als den Waschbären.[70] Alle diese Ergebnisse und Entdeckungen belegen die Gültigkeit der molekularen Annäherung an die Evolution.

An dieser Stelle erhebt der Neodarwinismus Widerspruch. Wenn die Evolution sprunghaft stattfindet, ohne Gradualismus und Zwischenstufen, mit wem paart sich dann das neue Lebewesen? Wenn es das einzige Exemplar einer neuen Art und seine Verbindung mit einem Vorfahren definitionsgemäß unfruchtbar ist, wie kann es sich dann selber fortpflanzen? Pflanzen können dieses Problem durch Selbstbefruchtung lösen, doch was geschieht mit den Tieren?

Hier geht der Neodarwinismus von zwei grundlegenden Annahmen aus:

1. Das gesamte genetische Material einer Art wird, wenn nicht im Individuum, so doch in der Gesamtpopulation ausgedrückt.
2. Die natürliche Auslese bestimmt, welche Variationen in der Population weiterleben und welche eliminiert werden.

Beide Annahmen werden von der modernen Molekulargenetik in Zweifel gezogen. Zunächst hat man kürzlich entdeckt, daß nur ein kleiner Prozentsatz der DNS der Pflanzen- und Tierzellen notwendig für den Aufbau des Organismus ist. Der Rest besteht aus dauernd, Hunderte, ja Tausende von Malen wiederholten überflüssigen Sequenzen. Bisweilen hängen sie aneinander, bisweilen erscheinen sie auch auf getrennten Chromosomen.[71] Es ist möglich, daß innerhalb dieser überflüssigen DNS irgendein Prozeß neue Muster von Regulator-Genen entwickelt, die am Ende neue Baupläne und damit auch neue Arten hervorbringen.[72] Die entsprechenden DNS-Abschnitte jedenfalls sind überflüssig: Normalerweise kommen sie weder beim Individuum noch in der Population zum Ausdruck. Damit wären sie der natürlichen Auslese entzogen. Folglich würde nichts die überflüssige DNS einer gesamten Population daran hindern, sehr schnell homogen zu werden. Dies könnte die Antwort sein auf die Schwierigkeit, daß eine neue Art auch Geschlechtspartner finden muß. Wenn diese Theorie der überflüssigen DNS, die sich mit Hilfe innerer autonomer Vorgänge langsam selbst organisiert, wirklich zutrifft, dann könnten viele Individuen der neuen Art gleichzeitig hervorgebracht werden.

Mit dieser neuen Theorie ist die lange Stasis fossiler Arten leicht zu verstehen. *Eine Art verwandelt sich gar nicht in eine andere Art.* Vielmehr hortet sie überflüssiges genetisches Material (sozusagen den «Samen» einer neuen Art), und dieses entwickelt langsam einen neuen Bauplan, der vorerst aber noch nicht realisiert wird.

Während dieser langen Entwicklungsperiode treten bei den Individuen der Elternart keine Veränderungen auf. Wenn eine neue Art dann endlich erscheint, auf einen Schlag und voll ausgebildet, lebt die Ausgangsart ohne Veränderung weiter. Evolution geschieht also nur in den überflüssigen DNS-Abschnitten, die nicht zum Ausdruck kommen, ohne daß dabei das Individuum oder die noch existierende Population verändert wird. Also – Stasis.

Wenn wir die Evolution als einen inneren genetischen Mechanismus verstehen, so können wir den *Ursprung* neuer Arten von Lebewesen auf die einfachstmögliche Art erklären. Wir wissen, daß jedes Lebewesen seine Gewebe nach einem vorprogrammierten, chemisch codierten Satz genetischer Informationen vergrößert und differenziert. Wichtige Veränderungen in diesen inneren Algorithmen für den Aufbau eines Lebewesens bringen notwendigerweise neue Typen von Pflanzen und Tieren hervor, seien es Arten oder Ordnungen oder Klassen oder gar Stämme, je nach Umfang der Veränderung des Algorithmus. Britten und Davidson meinen dazu: «Stammesgeschichtliche Veränderungen im Entwicklungsprozeß könnten sicher durch Veränderungen individueller Gene entstehen, die in gegebenen Stadien der Entwicklung zum Ausdruck kommen. Es ist jedoch klar, daß Änderungen der Gene, die über die Regulationsprogramme entscheiden, enorme Veränderungen im Entwicklungsprozeß hervorrufen können, und dies wäre eine außerordentlich bedeutsame Quelle evolutionären Wandels. Wir sind der Ansicht, daß man Veränderungen in der Regulation postulieren muß, um die Spannweite der funktionellen und strukturellen Veränderungen, wie sie bisher in der Evolution aufgetreten sind, erklären zu können.»[73]

Wenn wir die Evolution mit Hilfe von Veränderungen bei den Regulator-Genen erklären, so paßt dies auch zur sprunghaften Artbildung beim Fossiliennachweis. Denn ein einziges Regulator-Gen schaltet ganze Sequenzen von Struktur-Genen ein oder aus. Einen Zwischenweg gibt es nicht. Ein solcher Mechanismus funktioniert notgedrungen sprungweise, nicht in kleinen Schritten. Stasis und Sprünge sind die konstituierenden Elemente der

Theorie vom gestörten Gleichgewicht, die wiederum logischer Bestandteil der neuen Synthese ist.

Es bringt uns einen Schritt weiter, wenn wir uns die ausgeklügelten genetischen Instruktionen, codiert in den Chromosomen, als ein Master-Programm mit zwei Hauptteilen vorstellen: Der eine Teil baut den Organismus auf, der andere, unabhängige Teil entwickelt sein eigenes neues Master-Programm. In einem kürzlich erschienenen Beitrag in der Zeitschrift *The Sciences* beschreibt Peter Oppenheimer ein von ihm entwickeltes Computerprogramm, das visuelle Bilder natürlich aussehender Bäume produziert. Es handelt sich um mehr als um eine bloße visuelle Simulation, denn Oppenheimers Programm simuliert den Wachstumsvorgang, indem es die Logik der Genetik eines Lebewesens nachahmt.[74] Leichte Veränderungen im Programm verwandeln eine schlanke Fichte in einen knorrigen Apfelbaum. Andere Veränderungen bringen die zarten Verzweigungen eines Farns hervor. Diese Programme als dreidimensionale Modelle illustrieren das Prinzip, daß kleine Veränderungen an Schlüsselpositionen ganz unterschiedliche Ergebnisse zeitigen können.[75]

Die Analogie mit einem Computerprogramm hilft uns auch verstehen, wie das Leben sich im Laufe der geologischen Geschichte immer stärker differenzierte. Der innere genetische Mechanismus, der die überflüssige DNS verwendet, begann zuerst mit den weitestreichenden Entscheidungen. Die größten Unterschiede zwischen den Stämmen mit den mannigfaltigsten Bauplänen treten früh im Fossiliennachweis auf. Hat ein Lebewesen einmal die Möglichkeiten eines Themas in einer Richtung entwickelt, so gibt es kein Zurück mehr. Die Entscheidung ist dann gefallen. Die Evolution kehrt sich selbst nicht um. Statt dessen beginnt das genetische Material sich auf niedrigerem taxonomischem Niveau zu differenzieren und entwickelt alle möglichen weiteren Themen. Dies geht so weiter bis zur untersten systematischen Kategorie. Wir können diesen Vorgang der Diversifizierung – irreversible Fixierung und Diversifizierung auf nächstniedrigerer Ebene – auch *systematische Differenzierung* nennen, weil sie planmäßig auf jeder Ebene alle möglichen Variationen erzeugt. Dieses Muster finden wir auch beim Fossiliennachweis: Eine immer stärkere Mannigfaltigkeit bei einer immer geringer werdenden Zahl von Kategorien.

So haben zum Beispiel Valentine und Campbell die These aufgestellt, aus der Neuprogrammierung der Regulator-Gene eines primitiven wurmförmigen Coelomaten seien die verschiedenen anderen Stämme der Coelomaten entstanden.[76] Jeder neue Stamm habe sich dann seinerseits durch Radiation in eine Vielfalt von Klassen und Ordnungen aufgespalten, und in jedem dieser Zweige habe wieder eine weitere Neuprogrammierung der Regulator-Gene stattgefunden.

Daß die Evolution nicht auf ewige Zeiten weitergeht, sondern Beschränkungen unterliegt und am Ende sich selbst erschöpft, folgt auch aus der systematischen Differenzierung. Pere Alberch von der Harvard University meint dazu, Monstren «stellten ein sehr gutes Beispiel für die der Morphologie innewohnenden Regeln dar». Zweiköpfige Monstren beispielsweise treten (wenn auch selten) bei vielen Arten auf. Wenn die Variation nach den Gesetzen des Zufalls erfolgte, müßten dreiköpfige Monstren ebenso wahrscheinlich sein, meint Alberch, aber «es gibt sie nicht». Aus dem Fehlen dreiköpfiger Monstren schließt er, daß es Beschränkungen bei der möglichen Formenvielfalt von Tieren gibt. Thomas und Reif schätzten die Zahl der möglichen Tierbaupläne, indem sie die Auswirkungen von Beschränkungen auf solche Strukturvariablen wie Innen- oder Außenskelett und starre oder biegsame Baustoffe erforschten. Nach der Elimination sinnloser Kombinationen reduziert sich die Zahl der Baupläne auf weniger als eintausend. Von diesen sind mehr als die Hälfte reichlich in der Natur vertreten, und weniger als ein Drittel ist selten. Dies deutet darauf hin, so meint Thomas, daß «die Anzahl der Formen nicht nur begrenzt ist, sondern auch nahezu vollständig ausgeschöpft wurde».[77]

Die methodische Diversifizierung von innen heraus wäre auch verantwortlich für die häufige parallele Entwicklung oder Konvergenz bei der Evolution von Pflanzen und Tieren, zum Beispiel für die auffallende Ähnlichkeit mancher Typen australischer Beuteltiere mit ihren Pendants unter den Plazentatieren der anderen

Kontinente (siehe Abbildung 6.6).[78] Wenn diese Tiere einen gemeinsamen Vorfahren hatten, dessen genetisches Potential sich nach einem feststehenden Plan differenzierte, sollten wir erwarten, daß die Nachkommen ungefähr denselben morphologischen Spuren folgen, selbst in unterschiedlichen Lebensräumen. Also – parallele Entwicklung oder Konvergenz.

Dieser *Prozeß der systematischen Differenzierung* empfiehlt sich sehr als neuer Mechanismus für die Evolution. Er funktioniert auf eine Art und Weise, die mit den Fakten übereinstimmt. Zunächst ist er ein innerer Grund für die Veränderung, der aus den Potenzen des Lebewesens selbst hervorgeht. Das paßt zu unserer Feststellung, daß das Leben seine Aktivitäten *selbst* lenkt. Zweitens arbeitet er sprunghaft und bringt auf einen Schlag neue Arten hervor. Drittens beruht er nicht auf Konkurrenz, sondern eher auf einer kooperativen Anstrengung der gesamten Population. Viertens ist er ein natürlicher, geordneter Prozeß, der alle möglichen Variationen eines Themas ausschöpft – die Natur handelt hier wie eine kreative Künstlerin. Fünftens ist er ökonomisch und einfach und schreitet mit einem Minimum an Energie, Rohstoffen und Verschwendung voran. Und sechstens führt die systematische Differenzierung tatsächlich zu neuen Arten, und dies *auf eine Weise, die sich wiederholen und im Labor verifizieren läßt*. Im Gegensatz dazu verwendet die natürliche Auslese die Umgebung sozusagen als Filter, der gewisse bevorzugte Lebewesen auswählt. Sie erfordert auch schrittweise Veränderung und Wettbewerb. Die natürliche Auslese arbeitet in der Hauptsache mit dem Zufall und ist sehr verschwenderisch, denn sie bringt viele zufällige Veränderungen hervor und eliminiert all jene, die keinen Sinn ergeben. Schließlich gelingt es der natürlichen Auslese nicht, den Ursprung neuer Arten und höherer Taxa zu erklären. Und schließlich ist die *zweite Verteidigungslinie*, die allein verhinderte, daß man die natürliche Auslese aufgab, im Labor nicht verifizierbar und in der Natur nicht beobachtbar.

Notwendigerweise ist unsere Darstellung dieser Alternative zu Darwins natürlicher Auslese unvollständig, denn viel Forschungsarbeit bleibt noch zu tun. Doch haben wir dafür nun ein schlüssiges Modell an der Hand, das die Fakten auch richtig beleuchtet.

Abbildung 6.6. Die systematische Differenzierung von innen heraus ist verantwortlich für die auffallende Ähnlichkeit des Körperbaus zwischen vielen australischen Beuteltieren und den Gegenstücken unter den Plazentatieren auf anderen Kontinenten (nach Dobzhansky u. a.).

Die Tatsache der Evolution

Nichts von alledem, was wir bisher in diesem Kapitel gesagt haben, stellt einen Beweis dar, daß die Evolution tatsächlich stattgefunden hat. Das haben wir die ganze Zeit nur angenommen. Der fossile Nachweis zeigt uns, daß nicht alle Lebewesen gleichzeitig auftraten. Die Fossilien bestätigen auch eine Ordnung des Auftretens, die historischen Schritte von den Bakterien und Algen zu den großen Wirbellosen, den Fischen, Amphibien, Reptilien, Vögeln, Säugern und schließlich zum Menschen. Die allgemeine Evolutionstheorie behauptet, diese verschiedenen historischen Schritte seien miteinander durch Abstammung verbunden. Darwin ergänzte diese allgemeine Evolutionstheorie durch die Behauptung, die Schritte seien durch kleine Veränderungen aufgrund der natürlichen Auslese miteinander verbunden. Wenn man also die natürliche Auslese ablehnt, verwirft man damit nicht gleichzeitig die Evolution als solche, sondern nur einen Mechanismus, der erklären will, wie sie vor sich gegangen ist. Als Nachweis für die allgemeine Evolution verweist man hauptsächlich auf gewisse Phänomene bei Lebewesen, die sich am ehesten oder ausschließlich durch die Annahme erklären lassen, daß alle Lebewesen einen gemeinsamen Vorfahren haben. Eines dieser Phänomene ist die Universalität des genetischen Codes. Wenn die Lebewesen nicht von einem gemeinsamen Vorfahren abstammten, so wäre kaum einzusehen, warum alle im wesentlichen denselben Code für die genetischen Informationen verwenden sollten, vor allem, da keine chemische Notwendigkeit dafür besteht. Ein weiterer Beleg ist die Ähnlichkeit der Stoffwechselvorgänge. Dobzhansky schreibt: «Alle Lebewesen sind sich in ihrer chemischen Zusammensetzung erstaunlich ähnlich. Sie enthalten nicht nur Atome derselben Elemente, sondern oft auch in ähnlichen Mengenverhältnissen. Dieselben Stoffklassen, besonders Nukleinsäuren und Proteine, kommen überall vor. Alle Proteine bestehen aus denselben zwanzig Aminosäuren, und diese Aminosäuren werden, mit seltenen Ausnahmen, nur durch linke optische Isomere repräsentiert. Energieträger (wie das Adenosintriphosphat, ATP) und Enzyme mit identischen Funktionen (etwa Cytochrom C) kommen in den unterschiedlichsten Organismen vor. Für einen Anhänger der Evolutionstheorie sind diese chemischen Ähnlichkeiten bedeutungsvoll; sie bestätigen, daß der Mensch mit allen Lebewesen verwandtschaftlich verbunden ist.»[79] Die identische Chiralität der Biomoleküle läßt sich ebenfalls am leichtesten verstehen, wenn man einen gemeinsamen Ursprung annimmt.[80]

Die Stammesgeschichte der Lebewesen fügt sich in die umfassendere Geschichte des Universums ein, die bis zum Big Bang zurückgeht. Die chemischen Elemente sind nicht unveränderlich, sondern wurden über Jahrmillionen hinweg im Innern von Sternen durch thermonukleare Prozesse erzeugt. Deswegen kann es uns nicht überraschen, wenn auch Arten, Ordnungen, Klassen und Stämme von Tieren und Pflanzen einen Ursprung und eine Geschichte haben.

Unabhängig von diesen Argumenten, die auf modernen Entdeckungen basieren, sind die taxonomischen Beobachtungen, daß nämlich alle Lebewesen, heute noch vorhandene wie ausgestorbene, eine fortlaufende Reihe zunehmend größerer Gruppen bilden, hierarchisch geordnet nach dem Prinzip der Ähnlichkeit (beispielsweise die Reihe Löwe, Katzenartige, Raubtiere, Säugetiere, Wirbeltiere). Dieses Argument war Darwin[81] bekannt, wie Eldredge erklärt: «Diese Hierarchie des Lebens – das Muster der gegenseitigen Ähnlichkeiten, das alle Lebewesen verbindet – war wohl Darwins bestes Argument dafür, daß das Leben sich wirklich entwickelt hat. Wenn sich das Leben *tatsächlich* entwickelt hat, müßten wir feststellen, daß irgendwie geartete Merkmale der frühen Ausgangsform allen Nachkommen eigen sind – auch den heutigen Formen des Lebens. Und genau das konstatieren wir: Die RNS und in etwas geringerem Ausmaß die DNS sind exakt jenes biochemische Erbe, das allen Lebewesen gemeinsam ist. Spätere evolutionäre Neuerungen, die im Stammbaum erst auftreten, nachdem sich einige genealogische Linien bereits abgespalten haben, werden nur an die Nachkommen jener bestimmten Art weitergegeben. Alle Säugetiere haben Haare – ein Vermächtnis der ursprünglichen, behaarten Art. Haarähnliche Strukturen kommen an allen Ecken und Enden des Pflanzen- und Tierreichs vor, doch echte Haare gibt es nur bei den Säugern.»[82]

Man könnte noch weitere Argumente aus der Einfachheit der Natur schöpfen, doch die überzeugendsten Nachweise stammen von der Molekulargenetik. Wenn die Geheimnisse der Regulator-Gene gelüftet sind, werden wir verstehen, wie die Natur neue Baupläne schafft und sie variiert. Der viel einfachere Vorgang der Chromosomenverdoppelung bei polyploiden Pflanzen ist schon gut bekannt, doch wissen wir noch nicht, wie dieser die Genregulation verändert.

Der Ursprung des Lebens

Doch was wissen wir über den Ursprung des ersten Lebewesens? Wie begann das Leben überhaupt? Im allgemeinen wird angenommen, daß Darwin die Biologie ein für allemal von der Notwendigkeit Gottes befreit habe. Eldredge meint, Darwin «habe uns gelehrt, die Geschichte des Lebens mit Hilfe rein naturalistischer Begriffe zu verstehen, ohne zu Übernatürlichem oder Göttlichem Zuflucht nehmen zu müssen».[83] Julian Huxley hat gesagt: «Der Darwinismus entfernte die gesamte Idee von Gott als einem Schöpfer der Lebewesen aus der Sphäre der rationalen Diskussion.»[84] Jacob stellt fest: «Auf dieser Ebene hat Darwin die Idee der gesonderten Erschaffung der Arten zerstört, die Vorstellung, jede Gattung sei für sich von einem Schöpfer erdacht und verwirklicht worden.»[85] Und Simpson schreibt über den Ursprung des ersten Lebewesens: «Es gibt jedenfalls keinen Grund dafür, ein Wunder zu postulieren. Man braucht auch nicht notwendigerweise anzunehmen, daß der Ursprung dieser neuen Vorgänge der Fortpflanzung und der Mutation auf irgend etwas anderem als etwas Materialistischem beruht.»[86]

Doch wie wir gesehen haben, ist Darwins natürliche Auslese als biologische Theorie ein Fehlschlag. Deswegen müssen wir uns auch wieder überlegen, ob der Materialismus als Erklärung für den Ursprung des Lebens ausreicht.

Die Materie besitzt viele Fähigkeiten, aber auch klare Grenzen. Wir können zwei Kategorien von Formen unterscheiden, unter denen Materie auftreten kann. Die erste Art wird durch ein der Materie innewohnendes Agens hervorgerufen, in Übereinstimmung mit den anerkannten Gesetzen der Physik und der Chemie. Diese Art umfaßt alle chemischen Verbindungen, die Elemente und selbst Mischungen, obwohl diese nicht denselben Grad der Einheitlichkeit aufweisen wie die anderen. Wir haben diese Art in Kapitel 2 kurz erwähnt.

Die zweite Formkategorie ist jene, die nicht durch ein der Materie innewohnendes Agens hervorgerufen wird. Ein Beispiel dafür wäre ein Eisblock, der zu einer Poseidonstatue zurechtgeschnitten wurde. Das Eis erhält seine Form auf rein passivem Weg und hat keine natürliche Neigung zu ihr. Das Eis ist offen für unzählige Formen dieser Art und ihnen gegenüber völlig indifferent. Das Streben zu dieser besonderen Form des Poseidon muß also von einem äußeren Grund herrühren – in diesem Fall dem Künstler. Alle menschlichen Artefakte sind Beispiele für diese Kategorie von Formen, die der Materie von außen her aufgezwungen werden.

Zu welcher dieser beiden Kateogrien zählt die organische Form? Wohin gehört die Gestalt eines ausgewachsenen Pferdes oder einer alten Eiche? Die Formen der Elemente oder Verbindungen entstehen durch physikalische oder chemische Notwendigkeit. So besitzen Wasserstoff und Sauerstoff beispielsweise eine natürliche Neigung, Wasser zu bilden (siehe Kapitel 2). Organische Formen werden nicht auf diese Weise hervorgebracht, sondern nach genetischen Informationen aufgebaut. Der Materie selbst wohnt nicht die Tendenz inne, ein Pferd oder eine Eiche zu bilden, ebensowenig wie sie einen Stuhl oder einen Mikrochip hervorbringt. Die Materie muß über chemisch codierte Instruktionen erfahren, wie ein Pferd oder eine Eiche Zelle um Zelle, Protein um Protein aufgebaut wird. Die Materie kann in eine unbegrenzte Zahl organischer Formen gebracht werden und ist ihnen allen gegenüber indifferent. Die organischen Formen sind deswegen nicht das Produkt einer chemischen oder physikalischen Notwendigkeit wie die Formen der Verbindungen und der Elemente.

Auch der genetische Code ist in sich nicht das Produkt einer physikalischen oder chemischen Notwendigkeit. Im Gegensatz zum Periodensystem der Elemente, das von den Notwendigkeiten des atomaren Aufbaus bestimmt ist, stellt der genetische Code etwas willkürlich Festgesetztes dar. Es besteht keine naturgegebene oder notwendige Verbindung zwischen den Proteinen, die von der Zelle hergestellt werden, und den entsprechenden Abschnitten im DNS-Code. Das wird klar, wenn wir daran denken, daß für jede Aminosäure mehr als eine Codeform verwendet wird. Leucin beispielsweise hat sechs untereinander frei austauschbare Codeformen. Und es gibt drei verschiedene Arten, wie die DNS den Befehl zur Beendigung des Aufbaus codiert. Das wäre nicht möglich, wenn irgendeine naturgegebene oder notwendige Verbindung zwischen den Nukleotid-Tripletts der DNS und den Proteinen bestünde, die die Zelle herstellt. Sie sind miteinander nur verbunden durch Konventionen, die in den Lebewesen selbst liegen, ebensowenig wie die Natur oder eine Notwendigkeit die Wörter irgendeiner menschlichen Sprache mit den bezeichneten Dingen verbindet. Selbst lautmalerische Wörter unterscheiden sich von einer Sprache zur anderen. Sprachen und genetische Codes sind willkürlich festgelegt.

Ein weiterer Beweis dafür, daß der genetische Code willkürlich festgelegt ist, besteht in der Tatsache, daß die gesamte Zelle und die darin enthaltenen Mitochondrien leicht unterschiedliche Codes für dasselbe Protein kennen. Dennoch kommt es zu keiner Verwirrung. Wenn die genetische Information nicht in einer chemisch willkürlichen Weise aufbewahrt würde, wäre es auch nicht korrekt, die DNS als Code zu bezeichnen. Codes korrelieren mit gegenseitig nicht verbundenen Systemen: Die Punkte und Striche des Morsealphabets sind nicht in notwendiger Weise mit den Buchstaben des Alphabets verbunden, die sie repräsentieren.

Der Organismus hat folglich mit künstlerischen Formen etwas gemeinsam. Den organischen wie den künstlerischen Formen sind Vielfalt und Unbegrenztheit eigen. Die Materie ist gegenüber beiden Formenarten indifferent. Der Hauptunterschied besteht darin, daß die künstlerischen Formen einen äußeren Grund haben, während die organischen Formen durch einen inneren Grund bestimmt werden. In jedem Lebewesen finden wir also etwas, das der menschlichen Kunst entspricht.

Dies erklärt auch, warum in der Natur nur Lebewesen organische Moleküle hervorbringen. «Proteine sind chemische Verbindungen, die nur durch lebende Organismen produziert werden», schreibt Patterson.[87] Bei Experimenten wurden einige (aber nicht alle) für die Proteinsynthese notwendigen Aminosäuren spontan hervorgebracht, indem man eine Mischung von Methan (CH_4), Ammoniak (NH_3), Wasserdampf und Wasserstoff elektrischen Entladungen aussetzte.[88] Aber keines dieser Experimente oder seiner Varianten hat spontan zur Produktion von Nukleinsäuren, Fetten, Stärken oder Proteinen geführt.[89] Jede Zelle im menschlichen Körper enthält ungefähr zehntausend verschiedene Proteinarten – alle wurden vom Körper selbst aufgebaut, und die Informationen dazu sind in der DNS codiert. Bei den Aminosäuren, die spontan entstanden, handelte es sich um einfache chemische Verbindungen aus jeweils nur wenigen Atomen. Der Biochemiker Robert Shapiro verabschiedet den grundlegenden Anspruch, die Urzeugung nachvollziehen zu können: «Eine Mischung aus einfachen chemischen Verbindungen, selbst mit einigen Aminosäuren angereichert, ähnelt einem Bakterium nicht mehr, als ein kleiner Haufen sinnvoller und sinnloser Wörter, jedes davon auf einen Fetzen Papier geschrieben, dem Gesamtwerk Shakespeares ähnelt.»[90]

Die Materie braucht keine besonderen Instruktionen, um Schneeflocken oder Natriumchlorid hervorzubringen. Diese Formen liegen in ihren Möglichkeiten. Das gilt aber nicht für organische Formen. Die lebenden Formen transzendieren alle anderen natürlichen Formen, nicht nur wegen ihrer einzigartigen Aktivitäten (siehe Kapitel 2), sondern weil die Gesetze der Physik und Chemie allein sie nicht hervorzubringen vermögen.

Was bringt die Formen des Lebens hervor? Was ist verantwortlich für den Ursprung des genetischen Codes und was führt ihn dazu, Pflanzen und Tierarten hervorzubringen? Es kann sich nicht um Materie handeln, denn die Materie in sich hat keine Tendenz, diese Formen zu bilden, ebensowenig wie sie die Statue des Poseidon oder einen Mikrochip oder irgendein anderes Artefakt bildet. Es muß einen Grund geben, der unabhängig ist von der Materie, der sie aber formen und leiten kann. Gibt es etwas Entsprechendes in unserer Erfahrung? Ja, das gibt es: unseren eigenen Geist. Die Form der Statue entsteht im Geist des Künstlers, der daraufhin die Materie in der entsprechenden Weise formt. Der Geist des Künstlers ist letztlich der Grund jener Form der Materie, selbst wenn er oder sie eine Maschine erfindet, die solche Statuen herstellt. Aus denselben Gründen muß es einen Geist geben, der die Materie in organische Formen bringt. Selbst wenn er dies tut, indem er chemische Mechanismen schafft, welche diese Aufgaben autonom ausführen, so ist doch dieser Künstler letztlich der Grund für diese Formen der Materie. Dieser Künstler ist Gott, und die Natur ist das Werk Gottes. Göttliche Kunst – das heißt die Natur – ist tiefer und mächtiger als jede menschliche Kunst, weil sie das wahre Wesen der Dinge darstellt.

7 Die Zielgerichtetheit der Natur

Anpassung

Darwin hielt daran fest, daß die Evolution ausschließlich durch äußere Ursachen in Gang gehalten würde. Im Jahre 1862 schalt er Hooker, weil dieser von «einer innewohnenden Tendenz» gesprochen hatte, «völlig unabhängig von den äußeren Bedingungen Variationen auszubilden». Darwin bestand darauf, daß «die gesamte Variabilität auf Veränderungen in den Lebensbedingungen zurückgeht».[1] Darwins Auffassung zufolge stößt und zieht die Umwelt den inerten und passiven Organismus in verschiedene Richtungen. Dieses Newtonsche Bild stellt alle Ursachen für eine Veränderung im Organischen *außerhalb* des Lebewesens. Jede Veränderung ist damit eine adaptive Veränderung, eine Anpassung. Dover bemerkt, daß beginnend mit Darwin «die Prozesse der Anpassung und der Artenbildung unwiederruflich miteinander vermengt wurden».[2] In einem neodarwinistischen Kontext gilt das Aussterben oft als Beweis dafür, daß ein Lebewesen an seine Umgebung nicht gut genug angepaßt war.

Wenn aber zutrifft, was wir in Kapitel 6 erläutert haben, daß die Evolution nämlich ein Prozeß systematischer Differenzierung ist, resultierend aus autonomen Veränderungen in überflüssigen DNS-Abschnitten, dann ist Darwins Ansatz verkehrt. Die Ursache für die Evolution liegt im *Innern* des Organismus. Das wird von morphologischen Studien bekräftigt. Die Umwelt ist zu allgemein, als daß sie die Ursache für die hunderttausend unterschiedlichen Schmetterlingsarten sein könnte. H. Frederick Nijhout schreibt: «Nur wenige Erscheinungen in der Natur können sich an Schönheit und Vielfalt mit den Flügelmustern der Schmetterlinge messen. Jede einzelne Art – und davon gibt es über hunderttausend – läßt sich im Grunde allein schon an ihrer Farbzeichnung von den übrigen unterscheiden. Noch faszinierender dabei ist, daß selbst komplizierte Muster – wie ich nach einigen Jahren Forschungsarbeit feststellte – eigentlich auf recht einfache Weise entstehen ... Man kann davon ausgehen, daß die an der Entstehung von Farbmustern oder Gestaltmerkmalen beteiligten Prozesse zumindest in den Grundzügen gleich sind; denn jede Entwicklung geht letztlich auf Gene zurück, die nach und nach ein- oder ausgeschaltet werden.»[3] Nijhout führt die über hunderttausend Mustervarianten auf ungefähr ein halbes Dutzend Grundschemata zurück. Das paßt gut zu den Erwartungen der Evolution durch systematische Differenzierung.

An diesem Punkt stellt der Neodarwinismus die Frage: Wenn natürliche Auslese und Gradualismus bei stammesgeschichtlichen Veränderungen keine Rolle spielen, wie schafft es dann eine neue Art, in eine ökologische Nische zu passen? Lewontin gibt eine Antwort auf diese Frage, indem er darauf hinweist, daß der Organismus seine Umgebung aktiv verändert und sich seine eigene Nische schafft: «Die Lebewesen erfahren ihre Umwelt nicht passiv: Sie schaffen und definieren die Umwelt, in der sie leben. Bäume schaffen den Boden neu, in dem sie wachsen, weil sie ihn mit Wurzeln durchsetzen und Blätter darauf abwerfen. Weidetiere verändern die Artenzusammensetzung der Pflanzendecke, von der sie sich ernähren, zum Beispiel durch Äsen, durch die Abgabe von Kot und durch Störung des Untergrunds ... Schließlich bestimmen die Lebewesen aufgrund ihrer eigenen Aktivitäten selbst, welche äußeren Faktoren Teil ihrer ökologischen Nische werden. Mit ihrem Nestbau macht die Phoebe das Vorhandensein von trockenem Gras zu einem wichtigen Teil ihrer Nische, und gleichzeitig stellt das Nest selbst eine Komponente dieser Nische dar.»[4] Jedes vernünftig gestaltete Lebewesen, ob Pflanze oder Tier, findet einen Platz in der Natur und schafft sich selbst eine Nische.

Das Aussterben ist kein Beweis dafür, daß die Natur Lebewesen zufällig hervorbringt und dann zuläßt, daß die schlechter angepaßten aussterben. Denn ein Hauptzug des Fossiliennachweises ist wiederholtes *Massen*aussterben. Der Evolutionsforscher Norman Newell schreibt: «Ausgedehntes Aussterben und darauffolgende revolutionäre Veränderungen im Verlauf der tierischen Stammesgeschichte traten etwa am Ende des Kambriums, des Ordoviziums, des Devons, des Perms, der Trias und der Kreide auf. Hunderte anderer Episoden in kleinerem Maßstab, aber über die ganze Erdgeschichte verteilt, führten zum Aussterben von Arten und Gattungen.»[5] Es herrscht keine Einigkeit darüber, ob diese Fälle des Aussterbens in periodischen Abständen stattfinden oder nicht, doch ihre Existenz als solche ist unbestritten. Sie dienen sogar zur Bestimmung einiger geologischer Zeiträume. Gould meint dazu: «Die Geologen wissen seit fast zwei Jahrhunderten, daß in den vergangenen 600 Millionen Jahren in den verschiedensten Lebensräumen immer wieder zahlreiche Lebewesen sporadisch und schnell ausgestorben sind. Unsere geologische Zeitskala beruht auf diesem wiederholten Massenaussterben, das jeweils die Grenze für eine größere Zeitperiode bestimmt.»[6]

Gould stellt fest, daß gegen Ende des Perms 90 Prozent aller Arten zugrunde gingen.[7] Und im Fossiliennachweis zeigen sich weitere fünf Fälle von Massenaussterben. Es liegt auf der Hand, daß ein derartiger wahlloser Massenuntergang nichts mit Wettbewerb oder Anpassungsunterschieden zu tun hat, besonders weil «auffallenderweise viele kaum miteinander verwandte Gruppen in unterschiedlichen Lebensräumen allgemein davon betroffen waren».[8] Das Aussterben ist kein Beweis dafür, daß eine Art an ihre Umgebung schlecht angepaßt war, besonders wenn die Art zuvor im Fossiliennachweis über Jahrmillionen hinweg vertreten war.

Die Anpassung sollten wir nicht als stammesgeschichtlichen Mechanismus betrachten, denn jeder Organismus ist heute geradezu wunderbar an seine Umwelt angepaßt (siehe Kapitel 5). Soweit man dies beurteilen kann, gilt dasselbe für jedes Lebewesen in der Vergangenheit. Raup meint, «es sei nicht immer sicher, in der Tat ist sogar nur selten festzustellen, daß die Nachkommen besser angepaßt waren als ihre Vorgänger. Mit anderen Worten, eine biologische Verbesserung ist kaum zu finden.»[9] Die Lehre von der Anpassung ist weidlich mißbraucht worden. Tinbergen kommentiert diesen Trend der nachdarwinschen Ära: «Einige Forscher gingen zu weit und unterstützten unwahrscheinliche Theorien im Hinblick auf den Überlebenswert von Organen, Farbmustern und Verhaltensweisen, so daß sie nach und nach diese gesamte Forschungsrichtung diskreditierten. Ein sehr bekannter und respektierter Naturwissenschaftler behauptete ernsthaft, die hellrosa Färbung des Rosalöfflers diene diesem Vogel bei Sonnenaufgang und Sonnenuntergang als Tarnung – ohne einen Gedanken darauf zu verschwenden, was dieser Vogel während der übrigen Zeit tat.»[10] Einige Evolutionsforscher tadeln solche haltlosen Spekulationen, die nur deswegen als Wissenschaft gelten, weil sie das Vokabular der natürlichen Auslese und der Lehre von der Anpassung verwenden. So schreiben Gould und Lewontin beispielsweise: «Wir würden uns nicht so energisch gegen die Lehre von der Anpassung wehren, wenn deren Anrufung, in irgendeinem speziellen Fall, im Prinzip aus Mangel an Beweisen zu ihrer Verwerfung führen könnte . . . Wenn man sie im Falle eines Versagens bei einem richtigen Test aufgeben könnte, dann hätten andere Theorien ihre Chance.»[11]

Was Darwin für eine Ursache stammesgeschichtlicher Veränderungen bei einer Art hielt, ist in Wirklichkeit eine Quelle der Stabilität. Eine individuelle Pflanze beispielsweise kann je nach Bodenbedingungen, Windverhältnissen, Höhe und anderen äußeren Bedingungen ziemlich unterschiedliche Formen annehmen.[12] Diese Anpassungsfähigkeit hilft ihr, aus vielen verschiedenen Lebensräumen das jeweils Beste zu machen, doch führt sie die Pflanzen niemals jenseits der Grenzen ihres Genotyps. Auf ähnliche Weise überschreitet die individuelle Variation oder der Polymorphismus einer Population nicht die Artgrenzen. Der Polymorphismus verleiht der Art allerdings Flexibilität, so daß eine geringfügige Umweltveränderung nicht zum Aussterben führen muß. Wenn eine Schneckenpopulation unter mehreren verschiedenen Formen auftritt, so ist dies für sie von Nutzen, denn viele Räuber unter den Vögeln verwenden ein «Suchbild» und halten nach einem erfolgreichen Fang Ausschau nach einem gleich aussehenden Beutetier. Die zahlreichen Formen reduzieren die Wahrscheinlichkeit, daß alle Schnecken in einem gewissen Gebiet gefressen werden. Der Polymorphismus erlaubt es einer Population, sich äußeren Faktoren anzupassen, nicht durch Evolution oder durch Aussterben, sondern nur durch Veränderung der Mengenanteile der verschiedenen Formen innerhalb der Population. Die wohlbekannten Beispiele von Insektenpopulationen, die eine Resistenz gegen Insektizide entwickeln, sind deutliche Beispiele für eine solche Verschiebung des Mengenverhältnisses zugunsten resistenter, bereits in der Population vorhandener Varianten. Dazu braucht es keine Evolution.

Die Variation ist also nicht die Quelle stammesgeschichtlicher Veränderungen, wie Darwin annahm. Ihre Aufgabe ist vielmehr, einer Art die ökologische Anpassung ohne Aussterben oder Evolution zu erlauben. Ein noch einfacherer Weg, mit dem Arten bei Umweltveränderungen das Aussterben vermeiden, ist das Ausweichen in neue Lebensräume («tracking the environment», wie Eldredge es nennt).[13] Während der Vergletscherung Nordeuropas beispielsweise zogen gewisse Käferarten und wahrscheinlich ganze Ökosysteme gen Süden.[14] Polymorphismus und das Aufsuchen neuer Lebensräume sind also keine Mechanismen evolutionärer Neuerung; es sind vielmehr Mechanismen der Stabilität, die es einer einmal etablierten Art ermöglichen, am Leben zu bleiben. (Die Fälle von Massenaussterben, die den Fossiliennachweis stören, haben ihre Gründe offensichtlich in derart plötzlichen und heftigen Veränderungen, daß auch die genannten Mechanismen zur Aufrechterhaltung der Stabilität viele Arten nicht vor dem Untergang retten konnten.)

Zielgerichtetheit bei Lebewesen

Wenn die Evolution nicht das Ergebnis unabsichtlicher Mutationen und des Überlebens des Tüchtigsten ist, dann ist die Entstehung neuer Arten keine Frage des Zufalls. Das genetische Material entwickelt systematisch die Möglichkeit neuer Themen. In jedem Fall hält sie auf ein zuvor bestimmtes Ziel zu, genau wie das Wachstum des individuellen Organismus. Dies deutet auf eine Zielgerichtetheit hin.

Seit Darwins Zeiten war die Frage nach Zweck und Ziel eine Quelle der Verwirrung in der Biologie. Einige Biologen leugnen einfach jeden Zweck. Alex Novikoff beispielsweise fordert: «Nur wenn der Zweck aus den Beschreibungen aller biologischen Aktivitäten ausgeschlossen bleibt . . , kann man biologische Probleme richtig formulieren und analysieren.»[15]

Andere Biologen dagegen sind der Ansicht, Zweckgerichtetheit sei wesentlich. Oparin meint dazu: «Die universelle Zielgerichtetheit der Organisation der Lebewesen ist eine objektive und offensichtliche Tatsache, die kein nachdenklicher Naturforscher leugnen kann.»[16] Und Ayala pflichtet ihm bei: «Die Biologie kann teleologische Erklärungen nicht ausklammern, sie sind vielmehr kennzeichnend für die Biologie als einer Wissenschaft von der Natur.»[17]

Andere Forscher versuchen, einen Kompromiß zwischen beiden Standpunkten zu finden; sie leugnen die Realität des Zwecks, lassen den Anschein aber gelten. Julian Huxley schreibt beispielsweise: «Auf den ersten Blick scheint die Biologie voller Zielgerichtetheit zu sein. Es entstehen Organismen nach zweckmäßigen Bauplänen, und sie funktionieren, als ob sie ein bestimmtes Ziel planmäßig verfolgten. Doch die Wahrheit liegt in den zwei Worten ‹als ob›. Wie das Genie Darwin sagte, ist der Zweck nur ein scheinbarer.»[18]

Luria vertritt dieselbe Überzeugung: «Das gesamte System der chemischen Katalyse und ihrer Regelung wirkt so präzise, daß man beinahe an eine planvolle Einrichtung denken muß, und so ist denn auch ein besonderer Ausdruck geprägt worden, um die scheinbar planvolle Funktionsweise der biochemischen Mechanismen zu charakterisieren: Teleonomie. Doch wie überall in der Evolution ist die Zweckhaftigkeit nur scheinbar. Es ist die natürliche Auslese, die auch hier wirksam ist.»[19]

T. H. Huxley meinte, die «Teleologie ... habe ihren Todesstoß von Darwins Händen empfangen».[20] Wie wir in Kapitel 6 sahen, ist die natürliche Auslese jedoch nicht die Ursache der Evolution. Und wie wir eben sahen, ist die Adaptation eine ökologische Anpassung und nicht der Ursprung neuer Organe, Arten oder Baupläne. Wenn die natürliche Auslese entfällt, gibt es keinen Grund für das «als ob», und die «scheinbare» Zweckhaftigkeit wird zur Zweckhaftigkeit. Was wir in der Natur sehen, braucht nicht mehr länger wegerklärt zu werden. Deswegen muß die Rolle des Zwecks in der Biologie erneut überdacht werden.

Natürlich ist uns die Zielgerichtetheit von unseren eigenen Handlungen her am besten bekannt. Wir wählen frei die Ziele, die wir verfolgen wollen. Wir denken über diese Ziele nach und führen dann unsere Pläne durch. Das andere Extrem in der Natur sind die unbelebten Dinge, die ihre eigenen Aktivitäten nicht lenken. Sie werden von äußeren Bedingungen bestimmt. Pflanzen und Tiere stehen zwischen den beiden Extremen Mensch und unbelebtes Ding. Sie lenken ihre eigenen Aktivitäten bis zu einem gewissen Grad, aber nicht auf ein frei gewähltes Ziel hin.

Wer einen Zweck verfolgt, braucht nichts davon zu wissen. Eine Waschmaschine wäscht Kleider, spült und trocknet sie, ohne zu wissen, was sie tut. Der Zweck ist in ihrem Mechanismus eingebaut. Pflanzen verfolgen Ziele auf ähnliche Weise – ohne Bewußtsein, aber offensichtlich doch aufgrund einer innewohnenden Ursache. Wir haben bereits in Kapitel 6 gesehen, daß in jedem Lebewesen etwas steckt, das mit der menschlichen Kunst vergleichbar ist. Tiere haben an der Zielgerichtetheit auf eine höhere Weise Anteil, da sie sich selbst durch Sinneswahrnehmung, wenn auch nicht durch intellektuelles Verstehen lenken (siehe Kapitel 3).

Das Zeugnis hervorragender Biologen über den Zweck ist klar und eindringlich. Medawar schreibt: «Die Zielgerichtetheit ist eines der Unterscheidungsmerkmale der Lebewesen. Natürlich bauen Vögel Nester, um darin ihre Jungen aufzuziehen; ebenso klar liegt auf der Hand, daß die Vergrößerung einer zweiten Niere, wenn die erste entfernt werden mußte, den Zweck hat, es *einer* Niere zu ermöglichen, die Arbeit zu tun, die bisher *zwei* geleistet haben.» Und als weiteres Beispiel erwähnt er «das im ganzen Körper wirksame Kontrollsystem, das maligne Varianten der Körperzellen ausmacht und ausrottet (immunologische Überwachung).»[21]

Monod vergleicht natürliche Organe mit Werkzeugen des Menschen: «Aus vielen anderen klassischen Beispielen für die funktionale Anpassung bei den Lebewesen habe ich dieses eine nur angeführt, um zu unterstreichen, wie willkürlich und unfruchtbar es wäre, wenn man leugnen wollte, daß das natürliche Organ – das Auge – das Endergebnis eines Projekts (nämlich Bilder einzufangen) ist, während man dem Fotoapparat einen solchen Ursprung wohl zuerkennen würde. Das wäre um so absurder, als, in letzter Analyse, das Projekt, das den Apparat ‹erklärt›, kein anderes sein kann als dasjenige, dem auch das Auge seinen Bau verdankt. Jedes Artefakt ist das Erzeugnis der Tätigkeit eines Lebewesens, das so auf besonders einleuchtende Art eine der grundlegenden Eigenschaften zum Ausdruck bringt, die ausnahmslos alle Lebewesen kennzeichnen: Objekte zu sein, die mit einem Plan ausgestattet sind, den sie gleichzeitig in ihrer Struktur darstellen und durch ihre Leistungen ausführen (zum Beispiel, indem sie Artefakte schaffen).»[22]

Sinnott meint: «Das Leben ist nicht ohne Ziel, und seine Aktionen geschehen nicht zufällig. Sie sind geregelt und halten entweder an einem bereits erreichten Ziel fest oder bewegen sich auf ein Ziel zu, das erst noch realisiert werden muß.» Er sagt, daß jedes Lebewesen eine Aktivität zeigt, «die zur Realisierung eines Entwicklungsmusters oder -zieles tendiert . . . Eine solche Teleologie ist weit davon entfernt, unwissenschaftlich zu sein, sondern ist der wahren Natur des Organismus inhärent.»[23]

Jacob stellt fest: «Ein Hämoglobinmolekül ändert seine Struktur in Abhängigkeit vom Sauerstoff mit einem ganz bestimmten Zweck. Dasselbe ist der Fall, wenn eine Zelle der Nebenniere Cortison herstellt, wenn das Froschauge die sich vor ihm bewegenden Formen bemerkt, wenn die Maus vor der Katze flieht oder wenn sich der männliche Vogel vor dem Weibchen aufspielt.» Er behauptet, daß der Zweck einen Teil des Wesens des Organismus ausmacht:

«Der Begriff der Organisation selbst, auf dem jetzt das Lebewesen gründet, läßt sich nicht mehr ohne ein Ziel verstehen, das mit dem Leben identisch ist. Dieses Ziel ist nicht mehr von vornherein durch die von außen verlangte Notwendigkeit gegeben ... Der Ursprung des Ziels findet sich in der Organisation selbst. Die Vorstellung von der Organisation, von der Totalität erfordert insofern eine Finalität, als die Struktur nicht unabhängig von ihren Auswirkungen gesehen werden kann.»[24]

Dobzhansky schreibt: «Ein lebender Körper ... ist ein Kunstwerk. Seine Schönheit liegt in seiner inneren Teleologie. Die Schönheit menschlicher Kunstwerke rührt vom Künstler her; sie ist eine äußere Teleologie.»[25]

Thorpe macht darauf aufmerksam, daß der Zweck eine Richtschnur liefert, die nur den Wissenschaften vom Leben zukommt: «Angesichts der Strukturen in einem Lebewesen können wir, ebenso wie bei den Strukturen einer vom Menschen entworfenen Maschine, die Frage stellen, wozu sie dienen. Oft können wir ziemlich genaue und plausible Antworten darauf geben. Nach meinem Dafürhalten wurde überzeugend dargetan, daß diese Art der Frage bei natürlichen unbelebten Systemen nicht angebracht ist. Es ist sicher Unsinn, angesichts eines Sonnensystems oder dessen Teilen oder eines Nebels oder einer Atomstruktur oder eines Teils eines Minerals zu fragen: ‹Welchem Zweck dient es?›»[26]

Simpson verfolgt denselben Gedanken und meint, man könne den Zweck nicht auf physikalische oder chemische Betrachtungen reduzieren: «‹Wie?› ist die typische Frage in den physikalischen und chemischen Wissenschaften. Sie ist oft die einzige Frage, die eine Bedeutung hat oder überhaupt gestellt werden darf. Sie muß immer auch in der Biologie vorgebracht werden, und die Antworten darauf kann man häufig mit den Begriffen der physikalischen Wissenschaften geben. Das ist eine Art der wissenschaftlichen Erklärung, eine reduktionistische, angewandt auf biologische Probleme: ‹Wie wird das Erbgut übermittelt?›, ‹Wie kontrahieren sich Muskeln?› usw. quer durch die ganze moderne Biophysik und Biochemie. Doch die Biologie kann und muß noch weitergehen. Hier ist die schreckliche teleologische Frage ‹Wozu das?› nicht nur angebracht, sondern muß angesichts jeder Erscheinung des Lebens gestellt werden.»[27]

Der Versuch, die Zweckhaftigkeit aus der Biologie zu vertreiben, hat seine Wurzel teilweise im übereifrigen Wunsch, die Methoden der Physik zu imitieren. Dieser Wunsch ging in die Irre, weil die Zweckhaftigkeit eines jener Merkmale ist, die die Wissenschaften vom Leben von der Physik *unterscheiden*. Niels Bohr: «Die Beschreibung der inneren Funktionen eines Organismus und dessen Reaktion auf äußere Reize erfordert oft das Wort ‹zweckgerichtet›, das der Chemie und der Physik völlig fremd ist.»[28] Tinbergen drückt dasselbe aus, wenn er schreibt: «Anders als der Physiker und Chemiker muß der Biologie auch nach dem Zweck der Vorgänge fragen, die er untersucht.»[29]

Man kann die Zweckhaftigkeit der Lebewesen auch nicht als einfache anthropomorphe Projektion des Beobachters abtun. Zunächst bestehen die bereits zitierten Fachleute darauf, daß der Zweck nicht eine Erfindung des Beobachters ist, sondern den Organismen selbst innewohnt. Sie verwenden Ausdrücke wie «wesentlich für die wahre Definition der Lebewesen» oder «der wahren Natur der Lebewesen inhärent». Und zweitens leugnet niemand den Anschein einer Zweckhaftigkeit bei jedem Aspekt des Lebens, oder daß die Sprache der Zweckhaftigkeit sich in der Biologie nicht vermeiden läßt. Wäre der Zweck eine Projektion des menschlichen Geistes, so würden wir ihn in jeder Wissenschaft finden. Doch das ist nicht der Fall. Niemand fühlt sich dazu gedrängt, die Sprache des Zwecks in der Mathematik zu verwenden. Die Mathematiker haben nicht die Aufgabe zu entdecken, wozu Primzahlen gut sind oder welchen Zweck die Seiten eines Dreiecks haben. Die Mathematik leidet nicht unter einer alles durchdringenden Teleologie. Dasselbe gilt für die Physik und die Chemie. Die Unausweichlichkeit des Zwecks in der Biologie muß also an den Untersuchungsgegenständen selbst liegen und nicht am menschlichen Beobachter. Zum Leben gehören Zweckhaftigkeit und echte Ziele.

In der Biologie verstehen wir eine Struktur nicht, wenn wir nicht wissen, wozu sie dient. Ricklefs erklärt dies: «Die Blätter der meisten Baumarten verfügen über ein gemeinsames Merkmal: Sie sind flach. Woher kommt diese flache Gestalt? Wir können dazu feststellen, daß das Zellwachstum der Blattknospe jene Struktur verleiht, die wir als Blatt erkennen; doch damit hätten wir nur dessen Entwicklung beschrieben. Würde die Kenntnis der chemischen Bestandteile von Blättern es uns erlauben, auch deren Form vorauszusagen? Gibt es irgend etwas im Organismus, im Baum selbst, das dieses besondere Merkmal der flachen Struktur der Blätter impliziert? Warum sollten laubabwerfende Bäume keine Nadeln tragen oder gar einen großen Klumpen Blattgewebe am Ende jedes Zweiges? Warum müssen dort überhaupt Blätter sein? Die einzig sinnvolle Antwort auf diese Fragen ist, daß die flache Form der Blätter irgendeinen Zweck erfüllen muß. Mit dieser Struktur wird das Blatt zu einem idealen Organ für die Aufnahme von Licht, das die Energie für die photosynthetischen Vorgänge im Baum liefert, und den Gas- und Wärmeaustausch mit der Luft. Ein flaches Objekt hat eine große Oberfläche und verbraucht verhältnismäßig wenig Rohstoffe für seinen Aufbau.»[30]

Die Birnenform der Lummeneier versteht man nicht, wenn man nicht den Zweck im Auge behält. Mit ihrer Form können sie keine gerade Strecke entlangrollen. Darum können sie auch nicht von den schmalen Felsbändern, auf denen ihre Eltern sie ohne Nest ausbrüten, ins Meer fallen.[31] Die beste Erklärung *beginnt* mit dem Zweck (vorausgesetzt, er ist bekannt). Das erste, was ein Student über Lungen lernen sollte, ist die Tatsache, daß es sich um Atmungsorgane handelt, die Sauerstoff aufnehmen und Kohlendioxid abgeben. Erst dann sollte er die Anatomie und Physiologie der Lunge studieren, bis hinunter zu den Mikrostrukturen, den Atempigmenten und allen chemischen Einzelheiten. Keine dieser Einzelheiten ergibt jedoch einen Sinn, wenn man den Zweck der Lungen außer acht läßt: das Atmen. Wenn wir diesen Zweck verstehen, verstehen wir auch, *warum* die Strukturen existieren und *warum* sie notwendig sind.

Eine erstaunliche Unterordnung unter ein Ziel finden wir bei den temporären Strukturen vieler Lebewesen. Tinbergen erzählt vom speziellen Nackenmuskel der Küken, der ihnen beim Schlüpfen hilft. «Die erste Handlung des Kükens beim Betreten dieser Welt besteht darin, daß es den ‹Deckel› des Eies mit einer Reihe kräftiger Streckbewegungen des Nackens abhebt. Der spezielle Muskel, den es dafür verwendet, bildet sich zurück, wenn er seine Schuldigkeit getan hat.»[32] Ricklefs beobachtet, daß bei vielen Arten die Fähigkeit zur Fortpflanzung zeitlich verschoben wird, bis das individuelle Tier genügend Erfahrung und Jagdgeschick entwickelt hat.[33] Die Fortpflanzung selbst ist hervorragend zeitlich abgestimmt. Das Elchweibchen beispielsweise paart sich im Herbst und trägt das Junge acht Monate lang. Diese beiden Beobachtungstatsachen erhalten ihren Sinn erst durch den Zweck: Auf diese Weise kommt das Elchjunge nämlich im Frühjahr auf die Welt, wenn genügend Nahrung vorhanden ist und die milde Jahreszeit gerade beginnt. Bei anderen Säugern findet man noch überraschendere Synchronisierungen.

Der Verhaltensforscher John Crook beschreibt, wie die Stellersche Seekuh und der Nördliche Seebär Befruchtung, Einnistung und Geburt zum Nutzen ihrer Jungtiere koordinieren: «Die Tiere ziehen fast das ganze Jahr über durch die Meere, doch im Frühsommer schließen sie sich in Gruppen zusammen. Die Paarung erfolgt bald nach Ende der jährlichen Wanderungen und nach der Geburt der Jungen. Das ist zweckdienlich, weil Männchen und Weibchen sich sonst im pfadlosen Meer suchen müßten. Für die Entwicklung des Embryos sind aber nur acht Monate erforderlich, was bedeuten würde, daß die Geburt zu unpassender Zeit, mitten im Winter, stattfände. Die Seebärenkühe lösen das Problem, indem sie das befruchtete Ei in ihrem Körper in einer Art Scheintod tragen. Die Einnistung in die Gebärmutter findet erst acht Monate vor dem idealen Zeitpunkt statt.»[34]

Eine weitere überraschende Koordination finden wir bei Vögeln in der Mauser. Der Ornithologe Georg Rüppell bemerkt dazu: «Die meisten flugfähigen Arten vermeiden es, durch ein gleichzeitiges Abwerfen zu vieler Federn flugunfähig zu werden. Das können sich nur solche Arten leisten, die sich bei der Flucht vor ihren Feinden nicht ausschließlich auf ihr Flugvermögen verlassen müssen: Wasservögel, wie Alken oder Seetaucher, Lappentaucher oder Gänse, aber auch Kraniche, sowie die in der sicheren Bruthöhle eingemauerten Nashornvogelweibchen. Sie alle werfen sämtliche Handschwingen auf einmal ab und können dann nicht mehr fliegen. Diese Vögel fliehen bei Gefahr in ihr Versteck oder tauchen einfach weg... Bei allen Arten, die auch während der Mauser flugfähig bleiben, werden die Handschwingen nacheinander ersetzt. Das läuft nach spezifischen Erneuerungsfolgen ab.»[35]

Die Samen mancher Pflanzen in Waldgebieten verfügen über Mechanismen, die es erforderlich machen, «daß der Same für längere Zeit stark abgekühlt (gelegentlich sogar zweimaliges Gefrieren und Wiederauftauen) wird... Gäbe es diese Mechanismen nicht, so würde der Same vielleicht während der warmen Tage des Altweibersommers oder bei einem Tauwetter im Februar keimen, nur um dann bei Rückkehr des Winters getötet zu werden.»[36] Bei allen diesen Beispielen liegt auf der Hand, wie die Natur auf elegante Weise die Mittel dem Zweck unterordnet.

Die Zweckhaftigkeit zeigt sich auch an zahllosen Beispielen, wo der Mensch von sich aus den besten Weg zur Lösung eines Problems entdeckt hat, allerdings nur, um später herauszufinden, daß die Natur dasselbe Prinzip schon seit jeher nutzt. Dies beobachten wir besonders häufig bei militärischen Erfindungen. Man entwikkelte das Sonar zur Ortung von Unterseebooten Jahre, bevor der Verhaltensforscher Donald Griffin entdeckte, daß sich Fledermäuse nachts mit Hilfe eines ähnlichen Echolotsystems orientieren. Hubschrauberpiloten fanden heraus, daß man, in einem richtigen Winkel hinter einem anderen Hubschrauber herfliegend, von dessen Auftrieb profitieren kann und leichter vorankommt. Erst später erkannte man, daß Zugvögel dieses Prinzip schon seit Jahrmillionen nutzen, indem sie in V-Formation fliegen. Während des Ersten Weltkriegs fand die Navy der Vereinigten Staaten bei Tarnungsexperimenten heraus, daß die für diese Zwecke geeignetste Farbe «Omega-Grau» ist. Es besitzt dieselben optischen Eigenschaften, Wellenlänge, Sättigungsgrad und Reflexion wie die Rükkenfläche des antarktischen Sturmvogels.[37] Das heißt, daß die Erfindungsgabe des Menschen dem Sturmvogel keine bessere Tarnfarbe hätte verleihen können, als er von der Natur erhielt.

Wenn wir ein Ziel oder einen Zweck anerkennen, so schließt das in keiner Weise die Notwendigkeit aus, andere Gründe in Betracht zu ziehen. Ganz im Gegenteil: Die Zweckhaftigkeit funktioniert nur aufgrund materieller, struktureller und mechanischer Ursachen. Bohr meint dazu: «Die Haltungen, die wir mechanistisch und finalistisch nennen, stellen nicht gegensätzliche Gesichtspunkte dar, sondern weisen eher eine sich gegenseitig ergänzende Verwandtschaft auf.»[38] Lorenz sagt dasselbe: «Finale und kausale Betrachtung eines Lebensvorganges schließen einander also nicht nur nicht aus, sondern sind überhaupt nur miteinander sinnvoll.»[39] Bei Handlungen des Menschen ist dies offensichtlich. Das Ziel der Medizin ist die Gesundheit des Patienten. Alles, was der Doktor tut, ist auf dieses Ziel hin ausgerichtet. Aber diese Zielorientiertheit verleitet den Arzt nicht, die Mechanismen von Gesundheit und Krankheit zu ignorieren. Ganz im Gegenteil: Je mehr er sie versteht, um so erfolgreicher wird seine Behandlung sein. Im Hinblick auf das Ziel werden alle anderen Ursachen zum Mittel. Dasselbe gilt auch in der Natur. Der Wunsch eines Tieres nach Nahrung wäre zwecklos, wenn er das Tier nicht zu Aktivitäten anregte, mit deren Hilfe es sich wahrscheinlich Nahrung verschaffen kann. Der Wunsch ist eindeutig eine Ursache für die Aktivitäten.

Überdies erwarten wir auch bei Handlungen des Menschen nicht, daß das Ziel *alles* erklärt. Die eingerollten Späne auf dem Boden der Schreinerwerkstatt dienen keinem Zweck. Sie sind Abfall, Nebenprodukt einer zweckgerichteten Handlung, zum Beispiel des Hobelns. In ähnlicher Weise haben Exkremente und Urin für das individuelle Tier keinen weiteren Zweck mehr. Diese Abfallprodukte dienen jedoch noch einem nützlichen Zweck, wenn man die gesamte Ökologie im Auge behält: Einige Arten, etwa die Nashörner, markieren mit ihrem Dung die Grenzen ihres Territoriums (siehe Kapitel 4). Sie werden als Abfall ausgeschieden, als Nebenprodukt des nützlichen Vorgangs der Verdauung. In ähnlicher Weise kann man Krankheit, Verletzung und Tod nicht im Hinblick auf den Nutzen für den individuellen Organismus verstehen (obwohl sie vielleicht einem höheren Zweck dienen). Es sind unvermeidbare Charakteristika des Materials, aus dem die Natur ihre Organismen formt. In ähnlicher Weise ist die Anfälligkeit für Rost oder sogar Bruch vom Werkzeugmacher, der eine Säge herstellt, weder intendiert noch erwünscht. Einige Dinge dienen auch Zwecken, die jenseits des individuellen Organismus liegen: Fortpflanzungsorgane sind nicht dem Nutzen des Individuums, sondern dem der Art untergeordnet. Überflüssige DNS-Abschnitte dienen nicht nur der Art, sondern dem Leben als Ganzem.

Das Verhalten von Tieren läßt sich nicht verstehen ohne Bezug auf ein Ziel oder einen Zweck. Griffin beschreibt das Verhalten, mit dem gewisse brütende Vögel Räuber ablenken: «Ornithologen und Ethologen haben wiederholt beobachtet, was geschieht, wenn ein großer Eindringling, wie zum Beispiel der Mensch, sich dem Nest nähert, auf dem ein Schreiregenpfeifer oder Pfeifregenpfeifer brütet. Lange bevor ein Mensch oder ein anderes Säugetier den Vogel in seinem Tarnkleid oder seine Eier zu sehen vermag, kann der Vogel aufstehen und ein paar Meter vom Nest weggehen. Erst dann beginnt er mit seinem klagenden Rufen und läuft oder fliegt in irgendeine Richtung davon, nur nicht zum Nest. Nähert sich ein Eindringling diesen Vögeln, wenn sie auf der Futtersuche sind oder wenn sie keine Eier oder Jungen haben, so fliegen sie einfach weg, gehen dann in sicherem Abstand nieder und setzen möglicherweise ihre Futtersuche fort. [In der Brutzeit jedoch] . . . flattert der Vogel langsam und auffällig weg, bleibt aber ziemlich nahe bei dem Eindringling. Fast immer stößt er dabei laute Pfeif- oder Pieptöne aus ähnlich denen, die ein gestörter oder leicht gereizter Vogel machen würde. Er kann ungewöhnliche Muster seines Gefieders vorweisen, die ansonsten nicht sichtbar sind. Wenn er auf dem Boden läuft, ist sein Gang anders und auffälliger als sonst . . . Ein Vogel kann beim Kriechgang umhertaumeln, der Schwanz schleift oftmals am Boden, und die Flügel sind leicht abgespreizt, der eine meist mehr als der andere, was ganz so aussieht, als sei er verletzt. Das wird oft als ‹Demonstration des gebrochenen Flügels› bezeichnet, und das gesamte Verhalten macht so sehr den Eindruck des Geschwächtseins, der Krankheit oder Verletzung, daß ein (unerfahrener) Beobachter sich nur schwer vorstellen kann, daß der Vogel in Wirklichkeit völlig gesund ist. Wie bereits früher erwähnt, achten Raubtiere ganz außerordentlich auf auch nur geringe Abnormitäten im Gang und Verhalten potentieller Beutetiere und setzen viel eher zur Jagd auf solche an, die irgendwie von der Norm abweichen.»[40] Mit solchen Tricks lockt der Vogel das Raubtier weg vom Nest, bisweilen 300 Meter oder mehr, fliegt dann plötzlich hoch und kehrt auf Umwegen zu seinem Nest zurück. Das ist zweifellos ein zielorientiertes Verhalten.

Weitere Beispiele gibt es zuhauf. Ricklefs erklärt das ausgeklügelte Werbeverhalten gewisser Vogelarten als Mittel zur Identifikation eines Partners der richtigen Art: «Die fortpflanzungsmäßige Isolation verhindert die Bildung untauglicher Hybriden, die eine Verschwendung von Zeit und Energie von seiten der Eltern darstellen würde.»[41] Wiederum ist dieses Verhalten einem klaren Ziel untergeordnet. Man kann daran auch die Effizienz und Ökonomie der Natur erkennen. Das Weibchen des südamerikanischen Pfeilgiftfrosches gebiert eine lebende Kaulquappe, veranlaßt sie dazu, auf ihren Rücken zu steigen, und gibt sie dann sorgfältig in den kleinen Wassertümpel ab, der sich in der Blattrosette einer Bromelienpflanze sammelt. Das Weibchen kehrt später zu jedem «Aquarium» zurück und legt unfruchtbare Eier als Nahrung für das Junge ab, bis dieses für sich selber sorgen kann. Das Spinnennetz, der Biberdamm und alle anderen Artefakten der Tiere dienen ebenfalls klaren Zielen. In diesen Fällen und in zahllosen anderen handeln die Tiere deutlich auf ein bestimmtes Ziel hin. Die Tiere verstehen das Ziel als solches allerdings nicht auf intellektuelle Weise. Sie handeln instinktmäßig, nicht durch Erfassen des Wesens und der Ursachen der Dinge (siehe Kapitel 3). Im Falle des Instinkts handelt die Natur also im Interesse einer Sache.

Auch die Organe von Pflanzen und Tieren manifestieren Zweckhaftigkeit. Organe sind Werkzeuge, und jedes Werkzeug ist darauf ausgerichtet, eine bestimmte Aufgabe zu übernehmen (siehe Abbildung 7.1). Eine einfache Betrachtung der Vogelschnäbel und Vogelfüße auf den Abbildungen 7.2 und 7.3 zeigt, wie gut jedes Tier für die besonderen Tätigkeiten ausgerüstet ist, mit denen es für seinen Lebensunterhalt sorgt.

Kein Organ kann man definieren oder verstehen, ohne an des-

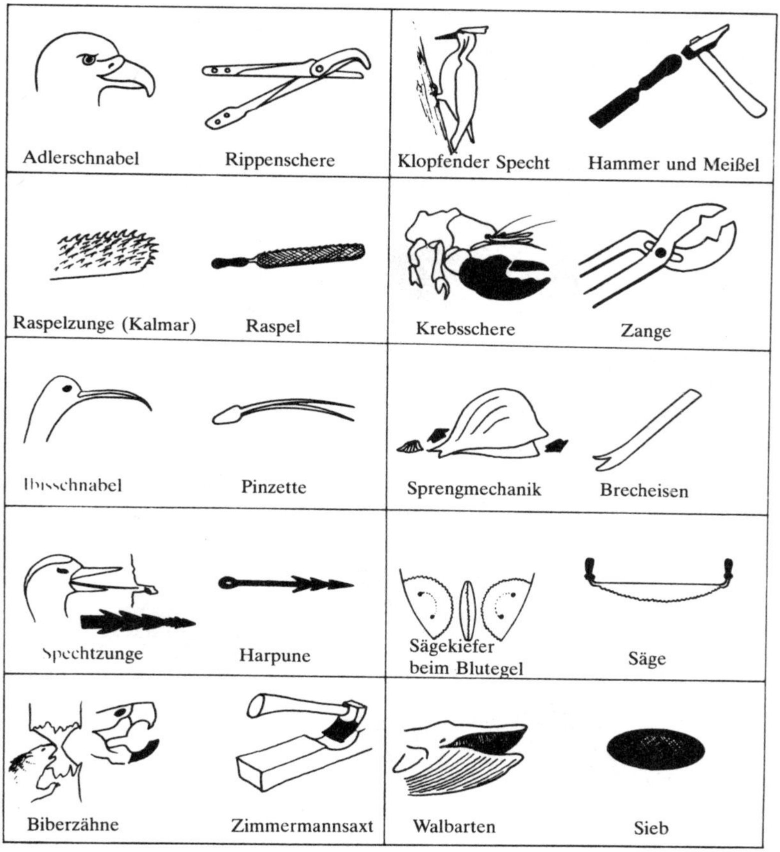

Abbildung 7.1. Ein Vergleich mit den Werkzeugen des Menschen zeigt deutlich die Zweckhaftigkeit tierischer Organe (nach Tributsch).

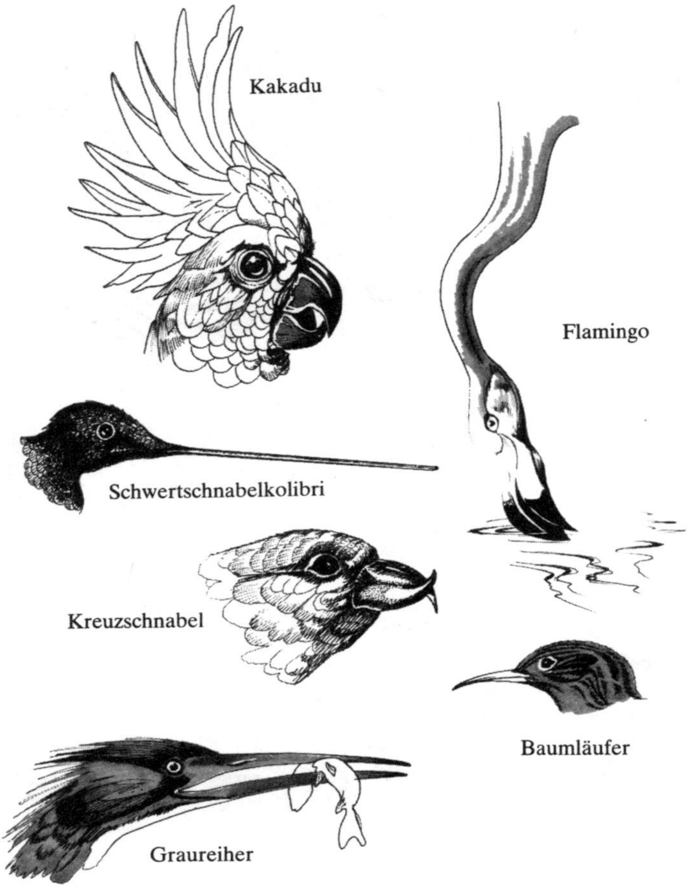

Abbildung 7.2. Jeder Vogelschnabel ist für seine besondere Aufgabe hervorragend gestaltet. Der merkwürdige Schnabel des Kreuzschnabels beispielsweise erlaubt es, Samen zwischen den Zapfenschuppen herauszuklauben. Der Flamingo seiht mit seinem Schnabel winzige Organismen aus dem schlammigen Wasser. Mit seinem harten Schnabel knackt der Kakadu Nüsse auf, und der Schwertschnabelkolibri hat mit seinem 12 Zentimeter langen Schnabel Zugang zu tief verborgenen Nektarien. Der Schnabel des Graureihers ist dafür gebaut, Fische zu speeren, und der Schnabel des Baumläufers dient als Sonde und als Pinzette, um Insekten aus Rissen in der Baumrinde herauszuziehen. Diese Beispiele veranschaulichen das Prinzip, daß die Form um der Funktion willen da ist und daß sie nur im Hinblick auf die Funktion verstanden werden kann.

Abbildung 7.3. Die Füße verschiedener Vögel zeigen, wie die Natur jedes Organ nach seiner Aufgabe modelliert.

sen Zweck zu denken, an die Aktivitäten, die es ausführen muß. Ayala meint: «Eine kausale (ausschließlich mechanistische) Beschreibung der Arbeitsweise des Auges ist als solche zufriedenstellend, aber sie sagt uns nicht das eigentlich Relevante über das Auge: daß es zum Sehen da ist.»[42] Tributsch beschreibt den kleinen tropischen Vieraugenfisch (*Anableps anableps*), der über *zwei* Augenpaare verfügt: das eine ist zum Sehen in der Luft, das andere zum Sehen unter Wasser eingerichtet.[43] Der Fisch schwimmt knapp unter der Wasseroberfläche und hält sein oberes Augenpaar über dem Wasserspiegel. Er kann gleichzeitig Beutetiere und Räuber oberhalb und unterhalb der Wasseroberfläche wahrnehmen. Nilpferde, Frösche und Krokodile können ihren ganzen Körper, mit Ausnahme der Nasenlöcher und der Augen, unter Wasser halten. Auf diese Weise sind sie gut versteckt, können aber noch riechen, sehen und – im Falle des Nilpferds – auch hören, was um sie herum geschieht (siehe Abbildung 7.4). Selbst scheinbar unbedeutende Merkmale dienen oft einem wichtigen Zweck. Hertel weist darauf hin, daß die typische dichte Behaarung des Mottenkörpers hochfrequente Schallwellen absorbiert, so daß die Motten im Sonar der Fledermäuse nicht auftauchen.[44]

Die Natur vergeudet weder Funktionen noch Strukturen. Sie sorgt für die Ausrüstung, die jeder Organismus für das Leben braucht, belastet ihn aber nicht mit nutzlosen Organen. Die Ähnlichkeit zwischen den Werkzeugen der Menschen und denen der Tiere ist also weder Zufall noch Einbildung. Die Biologin Andrée Tetry beschließt ein Buch über die Werkzeuge der Tiere mit den Worten: «Die natürlichen Werkzeuge sind Zeugen einer unbestreitbaren Zielgerichtetheit ... Das Werkzeug erfüllt stets, bisweilen mehr oder weniger genau (von unserem menschlichen Standpunkt aus gesehen), eine bestimmte und begrenzte Aufgabe; es erreicht ein Ziel.»[45]

Der Genetiker Lucien Cuénot gibt eine Übersicht über die Wunder des organischen Designs: «Vögel können fliegen, weil eine Menge Einzelheiten aufeinander abgestimmt sind. Lange Schwanz- und Flügelfedern, pneumatisierte Knochen, Luftsäcke, Brustbein und Brustmuskeln, Anordnung und Form der Rippen,

Abbildung 7.4. Fast in allen Fällen erreicht die Natur das bestmögliche Design. Viele Tiere, darunter der Frosch, das Krokodil und das Nilpferd, sind so gestaltet, daß sie mit dem gesamten Körper untertauchen können, mit Ausnahme der Augen und der Nasenlöcher. Damit können diese Tiere sich gut verstecken und gleichzeitig nach Räubern und Beutetieren Ausschau halten.

des Halses, der Wirbelsäule und des Beckens, das automatische Ineinanderverkrallen der Federhäkchen usw. Matisse ist der Ansicht, daß diese Merkmale zufällig aufeinandergetroffen sind und keine Veranlassung besteht, sich über das Ergebnis zu wundern, jedenfalls nicht mehr als über die Eigenschaften des Sauerstoff- oder Phosphoratoms, die eine Struktur manifestieren. Ich ziehe es vor zu glauben, daß der Vogel *für* das Fliegen gemacht ist.»[46]

Einige Wege, mit denen die Natur ihre Ziele erreicht, sind überraschend erfindungsreich. Ricklefs nennt zum Beispiel die Gürteltiere, die Inzucht dadurch vermeiden, daß sie stets gleichgeschlechtliche Vierlinge auf die Welt bringen![47] Eine Zikade Nordamerikas verbringt den größten Teil ihres Lebens im Boden. In der östlichen Hälfte der Vereinigten Staaten tauchen die erwachsenen Tiere nur alle siebzehn Jahre auf, um sich fortzupflanzen. In den südlichen Staaten beträgt der Zyklus dreizehn Jahre. Beide Zyklen sind aber so lang, daß sie den Lebenszyklus jedes Räubers übertreffen. Dreizehn und Siebzehn sind außerdem Primzahlen, so daß kein potentieller Räuber seinen Lebenszyklus mit dem Auftreten erwachsener Zikaden koordinieren kann.[48] Die Spritzgurke baut im Innern der Frucht einen hohen Überdruck auf. Bei Berührung schleudert sie ihre Samen mit einer Anfangsgeschwindigkeit von 50 bis 60 Stundenkilometern bis zu 13 Meter weit.[49] Dieser erstaunliche Mechanismus garantiert die bestmögliche Verbreitung.

Fälle von Zweckhaftigkeit gibt es überall unter den Lebewesen. In vielen Fällen können wir zwei oder mehr Ziele unterscheiden, denen dasselbe Organ dient. Die menschliche Zunge beispielsweise dient dem Sprechen, dem Schmecken und dem Essen. Baumwurzeln nehmen Wasser und Mineralstoffe auf und verankern den Baum fest im Untergrund. Die Fettschicht des Wales hat drei unterschiedliche Aufgaben: Nahrungsspeicherung, Auftrieb und Isolation.[50] Der Wal speichert Energie in seiner Fettschicht im Hinblick auf seine langen Wanderungen, auf denen Futter vielleicht nicht immer zu bekommen ist. Der Auftrieb des Fettes neutralisiert das Gewicht der Walknochen und der inneren Organe, so daß die Tiere tatsächlich frei im Wasser schweben. Und das Fett isoliert den Wal so wirksam, daß das Tier bei Aktivität ein Kühlsystem in seinen Finnen in Gang setzen muß, um zu verhindern, daß es sich sogar in eiskaltem Wasser überhitzt (siehe Kapitel 5). Die Fettschicht des Wales ist ein Wunder an Einfachheit, Ökonomie und Zweckhaftigkeit.

Auch der Schleim auf dem Fischkörper erfüllt drei Aufgaben mit außergewöhnlicher Effizienz: «Fische ... verwenden eine besondere Strategie, um eine laminare Grenzschicht auf ihrem Körper zu erhalten und damit die Reibungsmöglichkeit zu reduzieren. Der Mechanismus beruht auf ihrer Schleimhaut. Wer jemals einen Fisch gefangen hat, erinnert sich an die glitschigen Schuppen. Hunderte kleiner Drüsen zwischen den Schuppen geben ins Wasser einen Schleim ab, der aus langkettigen Molekülen besteht (Polysacchariden und Proteinen). Der Schleim hat mehrere Aufgaben: Er gewährt Schutz vor Bakterien und mikroskopischen Parasiten, und durch seine glitschige Konsistenz hilft er mit, Räubern zu entkommen. Ebenso bedeutsam ist aber auch der Nachweis, daß solche langkettigen Moleküle in Grenzschichten den Aufbau von Turbulenzen verhindern. Versuche haben gezeigt, daß (pro Million) schon sechs Teile dieser organischen Substanz aus dem Schleim des pazifischen Barrakudas die Reibung von Meerwasser, das in einer Röhre fließt, um 45 Prozent reduziert. Tatsächlich verwenden heute Feuerwehrmänner geringe Mengen des synthetischen Polymers Polyethylenoxid, eines schleimähnlichen Stoffes, um den Fließwiderstand in ihren Schläuchen deutlich zu verringern. Überdies verbieten die Regelbücher des Segelsports ausdrücklich den Gebrauch solcher Stoffe bei Regatten, weil sie die Reibung der Bootsrümpfe wirksam verringern.»[51] Wiederum: drei Ziele und eine erstaunliche Effizienz.

Vogelfedern dienen dem Fliegen, der Wärmeregulation, dem Schutz und der Zierde. Rüppell schreibt: «Federn sind ... wunderbar leichte Gebilde. Dennoch sind sie fest, biegsam, pflegeleicht, polsternd, wärmeisolierend, wasserabstoßend und, was das Wichtigste ist, sie können ersetzt werden.»[52] Der Biologe William Montagna zählt einige Aufgaben der Haut auf: «Die Haut ist ein bemerkenswertes Organ – das größte und bei weitem vielseitigste des Körpers. Sie bietet wirksamen Schutz gegenüber vielen Formen eines physikalischen oder chemischen Angriffs. Sie hält die Körperflüssigkeiten zurück und wehrt fremde Stoffe und Mikroorganismen ab. Sie schützt den Körper vor den gefährlichen ultravioletten Strahlen der Sonne. Sie enthält Mechanismen zur Kühlung des Körpers bei Hitze und zur Reduzierung des Wärmeverlusts bei Kälte. Sie spielt eine wichtige Rolle bei der Regulierung des Blutdrucks und bei der Blutzirkulation. Sie enthält den Tastsinn. Sie ist Hauptorgan der sexuellen Anziehungskraft. Sie identifiziert jedes Individuum, indem sie dessen Gesichts- und Körperkonturen modelliert und indem sie selber typische Merkmale bildet, zum Beispiel die Fingerabdrücke.»[53] Curtis fügt hinzu: «Bei einem sorgfältigen Ausgleich und bei sorgfältiger Abstimmung der Eigenschaften – Dicke gegenüber Dünne, Festigkeit gegenüber Biegsamkeit, Zähigkeit gegenüber Empfindungsfähigkeit – ... kann die Haut ihrer komplexen Doppelfunktion gerecht werden, das heißt, sie bildet eine Schutzschicht zwischen uns und unserer Umgebung und dient gleichzeitig der Kommunikation mit der Außenwelt.»[54] Man könnte noch hinzufügen, daß in der Haut Haare, Nägel, Schuppen und Federn entstehen, die wiederum bei jedem Tier besonderen Zwecken dienen. Auch das Blut hat mehrere Funktionen. Es transportiert Nährstoffe zu jeder Zelle und entfernt Stoffwechselabfälle. Es verteilt Sauerstoff über den ganzen Körper und transportiert Kohlendioxid ab. Es repariert verletzte Stellen und greift eingedrungene Bakterien und Viren an. Und schließlich verteilt es auch die Hormone, die inneren chemischen Botenstoffe des Körpers. Der hohe Grad an Zweckhaftigkeit bei diesen und anderen Beispielen ist bemerkenswert.

Im Hinblick auf die Aufgabe, für die sie geschaffen sind, zeigen die von der Natur hervorgebrachten Organe eine gewisse Vollkommenheit. Das menschliche Auge beispielsweise arbeitet an der physikalischen Grenze der Wahrnehmungsfähigkeit, denn es kann auf ein einziges Photon reagieren.[55] Unsere Unfähigkeit, sehr niedrige Töne (unter 16 Schwingungen pro Sekunde) wahrzunehmen, hat auch ihr Gutes, denn sonst wären wir dauernd Geräuschen ausgesetzt, die bei der Bewegung unseres Körpers, vor allem des Skeletts, entstehen.[56]

Dasselbe gilt für den Organismus als Ganzen. Ein Vogel, der kleiner wäre als ein Kolibri, müßte eine Stoffwechselrate aufweisen, die unmöglich ist. Ein Vogel, der größer wäre als ein Kondor, würde zuviel wiegen, um genügend rasch die für den Auftrieb nötige Beschleunigung zu erreichen. Die Natur hat also die kleinst- bzw. größtmöglichen Vögel geschaffen, die fliegen können. Rüppell stellt die interessante Frage, ob es dem Menschen wohl gelänge, einen besseren Vogel zu konstruieren? Seine Antwort lautet nein und beruht auf einfacher Biomechanik: «Wenn aus rundflügligen Kleinvögeln schnellere Flieger werden sollen, dann müßten sie schwerer werden, damit sie mit Hilfe der dann größeren kinetischen Energie den Luftwiderstand besser überwinden könnten. Das wäre jedoch nur unter Verminderung ihrer guten Manövriereigenschaften möglich.

Einen anderen Weg, um als Kleinvögel auch schnell fliegen zu können, haben beispielsweise Rauchschwalben entwickelt: Sie besitzen ziemlich lange, spitze Flügel. Lange Flügel erzielen einen größeren Vortrieb als kurze, weil sie beim Schlagen einen längeren Weg zurücklegen müssen und deshalb stärker angeströmt werden. Rauchschwalben gehören zu den besten Schnellfliegern, dagegen sind sie nicht in der Lage, thermisch oder dynamisch zu segeln, und sie können auch im dichten Buschwerk sich bei weitem nicht so wendig und dabei doch ausdauernd bewegen wie zum Beispiel ein Fliegenschnäpper.

Wollten wir aus einem Storch einen Vogel machen, der auch über dem Meer fliegen kann, so müßten seine breiten Flügel schmaler und dicker – windfester – werden. Er wäre dann jedoch nicht mehr in der Lage, thermisch zu segeln, und könnte somit auch nicht mehr seine Winterquartiere aufsuchen. Hühnervögel könnten bei entsprechenden ‹Umkonstruktionen› einen ausdauernden Flug nur auf Kosten ihrer hohen Geschwindigkeit erwerben. Sie wären dann jedoch eine leichte Beute der Greife.

Auch dieser Weg, viele gute Flugeigenschaften in einem Vogelmodell zu vereinen, führt zu keinem Erfolg. Wie wir gesehen haben, sind die Flugeigenschaften nicht beliebig austauschbar.»[57] Mit anderen Worten: Wir können keinen besseren Vogel konstruieren, da jede Art bereits bestmöglich ausgestattet ist im Hinblick auf ihre besondere Lebensweise.

Die Zweckhaftigkeit ist so sehr ein Teil der Lebewesen, daß es tollkühn wäre, den Nutzen irgendeiner größeren Struktur oder Funktion glattweg zu leugnen. Ein weitverbreitetes Buch jedoch vertritt beispielsweise die Ansicht, die Wasserverdunstung von Baumblättern sei überaus groß und nutzlos: «Unter den Rohstoffen, die der Baum für die Photosynthese braucht, stellt das Wasser die größte Menge. Jedoch wird nur ein kleiner Prozentsatz des Wassers, das die Baumwurzeln aufnehmen, zurückgehalten. Das meiste Wasser verdunstet von den Blattoberflächen, dient keinem Zweck und verliert sich in der Atmosphäre. Normalerweise betrachten wir erfolgreiche Lebensformen wie die Bäume als vollkommen an die Lebensumstände angepaßt und glauben, alle fehlerhaften Strukturen seien auf dem langen Weg der Evolution bereits eliminiert worden. Hier begegnen wir jedoch einem riesigen Wasserverlust, der offensichtlich keine Aufgabe erfüllt. Es ist ein unglückliches Zusammentreffen für den Baum, daß die beste Vorbedingung für die Photosynthese feuchte Zelloberflächen in Kontakt mit der Luft für den Austausch von Kohlendioxid und Sauerstoff sind. Dies führt zu einem konstanten riesigen Wasserverlust. Ein Baum braucht ungefähr 55 Liter Wasser, um 100 Kilogramm Zellulose zu bilden, die den Hauptbestandteil des Holzes darstellt. Während also ein Baum 100 Kilogramm Holz herstellt, verliert er durch Evaporation fast das Tausendfache jenes Gewichts an Wasser!»[58]

Weitere Forschungen zeigten jedoch, daß diese außerordentlich starke Evaporation, abgesehen von der Versorgung des Baums mit Wasser, noch eine weitere wesentliche Aufgabe erfüllt. Sie bewirkt, daß die Blätter bei heißem Wetter nicht überhitzen und austrocknen; dieser Kühlmechanismus funktioniert damit ähnlich wie jener der Tiere.[59] Wenn die Temperaturen sinken, verringert sich automatisch auch die Evaporation, und wenn es wärmer wird, nimmt auch diese wieder zu. Es handelt sich also keinesfalls um eine Verschwendung, sondern eher um eine ziemlich genaue Anpassung an die Bedürfnisse des Baums. Ohne diese Kühlung mit

Hilfe der Evaporation würde die Pflanze schnell so heiß werden wie ein Auto, das in der Sonne steht. Und wenn das Grundwasser niemals an die Oberfläche gehoben und über die Evaporation der Bäume und anderer Pflanzen wieder in den Kreislauf eingeschleust würde, so blieben riesige Mengen davon unwiderbringlich im Untergrund zurück. Was auf den ersten Blick exzessiv und nutzlos erscheint, erweist sich schließlich als wunderbar sinnvoll für den Baum und die gesamte Ökologie.

Angesichts der Vollkommenheit des Designs von Lebewesen kann es uns nicht überraschen, daß die Zweckhaftigkeit ein Prinzip für Voraussage und Entdeckung in der Biologie darstellt. Der Glaube an die Zweckhaftigkeit, so schreibt Cuénot, «hat sich als außerordentlich fruchtbar erwiesen: Wir gingen nämlich davon aus, daß jedes Werkzeug eine Aufgabe haben müsse, und wir entdeckten so die Funktionen von Organen, die man lange Zeit als rätselhaft betrachtet hatte, etwa die der innersekretorischen Drüsen.»[60] Ein berühmtes Beispiel für die Voraussagekraft der Zweckhaftigkeit war William Harveys Entdeckung der Blutzirkulation. Anatomische Studien zeigten Harvey, daß die Venenklappen alle in eine Richtung schauen. Eingedenk der Tatsache, daß die Natur nichts ohne ein Ziel tut, stellte Harvey daher die Hypothese auf, daß das Blut zirkulieren muß. Diese Hypothese wurde später durch Experimente und Messungen bestätigt.[61] Als Crick und Watson 1953 die molekulare Struktur der DNS entdeckten, konnten sie aus demselben Grund sofort voraussagen, wie sie sich verdoppelt.[62]

Die Zweckhaftigkeit durchdringt jeden Aspekt des Lebens. Der Stoffwechsel jeder Zelle ist auf den Organismus abgestimmt. Das Wachstum zielt auf die Vollständigkeit der Form. Die Organ-Werkzeuge der Tiere und Pflanzen, die Fähigkeit zur Selbstheilung, die Erkenntnisse der Verhaltensforschung und Ökologie – alles deutet auf Zweckhaftigkeit hin. Mit Eleganz und Ökonomie ordnet die Natur die Mittel dem Zweck unter. Die Materie ist um der Form willen da, und beide dienen der Funktion. Jede Zelle, jedes Gewebe, jedes Organ dient einem Zweck. Jedes Tier, jede Pflanze richtet seine/ihre Aktivitäten auf ein Ziel aus. Die ganze Natur ist durch diese Zweckhaftigkeit geordnet.

8 Hierarchie – der Mensch als Krone der Schöpfung

Die moderne Biologie ist gekennzeichnet durch die ausgeprägte Tendenz, alle Arten als auf gleicher Stufe stehend zu betrachten, unterschieden nur in ihrer Komplexität. Darwin vermerkte in seinem Tagebuch das allgemeine Prinzip: «Verwende niemals die Wörter ‹höher› und ‹niedriger›.»[1] Dieses Prinzip wird auch auf den Menschen angewandt. Der Biologe Robert Trivers schreibt: «Schimpanse und Mensch haben etwa 99,5 Prozent ihrer Evolutionsgeschichte gemeinsam; dennoch halten die meisten Denker den Schimpansen für eine mißgestaltete, irrelevante Kuriosität, während sie sich selbst als Meilensteine auf dem Wege zum Allmächtigen betrachten. Für einen Evolutionsbiologen kann dies nicht so sein. *Es gibt keinerlei objektive Grundlage, die es uns erlauben würde, eine Art höher als eine andere einzuschätzen.* Schimpanse und Mensch, Eidechse und Pilz, alle haben sich in einem Zeitraum von etwa drei Milliarden Jahren in einem Prozeß entwickelt, den man die natürliche Auslese nennt.»[2]

Unter diesem Gesichtspunkt hieße es, dem zum Opfer zu fallen, was Monod die «anthropozentrische Illusion»[3] nennt, wenn man dem Menschen eine irgendwie geartete Überlegenheit zuschriebe. Nur wegen seiner wahnsinnigen Eitelkeit besteht der Mensch darauf, sich selbst höher als die übrigen Kreaturen einzuordnen. Doch, so sagt diese Philosophie, die Tatsachen strafen seinen sich selbst beglückwünschenden Stolz Lügen: Nichts plante sein Auftreten. Vom Standpunkt des Universums aus ist der Mensch ein kleines, zufälliges Ergebnis mit einem Chemikalienwert von ungefähr zwei Mark.[4] Im selben Sinne schreiben Lynn Margulis und Dorian Sagan: «Am Ende gibt es nur wenig, wodurch sich die menschlichen Wesen wirklich unterscheiden. Im Hinblick auf unsere Phantasie, Fruchtbarkeit und Macht sind wir nicht mehr als Bakteriengesellschaften, modulare Manifestationen einer Zelle mit Kern.»[5]

Drei Postulate liegen dieser egalitären Tendenz der modernen Biologie zugrunde. Zunächst führt die Ablehnung jeglicher Zweckhaftigkeit auch zur Leugnung der Möglichkeit, daß irgend etwas in der Natur irgend etwas anderem untergeordnet sein könnte. Zweitens sind vom Standpunkt der Anpassungslehre aus gesehen alle Arten gleichwertig. Die natürliche Auslese unterscheidet nicht zwischen Tieren, Pflanzen oder dem Menschen. Keine Art ist höher oder besser, nur verschieden.[6] Und schließlich impliziert der Gradualismus die Leugnung von Arten. Darwin glaubte, die Unterschiede zwischen den Varietäten einer Population würden sich am Ende so akkumulieren, daß daraus unterschiedliche Arten entstünden. Die Varietäten nannte er beginnende Arten. Folglich betrachtete Darwin den Begriff der Art als eine menschliche Erfindung: «Ich halte den Begriff der Art für willkürlich, aus Bequemlichkeitsgründen gegeben. Wir bezeichnen damit eine Gruppe von Individuen, die einander sehr ähneln. Der Begriff der Art unterscheidet sich aber im wesentlichen nicht von dem Begriff der Varietät.»[7] Wenn dies zuträfe, würden sich alle Lebewesen nicht grundsätzlich, sondern nur graduell voneinander unterscheiden. Der Mensch wäre dann nur eine etwas komplexere Anordnung von Materie als eine Amöbe.[8]

Die Ablehnung von Zweckhaftigkeit, die Lehre von der Anpassung und der Gradualismus[9] sind somit verantwortlich für die Homogenisierung der Arten in der modernen Biologie. Wie wir aber in Kapitel 7 sahen, ist die Anpassung gar keine Ursache der Evolution, die Zweckhaftigkeit dagegen ein wesentlicher Teil des Konstruktionsplans von Lebewesen. Überdies wurde in Kapitel 6 gezeigt, daß Modifikationen von Varietäten nicht zu neuen Arten führen.

Die Anpassungslehre argumentiert, kein Lebewesen könne besser oder höher als irgendein anderes sein, da jedes Lebewesen gleich gut an seine Lebensweise angepaßt ist. Das entspricht ungefähr der Feststellung, daß unsere Beine nicht besser gehen, als unsere Augen sehen; jedes dieser Organe ist in gleichem Maße an seine Aufgabe angepaßt. Diese Art von Gleichheit gibt es bei Lebewesen; sie folgt aus ihrem optimalen Design. Diese Art der proportionalen Gleichheit (etwa wenn wir sagen: $^2/_4 = {}^3/_6$) beweist jedoch nicht, daß alle Glieder gleich sind (wie in unserem Beispiel, wo $2 \neq 3$ und $4 \neq 6$). Selbst wenn feststeht, daß jeder Organismus seine Aufgabe gleich gut erfüllt, so folgt doch daraus nicht, daß jede Aufgabe gleich ist. Die Pflanze hat eine vegetative Aufgabe; beim Tier liegt sie in der Wahrnehmung und in der Emotion, und der Mensch hat eine intellektuelle und moralische Aufgabe.

Es ist überdies nicht ohne Ironie, daß die Theorie der natürlichen Auslese, die angetreten war, den *Ursprung* der Arten zu erklären, damit endet, daß sie die *Existenz* dieser Arten leugnet. Ohne den Begriff der Art wäre Biologie unmöglich, weil es keinen Weg gäbe, festzustellen, worüber man spricht, keinen Weg, um zu verifizieren, daß zwei unabhängige Beobachtungen sich auf dieselbe Art von Lebewesen beziehen. Die Naturwissenschaft will nicht Kenntnisse über Individuen, sondern Wissen über *Arten* sammeln. Patterson stellt fest: «Arten existieren in der Realität und sind kein menschliches Konzept, das wir der Natur aufoktroyieren.»[10] Für die Artendefinition ist das Fehlen von Kreuzungen keine schlechte Faustregel, doch hat es auch seine Unzulänglichkeiten. Man kann damit zum Beispiel keine fossilen Arten unterscheiden. Auch Zwillingsarten, obwohl sie fortpflanzungsmäßig isoliert sind, werden im wesentlichen als eine Art behandelt.[11] Die Unfruchtbarkeit mit anderen Arten ist eher eine Eigenschaft von Arten als eine Definition. Die systematische Differenzierung legt nahe, daß eine Art durch ihren genetisch unterschiedlichen Bauplan abgegrenzt ist. Das entspricht Darwins Postulaten zumindest insoweit, als dieser annahm, daß die Ursachen der Artbildung, welcher Natur sie auch immer sein mögen, auch zu einer Definition der Art führen sollten. Das ist ebenfalls der Grund, warum der Gradualismus ihn zu der Behauptung verleitete, Arten seien nur willkürlich abgrenzbar.

Nachdem wir diese Hindernisse aus dem Weg geräumt haben, wollen wir nun versuchen festzustellen, ob es in der Natur eine Subordination oder Hierarchie gibt. Dann wollen wir anhand des Fossiliennachweises untersuchen, ob sich in der Geschichte des Lebens irgendeine hierarchische Ordnung widerspiegelt.

Im Kapitel 2 sprachen wir über die natürliche Hierarchie der physischen, chemischen und organischen Formen. Eine unvoreingenommene Betrachtung der Hervorbringungen der Natur auf unserem Planeten enthüllt uns eine klare Ordnung von niederen zu höheren Formen: Mineralien, Pflanzen, Tiere, Mensch. Jede Ebene umfaßt die Fähigkeit der darunterliegenden Ebenen und zeigt dazu neue, einzigartige Fähigkeiten. Die Tiere beispielsweise wachsen nicht nur, ernähren sich nicht nur und vermehren sich nicht nur wie Pflanzen, sondern sie nehmen die Welt auch mit ihren Sinnen wahr, bewegen sich und erfahren Emotionen, was den Pflanzen nicht möglich ist. Diese Ordnung ist keine menschliche Erfindung, sondern spiegelt eine grundlegende Ungleichheit unter den Lebewesen selbst wider. Diese Ordnung ist überdies hierarchisch gegliedert und schreitet von weniger vollkommenen zu besseren Formen voran, vom Guten über das Bessere zum Besten. Jedes Stadium ist dem vorhergehenden qualitativ überlegen.

Der Anspruch, nichts in der Natur sei besser als irgend etwas anderes, klingt unvernünftig. Gesundheit *unterscheidet* sich nicht nur von Krankheit, sie ist auch *besser*. Sehen zu können ist besser, als blind zu sein – mit einem Wort: Leben ist besser als Nichtleben. Wer behauptet, eine Pflanze sei nicht besser als ein Felsen, muß zugeben, daß der Besitz einer Fähigkeit nicht besser ist als ihr Fehlen. Aber das ist unvernünftig. Die Fähigkeit zur Fortbewegung ist ohne Zweifel besser als eine Lähmung, und die Fähigkeit, Nahrung zu verdauen, ist gewiß besser als ihr Fehlen. Und selbst das niederste Lebewesen kann wachsen, was einem Virus und einem unbelebten Ding nicht möglich ist (siehe Kapitel 2). Deswegen ist Leben besser als Nichtleben.

Es ist auch besser, seine eigenen Aktivitäten selbst lenken zu können, anstatt sie von außen her lenken lassen zu müssen. Sonst wären die Lebensaktivitäten eines Erwachsenen in keinem Fall höher oder besser als die eines Kindes. Der freie Mensch wäre gleich dem Sklaven, und es wäre egal, ob jemand geistig behindert ist oder nicht. Leben ist jedoch durch die Fähigkeit zu selbstbestimmtem Handeln definiert (siehe Kapitel 2). Diese Art des Handelns steht unbelebten Dingen nicht offen. «Was Lebewesen *tun*, unterscheidet sich von dem, was mit Steinen *geschieht*», schreibt Thorpe.[12] Deswegen ist selbst das niederste Lebewesen aufgrund seiner Fähigkeit, seine eigenen Handlungen von innen her zu steuern, allen nichtbelebten Dingen überlegen.

Das Ziel ist auch stets besser als die Wege dorthin, denn die Mittel werden im Hinblick auf das Ziel gewählt. Pflanzen nutzen unbelebte Dinge und stellen sie auf vielfältige Weise in den Dienst des Lebens. Bäume beispielsweise führen mit Hilfe des Sonnenlichts die Photosynthese durch und wandeln dabei Mineralstoffe aus dem Boden und Gase aus der Luft in eigene Körpersubstanzen um. Wenn unbelebte Dinge Mittel im Hinblick auf das Leben sind, so müssen die Lebewesen etwas Höheres darstellen.

Darwin selbst anerkannte die Überlegenheit des Lebens gegenüber dem Nichtleben: «Der niederste Organismus ist etwas viel Höheres als der anorganische Staub unter unseren Füßen; und niemand mit einem unvoreingenommenen Geist kann irgendein Lebewesen studieren, so nieder es auch sein mag, ohne von dessen wunderbaren Strukturen und Eigenschaften begeistert zu sein.»[13]

Nach demselben Muster stehen die Tiere auf einer höheren Stufe als die Pflanzen. Denn die Tiere haben mehr Fähigkeiten und Aktivitätsmöglichkeiten als die Pflanzen, wie wir oben gesehen haben. Und das Tier besitzt ein besseres Vermögen zur Selbstausrichtung als die Pflanze, da das Tier sich selbst bewegt, nicht nur durch Wachstum, sondern durch Fortbewegung mit Hilfe seiner Sinneswahrnehmung der umgebenden Welt. Tiere nutzen auch Pflanzen als Nahrung, Unterschlupf und für andere Zwecke. Damit steht das Tier höher als die Pflanze. Und wiederum nach demselben Muster steht der Mensch ohne Zweifel auf einer höheren Stufe als die Tiere, denn er verfügt über die Fähigkeit der Pflanzen und der Tiere und dazu über den Intellekt und Willen. Mit Hilfe dieser beiden Fähigkeiten bewegt sich der Mensch auf eine vollkommenere Weise als jedes andere Lebewesen, denn er versteht und wählt sowohl seine eigenen Ziele wie auch die Mittel, jene zu erreichen. Der Mensch nutzt die Gesamtheit der Natur – unbelebte Dinge, Pflanzen und Tiere – für seine eigenen Ziele.

Die essentielle Ungleichheit, die der aufsteigenden Ordnung, angefangen von unbelebten Dingen über die Pflanzen und Tiere bis zum Menschen, innewohnt, läßt sich mit Begriffen wie *einfacher* oder *komplexer* gar nicht adäquat ausdrücken. Die implizieren nämlich nur eine neue Ordnung dessen, was bereits vorhanden ist. Die Reihe Pflanzen-Tiere-Mensch stellt aber eine fortschreitende Folge in der Fülle des Lebens dar. Auf jeder Ebene werden die niederen Fähigkeiten umgewandelt und erhöht, und neue Fähigkeiten treten hinzu, die sich in ihrer Art von allen früher dagewesenen völlig unterscheiden. Wie ein individueller Organismus eine wundervoll geordnete Hierarchie von Zellen, Geweben, Organen und Organsystemen darstellt, so bilden alle Lebewesen zusammengenommen eine natürliche Ordnung vom Niederen zum Höheren. Thorpe meint deswegen: «Jede allgemeine biologische Theorie ... muß das Konzept der Hierarchie mit einschließen.»[14]

Die Unterordnung der Materie unter das Leben geht über das, was die Pflanzen mit unbelebten Stoffen anfangen, hinaus. Es gibt heute auf physikalischem, chemischem und kosmologischem Gebiet eine ganze Reihe von Nachweisen, daß unser Universum, seine Geschichte und seine naturwissenschaftlichen Gesetze einzigartig geeignet sind für das Leben an sich. Der Physiker Paul Davies beispielsweise weist darauf hin, wie die Existenz erdähnlicher Planeten von der Fähigkeit der Sterne abhängt, als Supernovae zu explodieren:

«Supernovae spielen eine wichtige Rolle in der chemischen Evolution von Galaxien. Das anfängliche galaktische Material besteht fast ausschließlich aus Wasserstoff und Helium. Nun erhebt sich die Frage, woher all die anderen schwereren Elemente stammen. Heute weiß man, daß sie im Innern von Sternen synthetisiert werden. Aber wie kommen sie frei? Ein alternder Stern, der explodiert, ist reich an schweren Elementen, die in seinem Innern durch aufeinanderfolgende Kernreaktionen entstanden sind. Bei der Explosion der Supernova wird dieses an verschiedenen Elementen reiche Material in die Galaxie hinausgeschleudert. Wenn spätere Generationen von Sternen und Planeten entstehen, nehmen sie auch Restmaterial dieser seit langem toten Sterne auf. Wir verdanken das Vorhandensein von Kohlenstoff in unserem Körper, von Eisen im Erdinnern und von Uran in unseren Kernkraftwerken den Supernovae, die vor der Bildung des Sonnensystems explodierten. Ohne Supernovae gäbe es keine Planeten wie die Erde.»[15]

Es gäbe jedoch keine Supernovae, wenn die schwache Wechselwirkung auch nur ein wenig anders wäre: «Wäre die schwache Wechselwirkung etwas schwächer, dann könnten die Neutrinos nicht genügend Druck auf die äußere Hülle des Sterns ausüben und diesen zur Explosion bringen. Wäre die Wechselwirkung hingegen stärker, so blieben die Neutrinos im Innern des Sterns gefangen und könnten nichts bewirken.»[16] In beiden Fällen könnten die schwereren Elemente, die im Innern der Sterne entstehen, keinen Stern der zweiten Generation bilden, wie etwa unsere Sonne und Planeten, die Leben beherbergen können. Deswegen erscheint die schwache Wechselwirkung der Physik einzigartig an die Aufgabe angepaßt, Leben im Universum zu ermöglichen.

Das ist kein zufälliges Zusammentreffen. Dasselbe Muster finden wir auch bei vielen anderen grundlegenden Konstanten der Physik. Wären zum Beispiel die Kräfte, die Protonen und Neutronen im Atomkern aneinanderketten, nur halb so stark, so würden die chemischen Elemente schnell auseinanderfallen. Selbst Eisen und Kohlenstoff wären instabil. Wäre die starke Wechselwirkung aber nur etwas stärker, so könnte das Di-Proton existieren, was zur Entstehung eines katastrophal explosiven Wasserstoffs führen würde. Damit wäre aller Wasserstoff im Universum verbrannt, bevor sich Sterne hätten bilden können. Also wiederum: entweder keine stabilen Elemente oder kein Wasserstoff. Unter beiden Bedingungen hätte sich kein Leben entwickeln können.[17]

Davies spricht von «demselben Balanceakt» im Hinblick auf die

Expansion des Universums: «Bei einer gegebenen Dichte des kosmischen Materials muß das Universum vom Augenblick der Schöpfung an mit einer genau bestimmten Stärke explodieren, um seine heutige Struktur zu erreichen. Wenn der Bang zu klein ist, fällt das kosmische Material nach einer kurzen Ausbreitungsphase wieder in sich zusammen und vernichtet sich selbst. Ist der Bang hingegen zu groß, dann fliegen die Bruchstücke mit hoher Geschwindigkeit völlig auseinander, isolieren sich voneinander und sind dann nicht mehr imstande, sich zu Galaxien zu vereinigen. In Wirklichkeit war der Bang, der stattgefunden hat, von derart fein abgestimmter Stärke, daß das Ergebnis genau im Grenzbereich zwischen diesen beiden Alternativen liegt.»[18]

Viele andere Konstanten in der Physik – zum Beispiel die «merkwürdig günstigen» Resonanzen, die die Synthese schwerer Elemente in Sternen ermöglichen – werden verständlich, wenn wir sie uns der Möglichkeit des Lebens untergeordnet vorstellen. Die Physiker Dicke, Carter, Dyson, Hawking und Wheeler heben alle auf die Ausrichtung auf das Leben ab, um die Geschichte des Universums und dessen grundlegende Eigenschaften zu erklären. Dieses sogenannte «Strong Anthropic Principle» wurde kürzlich von John Barrow und Frank Tipler umfassend erörtert. Sie meinen, «das Universum muß solche Eigenschaften aufweisen, die es erlauben, daß sich in einem bestimmten Stadium von dessen Geschichte Leben entwickelt».[19] Und der Molekularbiologe George Wald kommt zu folgendem Schluß: «Wenn auch nur eine aus einer großen Zahl physikalischer Eigenschaften des Universums anders wäre, als sie ist, so wäre auch Leben unmöglich, hier auf der Erde oder anderswo.»[20] Ausdrücklich erklärt er: «Dies ist ein Universum, das Leben ausbrütet.»[21] Im selben Sinne schreibt der Genetiker Lucien Cuénot, im Universum «geschehe alles so, als sei das Leben notwendig; wer aber mechanistisch denkt, kann den Grund dafür nie verstehen, da wir uns leicht einen Kosmos ohne Leben vorstellen können. An unbewohnten und unbewohnbaren Planeten fehlt es ja gewiß nicht.»[22]

Die Hierarchie, die wir entdeckt haben spiegelt sich auch in der Geschichte des Lebens auf der Erde wider, wie sie uns vom Fossiliennachweis her bekannt ist. Die Ordnung des Auftretens verschiedener Organismen (siehe Abbildung 8.1) ist ökologisch sinnvoll, denn die Bakterien, die für das Recycling so wichtig sind, treten zuerst auf. Die Pflanzen erscheinen vor den Tieren, die Landpflanzen vor den Landtieren und die Insekten vor den Pflanzen, die auf die Bestäubung durch Insekten angewiesen sind. Die Sequenz zeigt auch eine Entwicklung auf eine höhere Organisation hin. Patterson bemerkt dazu: «Bei den Hauptgruppen erkennen wir eine fortschreitende Ordnung: Die Lebewesen mit der einfachsten Organisation, wie Bakterien und einfache Algen, treten früher auf als höher organisierte Lebewesen wie Pilze und Würmer. Diese wiederum erscheinen vor den Blütenpflanzen oder den Landwirbeltieren. Der fossile Nachweis zeigt uns also ein Fortschreiten in geologischer Zeit, mag dieses Fortschreiten nun definiert werden als Entwicklung und weitere Entfaltung homologer Strukturen oder als Zunahme des Informationsgehalts der DNS.»[23]

Die niederen Formen bilden die Grundlage für die höheren, so wie ein Fundament ein Gebäude trägt. Dobzhansky fügt hinzu: «Wenn wir die Evolution des Lebens im Ganzen betrachten, angefangen von der ersten hypothetischen sich selbst reproduzierenden Substanz bis hin zu den höheren Pflanzen, den Tieren und dem Menschen, so kommt man nicht um die Erkenntnis herum, daß ein Fortschritt, ein Aufstieg oder eine Aufwärtsbewegung stattgefunden hat.»[24]

Im Hinblick auf den Menschen müssen wir der Frage nachgehen, ob der Intellekt ein Produkt der Evolution ist. Allgemein wird die Meinung vertreten, der menschliche Geist habe sich als Überlebenshilfe entwickelt und intellektuelle Fähigkeiten hätten auch bei anderen Arten auftreten können. Darwin meinte, «der menschliche Geist ... habe sich aus einem Geist entwickelt, wie ihn im Prinzip auch das niederste Tier besitze».[25] Wenn aber unsere intellektuellen Fähigkeiten «sich entwickelten, damit wir in der Höhle besser zurechtkommen, wie kann es dann sein, daß sie uns tiefe Einsichten in die Kosmologie, die Elementarteilchen, die molekulare Genetik und die Zahlentheorie gestattet?» fragt der

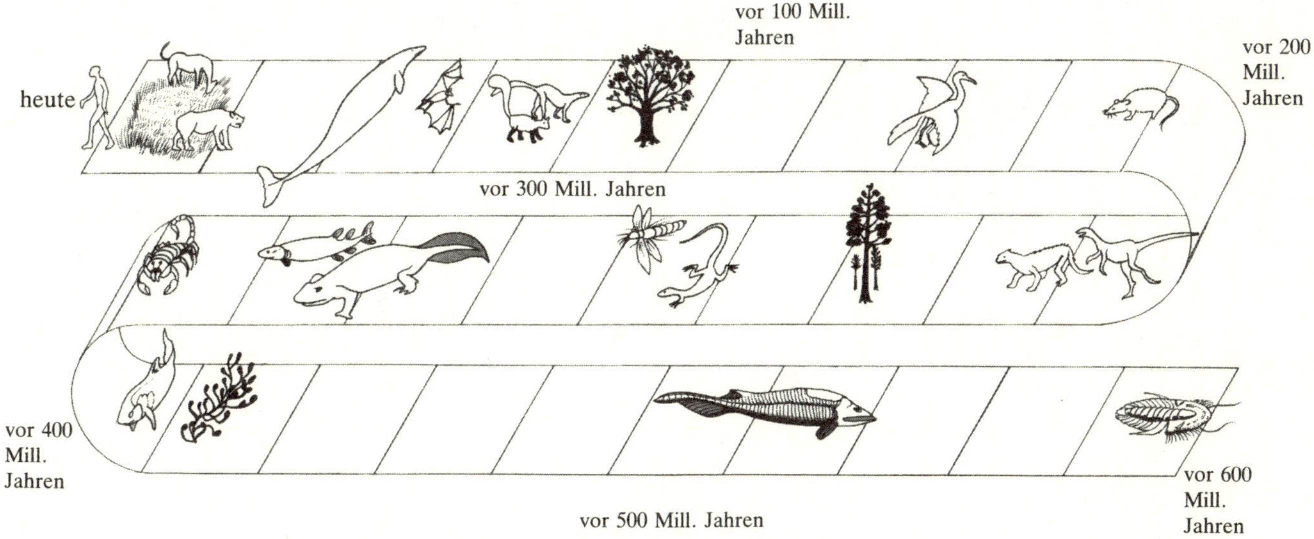

Abbildung 8.1. Die Geschichte des Lebens nach dem Fossilnachweis. Die abgebildeten Lebewesen markieren das erste Auftreten ihrer Gruppe. Insgesamt erkennen wir einen Fortschritt vom Niedrigeren zum Höheren (nach Lambert u. a.).

Molekularbiologe Max Delbrück.[26] Keines dieser abstrakten Gebiete hat irgendeinen direkten Zusammenhang mit dem Überleben. Der Physiker Louis de Broglie meint, die Fähigkeit des Menschen, solche Dinge wie Relativitäts- und Quantentheorie zu entwickeln, sei nicht das Ergebnis einer ursprünglichen Überlebensadaptation, denn diese Theorien seien unserer üblichen Denkweise völlig entgegengesetzt. Und er fügt hinzu: «In der Tiefe unseres eigenen Geistes ... bauen wir eine neue Anschauung von Raum und Zeit und ihren gegenseitigen Beziehungen auf, die allen Gegebenheiten unserer gewöhnlichen Intuition völlig konträr ist.»[27] Solche Fähigkeiten hätten dem frühen Menschen nichts genützt. Überdies ist der menschliche Intellekt nicht die Erweiterung irgendeiner Fähigkeit, die auch Tiere besitzen (siehe Kapitel 3). Er kann deswegen auch nicht bei irgendeiner beliebigen Art auftreten und ist daher nicht das Ergebnis einer schrittweisen Evolution.

Wenn der Gradualismus nicht für den Ursprung des menschlichen Intellekts verantwortlich sein kann, erschien er dann vielleicht zuerst aufgrund eines plötzlichen Evolutionssprungs? Wir sahen in Kapitel 6, daß die größten Unterschiede zwischen den Lebewesen ganz am Anfang der Geschichte des Lebens auftraten. Seit dem Kambrium ist kein neuer Stamm mehr entstanden.[28] Als der Mensch erschien, waren nur noch geringe Unterschiede im Bauplan genetisch verfügbar (etwa jene, die den Menschen vom Gorilla unterscheiden). Aber der geistige Unterschied zwischen dem Menschen und den anderen Tieren übersteigt bei weitem jegliche Unterschiede zwischen irgendwelchen Arten. Dobzhansky schreibt: «Die strukturellen Eigenheiten des Menschen reichen gerade aus, um ihm einen Platz in einer monotypischen zoologischen Familie zuzuweisen, mit einer einzigen lebenden Art. Seine geistigen Fähigkeiten hingegen unterscheiden ihn viel mehr. Beruhte die zoologische Klassifikation auf psychologischen anstelle hauptsächlich morphologischen Merkmalen, so müßte man den Menschen einen eigenen Stamm oder gar ein eigenes Reich zuweisen.»[29] Kurz gesagt: Die größten Unterschiede zwischen den Lebewesen traten ganz früh in der Erdgeschichte auf. Der Mensch ist aber eine der jüngsten Arten und dennoch durch eine riesige

Kluft von den Tieren getrennt. Daraus muß man schließen, daß der menschliche Intellekt nicht durch einen natürlichen Evolutionssprung entstanden ist.

Diese Folgerungen unterstützen auch die Entdeckung der modernen Neurologie. Wenn der menschliche Intellekt und Wille keine materielle Grundlage und auch keine entsprechenden Körperorgane haben, so konnten sie sich auch nicht durch irgendeinen natürlichen Vorgang aus Materie entwickeln. Folglich müssen sie durch unmittelbare Schöpfung entstanden sein, genauso wie die Materie geschaffen werden mußte, um den Big Bang möglich zu machen, und genauso wie ein Geist hinter der Natur notwendig war, um das erste Lebewesen zu schaffen (siehe Kapitel 6). Der Neurologe Sir John Eccles schließt daraus: «Da materialistische Modelle unsere Einzigartigkeiten nicht zu erklären vermögen, sehe ich mich gezwungen, die Einzigartigkeit der Psyche oder Seele einer übernatürlichen geistigen Schöpfung zuzuschreiben. Oder, um in den Begriffen der Theologie zu sprechen: Jede Seele ist eine neue göttliche Schöpfung, die dem wachsenden Fötus irgendwann zwischen Befruchtung und Geburt ‹appliziert› wird.»[30] Und dies paßt auch zum großen Muster der Natur: Eichen gehen aus Eichen, Pferde aus Pferden hervor, und nur ein Geist kann einen anderen Geist hervorbringen. Nichts spricht jedoch gegen die Annahme, daß der menschliche Körper seinen Ursprung in der Natur hat.

Die Hierarchie der Natur und die Geschichte des Universums kulminieren im Menschen. Er erscheint am Ende des evolutionären Prozesses, wie eine Blüte sich am Ende eines langen Stiels öffnet. Einige werden diese Folgerung als unerträgliche Selbstüberschätzung bezeichnen und jeden, der sie vertritt, als Opfer einer Geisteshaltung betrachten, die die eigene Art ins Zentrum rückt. Von der Stechmücke aus gesehen, so würden sie behaupten, ist natürlich die Stechmücke das Zentrum des Universums. Sie werden auch auf die Bedeutungslosigkeit des Menschen hinweisen angesichts der Tatsache, wie winzig er in einem derart großen Universum und wie kurzlebig er im Verhältnis zum Alter von Sternen und Galaxien ist.

Doch diese Gründe sind vorgeschoben. Erstens hat die Stechmücke keine allgemeine Perspektive. Ihre Wahrnehmung der Welt ist extrem eng – wie die jedes anderen Tieres auch (siehe Kapitel 3). Der Verstand des Menschen dagegen umfaßt diese engeren Welten: Er kennt sie und ihre Grenzen. Wir haben weiter oben die Gründe für die natürliche Hierarchie behandelt, in der der Mensch wegen seiner höheren Fähigkeiten die oberste Stellung einnimmt. Ferner haben die Physiker Wheeler und Hawking gezeigt, daß das Universum sein hohes Alter und seine große Ausdehnung haben muß, um überhaupt Leben zu ermöglichen. Alter und Größe des Universums sind kein Beweis für die Bedeutungslosigkeit des Menschen, sondern sind im Gegenteil seiner Existenz untergeordnet, auf sie hin ausgerichtet.

Was die Klischeevorstellung anbelangt, die dem Menschen einen Chemikalienwert von einem Dollar fünfzig zugesteht, so wehrt sich der Molekularphysiker Harold Morowitz dagegen mit den Waffen seines Fachs. Er stellte fest, daß ein Gramm Hämoglobin bei Chemikalienfirmen 2,95 $, ein Gramm Trypsin 36 $, ein Gramm menschliche DNS 768 $ und ein Gramm follikelstimulierendes Hormon 4800000 $ kostet, und er berechnete den chemischen Wert eines 76 Kilogramm schweren Menschen auf 6000015,44 $! Die Chemikalien sind aber nicht der menschliche Körper. Morowitz fährt fort: «Wenn ich den Preis des menschlichen Körpers aufgrund synthetisierter Substrukturen der Zelle angeben müßte, so länge er wohl in der Größenordnung von 600 Milliarden oder vielleicht 6 Billionen Dollar.» Diese Teile in Zellen anzuordnen, würde nach Schätzung weitere 6000 Billionen Dollar kosten, wenn wir überhaupt die Technologie dazu hätten. Zellen sind aber immer noch keine Organe oder ganze Organismen: «Wie würden wir die Zellen zu Geweben, die Gewebe zu Organen und die Organe zu einer Person anordnen? Diese Riesenaufgabe übersteigt unsere Vorstellungskraft. Die Frage nach den Kosten in Dollar verschwindet augenblicklich. Plötzlich und ganz klar stehen wir vor der Tatsache, daß jedes menschliche Wesen unbezahlbar ist. Die Diskussion um Dollar und Cent hat uns von einem kleinen Haufen gewöhnlicher Rohstoffe zu einer großen philosophischen Folgerung geführt – der unendlichen Kostbarkeit jeder Person.»[31]

Das ist eine unüberhörbare Ablehnung eines simplifizierenden Reduktionismus sozusagen auf eigenem Felde. Wir dürfen aber nicht den wirklichen Wert jeder menschlichen Person aus dem Auge verlieren; sie liegt nicht in seinem Körper, sondern im Geist. Es könnte genauso teuer werden, andere Lebewesen in der geschilderten Weise aufzubauen, doch nur der Mensch besitzt intellektuelles Verständnis und die Fähigkeit zur freien Wahl. Beide verleihen jedem Individuum eine unermeßliche Würde.

Wir haben gesehen, wie das Universum als Ganzes auf das Leben hin ausgerichtet ist und wie die Geschichte des Lebens eine Hierarchie etabliert hat, in der das Niederere um des Höheren willen da ist. Wird diese Entwicklung in der Natur immer weitergehen, oder gibt es ein natürliches Ende? Geht die Evolution nach dem Menschen weiter?

Die Aufgabe der Evolution war es, das Leben zu intensivieren, indem sie Formen mit zunehmend höheren und umfassenderen Fähigkeiten hervorbrachte, Formen, die das Leben in einer besseren und vollständigeren Ausprägung verwirklichen. Die Frage nach dem natürlichen Ende der Evolution ist damit der Frage gleichzusetzen, welches der beste Weg zur Intensivierung des Lebens ist, ohne den Bereich der natürlichen Ordnung zu verlassen. Die Antwort lautet: Geist. Nur der Geist kann leben – das heißt sich selbst ausrichten – im vollsten und vollkommensten Sinne. Denn selbst die höchsten Tiere besitzen keine Kontrolle über die Ziele, die sie verfolgen. Ferner umfaßt der Geist aufgrund seines Wissens alle anderen Formen des Lebens und der unbelebten Natur. Überdies hat er eine Fähigkeit, die sonst keinem Lebewesen eignet: Er kann Wesen und Ursprung von Dingen verstehen. In der Gestalt des Menschen ist die Natur zum ersten Mal imstande, sich selbst zu erkennen. Wenn die Natur wie ein Kunstwerk ist, so muß sie für die Betrachtung durch einen Geist da sein, der sich von dem Geist, der sie geschaffen hat, unterscheidet. Der göttliche Künstler der Natur will nicht nur seinen Geist in seinem Werk widerspiegeln, sondern auch einen Zuschauern und Teilnehmer haben, den Menschen. Deswegen hat die materielle physikalische Natur ihren Höhepunkt im Menschen und im menschlichen Geist. Jeder Schritt über den Menschen hinaus würde die natürliche Ordnung verlassen und könnte damit noch nicht mal partiell Produkt der Evolution sein.

9 Auf dem Weg zu einer neuen Biologie

In den vorangegangenen Kapiteln haben wir mehrere Problemkreise der zeitgenössischen Biologie erörtert. Nun wollen wir die gegenwärtige Lehrmeinung und die neue Biologie, die wir zu skizzieren versucht haben, als Systeme miteinander vergleichen.

Eine zentrale Unzulänglichkeit des heutigen Zustands der Biologie ist seine Disparität. In vielen biologischen Disziplinen herrscht Uneinigkeit über die Ausgangspunkte, etwa wie man «Leben» definieren kann, ob die Tiere irgendeine Art von Bewußtsein haben oder ob die natürliche Auslese das Auftreten neuer Arten vollständig, teilweise oder überhaupt nicht zu erklären vermag. Überdies hinkt die moderne Biologie, der es nicht gelingt, sich von der Physik abzugrenzen, auf eine merkwürdige Weise hinter der modernen Physik her, die das Monopol der mechanistischen Denkweise längst zerbrochen hat. Andererseits gibt es eine seltsame Gegenbewegung im Hinblick auf die Einschätzung des Geistes. Der Physiker Paul Davies bemerkt dazu: «Es ist eine Ironie, daß die Physik, die den Weg für alle anderen Naturwissenschaften bereitete, sich nun wieder stärker um den Geist bemüht, während die Biologie unbeirrt dem Pfad der Physik des letzten Jahrhunderts folgt und den Geist völlig aufgeben will.»[1] Harold Morowitz stellt dieselbe Ungereimtheit fest: «Die Biologen forderten einst einen Sonderstatus für den menschlichen Geist in der Hierarchie der Natur. Doch heute bewegen sie sich unaufhaltsam auf einen beinharten Materialismus zu, wie er für die Physik des 19. Jahrhunderts typisch war. Gleichzeitig wandten sich die Physiker, angesichts unwiderleglicher experimenteller Nachweise, von den strikt mechanistischen Modellen des Universums mehr und mehr ab und gelangten zu einer Auffassung, die dem Geist eine integrierende Rolle bei allen physikalischen Ereignissen zuweist. Es ist, als säßen die beiden Disziplinen in schnellen Zügen, die in entgegengesetzte Richtungen fahren und dabei nicht wahrnehmen, was jenseits der eigenen Gleise geschieht.»[2]

Die heutige Biologie beschwört auch Konflikte mit Disziplinen außerhalb der Naturwissenschaften herauf. Lionel Stevenson schreibt: «Mit dem Aufkommen der Darwinschen Theorie ... war die Enthüllung der Grausamkeiten der Natur eines der Elemente, das einem poetischen Gemüt am meisten Kummer bereitete. Der erbarmunglose Kampf ums Überleben, die verschwenderische Fruchtbarkeit, die unausweichlich mit Zerstörung einherging, widersprachen jener Vorstellung von Milde, die alle frühere Poesie über die Natur bestimmt hatte. Wenn es einen Gott gab, konnte er nicht allmächtig und gütig sein – das eine oder das andere Attribut mußte man fallenlassen. Wenn es keinen Gott gab, war die Natur nur eine Riesenmaschine, ohne Gefühl gegenüber dem Leiden der Lebewesen.»[3] Die natürliche Auslese leugnete das Bild einer weisen, gütigen Natur und warf auch schwerwiegende theologische, philosophische und ethische Fragen auf. J. W. Burrow, Herausgeber eines kürzlich erschienenen Reprints der ersten Ausgabe von *The Origin of Species*, schreibt über die ersten Reaktionen auf Darwins Theorie: «Einigen erschienen die Implikationen der Theorie negativ und trostlos. Die ganze Erde verkündete nicht mehr die Glorie Gottes. Als Darwin die engen Verbindungen des Menschen mit der restlichen Schöpfung enthüllte, schien er paradoxerweise die emotionalen Bindungen zwischen Mensch und Natur zerschnitten zu haben. Die Welt war offensichtlich nicht das in allen Belangen vernünftige Werk eines höheren Wesens. Dessen Ziele lagen zwar unendlich jenseits dessen, was der Mensch verstehen konnte, doch gleichzeitig waren sie in einem gewissen Sinn mit den Zielen und Gefühlen des Menschen selbst verwandt – zumindest *waren* es Ziele. Darwin zufolge war die Natur das Produkt blinden Zufalls und ein blinder Kampf, und der Mensch stellte eine einsame intelligente Mutation dar, die mit den Tieren ums Überleben kämpfen mußte. Für einige war dieses Gefühl des Verlustes unwiderruflich; es war, als ob eine Nabelschnur durchtrennt worden wäre, und die Menschen fühlten sich als Teil ‹eines kalten, leidenschaftslosen Universums›. Im Gegensatz zur Naturauffassung bei den Griechen, während der Aufklärung und in der christlichen Tradition, gab die Natur nach der Darwinschen Auffassung keine Anhaltspunkte für das Verhalten der Menschen, keine Antworten auf moralische Probleme der Menschheit.»[4]

Vor ungefähr einem Jahrhundert sah T. H. Huxley einen Konflikt zwischen Darwins Bild von der Natur und den Prinzipien der Ethik: «Die Ausübung dessen, was nach ethischer Auffassung am besten ist und was wir Tugend oder das Gute nennen, führt zu einem Verhalten, das in jeder Hinsicht jenem Verhalten entgegengesetzt ist, welches im kosmischen Kampf ums Überleben zum Erfolg führt. Anstelle eines erbarmungslosen Durchsetzungsvermögens verlangt es Selbstbeschränkung; anstatt alle Konkurrenten beiseite zu schieben oder niederzutrampeln, verlangt es vom einzelnen, den Mitmenschen nicht nur zu respektieren, sondern ihm sogar zu helfen. Das Verhalten ist nicht so sehr auf das Überleben des Tüchtigsten ausgerichtet, sondern darauf, so viele wie möglich für das Überleben tüchtig zu machen. Es weist die gladiatorenhafte Sicht der Existenz zurück.»[5]

Folglich meinte Huxley, der Mensch dürfe nicht die Natur als Modell für seine Ethik verwenden. Aber viele Theoretiker behaupten gerade das Gegenteil und meinen, erbarmungsloser Kampf müsse das Paradigma des Menschen sein, da dies dem Weg der Natur entspreche. Der Biologe Garrett Hardin: «Wenn eine Art immer ‹erfolgreicher› wird, gilt ihr Kampf ums Dasein nicht mehr so sehr der physischen Umwelt oder anderen Arten, sondern besteht fast ausschließlich im Wettbewerb zwischen Artgenossen. *Wir nennen jene Art am erfolgreichsten, die ihresgleichen zu ihrem schlimmsten Feind gemacht hat.* Der Mensch kann sich dieses Erfolges freuen. Der artinterne Wettbewerb kann so grausam wie Kannibalismus oder Kindestötung sein oder so ‹romantisch› wie

Ritterturniere oder Duelle... Aber alle haben dasselbe Ziel im Auge: das Sich-Verschaffen eines Vorteils auf Kosten des anderen.»[6] Aus Darwinscher Sicht müssen die Prinzipien der Ethik erbarmungslos sein oder der Natur widersprechen.

Schließlich hat die moderne Biologie eine höchst unglückliche Polarisierung zwischen materialistischen Vertretern der Evolutionslehre auf der einen Seite und fundamentalistischen Kreationisten auf der anderen Seite begünstigt. Beide neigen dazu, die Evolution mit Darwinismus zu verwechseln. Die Anhänger der Evolutionstheorie meinen, ein Angriff auf Darwin sei auch ein Angriff auf die Evolution selbst, während die Kreationisten behaupten, da Darwin nicht recht habe, sei auch die Evolutionstheorie falsch.

Im Gegensatz zur heutigen Schulbiologie bietet die neue Biologie eine bemerkenswerte Einheitlichkeit auf vielen Ebenen. Die Definition des Lebens als sich selbst ausrichtende Aktivität beispielsweise verbindet die Physiologie, die Regulierung natürlicher Populationen und die Mechanismen der Evolution miteinander (siehe Kapitel 2 und 6). Die systematische Differenzierung bringt Daten aus Ökologie, Genetik und Paläontologie in einen harmonischen Zusammenhang. Außerdem stimmt die neue Biologie mit der neuen Physik überein, deren Anthropic Principle ein Ziel ausdrücklich postuliert. Und wenn der Natur Weisheit, Zweckhaftigkeit und Schönheit innewohnen, dann kann der Künstler sie als Modell verwenden. Auch die Ethik kann sich im Hinblick auf die Grundlegung ihrer Prinzipien die Natur zum Vorbild nehmen. Schließlich löst die neue Perspektive in der Biologie den unnötigen Konflikt zwischen Religion und Naturwissenschaft. Darwin glaubte, seine Theorie zerstöre die Möglichkeit von Zweckhaftigkeit in der Natur und damit auch das Argument für einen Geist, der alles Leben lenkt: «Nachdem jetzt das Gesetz der natürlichen Auslese entdeckt ist, können wir zum Beispiel nicht länger behaupten, das wundervolle Scharnier der Muschelschalen sei von einem intelligenten Wesen geschaffen worden wie das Türscharnier vom Menschen. In der Variabilität der organischen Wesen und in der Wirkung der natürlichen Auslese scheint nicht mehr

Voraussicht zu stecken als in den Richtungen, aus denen der Wind bläst. Alles in der Natur ist das Ergebnis feststehender Gesetze.»[7]

Doch wir haben die Unzulänglichkeit der Darwinschen Theorie (Kapitel 6) kennengelernt. Und die Realität einer Zielgerichtetheit (Kapitel 7) spricht dafür, daß hinter der Natur ein Geist steht, da intelligenzlose Dinge nicht auf ein Ziel hin handeln, sofern sie nicht von einer separaten Intelligenz dazu angeleitet werden. Wir haben auch klar erkannt, daß ein Geist den Ursprung des Lebens bedingen muß. Auch die natürliche Hierarchie der Lebewesen deutet in diese Richtung. Deswegen erklärt der Astronom Fred Hoyle: «Wer die Tatsachen mit gesundem Menschenverstand interpretiert, kommt auf die Idee, daß ein Superintellekt mit der Physik ebenso wie mit der Chemie und der Biologie seine Possen getrieben hat und daß es in der Natur keine blinden Kräfte gibt, über die es sich zu reden lohnt.»[8]

Einige Forscher, die die Notwendigkeit eines intelligenten Ursprungs aller Lebewesen bejahen, meinen, sie müßten nun ebenfalls leugnen, daß Pflanzen und Tiere *auch* natürliche Ursprünge haben. Und einige, die die Evolution bejahen, fühlen sich dazu getrieben, jeden nichtmateriellen Ursprung der Lebewesen zu leugnen. Die eine Seite verwirft Zweckhaftigkeit und göttlichen Ursprung, während die andere die natürlichen Ursachen ablehnt. Doch wenn die gesamte Natur, die belebte wie die unbelebte, ein Werkzeug in der Hand Gottes ist, so hindert nichts die Natur *und* Gott daran, gleichermaßen Ursprung neuer Arten zu sein, genauso wie Shakespeare und seine Feder die Sonette schrieben, wobei der eine die andere bewegte. Im fünften Jahrhundert schloß der heilige Augustinus aus dem Text der Genesis, daß Gott zu Beginn alle Lebewesen nicht unmittelbar als aktuelle Individuen schuf, sondern «potentiell in ihren Ursprüngen, als Dinge, die in Zukunft sein werden».[9] Indem Augustinus eine evolutionäre Entwicklung dessen darlegte, was er «Keimgründe» (schöpferische Prinzipien) nannte, behielt er die Kausalität der Natur und die Kausalität des Schöpfers bei. Ein anderer großer Theologe, der heilige Thomas von Aquin, nannte den Grund für diese doppelte Kausalität: «Und nicht ist es, wenn Gott durch Sich Selbst alle natürlichen Wirkungen vorzubringen vermag, überflüssig, daß sie durch gewisse andere Ursachen hervorgebracht werden. Nicht nämlich ist dies aus dem Nichtausreichen der göttlichen Wirkkraft, sondern aus der Unermeßlichkeit Seiner Güte, durch die Er Seine Ähnlichkeit den Dingen hat mitteilen wollen, nicht nur in bezug darauf, daß sie sind, sondern auch darauf, daß sie die Ursachen von anderen sind. Auf diese beiden Weisen erlangen alle Geschöpfe gemeinsam die göttliche Ähnlichkeit... Hierdurch wird auch die Zier der Ordnung in den geschaffenen Dingen deutlich.»[10]

Die zeitgenössische Biologie leidet wegen ihrer starken Neigung zu verschiedenen Formen des Reduktionismus unter geistiger Enge. In Kapitel 1 haben wir die Tendenz diskutiert, alles auf Atome zurückzuführen, und in Kapitel 2 stand der Versuch im Mittelpunkt, das gesamte Leben auf Biochemie und molekulare Aktivitäten zu reduzieren. Eine andere Form des Reduktionismus betrachtet die Zelle und nicht den Organismus als die Grundeinheit des Lebens. Eine Leberzelle beispielsweise kann aber nicht für sich selbst existieren, und ihre Tätigkeiten sind nur dann sinnvoll, wenn wir ihre Funktion im Rahmen des Gesamtorganismus verstehen. Eine weitere Form der Beschränktheit versucht das Bewußtsein auf Physiologie zu reduzieren. Der Reduktionismus ist trügerisch, weil er Halbwahrheiten betont. Selbst das Studium eines ganzen Organismus kann reduktionistisch ausgerichtet sein, wenn es keine Notiz nimmt von dessen Standort, Nische und Beziehungen zu anderen Lebewesen. Der Physiologe Erich von Holst unterscheidet zwei Verfahrensweisen, wie man Lebensfunktionen untersuchen kann. Die eine konzentriert sich auf die Erforschung der Funktion eines einzelnen Organes, das seziert und von allen anderen isoliert wird. Die andere studiert die Organfunktion im Kontext des gesamten intakten Organismus. Von Holst meint, daß nur beide Verfahren zusammengenommen «ein vollständiges Bild zutage fördern».[11] Kein Organismus ist sinnvoll, wenn man ihn völlig von seinen natürlichen Lebensbedingungen abstrahiert. Die Umwelt stellt einen Teil seiner Definition dar. Sezierstudien allein liefern notwendigerweise nur Teilergebnisse, ähnlich wie das Lesen eines Satzes, der völlig aus dem Zusammenhang gerissen ist.

Wegen dieser Neigung zum Reduktionismus sind gewisse Fachgebiete der Biologie diskreditiert oder völlig aufgegeben worden. Die Verhaltensforschung beispielsweise entwickelte sich seit den dreißiger Jahren unseres Jahrhunderts nicht weiter, obwohl das Verhalten einen Ausgangspunkt für die gesamte Zoologie darstellt.

Mit ihrer Betonung der Populationen und der Lebensräume in ihrer Gesamtheit stellt die neue Biologie ein wirksames Gegengewicht zum Reduktionismus dar. Wenn die Biologie Zielhaftigkeit und Geist anerkennt, kann sie sich von der Tyrannei mechanistischer Erklärungsversuche befreien. Und die geordnete Hierarchie der Lebewesen wirkt der Tendenz zur Gleichstellung der Lebewesen entgegen.

Die neue Biologie geht aus von dem, was heute bekannt und zu beobachten ist. Sie verlangt nicht von uns, der Natur irgend etwas Künstliches aufzuzwingen. Zu viele Anschauungen der heutigen Biologie gehen jedoch von einer *imaginären* Natur aus. Man sucht in der Natur nach Dingen, die zu sehen man erwartet, die aber nicht vorhanden sind, etwa schlechtangepaßte Organismen, Konkurrenz, Verstand und Sprache bei Tieren. «Es bleibt immer noch zu erklären, warum die Konkurrenz das Denken der Ökologen beherrscht – angesichts der spärlichen Fakten, die für sie sprechen», schreibt Simberloff.[12]

Die chronische Erwartung dessen, was nicht vorhanden ist, führt zu einer Art Blindheit gegenüber dem, was in der Natur wirklich zu finden ist: Kooperation zwischen Lebewesen, Zielgerichtetheit, Effizienz und Harmonie mit der Umgebung. Das alles wird entweder ignoriert oder durch Rückgriff auf eine hypothetische, nicht mehr beobachtbare Vergangenheit ins Gegenteil verkehrt. Schönheit und Hierarchie werden übersehen oder ins Abseits gestellt. Ein bezeichnendes Beispiel ist die ausgeklügelte linguistische Ausflucht der sogenannten «Teleonomie». Sie wurde erfunden, um das klare Vorhandensein einer Zielgerichtetheit bei natürlichen Dingen zu leugnen.

So sind wir unfähig zu sehen, was die Natur ist, und wir stellen uns vor, sie sei vieles, was sie in der Tat gar nicht ist. Das ist das

Gegenteil von guter Wissenschaft. Hypothesen sind in der Naturwissenschaft legitim und notwendig, allerdings unter einer Bedingung: Sie müssen auf Erfahrung beruhen und dürfen dem induktiven Nachweis nicht widersprechen.[13] Zweckhaftigkeit, Ökonomie und Kooperation der Lebewesen sind induktiv gewiß.

Die neue Biologie entstand aus einem neuen Sinn für die Natur. Die herkömmliche Meinung behauptet, «die Weisheit der Natur sei ein sentimentaler Begriff»;[14] oder noch schlimmer: der Natur wohne eine Antiweisheit inne. Darwin ruft aus: «Was für ein Buch könnte ein Priester des Teufels über die schwerfällige, verschwenderische, ungeschickte, niedrige und schrecklich grausame Natur schreiben!»[15]

Doch die Natur, der wir in diesem Buch begegnet sind, ist ein Modell sowohl für den Ingenieur wie für den Künstler. Ihre Attribute sind Einfachheit, Ökonomie, Schönheit, Zielgerichtetheit und Harmonie – vorbildhaft für Ethik und Politik. Die Wiederentdeckung der Weisheit der Natur verlangt nach einer neuen Biologie.

Anmerkungen

Einführung

1 Edmund W. Sinnott: *Cell and Psyche: The Biology of Purpose* (New York: Harper & Row, 1961), S. 15.
2 Henry Margenau: *The Miracle of Existence* (Woodbridge, Conn.: Ox Bow Press, 1984), S. 32.
3 Ludwig von Bertalanffy: *Modern Theories of Development: An Introduction to Theoretical Biology* (New York: Harper & Row, 1962), S. 22 (dt. *Theoretische Biologie* [Bern: Francke, 1951 u. ö.]).
4 Ibid., S. 190.
5 Steven M. Stanley: «Darwin Done Over», *The Sciences* 21 (Oktober 1981), S. 18.
6 Stephen Jay Gould: «Is a New and General Theory of Evolution Emerging?», *Paleobiology* 6 (1980), S. 120.
7 Ernst Mayr: *Die Entwicklung der biologischen Gedankenwelt. Vielfalt, Evolution und Vererbung* (New York/Berlin/Heidelberg: Springer, 1984), S. 73.

1 Die Physik als Vorbild

1 Peter Medawar: «A Geometric Model of Reduction and Emergence», in *Studies in the Philosophy of Biology*, hrsgg. v. F. J. Ayala und T. Dobzhansky (Los Angeles & Berkeley: University of California Press, 1974), S. 62.
2 E. H. Mercer: *The Foundations of Biological Theory* (New York: John Wiley, 1981), S. 1.

3 Ähnliche Darstellungen in Mercer, S. 15, und Medawar, S. 61.
4 Mercer, S. 14.
5 Heinz R. Pagels: *The Cosmic Code: Quantum Physics as the Language of Nature* (New York: Bantam, 1983), S. 109.
6 Mercer, S. 1.
7 René Descartes, Brief an Claude Picot, den Übersetzer der *Principles of Philosophy*, in *Philosophical Works of Descartes* (Cambridge: Cambridge University Press, 1911), I, S. 211.
8 René Descartes: *Discourse on Method* in *Philosophical Works of Descartes*, I, S. 115 (dt. *Von der Methode des richtigen Vernunftgebrauchs*).
9 Thomas Hobbes: *Body, Man and Citizen: Selections from Thomas Hobbes*, hrsgg. v. Richard S. Peters (New York: Collier, 1962), S. 77–78.
10 Henry Oldenburg, Brief an Baruch Spinoza, London, 27. September 1661, in *Spinoza. Briefwechsel* (Leipzig: Felix Meiner, 1914), S. 11.
11 Isaac Newton: *Principia* (Berkeley & Los Angeles: University of California Press, 1934), S. xviii (dt. *Mathematische Grundlagen der Naturphilosophie*).
12 Pierre Simon Laplace: *A Philosophical Essay on Probabilities* (New York: Dover, 1951), S. 4.
13 Mercer, S. 15.
14 Thomas Robert Malthus: *An Essay on the Principle of Population* (1798), hrsgg. v. Philip Appleman (New York: Norton, 1976), S. 120.
15 Newton, S. 13.
16 Malthus, S. 118–119.
17 Karl Marx: *Zur Kritik der Politischen Ökonomie*, in Karl Marx/Friedrich Engels, *Werke* (Berlin: Dietz Verlag, 1961), Bd. 13, S. 8–9.
18 Sigmund Freud: *Vorlesungen zur Einführung in die Psychoanalyse*, in *Gesammelte Werke* (Stuttgart: Fischer, 1961), Bd. 11, S. 14.
19 Sigmund Freud: *Die Zukunft einer Illusion*, in *Gesammelte Werke* (London: Imago, 1955), Bd. 14, S. 372.
20 Sigmund Freud: *Vorlesungen zur Einführung in die Psychoanalyse*, S. 246.
21 Sigmund Freud: *Das Unbehagen in der Kultur*, in *Gesammelte Werke* (London: Imago, 1955), Bd. 14, S. 470–471.
22 B. F. Skinner: *About Behaviorism* (New York: Knopf, 1974), S. 189.
23 Skinner, S. 104.
24 Edward O. Wilson: *Biologie als Schicksal* (Frankfurt a. M.: Ullstein, 1980), S. 21.
25 Ibid., S. 183.

26 Ibid., S. 191–192.
27 Edward O. Wilson: *Sociobiology: The New Synthesis* (Cambridge: Harvard University Press, 1978), S. 575.
28 Richard Dawkins: *Das egoistische Gen* (New York/Berlin/Heidelberg: Springer, 1978), S. 23–24.
29 Albert Einstein/Leopold Infeld: *Die Evolution der Physik* (Reinbek: Rowohlt, 1966), S. 121.
30 Margenau: *Miracle of Existence*, S. 8.
31 William H. Thorpe: *Purpose in a World of Chance* (London: Oxford University Press, 1978), S. 9–10.
32 Freeman Dyson: *Disturbing the Universe* (New York: Harper & Row, 1979), S. 248.
33 Richard P. Feynman: *QED* (Princeton, New Jersey: Princeton University Press, 1985), S. 84.
34 Isaac Newton: *Opticks* (New York: Dover, 1952), S. 400 (dt. *Optik* [Wiesbaden: Vieweg, 1983]); Newton, «Rules in Reasoning in Philosophy», in *Principia*, S. 399.
35 Werner Heisenberg: *Physik und Philosophie* (Frankfurt a. M.: Ullstein, 1986), S. 14.
36 Eugene Wigner: *Symmetries and Reflections* (Bloomington: Indiana University Press, 1967), S. 189.
37 Max Born: *Physik im Wandel meiner Zeit* (Braunschweig: Vieweg, 1966), S. 50.
38 Dyson, S. 249.
39 Carl F. von Weizsäcker, *Zum Weltbild der Physik* (Stuttgart: Hirzel, 1958), S. 30.
40 Heisenberg, S. 156.
41 Margenau, S. 11.
42 Weizsäcker, S. 28.
43 Pagels, S. xiii.
44 Ibid., S. 72.
45 Heisenberg, S. 119.
46 Werner Heisenberg: *Die Einheit des naturwissenschaftlichen Weltbildes* in *Gesammelte Werke*, hrsgg. v. W. Blum u. a. (München: Piper, 1984), Abt. C, Bd. 1, S. 180.
47 Dyson, S. 249.
48 Weizsäcker, S. 176.
49 Heisenberg, *Physik und Philosophie*, S. 84.
50 François Jacob: *Die Logik des Lebenden* (Frankfurt a. M.: Fischer, 1972), S. 326.

2 Leben – Versuch einer Definition

1 J. E. Lovelock: *Gaia: A New Look at Life on Earth* (New York: Oxford University Press, 1979), S. 3.

2 William S. Beck: *Modern Science and the Nature of Life* (New York: Harcourt, 1957), S. 130.

3 Jacob: *Die Logik des Lebenden*, S. 318.

4 John Kendrew: *Der Faden des Lebens* (München: Nymphenburger, 1967), S. 111.

5 N. W. Pirie: «The Meaninglessness of the Terms Life and Living», in *Perspectives in Biochemistry*, hrsgg. v. J. Needham und D. Green (Cambridge: University of Cambridge Press, 1937).

6 Barry Commoner: «In Defense of Biology», in *Interrelations: The Biological and Physical Sciences*, hrsgg. v. Robert Blackburn (Chicago: Scott, Foresman, 1966), S. 133.

7 Descartes: *Discourse on Method*, S. 115.

8 René Descartes, Brief an Henry More, 5. Februar 1649, zit. v. Mirko D. Grmek, «A Survey on the Mechanical Interpretations of Life from the Greek Atomists to the Followers of Descartes», in *Biology, History and Natural Philosophy*, hrsgg. v. Allen Breck und Wolfgang Yourgau (New York: Plenum, 1972), S. 186; Descartes, *Meditations on First Philosophy*, S. 195.

9 Ludwig von Bertalanffy: «The Model of Open Systems: Beyond Molecular Biology», in *Biology, History and Natural Philosophy*, S. 20.

10 Jacques Monod, BBC-Interview, Juli 1970, zitiert in *Beyond Chance and Necessity: A Critical Inquiry into Professor Jacques Monod's Chance and Necessity*, hrsgg. v. John Lewis (London: Teilhard Centre for the Future, 1974), S. ix.

11 Jacob: *Die Logik des Lebenden*, S. 101.

12 Peter Farb: *The Insects* (New York: Time-Life, 1962), S. 58.

13 Edmund Sinnott: *Matter, Mind and Man* (London: Allen & Unwin, 1958), S. 36.

14 Bertalanffy: *Modern Theories of Development*, S. 67.

15 Sinnott: *Matter, Mind and Man*, S. 36.

16 J. S. Haldane, zit. in Sinnott, *Matter, Mind and Man*, S. 38.

17 A. I. Oparin: «The Nature of Life», in *Interrelations: The Biological and Physical Sciences*, S. 200.

18 Ibid., S. 191–192.

19 Ibid., S. 200.

20 Ibid., S. 200–201.
21 Jacques Monod: *Zufall und Notwendigkeit* (München: dtv, 1979), S. 28.
22 Oparin: «The Nature of Life», S. 203–204.
23 Georges Cuvier, Brief an Mortrud, *Leçons d'anatomie comparée* (Brüssel: Culture et Civilisation, 1969), I, S. xvii.
24 Julius Schaxel: *Grundzüge der Theorienbildung in der Biologie* (Jena: Fischer, 1922), S. 308.
25 Paul Weiss: «The Living System», in *Beyond Reductionism: New Perspectives in the Life Sciences*, hrsgg. v. A. Koestler und J. R. Smythies (Boston: Beacon, 1964), S. 7–8.
26 Oparin: «The Nature of Life», S. 200.
27 Weiss: «The Living System», S. 19–20.
28 Jacob: *Die Logik des Lebenden*, S. 290.
29 Jakob von Uexküll, zit. v. Lucien Cuénot in *Invention et finalité en biologie* (Paris: Flammarion, 1941), S. 222.
30 Weiss: «The Living System», S. 20–21.
31 Jacob: *Die Logik des Lebenden*, S. 289–290.
32 Bertalanffy: *Modern Theories of Development*, S. 108.
33 Ibid., S. 31.
34 Oparin: «The Nature of Life», S. 201.
35 Ibid., S. 187.
36 Bertalanffy: *Modern Theories of Development*, S. 38.
37 Jacob: *Die Logik des Lebenden*, S. 290.
38 Erwin Schrödinger: *Science and Humanism: Physics in Our Time* (Cambridge: Cambridge University Press, 1961), S. 16–17 (dt. *Naturwissenschaft und Humanismus. Die heutige Physik* [Wien: Deuticke, 1951]).
39 Ibid., S. 20–21.
40 Heisenberg: *Physik und Philosophie*, S. 131–132. Hervorhebung durch die Autoren.
41 Ibid.
42 Harold Hart/Robert Schütz: *Organic Chemistry: A Short Course* (Boston: Houghton Mifflin, 1972), S. 8.
43 Dyson: *Disturbing the Universe*, S. 248.
44 Ernst Mayr: *Die Entwicklung der biologischen Gedankenwelt*, S. 52.
45 Ibid.
46 P. B. Medawar/J. S. Medawar, *The Life Sciences: Current Ideas of Biology* (New York: Harper & Row, 1977), S. 165.
47 Ibid.

48 Mayr: *Die Entwicklung der biologischen Gedankenwelt*, S. 63.
49 Feynman: *QED*, S. 5.
50 Oparin: «The Nature of Life», S. 199.
51 Jacob: *Die Logik des Lebenden*, S. 322.
52 Elizabeth Wood: *Crystals and Light* (Princeton, New Jersey: Van Nostrand, 1964), S. 53.
53 Linus Pauling/Peter Pauling: *Chemistry* (San Francisco: Freeman, 1975), S. 443.
54 Ibid., S. 444.
55 Jacob: *Die Logik des Lebenden*, S. 314.
56 Salvador Luria: *Leben – das unvollendete Experiment* (München: Piper, 1974), S. 124–125.
57 Mercer: *The Foundations of Biological Theory*, S. 132.
58 Niels Bohr: «Light and Life», in *Interrelations: The Biological and Physical Sciences*, S. 112.
59 Niko Tinbergen: *Animal Behavior* (N.Y.: Time-Life, 1965), S. 90.
60 David M. Gates: «Heat Transfer in Plants», *Scientific American* 213 (Dezember 1965), S. 79.
61 Sinnott: *Matter, Mind and Man*, S. 38.

3 Die Tiere und der Mensch – Unterschiede und Ähnlichkeiten

1 Donald R. Griffin: «Animal Thinking», *American Scientist* 72 (September/Oktober 1984), S. 456.
2 Descartes, Brief an Henry More: siehe Anmerkung 8, Kap. 2.
3 René Descartes: *Treatise on Man* (Cambridge: Harvard University Press, 1972), S. 21; 28–29.
4 Ibid., S. 71; 21.
5 Descartes: *Discourse on Method*, S. 115.
6 Descartes: *Treatise on Man*, S. 36–37 (dt. *Über den Menschen*).
7 Thomas H. Huxley, *Method and Results* (New York & London: 1925), S. 216, 217.
8 Ibid., S. 156.
9 Ibid.
10 *Brain Mechanisms and Consciousness: A Symposium*, hrsgg. v. Edgar D. Adrian, Frederic Brenner und Herbert H. Jasper (Oxford: Blackwell, 1956), S. 404; 446; 423–424.

11 Gordon W. Allport: *Becoming* (New Haven: Yale University Press, 1955), S. 37.
12 Ragnar Granit: «Reflections on the Evolution of the Mind and Environment», in *Mind in Nature: Nobel Conference XVII*, hrsgg. v. Richard Q. Elvee (San Francisco: Harper & Row, 1982), S. 97.
13 Mayr: *Die Entwicklung der biologischen Gedankenwelt*, S. 64.
14 Charles Sherrington: *Man on His Nature* (Cambridge: Cambridge University Press, 1957), S. 230.
15 Gunter S. Stent: «Limits to the Scientific Understanding of Man», *Science* 187 (21. März 1975), S. 1057.
16 John Eccles: *Facing Reality* (New York/Berlin/Heidelberg: Springer, 1970), S. 55.
17 Erwin Schrödinger: *What Is Life? & Mind and Matter* (Cambridge: Cambridge University Press, 1967), S. 101 (dt. *Was ist Leben?* [München: Piper, 1987]; *Geist und Materie [Braunschweig: Vieweg, 1959])*.
18 Ibid., S. 167; 167–168.
19 Eccles, S. 162.
20 Niko Tinbergen: *Das Tier in seiner Welt* (München: Piper, 1977), I, S. 133–156.
21 Ibid., S. 157–212.
22 Otto Koehler: «Vom unbenannten Denken» in *Mensch und Tier. Ausdrucksformen des Lebendigen*, hrsgg. v. Heinz Friedrich (München: dtv, 1968), S. 123.
23 Richard K. Davenport/Charles M. Rogers: «Intermodal Equivalence of Stimuli in Apes», *Science* 168 (10. April 1970), S. 279.
24 Helena Curtis: *Biology* (New York: Worth, 1968), S. 564.
25 Wolfgang Köhler: *Intelligenzprüfungen an Menschenaffen* (New York/Berlin/Heidelberg: Springer, 1963), S. 217.
26 Tinbergen: *Animal Behavior*, S. 21.
27 Donald R. Griffin: *Wie Tiere denken* (München: BLV, 1985), S. 214.
28 Tinbergen: *Animal Behavior*, S. 45.
29 Jacob von Uexküll, zit. in Josef Pieper, *Leisure: The Basis of Culture* (New York: Mentor, 1963), S. 85–86.
30 Niko Tinbergen: *Instinktlehre* (Hamburg: Parey, 1979), S. 26–27.
31 J. Y. Lettvin/H.R. Maturana/W. S. McCulloch/W. H. Pitts: «What the Frog's Eye Tells the Frog's Brain», *Proceedings of the Institute of Radio Engineers* 47 (November 1959), S. 1940.
32 Ibid., S. 1940.
33 E. S. Russell: «The Limitations of Analysis in Biology», in *Interrelations: The Biological and Physical Science*, S. 59.

34 Helmut Tributsch, *Wie das Leben leben lernte* (München: dtv, 1980), S. 259.
35 Ibid., S. 130.
36 Ibid., S. 72.
37 Ibid., S. 83.
38 Ibid., S. 54.
39 Ibid., S. 86.
40 Tinbergen: *Das Tier in seiner Welt*, S. 113.
41 W. S. Bristowe: *The World of Spiders* (London: Collins, 1958), S. 240.
42 Richard D. Estes: «Territory's Invisible Walls», in *The Marvels of Animal Behavior*, hrsgg. v. Thomas B. Allen (Washington, D.C.: National Geographic, 1972), S. 240.
43 Dian Fossey: «Living with Mountain Gorillas», in *The Marvels of Animal Behavior*, hrsgg. v. Allen, S. 212.
44 Jane Goodall: «My Life Among Wild Chimpanzees», *National Geographic* 124 (August 1963), S. 296.
45 Tinbergen: *Instinktlehre*, S. 75.
46 Keller Breland/Marian Breland: «A Field of Applied Animal Psychology», *American Psychologist* 6 (1951), S. 202–204.
47 Keller Breland/Marian Breland: «The Misbehavior of Organisms», *American Psychologist* 16 (1961), S. 681.
48 Ibid., S. 682.
49 Ibid., S. 683.
50 Ibid.
51 Ibid., S. 683, 683–684.
52 Ibid., S. 684.
53 Ibid.
54 Ibid.
55 Keith J. Hayes/Catherine H. Nissen: «Higher Mental Functions of a Home-Raised Chimpanzee», in *Behavior of Nonhuman Primates*, Bd. 4, hrsgg. v. Allan M. Shrier und Fred Stollnitz (New York: Academic Press, 1971), Bd. 4, S. 78–100.
56 H.W. Nissen: «Phylogenetic Comparison», in *Handbook of Experimental Psychology*, hrsgg. v. S. S. Stevens (New York: Wiley, 1951), S. 377.
57 Griffin: *Wie Tiere denken*, S. 150.
58 Köhler, S. 23 ff.
59 Jane van Lawick-Goodall: *Wilde Schimpansen* (Reinbek: Rowohlt, 1971), S. 35–37.
60 W. Kawai: «Newly Acquired Precultural Behavior of the Natural

Troop of Japanese Monkeys on Koshima Islet», *Primates* 6 (1965), S. 1–30.

61 R. Allen Gardner/Beatrice T. Gardner: «Teaching Sign Language to a Chimpanzee», *Science* 165 (15. August 1969), S. 664–672.

62 Francine G. Patterson: «Linguistic Capabilities of a Lowland Gorilla», in *Language Intervention from Ape to Child*, hrsgg. v. Richard L. Schiefelbush und John H. Hollis (Baltimore: University Park Press, 1979), S. 325–356.

63 Herbert S. Terrace: *Nim* (New York: Knopf, 1979). Siehe Bibliographie für weitere Nachweise.

64 David Premack: «Language in Chimpanzee?», *Science* 172 (21. Mai 1971), S. 808–822.

65 Duane M. Rumbaugh (Hrsg.): *Language Learning by a Chimpanzee: The Lana Project* (New York: Academic Press, 1977).

66 Brian B. Boycott: «Learning in the Octopus», *Scientific American* 212 (März 1965), S. 42–50.

67 Jean Piaget: *Six Psychological Studies* (New York: Vintage, 1968), S. 52.

68 Ibid., S. 10.

69 Jean Piaget: «The Child and Modern Physics», *Scientific American* 196 (März 1957), S. 47.

70 Ibid., S. 47–48.

71 Konrad Lorenz: *Er redete mit dem Vieh, den Vögeln und den Fischen* (München: dtv, 1986), S. 47.

72 Ibid., S. 48.

73 Ibid.

74 Konrad Lorenz: *Das sogenannte Böse* (München: dtv, 1987), S. 118.

75 Köhler, S. 227.

76 Francine G. Patterson: «Conversations with a Gorilla», *National Geographic* 154 (Oktober 1978), S. 456, 459.

77 Piaget: «The Child and Modern Physics», S. 49.

78 Ibid., S. 50.

79 Köhler, S. 21.

80 Herbert G. Birch: «The Role of Motivational Factors in Insightful Problem-Solving», *Journal of Comparative Psychology* 38 (30. Mai 1945), S. 298; 302–303.

81 Köhler, S. 21.

82 Ibid., S. 27.

83 Birch, S. 298; 302–303.

84 Ibid., S. 314.
85 Köhler, S. 140.
86 Ibid., S. 141.
87 Köhler, S. 141–142.
88 Ibid., S. 142.
89 Ibid.
90 E. Sue Savage-Rumbaugh/Duane Rumbaugh/Sally Boysen: «Linguistically Mediated Tool Use and Exchange by Chimpanzees (*Pan Troglodytes*)», in *Speaking of Apes: A Critical Anthology of Two-Way Communication with Man*, hrsgg. v. Thomas Sebeok und Jean Umiker-Sebeok (New York: Plenum, 1980), S. 357.
91 Köhler, S. 196.
92 Ibid., S. 30–31.
93 Robert M. Yerkes: *Chimpanzees: A Laboratory Colony* (New Haven: Yale University Press, 1943).
94 Piaget: *Six Psychological Studies*, S. 12.
95 Benjamin B. Beck: «Cooperative Tool Use by Captive Hamadryas Baboons», *Science* 182 (November 1973), S. 594.
96 David E. H. Jones: «The Stability of the Bicycle», *Physics Today* 23 (April 1970), S. 34.
97 Ibid., S. 40.
98 Jane van Lawick-Goodall: «A Preliminary Report on Expressive Movements and Communication in the Gombe Stream Chimpanzees», in *Primate Patterns*, hrsgg. v. Phyllis Dohlinow (New York: Holt, Rinehart & Winston, 1972), S. 25–84.
99 Emil W. Menzel: «Spontaneous Invention of Ladders in a Group of Young Chimpanzees», *Folia Primatologica* 17 (1972), S. 87–106.
100 David Premack: «The Education of Sarah, a Chimp», *Psychology Today* 4 (September 1970), S. 55.
101 Herbert S. Terrace: «How Nim Chimpsky Changed My Mind», *Psychology Today* 13 (November 1979), S. 65–76.
102 Herbert S. Terrace/L. A. Petitto/R. J. Sanders/T. G. Bever: «Can an Ape Create a Sentence?», *Science* 206 (23. November 1979), S. 900.
103 Ibid., S. 891.
104 Ibid., S. 894–895.
105 Terrace: «How Nim Chimpsky Changed My Mind», S. 72.
106 Terrace: *Nim*, S. 222–223.
107 Ibid., S. 212.
108 Ibid., S. 150–153.

109 Jean Piaget: *Der Aufbau der Wirklichkeit beim Kinde* (Stuttgart: Klett, 1974), S. 346.
110 Terrace: «Can an Ape Create a Sentence?», S. 900.
111 Thomas A. Sebeok/Jean Umiker-Sebeok: «Performing Animals: Secrets of the Trade», *Psychology Today* 13 (November 1979), S. 91.
112 Noam Chomsky, zit. in *Time*, 10. März 1980, S. 57.
113 Sheri Lynn Gish, zit. in Leslie Roberts: «Insights into the Animal Mind», *Bio Science* 33 (Juni 1983), S. 363.
114 Piaget: *Six Psychological Studies*, S. 11.
115 Max Born: *Physik im Wandel meiner Zeit*, S. 50.
116 John Wheeler: «Genesis and Observership», in *Foundational Problems in the special Sciences*, hrsgg. v. Robert E. Butts und Jaakko Hintikka (Dordrecht, Holland: Reidel, 1977), S. 5–6.
117 Wigner: *Symmetries and Reflections*, S. 189.
118 E. S. Russell: *The Interpretation of Development and Heredity: A Study in Biological Method* (Oxford: Oxford University Press, 1930), S. 138.
119 Weizsäcker, *Zum Weltbild der Physik*, S. 21–22.
120 Donald R. Griffin (Hrsg.): *Animal Mind – Human Mind: Report of the Dahlem Workshop, Berlin 1981* (New York/Berlin/Heidelberg: Springer, 1982), S. 3.
121 Kathleen Perrin, Assistant Professor of Nursing, persönliche Mitteilung, 1984. Siehe auch Lois J. Davitz/Joel R. Davitz: «How Do Nurses Feel When Patients Suffer?», *American Journal of Nursing* 75 (September 1975), S. 1505–1510.

4 Kooperation – die Natur als Allianz

1 Charles Darwin: «The Linnean Society Papers», in *Darwin: A Norton Critical Edition*, hrsgg. v. Philip Appleman (New York: Norton, 1970), S. 83.
2 Alfred R. Wallace: «The Linnean Society Papers», S. 92.
3 Thomas H. Huxley: «The Struggle for Existence in Human Society», in *Evolution and Ethics and Other Essays* (New York: Appleton, 1896), S. 200.
4 Alfred, Lord Tennyson, *In Memoriam*, hrsgg. v. Robert Ross (New York: Norton, 1973), S. 36.
5 Charles Darwin: *Die Entstehung der Arten* (Stuttgart: Reclam, 1963 u. ö.), S. 98 ff.

6 Daniel Simberloff: «The Great God of Competition», *The Sciences* 24 (Juli/August 1984), S. 20.

7 John A. Wiens: «Competition or Peaceful Coexistence?», *Natural History* 92 (März 1983), S. 34.

8 Ibid.

9 Ibid., S. 30.

10 P. S. Messenger: «Biotic Interactions», in *Encyclopaedia Britannica: Macropaedia* (15. Aufl.), Bd. 2, S. 1048.

11 E. J. Kormondy: *Concepts of Ecology* (Englewood Cliffs, N. J.: Prentice-Hall, 1976), S. 143.

12 W. C. Allee/Alfred Emerson/Orlando Park/Thomas Park/Karl Schmidt: *Principles of Animal Ecology* (Philadelphia: Saunders, 1959), S. 699.

13 Robert Ricklefs: *Ecology* (Newton, Mass.: Chiron Press, 1974), S. 204.

14 Paul Colinvaux: *Introduction to Ecology* (N.Y.: Wiley, 1973), S. 300.

15 Lorenz: *Das sogenannte Böse*, S. 40.

16 Eugene P. Odum: *Grundlagen der Ökologie* (Stuttgart: Thieme, 1983), S. 376.

17 Ibid., S. 348.

18 Frits W. Went: *The Plants* (New York: Time-Life, 1963), S. 168.

19 Frits W. Went: «The Ecology of Desert Plants», *Scientific American* 192 (April 1955), S. 74.

20 Ibid.

21 Paul Colinvaux: *Why Big Fierce Animals Are Rare: An Ecologist's Perspective* (Princeton: Princeton University Press, 1978), S. 146.

22 Peter Farb: *The Forest* (New York: Time-Life, 1969), S. 116.

23 Peter Hubert Klopfer: *Ökologie und Verhalten* (Stuttgart: Fischer, 1968), S. 9.

24 Colinvaux: *Introduction to Ecology*, S. 343–344.

25 G. D. Hale Carpenter: *A Naturalist on Lake Victoria* (London: Unwin, 1920), S. 39.

26 Colinvaux: *Introduction to Ecology*, S. 346.

27 Curtis: *Biology*, S. 747.

28 Charles Elton: *Animal Ecology* (London: Methuen, 1968), S. 86.

29 Ibid., S. 84.

30 Lorenz, S. 41–42.

31 M. Philip Kahl: «The Stork: A Taste for Survival», in *The Marvels of Animal Behavior*, hrsgg. v. Allen, S. 267.

32 Nickolas M. Waser/Leslie A. Real: «Effective Mutualism between

Sequentially Flowering Plant Species», *Nature* 281 (25. Oktober 1970), S. 670.
33 Ricklefs, S. 206.
34 Ibid., S. 215.
35 Darwin: *Die Entstehung der Arten*, S. 107.
36 Colinvaux: *Why Big Fierce Animals Are Rare*, S. 149.
37 James L. Gould: *Ethology: Mechanisms and Evolution of Behavior* (New York: Norton, 1982), S. 467.
38 Gordon H. Orians: «The Strategy of the Niche», in *Marvels of Animal Behavior*, hrsgg. v. Allen, S. 171.
39 Colinvaux: *Why Big Fierce Animals Are Rare*, S. 145.
40 Robert H. MacArthur: «Population Ecology of Some Warblers of Northeastern Coniferous Forests», *Ecology* 39 (Oktober 1958), S. 599, 617.
41 Colinvaux: *Why Big Fierce Animals Are Rare*, S. 144; 149.
42 Herbert R. Ross: «Principles of Natural Coexistence Indicated by Leafhopper Populations», *Evolution* 11 (Juni 1957), S. 113–129.
43 P. Feinsinger: «Organization of a Tropical Guild of Nectarivorous Birds», *Ecological Monographs* 46 (1976), S. 275–291.
44 R. V. O'Neill: «Niche Segregation in Seven Species of Diplopods», *Ecology* 48 (1967), S. 983.
45 Ricklefs, S. 204.
46 David Lack: «Competition for Food by Birds of Prey», *Journal of Animal Ecology* 15 (1946), S. 123–129.
47 H. G. Andrewartha/L. C. Birch, *The Distribution and Abundance of Animals* (Chicago: University of Chicago Press, 1954), S. 464–465.
48 Lorenz, S. 19.
49 Gould, S. 468.
50 Allee u. a., S. 699.
51 Colinvaux: *Why Big Fierce Animals Are Rare*, S. 144.
52 Andrewartha/Birch, S. 25.
53 Odum, S. 359.
54 L. David Mech: *The Wolves of Isle Royale: Fauna of the National Parks of the United States* (Washington, D.C.: Government Printing Office, 1966), S. xiii.
55 Adolph Murie: *The Wolves of Mount McKinley: Fauna of the National Parks of the United States* (Washington, D.C.: Government Printing Office, 1944), S. xvii.
56 David Kirk (Hrsg.): *Biology Today* (New York: Random House, 1975), S. 659.

57 L. B. Slobodkin: «Experimental Populations of Hydrida», in *British Ecological Society Jubilee Symposium* (Oxford: Blackwell, 1964), S. 131–148 (auch in Supplementen zum *Journal of Ecology*, Nr. 52, und zum *Journal of Animal Ecology*, Nr. 33).
58 Lorenz, S. 32.
59 Mech, S. xii.
60 Murie, S. 123–124.
61 Thomas C. Cheng: *Symbiosis: Organisms Living Together* (New York: Pegasus, 1970), S. 32.
62 Jean G. Baer: *Tierparasiten* (München: Kindler, 1972), S. 10.
63 Robert L. Smith: *Ecology and Field Biology* (New York: Harper & Row, 1974), S. 370.
64 Thomas C. Cheng (Hrsg.): *Aspects of the Biology of Symbiosis* (Baltimore: University Park Press, 1971), S. 103.
65 David Linicome: «The Goodness of Parasitism: A New Hypothesis», in *Aspects of the Biology of Symbiosis*, S. 139–227; siehe auch S. 103–137.
66 G. F. Gause: «Competition for Common Food in Protozoa», in *Readings in Ecology*, hrsgg. v. Edward J. Kormondy (New York: Prentice-Hall, 1965), S. 82–85.
67 Robert Axelrod/William D. Hamilton: «The Evolution of Cooperation», *Science* 211 (27. März 1981), S. 1391.
68 Robert M. May: «A Test of Ideas about Mutualism», *Nature* 307 (Februar 1984), S. 410.
69 Lynn Margulis, *Symbiosis in Cell Evolution* (San Francisco: Freeman, 1981), S. 164.
70 Kirk, S. 648.
71 Ibid., S. 649.
72 Cheng: *Aspects of the Biology of Symbiosis*, S. 229; Odum, S. 368.
73 George L. Clarke: *Elements of Ecology* (N.Y.: Wiley, 1954), S. 377.
74 Peter Farb: *Ecology* (New York: Time-Life, 1963), S. 103.
75 Kirk, S. 658–659.
76 David W. Inouye: «The Ant and the Sunflower», *Natural History* 93 (Juni 1984), S. 49.
77 Peter Farb: *Die Ökologie* (Amsterdam: Time-Life, 1965), S. 104.
78 Clarke, S. 390.
79 George O. Poinar, Jr.: «Sealed in Amber», *Natural History* 91 (Juni 1982), S. 26, 29–30.
80 Mea Allen: *Darwin and His Flowers: The Key to Natural Selection* (New York: Taplinger, 1977), S. 202.

81 Lee R. Dice: *Natural Communities* (Ann Arbor: University of Michigan Press, 1962), S. 300.
82 «Dodo Ecology», *Scientific American* 237 (Oktober 1977), S. 81–82.
83 Clarke, S. 368.
84 Paul Bucher: *Endosymbiose der Tiere mit pflanzlichen Mikroorganismen* (Basel: Birkhauser, 1953), S. 17.
85 Clarke, S. 376.
86 Margulis, S. 167.
87 Odum, S. 371.
88 Curtis, S. 172.
89 Paul R. Burkholder: «Cooperation and Conflict among Primitive Organisms», in *Readings in Ecology*, hrsgg. v. Kormondy, S. 81.
90 Dice, S. 302.
91 Conrad Limbaugh: «Cleaning Symbiosis», *Scientific American* 205 (August 1961), S. 42.
92 Ibid. Siehe auch Wolfgang Wickler: *Mimikry. Nachahmung und Täuschung in der Natur* (München: Kindler, 1968).
93 Ibid., S. 48.
94 Ibid., S. 49.
95 Nicolette Perry: *Symbiosis* (Poole, England: Blanford Press 1983), S. 61.
96 Ricklefs, S. 757.
97 Allen: *Marvels of Animal Behavior*, S. 174–175.
98 Ibid., S. 195–197.
99 Dice, S. 290.
100 Clarence J. Hylander: *Wildlife Communities: From Tundra to Tropics in North America* (Boston: Houghton Mifflin, 1966), S. 55.
101 Burkholder, S. 77.
102 Margulis, S. 163.
103 Lewis Thomas: «On the Uncertainty of Science», Phi Beta Kappa *Key Reporter* (1980), Nr. 6, S. 1.
104 Darwin: *Die Entstehung der Arten*, S. 115.
105 Tinbergen: *Animal Behavior*, S. 175.
106 Curtis, S. 737.
107 Hans Kruuk «The Warring Clans of the Hyena», in *Marvels of Animal Behavior*, hrsgg. v. Allen, S. 252.
108 Kirk, S. 636.
109 Ibid., S. 637.
110 Farb: *Die Ökologie*, S. 41.
111 Lorenz, S. 132.

112 Kirk, S. 637.
113 Norman Owen-Smith: «Territoriality in the White Rhinoceros (*Ceratotherium simum*) Burchell», *Nature* 231 (4. Juni 1971), S. 295.
114 Kirk, S. 642.
115 Lorenz, S. 129.
116 Dale F. Lott: «The Way of the Bison: Fighting to Dominate», in *Marvels of Animal Behavior*, hrsgg. v. Allen, S. 326.
117 Lorenz, S. 123.
118 Ibid., S. 119.
119 Farb: *Die Ökologie*, S. 146.
120 W. C. Allee: *Cooperation among Animals* (New York: Schuman, 1938), S. 212.
121 Darwin: *The Origin of Species*, S. 102.
122 Ibid., S. 106.
123 Ibid., S. 103.
124 Ibid., S. 103.
125 Ibid., S. 109.
126 Ibid., S. 107–110.
127 Ibid., S. 103.
128 Ibid., S. 104.
129 Elton, S. 118; Andrewartha/Birch, S. 22; 464; David Lack: *The Natural Regulation of Animal Numbers* (Oxford: Oxford University Press, 1954), S. 169.
130 Richard M. Laws: «Experiences in the Study of Large Mammals», in *Dynamics of Large Mammal Populations*, hrsgg. v. Charles Fowler und Tim Smith (New York: Wiley, 1981), S. 27.
131 Charles Fowler: «Comparative Population Dynamics in Large Animals», in *Dynamics of Large Mammal Populations*, hrsgg. v. Fowler und Smith, S. 444–445.
132 Kirk, S. 673.
133 Darwin: *Die Entstehung der Arten*, S. 104.
134 Owen-Smith, S. 294.
135 Robert Stewart/John Aldrich: «Removal and Repopulation of Breeding Birds in a Spruce-Fir Community», *Auk* 75 (1951); S. 474.
136 Ibid., S. 481.
137 A. J. Pontin: *Competition and Coexistence of Species* (London: Pitman, 1982), S. 68.
138 Ricklefs, S. 491.
139 Elton, S. 119.

140 Lack: *The Natural Regulation of Animal Numbers*, S. 29–30; 46.
141 Susan Grant: *Beauty and the Beast* (New York: Scribner's, 1984), S. 47–49.
142 Y. Ito: *Comparative Ecology* (Cambridge: Cambridge University Press, 1978), S. 1.
143 Ibid., S. 53.
144 V. C. Wynne-Edwards: «Self-Regulating Systems in Populations of Animals», *Science* 147 (26. März 1965), S. 1543.

5 Harmonie – Künstlerin Natur

1 Darwin: *Die Entstehung der Arten*, S. 102–103. Hervorhebung durch die Autoren.
2 Ibid., S. 101.
3 John E. Weaver/Frederic E. Clements: *Plant Ecology* (New York: McGraw-Hill, 1938), S. 148.
4 Larry S. Underwood: «Outfoxing the Arctic Cold», *Natural History* 92 (Dezember 1983), S. 46.
5 Ibid.
6 Ibid.
7 Laurence Irving: «Adaptations to the Cold», *Scientific American* 214 (Januar 1966), S. 97.
8 Ibid., S. 96.
9 Lynn Rogers: «A Bear in Its Lair», *Natural History* 90 (Oktober 1981), S. 64.
10 Knut Schmidt-Nielsen: *Animal Physiology* (Cambridge: Cambridge University Press, 1975), S. 281.
11 Cynthia Carey/Richard L. Marsh: «Shivering Finches», *Natural History* 90 (Oktober 1981), S. 58–59.
12 Bernd Heinrich: «The Energetics of the Bumblebee», *Scientific American* 228 (April 1973), S. 97.
13 Carey/Marsh: S. 63, 60.
14 Charles B. Bogert: «How Reptiles Regulate Their Body Temperature», *Scientific American* 200 (April 1959), S. 105; 107; 112–114.
15 Knut Schmidt-Nielsen/Bodil Schmidt-Nielsen: «The Desert Rat», *Scientific American* 189 (Juli 1953), S. 76.
16 George A. Bartholomew/Jack W. Hudson: «Desert Ground Squirrels», *Scientific American* 205 (November 1961), S. 110, 111, 112.

17 Knut und Bodil Schmidt-Nielsen, S. 73.
18 Ibid., S. 110–112.
19 William G. Eickmeier: «Desert Resurrection», *Natural History* 93 (Januar 1984), S. 41.
20 Went: «The Ecology of Desert Plants», S. 71.
21 Ibid., S. 72.
22 Tributsch: *Wie das Leben leben lernte*, S. 240–241.
23 Went: *The Plants*, S. 80.
24 Tributsch, S. 47–48.
25 Elbert L. Little: *The Audubon Society Field Guide to North American Trees: Eastern Region* (New York: Knopf, 1985), S. 326.
26 Charles F. Cooper: «The Ecology of Fire», *Scientific American* 204 (April 1961), S. 154.
27 Ibid., S. 154–158.
28 Tributsch, S. 38–39.
29 D'Arcy Thompson: *On Growth and Form* (Cambridge: Cambridge University Press, 1959), II, S. 969, 970.
30 Peter N. Witt: «Do We Live in the Best of All Worlds? Spiders Suggest an Answer», *Perspectives in Biology and Medicine* 8 (Sommer 1965), S. 479.
31 Kirk: *Biology Today*, S. 309.
32 Tributsch, S. 190.
33 George Wald: «Life and Light», *Scientific American* 201 (Oktober 1959), S. 99.
34 Kirk, S. 252.
35 Thomas A. McMahon/John Tyler Bonner: *On Size and Life* (New York: Scientific American Books, 1983), S. 171.
36 Carl Welty: «Birds as Flying Machines», *Scientific American* 192 (März 1955), S. 88–89.
37 P. B. S. Lissaman/Carl A. Schollenberger: «Formation Flight of Birds», *Science* 168 (22. Mai 1970), S. 1003. Siehe auch den hervorragenden Beitrag von Peter P. Wegener, «The Science of Flight», *American Scientist* 74 (Mai–Juni 1986), S. 268–278.
38 Mohamed Gad-el-Hak, zit. in Ivars Peterson: «On the Wings of a Dragonfly», *Science News* 128 (10. August 1985), S. 91.
39 Richard C. Lewonting: «Adaptation», *Scientific American* 239 (September 1978), S. 220.
40 Milton Hildebrand: «How Animals Run», *Scientific American* 202 (Mai 1960), S. 151.
41 Welty, S. 96.

42 P. F. Scholander: «The Wonderful New», *Scientific American* 196 (April 1957), S. 102–104.
43 Lewontin, S. 225.
44 Scholander, S. 98–99.
45 Thompson, S. 950.
46 McMahon/Bonner, S. 104–105.
47 Keith Copeland (Hrsg.): *Aids for the Severely Handicapped* (New York: Grune & Straton, 1974), S. 7.
48 Werner Heisenberg: «Die Bedeutung des Schönen in der exakten Naturwissenschaft», in *Schritte über Grenzen* (München: Piper, 1985), S. 269.
49 James Watson: *Die Doppel-Helix* (Hamburg: Rowohlt, 1969).
50 Matthew Scott, zit. in Terence Monmaney: «Life Taking Shape: A Developing View», *Science 85* 6 (September 1985), S. 15.
51 David Bohm, in *Towards a Theoretical Biology*, hrsgg. v. C. H. Waddington (Chicago: Aldine, 1969), S. 50.
52 Thompson, S. 981.
53 Welty, S. 90.
54 Kirk, S. 637.
55 John W. Smith: *Theory of Evolution* (Middlesex, England: Penguin, 1958), S. 148.
56 W. H. Thorpe: *Animal Nature and Human Nature* (New York: Doubleday, 1974), S. 204.
57 Joseph Wood Krutch: *The Great Chain of Life* (Boston: Houghton Mifflin, 1978), S. 99–100.
58 Ibid., S. 102.
59 Hugh Johnson: *Das große Buch der Bäume* (Bern: Hallwag, 1978), S. 9.
60 Sinnott: *Matter, Mind and Man*, S. 141.
61 Adolf Portmann: *Die Tiergestalt* (Basel: Reinhardt, 1960), S. 25; 19–20; 31–32.
62 Charles Darwin: *Die Entstehung der Arten*, S. 272.
63 Henri Poincaré: *The Value of Science* (New York: Dover, 1958), S. 8.
64 Charles Darwin: *Die Reise von Charles Darwin*, hrsgg. v. Chr. Ralling (Wiesbaden: Brockhaus, 1979), S. 54.
65 Edward O. Wilson: «The Biological Diversity Crisis: A Challenge to Science», *Issues in Science and Technology* 2 (Herbst 1985), S. 21.
66 Ibid.
67 Preston Cloud: «The Biosphere», *Scientific American* 249 (September 1983), S. 176.

68 Associated Press Story, Caracas, Venezuela, März 1985.
69 Robert D. Ballard/J. Frederick Grassle: «Return to the Oases of the Deep», *National Geographic* 156 (November 1979), S. 698.
70 Tributsch, S. 16.
71 Bohm, S. 104.

6 *Der Ursprung des Lebens*

1 Gould: «Is a New and General Theory of Evolution Emerging?», S. 120.
2 Colin Patterson, zit. in Tom Bethell: «Agnostic Evolutionists», Harper's (Februar 1985), S. 50.
3 G. Ledyard Stebbins/Francisco J. Ayala: «The Evolution of Darwinism», *Scientific American* 253 (Juli 1985), S. 72.
4 Richard Dawkins: «What's All the Fuss About?», Kritik von Niles Eldredge's *Time Frames, Nature* 316 (22. August 1985), S. 683.
5 Darwin: *Die Entstehung der Arten*, S. 184.
6 Ibid., S. 42 ff.
7 Niles Eldredge: *Time Frames: The Rethinking of Darwinian Evolution and the Theory of Punctuated Equilibria* (New York: Simon & Schuster, 1985), S. 82.
8 Axelrod/Hamilton, S. 1390.
9 Kinji Imanishi, zit. in Beverly Halstead: «Anti-Darwinism in Japan», *Nature* 317 (17. Oktober 1985), S. 587.
10 Darwin: *Die Entstehung der Arten*, S. 164 ff.
11 Francis Hitching: *The Neck of the Giraffe* (New Haven: Ticknor & Fields, 1982), S. 54.
12 Luther Burbank, zit. in Wilburg Hall: *Partner of Nature* (New York: Appleton-Century, 1939), S. 97–98.
13 Hitching, S. 54.
14 Colin Patterson: *Evolution* (Ithaca, N.Y.: Cornell University Press, 1978), S. 11.
15 Theodosius Dobzhansky: *Genetics of the Evolutionary Process* (New York: Columbia University Press, 1970), S. 67.
16 Siehe *Die Entstehung der Arten*, 10. Kapitel.
17 Eldredge, S. 28.
18 David M. Raup: «Conflicts between Darwin and Paleontology», *Bulletin Field Museum of Natural History* 50 (Januar 1979), S. 24.

19 Steven Stanley: *The New Evolutionary Timetable: Fossils, Genes, and the Origin of Species* (New York: Basic Books, 1981), S. 71.
20 Heribert Nilsson: *Synthetische Artbildung* (Lund, Schweden: Gleerup, 1954), nach der engl. Zusammenfassung, S. 212.
21 Eldredge, S. 145.
22 Darwin: *Die Entstehung der Arten*, u. a. S. 457.
23 Charles Darwin: *Charles Darwin's Natural Selection: Being the Second Part of His Big Species Book Written from 1856 to 1858*, nach dem Manuskript hrsgg. v. R. C. Stauffer (Cambridge: Cambridge University Press, 1975), S. 208.
24 Niles Eldredge/Stephen Jay Gould: «Punctuated Equilibria: An Alternative Approach to Phyletic Gradualism», in *Models in Paleobiology*, hrsgg. v. T. J. M. Schopf (San Francisco: Freeman, Cooper & Co., 1972), S. 82–115.
25 G. Ledyard Stebbins/Francisco Ayala: «Is a New Evolutionary Synthesis Necessary?», *Science* 213 (28. August 1981), S. 969.
26 Ernst Mayr: *Population, Species and Evolution* (Cambridge: Harvard University Press, 1970), S. 279.
27 Patterson: *Evolution*, S. 69.
28 Ibid., S. 70.
29 Søren Løvtrup: «On the Falsifiability of Neo-Darwinism», *Evolutionary Theory* 1 (Dezember 1976), S. 280.
30 Leopold Infeld: *Albert Einstein* (Berlin: Akademie-Verlag, 1957), S. 33–34.
31 Stanley: *New Evolutionary Timetable*, S. 174.
32 James Valentine, in T. Dobzhansky/F. Ayala/G. L. Stebbins/J. Valentine: *Evolution* (San Francisco: Freeman, 1977), S. 349.
33 Charles Darwin: *Charles Darwin and T. H. Huxley: Autobiographies*, hrsgg. v. Gavin de Beer (London: Oxford Univ. Press, 1974), S. 85.
34 David B. Kitts: «Paleontology and Evolutionary Theory», *Evolution* 28 (September 1974), S. 465.
35 L. C. Birch/P. Ehrlich: «Evolutionary History and Population Biology», *Nature* 214 (22. April 1967), S. 350.
36 Stanley: *New Evolutionary Timetable*, S. 6–7.
37 Patterson: *Evolution*, S. 128–129.
38 Stephen Jay Gould: «Nature's Great Era of Experiments», *Natural History* 92 (Juli 1983), S. 18.
39 James Brough: «Time and Evolution», in *Studies on Fossil Vertebrates*, hrsgg. v. T. Stanley Westoll (London: University of London, 1958), S. 36.

40 Ibid., S. 27–29; 32–33; 38.
41 Gould: «Nature's Great Era of Experiments», S. 20.
42 Stanley: *New Evolutionary Timetable*, S. xv.
43 G. R. Coope: «Late Cenozoic Fossil Coleoptera: Evolution, and Ecology», *Annual Review of Ecology and Systematics* 10 (1979), S. 264.
44 Stanley: *New Evolutionary Timetable*, S. 83–84.
45 Steven Stanley: «Evolution of Life: Evidence of a New Pattern», in *Great Ideas Today 1983* (Chicago: Encyclopaedia Britannica, 1983), S. 15–16.
46 Gabriel Dover, zit. in Roger Lewin: «Evolutionary Theory under Fire», *Science* 210 (21. November 1980), S. 884.
47 Darwin: *Die Entstehung der Arten*, S. 125–126.
48 Stanley: *New Evolutionary Timetable*, S. 85.
49 Eldredge, S. 120.
50 Stanley: «Evolution of Life», S. 20.
51 Charles Darwin, Brief an J. D. Hooker, 22. Juli 1879, in *More Letters of Charles Darwin*, hrsgg. v. Francis Darwin und A. C. Seward (London: Murray, 1903), II, S. 20–21.
52 Darwin: *Die Entstehung der Arten*, S. 645.
53 Steven Stanley: «Darwin Done Over», *The Sciences* 21 (Oktober 1981), S. 21.
54 George Gaylord Simpson: *Fossils and the History of Life* (New York: Scientific American Library, 1983) S. 167.
55 Stanley: *New Evolutionary Timetable*, S. 101.
56 Raup, S. 25.
57 Eldredge, S. 144.
58 G. Ledyard Stebbins, Jr.: «Cataclysmic Evolution», *Scientific American* 184 (April 1951), S. 55.
59 Patterson: *Evolution*, S. 51.
60 Stebbing: «Cataclysmic Evolution», S. 58.
61 Ricklefs: *Ecology*, S. 93–96.
62 Allan C. Wilson: «Die molekulare Grundlage der Evolution», *Spektrum der Wissenschaft* 12 (Dezember 1985), S. 166–167.
63 Roy J. Britten/Eric H. Davidson: «Repetitive and Nonrepetitive DNA Sequences and a Speculation on the Origins of Evolutionary Origins», *Quarterly Review of Biology* 46 (Juni 1971), S. 112.
64 Ibid.
65 Ibid.
66 A. C. Wilson/L. R. Maxon/V. M. Sarich: «Two Types of Molecular Evolution: Evidence from Studies of Interspecific Hybridization»,

Proceedings of the National Academy of Sciences (USA) 71 (Juli 1974), S. 2847.

67 Bernard Davis, zit. in Roger Lewin: «Molecules Come to Darwin's Aid», *Science* 216 (4. Juni 1982), S. 1091.

68 Walter J. Gehring: «Die molekulare Grundlage der Entwicklung», *Spektrum der Wissenschaft* 12 (Dezember 1985), S. 148.

69 Charles G. Sibley/Jon E. Ahlquist: «Der DNA-Stammbaum der Vögel», *Spektrum der Wissenschaft* 5 (Mai 1986), S. 96–107.

70 S. J. O'Brien/ W. G. Nash/D. E. Wildt/M. E. Bush/R. E. Benveniste, «A Molecular Solution to the Riddle of the Giant Panda's Phylogeny», *Nature* 317 (12. September 1985), S. 140–144.

71 Britten, S. 111.

72 Ibid., S. 112.

73 Ibid., S. 129.

74 Peter Oppenheimer: «Fractals, Computers and DNA», *Semaine internationale de l'image electronique/Deuxième colloque image* (Nizza, April 1986).

75 Peter Oppenheimer: «The Genesis Algorithm», *The Sciences* 25 (September/Oktober 1985), S. 44–47.

76 James W. Valentine/Cathryn A. Campbell: «Genetic Regulation and the Fossil Record», *American Scientist* 63 (November/Dezember 1975), S. 678.

77 Pere Alberch/R. D. K. Thomas, Bemerkungen beim jährlichen Treffen der American Association for the Advancement of Science (1986), Bericht von Julie Ann Miller und Lisa Davis, *Science News* 129 (7. Juni 1986), S. 365.

78 F. J. Ayala, in Dobzhansky/Ayala/Stebbins/Valentine: *Evolution*, S. 266–267.

79 Theodosius Dobzhansky, in Dobzhansky/Ayala/Stebbins/Valentine: *Evolution*, S. 443–444.

80 A. G. Cairns-Smith: *Genetic Takeover* (Cambridge: Cambridge University Press, 1982), S. 34–35.

81 Darwin: *Die Entstehung der Arten*, S. 201.

82 Eldredge, S. 45.

83 Ibid., S. 13.

84 Julian Huxley, im Fernsehprogramm «At Random», veröffentlicht in *Evolution after Darwin: Issues in Evolution*, hrsgg. v. Sol Tax und Charles Callender (Chicago: University of Chicago, 1960), S. 45.

85 François Jacob: *Das Spiel der Möglichkeiten* (München: Piper, 1984), S. 26.

86 George G. Simpson: *Auf den Spuren des Lebens* (Berlin: Colloquium, 1957), S. 15.
87 Patterson: *Evolution*, S. 26.
88 Stanley L. Miller/Leslie E. Orgel: *The Origins of Life on the Earth* (New York: Prentice-Hall, 1974), S. 81–87.
89 Cairns-Smith, S. 56–59.
90 Robert Shapiro: *Origins: A Skeptic's Guide to the Creation of Life* (New York: Summit Books, 1986), S. 104; 116.

7 *Die Zielgerichtetheit der Natur*

1 Charles Darwin, Brief an J. D. Hooker, 18. März 1862, in *More Letters of Charles Darwin*: I, S. 198.
2 Dover: «Molecular Drive Through Evolution», S. 527.
3 H. Frederick Nijhout: «Geheimnisvolle Schmetterlingsmuster», *Spektrum der Wissenschaft* 1 (Januar 1982), S. 32.
4 Lewontin: «Adaptation», S. 215.
5 Norman Newell: «Crises in the History of Life», *Scientific American* 208 (Februar 1963), S. 79.
6 Stephen Jay Gould: «The Cosmic Dance of Siva», *Natural History* 93 (August 1984), S. 14.
7 Ibid., S. 18.
8 Newell, S. 79.
9 Raup: «Conflicts between Darwin and Paleontology», S. 23.
10 Tinbergen: *Animal Behavior*, S. 12.
11 Stephen Jay Gould/Richard Lewontin: «The Spandrels of San Marco and the Panglossian Paradigm: A Critique of the Adaptationist Programme», *Proceedings of the Royal Society Londeon Series B* 205 (1979), S. 587–588.
12 Jens Clausen: *Stages in the Evolution of Plant Species* (New York & London: Hafner, 1967), S. 11–53.
13 Eldredge: *Time Frames*, S. 140.
14 Coope: «Late Cenozoic Fossil Coleoptera», S. 264.
15 Alex B. Novikoff: «The Concept of Integrative Levels and Biology», *Science* 101 (2. März 1945), S. 212–213.
16 Oparin: «The Nature of Life», in *Interrelations*, hrsgg. v. Blackburn, S. 194.
17 Ayala: «The Autonomy of Biology as a Natural Science», in *Biology, History and Natural Philosophy*, hrsgg. v. Breck und Yourgau, S. 7.

18 Julian Huxley: *Evolution in Action* (New York: Harper & Row, 1953), S. 7.
19 Luria: *Leben – das unvollendete Experiment*, S. 109–110.
20 Thomas H. Huxley: *Lectures and Essays* (New York: Macmillan, 1904), S. 178–179.
21 Medawar/Medawar: *The Life Sciences*, S. 11; 12.
22 Monod: *Zufall und Notwendigkeit*, S. 27.
23 Sinnott: *Cell and Psyche*, S. 46; Sinnott: *Matter, Mind and Matter*, S. 41.
24 Jacob: *Die Logik des Lebenden*, S. 16; 100.
25 Theodosius Dobzhansky: «Chance and Creativity in Evolution», in *Studies in the Philosophy of Biology*, hrsgg. v. Ayala und Dobzhansky, S. 330.
26 Thorpe: *Animal Nature and Human Nature*, S. 17.
27 George Gaylord Simpson: «Biology and the Nature of Science», in *Interrelations*, hrsgg. v. Blackburn, S. 159.
28 Niels Bohr: *Atom Physics and Human Knowledge* (New York/London: Wiley, 1958), S. 92 (dt. *Atomphysik und menschliche Erkenntnis* [Wiesbaden: Vieweg, 1985]).
29 Niko Tinbergen: *Tiere untereinander* (Berlin: Parey, 1965), S. 2.
30 Ricklefs: *Ecology*, S. 21.
31 Tributsch: *Wie das Leben leben lernte*, S. 37.
32 Tinbergen: *Animal Behavior*, S. 128.
33 Ricklefs, S. 250.
34 John Crook: «The Rites of Spring», in *Marvels of Animal Behavior*, hrsgg. v. Allen, S. 294.
35 Georg Rüppell: *Vogelflug* (München: Kindler, 1975), S. 47–49.
36 Farb: *The Forest*, S. 13.
37 Adolf Portmann: *Tarnung im Tierreich* (Berlin: Springer, 1956), S. 77.
38 Bohr, S. 92.
39 Lorenz: *Das sogenannte Böse*, S. 217.
40 Griffin, *Wie Tiere denken*, S. 100–101.
41 Ricklefs, S. 236.
42 Ayala, in Dobzhansky/Ayala/Stebbins/Valentine: *Evolution*, S. 503.
43 Tributsch, S. 196.
44 Heinrich Hertel: *Struktur – Form – Bewegung* (Mainz: Krauskopf, 1963), S. 23–24.
45 André Tetry: *Les outils chez les êtres vivants* (Paris: Gallimard, 1948), S. 312.

46 Lucien Cuénot: *Invention et finalité en biologie*, S. 240–241.
47 Ricklefs, S. 319.
48 Stephen Jay Gould: *Ever since Darwin* (New York: Norton, 1977), S. 99; 102.
49 Tributsch, S. 85.
50 John W. Kanwisher/Sam H. Ridgway: «The Physiological Ecology of Whales and Porpoises», *Scientific American* 248 (Juni 1983), S. 113.
51 McMahon/Bonner: *On Size and Life*, S. 187.
52 Rüppell, S. 42–43.
53 William Montagna: «The Skin», *Scientific American* 212 (Februar 1965), S. 56.
54 Curtis, *Biology*, S. 497.
55 George Wald, «Eye and Camera», *Scientific American* 183 (August 1950), S. 35.
56 Curtis, S. 607.
57 Rüppell, S. 140.
58 Farb, S. 99.
59 Gates, «Heat Transfer in Plants», S. 77, 79.
60 Cuénot, S. 245.
61 Mayr, *Die Entstehung der biologischen Gedankenwelt*, S. 72.
62 Watson, *Die Doppel-Helix*, S. 139.

8 Hierarchie – der Mensch als Krone der Schöpfung

1 Darwin: *More Letters of Charles Darwin*, I, S. 114.
2 Robert Trivers, Geleitwort zu *Das egoistische Gen* von Richard Dawkins. Hervorhebung durch die Autoren.
3 Monod: *Zufall und Notwendigkeit*, S. 51.
4 Simpson: *The Meaning of Evolution*, S. 346.
5 Lynn Margulis/Dorian Sagan: «Strange Fruit on the Tree of Life», *The Sciences* 26 (Mai–Juni 1986), S. 43.
6 Simpson, S. 249.
7 Darwin: *Die Entstehung der Arten*, S. 91; 164 ff.
8 Simpson, S. 62.
9 Stanley: «Evolution of Life», S. 5.
10 Patterson: *Evolution*, S. 4.
11 Dobzhansky, in Dobzhansky/Ayala/Stebbins/Valentine: *Evolution*, S. 182–185.

12 Thorpe: *Animal Nature and Human Nature*, S. 17.
13 Charles Darwin: *Descent of Man and Selection in Relation to Sex*, 2. Aufl. (1874; Reprint New York: Burt, o. J.), S. 188.
14 Thorpe, S. 20.
15 Paul Davies: *The Accidental Universe* (Cambridge: Cambridge University Press, 1982), S. 67–68.
16 Ibid., S. 68.
17 Ibid., S. 70–71.
18 Ibid., S. 91.
19 John D. Barrow/Frank J. Tipler: *The Anthropic Cosmological Principle* (New York: Oxford University Press, 1986), S. 21.
20 George Wald: «Life and Mind in the Universe», *International Journal of Quantum Chemistry: Quantum Biology Symposium* 11 (New York: Wiley, 1984), S. 2.
21 Ibid., S. 7.
22 Cuénot: *Invention et finalité en biologie*, S. 86.
23 Patterson, S. 129.
24 Dobzhansky: «Chance and Creativity in Evolution», in *Studies in the Philosophy of Biology*, hrsgg. v. Ayala und Dobzhansky, S. 310.
25 Darwin: *Charles Darwin and T. H. Huxley: Autobiographies*, S. 54.
26 Max Delbrück: «Mind from Matter?», *American Scientist* 47 (Sommer 1978), S. 353.
27 Louis de Broglie: *Physik und Mikrophysik* (Hamburg: Claassen, 1950), S. 218.
28 Brough: «Time and Evolution», S. 27.
29 Dobzhansky, S. 333.
30 John C. Eccles: «Self-Consciousness and the Human Person», Accademia Nazionale dei Lincei Memorie Science Fisiche Mathematiche E Natural, Series 8 (erscheint demnächst).
31 Harold Morowitz: *The Wine of Life* (New York: St. Martin's, 1979), S. 3–6.

9 Auf dem Weg zu einer neuen Biologie

1 Paul Davies: *Gott und die moderne Physik* (München: Bertelsmann, 1986), S. 8.
2 Harold Morowitz: «Rediscovering the Mind», *Psychology Today* 14 (August 1980), S. 12.

3 Lionel Stevenson: *Darwin among the Poets* (New York: Russell & Russell, 1963), S. 45.
4 J. W. Burrow, Hrsg.: *The Origin of Species*, 1. Aufl. (1859; rpt. Middlesex, England: Penguin, 1968), S. 42–43.
5 Huxley: *Evolution and Ethics and Other Essays*, S. 81–82.
6 Garrett Hardin: *Nature and Man's Fate* (New York: Mentor, 1959), S. 220.
7 Darwin: *Charles Darwin and T. H. Huxley: Autobiographies*, S. 50–51.
8 Fred Hoyle, zit. in Davies: *The Accidental Universe*, S. 118.
9 Augustinus: *Über den Wortlaut der Genesis* (Paderborn: Schöningh 1961–64), I, S. 185.
10 Thomas von Aquin: *Die Summe wider die Heiden* (Leipzig: Hegner, 1937), 3. Buch, S. 269–270.
11 Erich von Holst, «Der Physiologe und sein Versuchstier», in *Mensch und Tier*, hrsgg. v. H. Friedrich, S. 96.
12 Simberloff: «The Great God of Competition», S. 22.
13 Newton: «Rules of Reasoning in Philosophy», in *Principia*, S. 400.
14 Curtis, *Biology*, S. 10.
15 Darwin, Brief an J. D. Hooker, 13. Juli 1956, in *More Letters of Charles Darwin*, I, S. 94.

Bibliographie

Adrian, Edgar D./Frederic Brenner/Herbert H. Jasper (Hrsg.): *Brain Mechanisms and Consciousness*. Oxford: Blackwell, 1956.

Allee, W. C.: *Cooperation among Animals*. New York: Schuman, 1938.

–/Alfred Emerson/Orlando Park/Karl Schmidt: *Principles of Animal Ecology*. Philadelphia: Saunders, 1959.

Allen, Mea: *Darwin and His Flowers: The Key to Natural Selection*. New York: Taplinger, 1977.

Allen, Thomas B.: *The Marvels of Animal Behavior*. Washington, D. C.: National Geographic, 1972.

Allport, Gordon W.: *Becoming*. New Haven: Yale University Press, 1955.

Andrewartha, H. G./L. C. Birch: *The Distribution and Abundance of Animals*. Chicago: University of Chicago Press, 1954.

Appleman, Philip (Hrsg.): *Darwin: A Norton Critical Edition*. New York: Norton, 1970.

Augros, Robert M./George N. Stanciu: *The New Story of Science: Mind and the Universe*. New York: Bantam Books, 1986.

Augustinus: *Über den Wortlaut der Genesis*. Paderborn: Schöningh 1961–64, 2 Bde.

Axelrod, Robert/William D. Hamilton: «The Evolution of Cooperation». *Science* 211 (27. März 1981), S. 1390–1396.

Ayala, F. J./Theodosius Dobzhansky (Hrsg.): *Studies in the Philosophy of Biology*. Los Angeles & Berkeley: University of California Press, 1974.

Baer, Jean G.: *Tierparasiten*. München: Kindler, 1972.

Ballard, Robert D./J. Frederick Grassle: «Return to the Oases of the Deep». *National Geographic* 156 (November 1979), S. 689–703.

Barrow, John D./Frank J. Tipler: *The Anthropic Cosmological Principle.* New York: Oxford University Press, 1986.

Bartholomew, George A./Jack W. Hudson: «Desert Ground Squirrels». *Scientific American* 205 (November 1961), S. 107–116.

Beck, Benjamin B.: «Cooperative Tool Use by Captive Hamadryas Baboons». *Science* 182 (9. November 1973), S. 594–597.

Beck, William S.: *Modern Science and the Nature of Life.* New York: Harcourt, 1957.

Bertalanffy, Ludwig von: *Modern Theories of Development: An Introduction to Theoretical Biology.* New York: Harper, 1962 (dt. *Theoretische Biologie.* Bern: Francke, 1951 u. ö.).

Bethell, Tom: «Agnostic Evolutionist». *Harper's*, Februar 1985.

Birch, Herbert G.: «The Role of Motivational Factors in Insightful Problem-Solving». *Journal of Comparative Psychology* 38 (30. Mai 1945), S. 295–317.

Birch, L. C./P. Ehrlich: «Evolutionary History and Population Biology». *Nature* 214 (22. April 1967), S. 349–352.

Blackburn, Robert T. (Hrsg.): *Interrelations: The Biological and Physical Sciences.* Chicago: Scott/Foresman, 1966.

Bogert, Charles B.: «How Reptiles Regulate Their Body Temperature». *Scientific American* 200 (April 1959), S. 105–120.

Bohr, Niels: *Atomphysik und menschliche Erkenntnis.* Wiesbaden: Vieweg, 1985.

Boreske, J. R.: *Museum of Comparative Zoology Bulletin* 146 (1974), S. 1–87.

Born, Max: *Physik im Wandel meiner Zeit.* Wiesbaden: Vieweg, 1985.

Boycott, Brian B.: «Learning in the Octopus». *Scientific American* 212 (März 1965), S. 42–45.

Breck, Allen D./Wolfgang Yourgau (Hrsg.): *Biology, History, and Natural Philosophy.* New York: Plenum Press, 1972.

Breland, Keller/Marian Breland: «A Field of Applied Animal Psychology». *American Psychologist* 6 (1951), S. 202–204.

–: «The Misbehavior of Organisms». *American Psychologist* 16 (1961), S. 681–684.

Bristowe, W. S.: *The World of Spiders.* London: Collins, 1958.

Britten, Roy J./Eric H. Davidson: «Repetitive and Nonrepetitive DNA Sequences and a Speculation on the Origins of Evolutionary Origins». *Quarterly Review of Biology* 46 (Juni 1971), S. 111–133.

Broglie, Louis de: *Physik und Mikrophysik.* Hamburg: Claassen, 1950.

Brough, James: «Time and Evolution». In *Studies on Fossil Vertebrates*, hrsgg. v. T. Stanley Westoll. London: University of London, 1958, S. 16–38.

Bucher, Paul: *Endosymbiose der Tiere mit pflanzlichen Mikroorganismen.* Basel: Birkhäuser, 1953.

Burrow, J. W. (Hrsg.): *The Origin of Species.* 1. Aufl. 1859; Reprint Middlesex, England: Penguin, 1968.

Cairns-Smith, A. G.: *Genetic Takeover.* Cambridge: Cambridge University Press, 1982.

Carey, Canthia/Richard L. Marsh: «Shivering Finches». *Natural History* 90 (Oktober 1981), S. 58–63.

Carpenter, G. D. Hale: *A Naturalist on Lake Victoria.* London: Unwin, 1920.

Cheng, Thomas C.: *Symbiosis: Organisms Living Together.* New York: Pegasus, 1970.

– (Hrsg.): *Aspects of the Biology of Symbiosis.* Baltimore: University Park Press, 1971.

Clarke, George L.: *Elements of Ecology.* New York: Wiley, 1954.

Clausen, Jens: *Stages in the Evolution of Plant Species.* New York/London: Hafner, 1967.

Cloud, Preston: «The Biosphere». *Scientific American* 249 (September 1983), S. 176–187.

Colinvaux, Paul: *Why Big Fierce Animals Are Rare: An Ecologist's Perspective.* Princeton: Princeton University Press, 1978.

–: *Introduction to Ecology.* New York: Wiley, 1973.

Coope, G. R.: «Late Cenozoic Fossil Coleoptera: Evolution, Biogeography and Ecology». *Annual Review of Ecology and Systematics* 10 (1979), S. 247–267.

Cooper, Charles F.: «The Ecology of Fire». *Scientific American* 204 (April 1961), S. 150–160.

Copeland, Keith (Hrsg.): *Aids for the Severely Handicapped.* New York: Grune & Straton, 1974.

Cuénot, Lucien: *Invention et finalité en biologie.* Paris: Flammarion, 1941.

Curtis, Helena: *Biology.* New York: Worth, 1968.

Cuvier, Georges: *Leçons d'anatomie comparée.* Brüssel: Culture et Civilisation, 1969.

Darwin, Charles: *Reise um die Welt 1831–36*, hrsgg. v. G. Giertz. Stuttgart: Thienemann, 1981.

–: *Die Entstehung der Arten durch natürliche Zuchtwahl.* Stuttgart: Reclam, 1973.
–: *Die Abstammung des Menschen.* Stuttgart: Kröner, 1982.
–: *Charles Darwin's Natural Selection: Being the Second Part of His Big Species Book Written from 1856 to 1858*, vom Manuskript hrsgg. v. C. Stauffer. Cambridge: Cambridge University Press, 1975.
–: *More Letters of Charles Darwin.* 2 Bde., hrsgg. v. Francis Darwin und A. C. Seward. London: Murray, 1903.
–: *Charles Darwin and T. H. Huxley: Autobiographies*, hrsgg. v. Gavin de Beer. London: Oxford University Press, 1974.
Davenport, Richard K./Charles M. Rogers: «Intermodal Equivalence of Stimuli in Apes». *Science* 168 (10. April 1970), S. 279–281.
Davies, Paul: *The Accidental Universe.* Cambridge: Cambridge University Press, 1982.
–: *Gott und die moderne Physik.* München: Bertelsmann, 1986.
Davitz, Lois J./Joel R. Davitz: «How Do Nurses Feel When Patients Suffer?» *American Journal of Nursing* 75 (September 1975), S. 1505–1510.
Dawkins, Richard: *Das egoistische Gen.* New York/Berlin/Heidelberg: Springer, 1978.
–: «What's All the Fuss About?» *Nature* 316 (August 1985), S. 683–684.
Delbrück, Max: «Mind from Matter?» *American Scholar* 47 (Sommer 1978), S. 339–353.
Descartes, René: *The Philosophical Works of Descartes.* 2 Bde. Cambridge: Cambridge University Press, 1911.
–: *Über den Menschen.* Heidelberg: Schneider, 1968.
Dice, Lee R.: *Natural Communities.* Ann Arbor: University of Michigan Press, 1962.
Dobzhansky, Theodosius: *Genetics of the Evolutionary Process.* New York: Columbia University Press, 1970.
–/F. Ayala/G. L. Stebbins/J. Valentine. *Evolution.* San Francisco: Freeman, 1977.
Dover, Gabriel: «A Molecular Drive through Evolution». *Bio-Science* 32 (Juni 1982), S. 526–533.
Dyson, Freeman: *Disturbing the Universe.* New York: Harper & Row, 1979.

Eccles, John: *Facing Reality.* New York/Berlin/Heidelberg: Springer, 1970.
–: «Self-Consciousness and the Human Person». Accademia Nazionale

dei Lincei Memorie Science Fisiche Mathematiche E Natural, Series 8 (erscheint demnächst).
Eickmeier, William G.: «Desert Resurrectio». *Natural History* 93 (Januar 1984), S. 36–41.
Einstein, Albert/Leopold Infeld: *Die Evolution der Physik*. Reinbek: Rowohlt, 1966 u. ö.
Eldredge, Niles: *Time Frames: The Rethinking of Darwinian Evolution and the Theory of Punctuated Equilibria*. New York: Simon & Schuster, 1985.
–/Stephen Jay Gould: «Punctuated Equilibria: An Alternative Approach to Phyletic Gradualism». In *Models in Paleobiology*, hrsgg. v. T. J. M. Schopf. San Francisco: Freeman, Cooper & Co., 1972, S. 82–115.
Elton, Charles: *Animal Ecology*. London: Methuen, 1968.
Elvee, Richard Q. (Hrsg.): *Mind in Nature: Nobel Conference XVII*. San Francisco: Harper & Row, 1982.

Farb, Peter: *Die Ökologie*. Amsterdam: Time-Life, 1965.
–: *The Insects*. New York: Time-Life, 1962.
–: *The Forest*. New York: Time-Life, 1969.
Feinsinger, P.: Organization of a Tropical Guild of Nectarivorous Birds». *Ecological Monographs* 46 (1976), S. 275–291.
Feynman, Richard P.: *QED*. Princeton, N. J.: Princeton University Press, 1985.
Fowler, Charles/Tim Smith (Hrsg.): *Dynamics of Large Mammal Populations*. New York: Wiley, 1981.
Freud, Sigmund: *Die Zukunft einer Illusion*, in *Gesammelte Werke,* Bd. 14. London: Imago, 1955.
–: *Das Unbehagen in der Kultur*, in *Gesammelte Werke*, Bd. 14. London: Imago, 1955.
–: *Vorlesungen zur Einführung in die Psychoanalyse*, in *Gesammelte Werke*, Bd. 11. Stuttgart: Fischer, 1961.
Friedrich, Heinz (Hrsg.): *Mensch und Tier*. München: dtv, 1973.

Gardner, R. Allen/Beatrice T. Gardner: «Teaching Sign Language to a Chimpanzee». *Science* 165 (15. August 1969), S. 664–672.
Gates, David M.: «Heat Transfer in Plants». *Scientific American* 213 (Dezember 1965), S. 76–84.
Gehring, Walter J.: «Die molekulare Grundlage der Entwicklung». *Spektrum der Wissenschaft* 12 (Dezember 1985).
Goodall, Jane: «My Life among Wild Chimpanzees». *National Geographic* 124 (August 1963), S. 272–308.

Gould, James L.: *Ethology: Mechanisms and Evolution of Behavior*. New York: Norton, 1982.
Gould, Stephen Jay: *Ever Since Darwin*. New York: Norton, 1977.
–: «Is a New and General Theory of Evolution Emerging?» *Paleobiology* 6 (1980), S. 119–130.
–: «Nature's Great Era of Experiments». *Natural History* 92 (Juli 1983), S. 12–21.
–: «The Cosmic Dance of Siva». *Natural History* 93 (August 1984), S. 14–19.
–/Richard Lewontin: «The Spandrels of San Marco and the Panglossian Paradigm: A Critique of the Adaptationist Programme». *Proceedings of the Royal Society London Series B* 205 (1979), S. 581–598.
Grant, Susan: *Beauty and the Beast*. New York: Scribner's, 1984.
Griffin, Donald R.: *Wie Tiere denken*. München: BLV, 1985.
–: «Animal Thinking». *American Scientist* 72 (September/Oktober 1984), S. 456–464.
–: (Hrsg.): *Animal Mind – Human Mind: Report of the Dahlem Workshop, Berlin 1981*. New York/Berlin/Heidelberg: Springer, 1982.

Hall, Wilbur: *Partner of Nature*. New York: Appleton-Century, 1939.
Halstead, Beverly: «Anti-Darwinism in Japan». *Nature* 317 (17. Oktober 1985), S. 587–589.
Hardin, Garrett: *Nature and Man's Fate*. New York: Mentor, 1959.
Hart, Harold/Robert D. Schütz: *Organic Chemistry: A Short Course*. Boston: Houghton Mifflin, 1972.
Hayes, Keith J./Catherine H. Nissen: «Higher Mental Functions of a Home-Raised Chimpanzee». In *Behavior of Nonhuman Primates*, Bd. 4, hrsgg. v. Allan M. Shrier und Fred Stollnitz. New York: Academic Press, 1971, S. 78–100.
Heinrich, Bernd: «The Energetics of the Bumblebee». *Scientific American* 228 (April 1973), S. 97–102.
Heisenberg, Werner: *Physik und Philosophie*. Stuttgart: Hirzel, ^{4}1984.
–: *Die Einheit des naturwissenschaftlichen Weltbildes*, in *Gesammelte Werke*, hrsgg. v. W. Blum u. a. München: Piper, 1984, Bd. C 1.
–: *Schritte über Grenzen*. München: Piper, 1985.
Hertel, Heinrich: *Struktur, Form, Bewegung*. Mainz: Krauskopf, 1963.
Hildebrand, Milton: «How Animals Run». *Scientific American* 202 (Mai 1960), S. 148–157.
Hitching, Francis: *The Neck of the Giraffe*. New Haven: Ticknor & Fields, 1982.

Hobbes, Thomas: *Body, Man, and Citizen: Selections from Thomas Hobbes*, hrsgg. v. Richard S. Peters. New York: Collier, 1962.
Huxley, Julian: *Evolution in Action*. New York: Harper & Row, 1953.
Huxley, Thomas H.: «The Struggle for Existence in Human Society». In *Evolution and Ethics and Other Essays*. New York: Appleton, 1896.
–: *Method and Results*. New York/London: Appleton, 1925.
–: *Lectures and Essays*. New York: Macmillan, 1904.
Hylander, Clarence J.: *Wildlife Communities: From Tundra to Tropics in North America*. Boston: Houghton Mifflin, 1966.

Infeld, Leopold: *Albert Einstein*. Berlin: Akademie-Verlag, 1957.
Inouye, David W.: «The Ant and the Sunflower». *Natural History* 93 (Juni 1984), S. 49–52.
Irving, Laurence: «Adaptations to the Cold». *Scientific American* 214 (Januar 1966), S. 94–101.
Ito, Y.: *Comparative Ecology*. Cambridge: Cambridge University Press, 1978.

Jacob, François: *Die Logik des Lebenden*. Frankfurt a. M.: Fischer, 1972.
–: *Das Spiel der Möglichkeiten*. München: Piper, 1984.
Johnson, Hugh: *Das große Buch der Bäume*. Bern: Hallwag, 1978.
Jones, David E. H.: «The Stability of the Bicycle». *Physics Today* 23 (April 1970), S. 34–40.

Kanwisher, John W./Sam H. Ridgway: «The Physiological Ecology of Whales and Porpoises». *Scientific American* 248 (Juni 1983), S. 110–120.
Kawai, W.: «Newly Acquired Precultural Behavior of the Natural Troop of Japanese Monkeys on Koshima Islet», *Primates* 6 (1965), S. 1–30.
Kendrew, John: *Der Faden des Lebens*. München: Nymphenburger, 1967.
Kirk, David (Hrsg.): *Biology Today*. New York: Random House, 1975.
Kitts, David B.: «Paleontology and Evolutionary Theory». *Evolution* 28 (September 1974), S. 458–472.
Klopfer, Peter Hubert: *Ökologie und Verhalten*. Stuttgart: Fischer, 1968.
Koestler, Arthur/ J. R. Smythies (Hrsg.): *Beyond Reductionism: New Perspectives in the Life Sciences*. Boston: Beacon Press, 1971.
Köhler, Wolfgang: *Intelligenzprüfungen an Menschenaffen*. New York/Berlin/Heidelberg: Springer, 1963.
Kormondy, Edward J.: *Concepts of Ecology*. Englewood Cliffs, N. J.: Prentice-Hall, 1976.

– (Hrsg.): *Readings in Ecology*. New York: Prentice-Hall, 1965.
Krutch, Joseph Wood: *The Great Chain of Life*. Boston: Houghton Mifflin, 1978.

Lack, David: «Competition for Food by Birds of Prey». *Journal of Animal Ecology* 15 (1946), S. 123–129.
–: *The Natural Regulation of Animal Numbers*. Oxford: Oxford University Press, 1954.
Lamberg, David/The Diagram Group: *Field Guide to Prehistoric Life*. New York: Facts on File, 1985.
Laplace, Pierre Simon: *A Philosophical Essay on Probabilities*. New York: Dover, 1951.
Lawick-Goodall, Jane van: *Wilde Schimpansen*. Reinbek: Rowohlt, 1971.
–: «A Preliminary Report on Expressive Movements and Communication in the Gombe Stream Chimpanzees». In *Primate Patterns*, hrsgg. v. Phyllis Dohlinow. New York: Holt, Rinehart & Winston, 1972, S. 25–84.
Lettvin, J. Y./H. R. Maturana/W. S. McCulloch/W. H. Pitts: «What the Frog's Eye Tells the Frog's Brain». *Proceedings of the Institute of Radio Engineers* 47 (November 1959), S. 1940–1951.
Lewin, Roger: «Evolutionary Theory Under Fire». *Science* 210 (21. November 1980), S. 883–887.
–: «Molecules Come to Darwin's Aid». *Science* 216 (4. Juni 1982), S. 1091–1092.
Lewis, John (Hrsg.): *Beyond Chance and Necessity: A Critical Inquiry into Professor Jacques Monod's Chance and Necessity*. London: Teilhard Centre for the Future, 1974.
Lewontin, Richard C.: «Adaptation». *Scientific American* 239 (September 1978), S. 212–230.
Limbaugh, Conrad: «Cleaning Symbiosis». *Scientific American* 205 (August 1961), S. 42–49.
Lissaman, P. B. S./Carl A. Schollenberger: «Formation Flight of Birds». *Science* 168 (22. Mai 1970), S. 1003–1005.
Little, Elbert L.: *The Audubon Society Field Guide to North American Trees: Eastern Region*. New York: Knopf, 1985.
Lorenz, Konrad: *Er redete mit dem Vieh, den Vögeln und den Fischen*. München: dtv, 1986.
–: *Das sogenannte Böse*. München: dtv, 1987.
Lovelock, J. E.: *Gaia: A New Look at Life on Earth*. New York: Oxford University Press, 1979.

Løvtrup, Søren: «On the Falsifiability of Neo-Darwinism». *Evolutionary Theory* 1 (Dezember 1976), S. 267–283.
Luria, Salvador E.: *Leben, das unvollendete Experiment*. München: Piper, 1974.

MacArthur, Robert H.: «Population Ecology of Some Warblers of North-eastern Coniferous Forests». *Ecology* 39 (Oktober 1958), S. 599–619.
McMahon, Thomas A./John Tyler Bonner: *On Size and Life*. New York: Scientific American Books, 1983.
Malthus, Thomas Robert: *An Essay on the Principle of Population* (1798), hrsgg. v. Philip Appleman. New York: Norton, 1976.
Margenau, Henry: *The Miracle of Existence*. Woodbridge, Conn.: Ox Bow Press, 1984.
Margulis, Lynn: *Symbiosis in Cell Evolution*. San Francisco: Freeman, 1981.
–/ Dorion Sagan: «Strange Fruit on the Tree of Life». *The Sciences* 26 (Mai–Juni 1986), S. 38–45.
Marx, Karl: *Zur Kritik der politischen Ökonomie*. In *Werke*, Bd. 13. Berlin: Dietz, 1961.
May, Robert M.: «A Test of Ideas about Mutualism». *Nature* 307 (2. Februar 1984), S. 410–411.
Mayr, Ernst: *Population, Species and Evolution*. Cambridge: Harvard University Press, 1970.
–: *Die Entstehung der biologischen Gedankenwelt: Vielfalt, Evolution und Vererbung*. New York/Berlin/Heidelberg: Springer, 1984.
Mech, David L.: *The Wolves of Isle Royale: Fauna of the National Parks of the United States*. Washington, D. C.: Government Printing Office, 1966.
Medawar, P. B./J. S. Medawar: *The Life Sciences: Current Ideas of Biology*. New York: Harper & Row, 1977.
Menzel, Emil W.: «Spontaneous Invention of Ladders in a Group of Young Chimpanzees». *Folia Primatoligica* 17 (1972), S. 87–106.
Mercer, E. H.: *The Foundations of Biological Theory*. New York: Wiley, 1981.
Messenger, P. S.: «Biotic Interactions». In *Encyclopaedia Britannica: Macropaedia* (15. Aufl.), Bd. 2, S. 1044–1052.
Miller, Stanley L./Leslie E. Orgel: *The Origins of Life on the Earth*. New York: Prentice-Hall, 1974.
Monmaney, Terence: «Life Taking Shape: A Developing View». *Science 85* 6 (September 1985), S. 14–16.

Monod, Jacques: *Zufall und Notwendigkeit*. München: dtv, 1979.
Montagna, William: «The Skin». *Scientific American* 212 (Februar 1965), S. 56–66.
Morowitz, Harold: *The Wine of Life*. New York: St. Martin's, 1979.
–: «Rediscovering the Mind». *Psychology Today* 14 (August 1980).
Murie, Adolph: *The Wolves of Mount McKinley: Fauna of the National Parks of the United States*. Washington, D.C.: Government Printing Office, 1944.

Newell, Norman: «Crises in the History of Life». *Scientific American* 208 (Februar 1963), S. 76–92.
Newton, Isaac: *Mathematische Grundlagen der Naturphilosophie*. Heidelberg: Meiner, 1987.
–: *Optik*. Wiesbaden: Vieweg, 1983.
Nijhout, Frederick H.: «Geheimnisvolle Schmetterlingsmuster». *Spektrum der Wissenschaft* 1 (Januar 1985).
Nilsson, Heribert: *Synthetische Artbildung*. Lund, Sweden: Gleerup, 1954.
Nissen, H. W.: «Phylogenetic Comparison». In *Handbook of Experimental Psychology*, hrsgg. v. S. S. Stevens. New York: Wiley, 1951, S. 347–386.
Novikoff, Alex B.: «The Concept of Integrative Levels and Biology». *Science* 101 (2. März 1945), S. 209–215.

O'Brien, S. J./W. G. Nash/D. E. Wildt/M. E. Bush/R. E. Benveniste: «A Molecular Solution to the Riddle of the Giant Panda's Phylogeny». *Nature* 317 (12. September 1985), S. 140–144.
Odum, Eugene P.: *Grundlagen der Ökologie*. 2 Bde. Stuttgart: Thieme, 1983.
O'Neill, R. V.: «Niche Segregation in Seven Species of Diplopods». *Ecology* 48 (1967), S. 983.
Oppenheimer, Peter: «The Genesis Algorithm». *The Sciences* 25 (September/Oktober 1985), S. 44–47.
–: «Fractals, Computers and DNA». *Semaine internationale de l'image electronique/Deuxième colloque image*. Nizza, April 1986.
Owen-Smith, Norman: «Territoriality in the White Rhinoceros (*Ceratotherium simum*) Buchell». *Nature* 231 (4. Juni 1971), S. 294–296.

Pagels, Heinz R.: *The Cosmic Code: Quantum Physics as the Language of Nature*. New York: Bantam Books, 1983.

Patterson, Colin: *Evolution*. Ithaca, N.Y.: Cornell University Press, 1978.
Patterson, Francine G.: «Conversations with a Gorilla». *National Geographic* 154 (Oktober 1978), S. 438–465.
–: «Linguistic Capabilities of a Lowland Gorilla». In *Language Intervention from Ape to Child*, hrsgg. v. Richard L. Schiefelbusch und John H. Hollis. Baltimore: University Park Press, 1979, S. 325–356.
Pauling, Linus/Peter Pauling. *Chemistry*. San Francisco: Freeman, 1975.
Peterson, Ivars: «On the Wings of a Dragonfly». *Science News* 128 (10. August 1985), S. 90–91.
Perry, Nicolette: *Symbiosis*. Poole, England: Blanford Press, 1983.
Piaget, Jean: *Der Aufbau der Wirklichkeit beim Kinde*. Stuttgart: Klett-Cotta, 1974.
–: *Six Psychological Studies*. New York: Vintage, 1968.
–: «The Child and Modern Physics». *Scientific American* 196 (März 1957), S. 46–51.
Pieper, Josef: *Muße und Kult*. München: Kösel, 1965.
Pirie, N. W.: «The Meaninglessness of the Terms Life and Living». In *Perspectives in Biochemistry*, hrsgg. v. J. Needham und D. Green. Cambridge: Cambridge University Press, 1937.
Poinar, George O., Jr.: «Sealed in Amber». *Natural History* 91 (Juni 1982), S. 26–30.
Poincaré, Henri: *The Value of Science*. New York: Dover, 1958.
Pontin, A. J.: *Competition and Coexistence of Species*. London: Pitman, 1982.
Portmann, Adolf: *Tarnung im Tierreich*. New York/Berlin/Heidelberg: Springer, 1956.
–: *Die Tiergestalt*. Basel: Reinhardt, 1960.
Premack, David: «The Education of Sarah, a Chimp». *Psychology Today* (September 1970).
–: «Language in Chimpanzee?» *Science* 172 (21. Mai 1971), S. 808–822.
Raup, David M.: «Conflicts between Darwin and Paleontology». *Bulletin Field Museum of Natural History* 50 (Januar 1979), S. 22–29.
Ricklefs, Robert: *Ecology*. Newton, Mass.: Chiron Press, 1974.
Roberts, Leslie: «Insights into the Animal Mind». *Bio Science* 33 (Juni 1983), S. 362–364.
Rogers, Lynn: «A Bear in Its Lair». *Natural History* 90 (Oktober 1981), S. 64–70.
Ross, Herbert R.: «Principles of Natural Coexistence Indicated by Leafhopper Populations». *Evolution* 11 (Juni 1957), S. 113–129.

Rumbaugh, Duane (Hrsg.): *Language Learning by a Chimpanzee: The Lana Project*. New York: Academic Press, 1977.
Rüppell, Georg: *Vogelflug*. München: Kindler, 1975.
Russell, E. S.: *The Interpretation of Development and Heredity: A Study in Biological Method*. Oxford: Oxford University Press, 1930.

Savage-Rumbaugh/E. Sue/Duane Rumbaugh/Sally Boysen: «Linguistically Mediated Tool Use and Exchange by Chimpanzees (*Pan Troglodytes*)». In *Speaking of Apes: A Critical Anthology of Two-Way Communication with Man*, hrsgg. v. Thomas Sebeok und Jean Umiker-Sebeok. New York: Plenum, 1980.
Schaxel, Julius: *Grundzüge der Theorienbildung*. Jena: Fischer, 1922.
Schmidt-Nielsen, Knut: *Animal Physiology*. Cambridge: Cambridge University Press, 1975.
–/Bodil Schmidt-Nielsen: «The Desert Rat». *Scientific American* 189 (Januar 1953), S. 73–78.
Scholander, P. F.: «The Wonderful Net». *Scientific American* 196 (April 1957), S. 96–107.
Schrödinger, Erwin: *Naturwissenschaft und Humanismus. Die heutige Physik*. Wien: Deuticke, 1951.
–: *Was ist Leben?* München: Lehnen 1951.
Sebeok, Thomas A./Jean Umiker-Sebeok: «Performing Animals: Secrets of the Trade». *Psychology Today* 13 (November 1979).
Shapiro, Robert: *Origins: A Skeptic's Guide to the Creation of Life*. New York: Summit Books, 1986.
Sherrington, Charles: *Man on His Nature*. Cambridge: Cambridge University Press, 1975.
Sibley, Charles G./Jon E. Ahlquist: «Der DNA-Stammbaum der Vögel», *Spektrum der Wissenschaft* 5 (Mai 1986), S. 96–107.
Simberloff, Daniel: «The Great God of Competition». *The Sciences* 24 (Juli–August 1984), S. 17–22.
Simpson, George G.: *Auf den Spuren des Lebens*. Berlin: Colloquium-Verlag, 1957.
–: *Fossilien*. Stuttgart: Spektrum der Wissenschaft, 1984.
Sinnott, Edmund W.: *Cell and Psyche: The Biology of Purpose*. New York: Harper & Row, 1961.
–: *Matter, Mind and Man*. London: Allen & Unwin, 1958.
Skinner, B. F.: *About Behaviorism*. New York: Knopf, 1974.
Slobodkin, L. B.: «Experimental Populations of Hydrida». In *British Ecological Society Jubilee Symposium*. Oxford: Blackwell, 1964, S. 131–148.

Smith, John W.: *Theory of Evolution*. Middlesex, England: Penguin, 1958.

Smith, Robert L.: *Ecology and Field Biology*. New York: Harper & Row, 1974.

Spinoza, Baruch: *Sämtliche Werke*, Bd. 6: *Briefwechsel*. Leipzig: Meiner, 1914.

Stanley, Steven: *The New Evolutionary Timetable: Fossils, Genes, and the Origin of Species*. New York: Basic Books, 1981.

–: «Darwin Done Over». *The Sciences* 21 (Oktober 1981), S. 18–23.

–: «Evolution of Life: Evidence of a New Pattern». In *Great Ideas Today 1983*. Chicago: Encyclopaedia Britannica, 1983, S. 2–54.

Stebbins, G. Ledyard: «Cataclysmic Evolution». *Scientific American* 184 (April 1951), S. 54–59.

–/Francisco Ayala: «Is a New Evolutionary Synthesis Necessary?» *Science* 213 (28. August 1981), S. 967–971.

–: «Die Evolution des Darwinismus». *Spektrum der Wissenschaft* 9 (September 1985).

Stent, Gunther S.: «Limits to the Scientific Understanding of Man». *Science* 187 (21. März 1975), S. 1052–1057.

Stevenson, Lionel: *Darwin among the Poets*. New York: Russell & Russell, 1963.

Stewart, Robert/John Aldrich: «Removal and Repopulation of Breeding Birds in a Spruce-Fir Community». *Auk* 75 (1951), S. 471–482.

Tax, Sol/Charles Callender (Hrsg.): *Evolution after Darwin: Issues in Evolution*. Chicago: University of Chicago Press, 1960.

Tennyson, Alfred Lord: *In Memoriam*, hrsgg.v. Robert Ross. New York: Norton, 1973.

Terrace, Herbert S.: *Nim*. New York: Knopf, 1979.

–: «How Nim Chimpsky Changed My Mind». *Psychology Today* 13 (November 1979).

–/L. A. Petitto/R. J. Sanders/T. G. Bever. «Can an Ape Create a Sentence?» *Science* 206 (23. November 1979), S. 891–901.

Thomas von Aquin: *Summa contra gentiles. Summe gegen die Heiden*. Darmstadt: Wiss. Buchgesellschaft (Neuaufl. erscheint demnächst).

Tetry, Andrée: *Les outils chez les êtres vivants*. Paris: Gallimard, 1948.

Thomas, Lewis: «On the Uncertainty of Science». *Key Reporter*, Nr. 6 (1980).

Thompson, D'Arcy: *On Growth and Form*. 2 Bde., Cambridge: Cambridge University Press, 1959.

Thorpe, W. H.: *Animal Nature and Human Nature*. New York: Doubleday, 1974.
–: *Purpose in a World of Chance*. London: Oxford University Press, 1978.
Tinbergen, Niko: *Tiere untereinander*. Hamburg: Parey, 1975.
–: *Instinktlehre*. Hamburg: Parey, 1979.
–: *Animal Behavior*. New York: Time-Life, 1965.
–: *Das Tier in seiner Welt*. München: Piper, 1977/78.
Tributsch, Helmut: *Wie das Leben leben lernte*. München: dtv, 1980.

Underwood, Larry S.: «Outfoxing the Arctic Cold». *Natural History* 92 (Dezember 1983), S. 38–46.

Valentine, James W./Cathryn A. Campbell: «Genetic Regulation and the Fossil Record». *American Scientist* 63 (November–Dezember 1975), S. 673–689.

Waddington, C. H. (Hrsg.): *Towards a Theoretical Biology*. Chicago: Aldine, 1969.
Wald, George: «Eye and Camera». *Scientific American* 183 (August 1950), S. 32–41.
–: «Life and Light». *Scientific American* 201 (Oktober 1959), S. 92–108.
–: «Life and Mind in the Universe». *International Journal of Quantum Chemistry: Quantum Biology Symposium* 11. New York: Wiley, 1984, S. 1–15.
Waser, Nickolas M./Leslie A. Real: «Effective Mutualism between Sequentially Flowering Plant Species». *Nature* 281 (25. Oktober 1979), S. 670–672.
Watson, James: *Die Doppel-Helix*. Reinbek: Rowohlt, 1969.
Weaver, John E./Frederic E. Clements: *Plant Ecology*. New York: McGraw-Hill, 1938.
Wegener, Peter P.: «The Science of Flight». *American Scientist* 74 (Mai/Juni 1986), S. 268–278.
Weizsäcker, Carl F. von: *Zum Weltbild der Physik*. Stuttgart: Hirzel, 1976.
Wells, H. G./Julian S. Huxley/G. P. Wells: *The Science of Life*. London: Doubleday, Doran and Co., 1931.
Welty, Carl: «Birds as Flying Machines». *Scientific American* 192 (März 1955), S. 88–96.
Went, Frits W.: «The Ecology of Desert Plants». *Scientific American* 192 (April 1955), S. 68–75.
–: *The Plants*. New York: Time-Life, 1963.

Wheeler, John: «Genesis and Observership». In *Foundational Problems in the Special Sciences*, hrsgg. v. Robert E. Butts und Jaakko Hintikka. Dordrecht, Holland: Reidel, 1977.

Wickler, Wolfgang: *Mimikry. Nachahmung und Täuschung in der Natur*. München: Kindler, 1968.

Wiens, John A.: «Competition or Peaceful Coexistence?» *Natural History* 92 (März 1983), S. 30–34.

Wigner, Eugene: *Symmetries and Reflections*. Bloomington: Indiana University Press, 1967.

Wilson, Allan C.: «Die molekulare Grundlage der Evolution». *Spektrum der Wissenschaft* 12 (Dezember 1985).

–/L. R. Maxon/V. M. Sarich: «Two Types of Molecular Evolution: Evidence from Studies of Interspecific Hybridization». *Proceedings of the National Academy of Sciences (USA)* 71 (Juli 1974), S. 2843–2847.

Wilson, Edward O.: *Sociobiology: The New Synthesis*. Cambridge: Harvard University Press, 1978.

–: *Biologie als Schicksal*. Frankfurt a. M.: Ullstein, 1980.

–: «The Biological Diversity Crisis: A Challenge to Science». *Issues in Science and Technology* 2 (Herbst 1985), S. 20–29.

Witt, Peter N.: «Do We Live in the Best of All Worlds? Spiders Suggest an Answer». *Perspectives in Biology and Medicine* 8 (Sommer 1965), S. 475–487.

Wood, Elizabeth: *Crystals and Light*. Princeton, N. J.: Van Nostrand, 1964.

Wynne-Edwards, V. C.: «Self-Regulating Systems in Populations of Animals». *Science* 147 (26. März 1965), S. 1543–1548.

Yerkes, Robert M.: *Chimpanzees: A Laboratory Colony*. New Haven: Yale University Press, 1943.

Personen- und Sachregister

Gerade Ziffern = Textverweise
Kursive Ziffern = Bildlegendenverweise

LERNRAUPE

Liebe Eltern,

Der kleine Bär Marvin kann weder lesen noch schreiben. Er hat schlichtweg den Unterricht in der Waldschule verschlafen. Aber dann merkt er plötzlich, wie wichtig es sein kann, beides zu können. Denn andere für sich schreiben zu lassen, hilft wenig, wenn man anschließend nicht lesen kann, was auf dem eigenen Schild geschrieben steht ...

Lange bevor Ihr Kind in die Schule kommt, beginnt es bereits, sich für Buchstaben und Wörter in seiner Umgebung zu interessieren. Begleiten Sie Ihr Kind, wenn es nach der Bedeutung der Wörter fragt oder seinen Namen schreiben will. Fördern Sie Ihr Kind im Umgang mit Schrift beim Verkaufen-, Post- oder Schulespielen. Vorschulkinder wollen lesen und schreiben lernen wie die Großen, und Marvins Geschichte bestärkt sie genau in diesem Interesse auf vielfältige Weise.

Ergänzend zur Geschichte gibt es am unteren Bildrand ein klar gegliedertes Aufgabensystem, das Verständnisfragen enthält, die mit dem Symbol der Lernraupe gekennzeichnet sind. Diese Aufgaben fördern Ihr Kind individuell und spielerisch. »Überlege gut!«, »Schau genau!«, »Lies mit!«. - solche Anregungen zum entdeckenden Lernen machen Spaß und spornen die Kinder an, ihr Wissen und Können darzustellen.

Gleichzeitig findet ein ganzheitliches Lernen aller Bildungsinhalte der Vorschule statt:

- Förderung der Sprachkompetenz und der Ausdrucksfähigkeit
- Erkennen von Lauten und Buchstaben
- Entwicklung des Textverständnisses
- Förderung der Konzentration und Merkfähigkeit
- Verständnis von Mengen und Zahlen

Am Ende der Geschichte wendet sich Marvins Situation. Als kluger Bär weiß er, wie er seine fehlenden Schriftkenntnisse mit Hasenhilfe erfolgreich verändern kann, und gibt damit den zuhörenden Kindern ein ermutigendes Beispiel für ihren eigenen Schulstart.

Viel Spaß mit diesem Bilderbuch wünscht Ihrem Kind und Ihnen

Marlies Koenen
Sprachpädagogin, Fach-
referentin und Buchautorin,
Berlin

Die Lernraupe-Lösungen finden Sie am Ende des Buches.

Tipps für pfiffige Kids

Weiterführende Beschäftigungsbögen
unter www.arsedition.de
Zur Förderung der Sprachkompetenz
und des Textverständnisses

Der kleine Bär
entdeckt das Schreiben

Von Sylvia Englert
Mit Bildern von Antje Flad

arsEdition

Die meisten Bären können nicht kochen.
Am liebsten essen sie Honig, und das morgens, mittags und abends. Der kleine Bär Marvin konnte das nicht verstehen.
In seiner gemütlichen Berghöhle kochte er jeden Tag, dass die Töpfe dampften: Waldpilzsteaks, Wurzelgemüse mit Schneckenspucke, Himbeer-Blattlaussuppe und tausend andere leckere Dinge.
Nur schade, dass seine Nachbarn im Wald sich darüber lustig machten, weil er mit seiner Küchenschürze so komisch aussah.

Such mit!

In Marvins Höhle haben sich mehrere Buchstaben versteckt.
Welche kannst du entdecken?
Kannst du schon ein **O** schreiben?

O N X E F

Seine Höhle lag im höchsten und schönsten Berg
weit und breit. Und jeden Tag stiegen viele Tiere
bis zum Gipfel hinauf – immer an seiner Höhle vorbei.
Sie plauderten, sangen und pfiffen dabei vergnügt.
»So geht das nicht weiter!«, beschloss Marvin.
Gerade hatte er einen Butterblumen-Walnuss-Auflauf
in den Ofen geschoben.
»Wie soll ich bei dem Lärm da draußen in Ruhe kochen?«
Sollte er vielleicht einen Baumstamm quer über
den Pfad legen? Oder laut brüllen und
seine Zähne fletschen?
Nein, das war ihm viel zu anstrengend.

Schau genau!

Wie viele Wildschweine wandern zum Gipfel?
Wohin bist du schon gewandert?

Zum Glück hatte Marvin eine bessere Idee.
Er wollte ein Schild aufstellen, auf dem stand:
»Achtung, gefährlicher Bär!«
Gebastelt war es schnell. Das Problem war nur:
Marvin konnte nicht schreiben. Ausgerechnet kurz vor seinem Winterschlaf hatten die Tierkinder in der Waldschule die Buchstaben gelernt.
Marvin war so müde gewesen, dass er immer wieder eingenickt war. Außerdem gab es für ihn wichtigere Dinge, die ein Bär können muss. Zum Beispiel, sich Dornen aus dem Fell zu ziehen, ohne dass es wehtut.
Oder Waldhonigkuchen zu backen.

Kennst du dich aus?

Marvin hat schon viele Dinge zum Schreiben und Schilderbasteln.
Was braucht er noch, um die Buchstaben zu zeichnen!

Marvin beschloss, seinen Freund Klaus, das Murmeltier, um Rat zu fragen. Klaus wälzte sich vor Lachen auf dem Boden, als er hörte, was auf dem Schild stehen sollte.
»Du, gefährlich? Haha, guter Witz.«
»Los, schreib schon«, brummte Marvin, und Klaus legte mit funkelnden Augen los. Schon bald standen leuchtend rote Buchstaben auf dem Schild. Es sah herrlich gefährlich aus.
Marvin bedankte sich und tappte nach Hause.
Jetzt konnte er bald wieder in Ruhe kochen.

Reime mit!

Was reimt sich auf Klaus?
Weißt du, wo Murmeltiere leben?
Schau mal genau hin!

Achtung,
Schmusebär!
Bitte gut durchknuddeln.

Am nächsten Tag wachte Marvin früh auf und trat vor seine Höhle. Er blinzelte in die Morgensonne, gähnte, kämmte sich mit den Krallen den Pelz durch ... und wurde plötzlich von einem Eichhörnchen umarmt! Bevor er sich von seinem Schreck erholt hatte, kam auch noch ein Luchs und kuschelte sich an ihn. Marvin ergriff die Flucht. Das Schild nahm er gleich mit. Was genau hatte Klaus, diese Mistmurmel, nur geschrieben?

Knobel mit!

Was fängt wie **L**uchs mit einem »**L**«* an?
Hast du schon mal ein Eichhörnchen gesehen?
Erzähle!

* Bitte sprechen Sie den Laut »l« und nicht den Buchstaben »eL«.

Achtung,
Schmusebär!
Bitte gut durchknuddeln.

Marvin nahm das Schild mit zur Füchsin Fidula. Die prustete los, als sie las, was darauf stand. »Hihihi, so, so, ein Schmusebär bist du«, kicherte sie. »Das stimmt auch. Aber wenn du willst, schreibe ich dir etwas anderes.« Fidula schrieb in wunderschönen grünen Buchstaben etwas auf das Schild. »Vielen Dank!«, sagte Marvin und steckte das Schild vor seiner Höhle in die Erde.

Überlege gut!

Welches Schild bedeutet in unserer Welt »Achtung!«?
Gibt es eines dieser Schilder in deiner Straße?

Achtung,
Schmusebär!
Bitte gut durchknuddeln.

STOP

Am nächsten Morgen wunderte sich Marvin.
Was war das für ein Getrappel vor seiner Höhle?
Er lugte nach draußen. Wieso standen dort so viele Tiere?
»Was wollt ihr denn alle hier?«, fragte Marvin erschrocken.
»Da sssteht, dass du ein Zzzauberbär bissst und
Wünsche erfüllssst!«, zischelte eine Schlange.
»Schon immer wollte ich Königin des Waldesss werden!«
»Ich will ein lila Fell!«, grunzte ein Wildschwein.
»Mach mich größer, mach mich größer!«, piepste eine Maus.
Marvin schnappte sich das Schild, zerrte es
in seine Höhle und knallte die Tür zu.
Er traute sich erst wieder raus,
als die Tiere abgezogen
waren.

Denk mit!

Welcher Buchstabe hat die gleiche Form
wie die Schlange?
Lege den Buchstaben mit einem Wollfaden oder
einer Schnur nach.

O M S B A

Marvin marschierte mit dem Schild
zu seinem Nachbarn, dem Igel Piks.
»Kannst du mir ›ACHTUNG, GEFÄHRLICHER BÄR!‹
da draufschreiben?«
»Wieso denn das?«, fragte Piks.
»Freust du dich nicht über Besuch auf deinem Berg?«
»Sollte ich das denn?« Marvin war verblüfft.
»Aber ja! Ich finde es toll, wenn jemand
bei mir vorbeikommt.«
Vergnügt schrieb Piks große,
blaue Buchstaben auf das Schild.

Zähl mit!

›ACHTUNG, GEFÄHRLICHER BÄR!‹
sollte der Igel auf das Schild schreiben.
Das sind drei Wörter. Wie viele Wörter
hat der Igel denn auf das Schild geschrieben?

»Vielen Dank!«, sagte Marvin und freute sich. Er klemmte sich das Schild, das nach frischer Farbe roch, unter die Pranke und ging nach Hause.

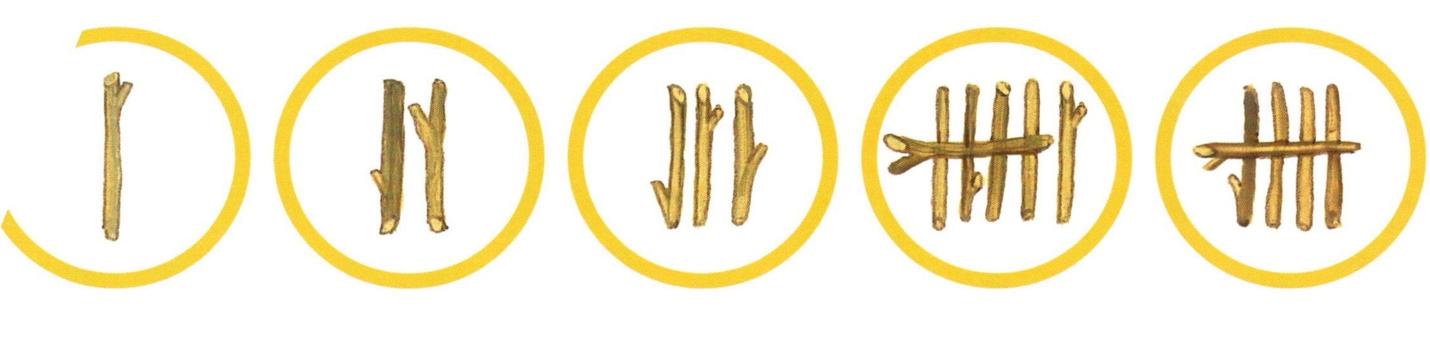

Am nächsten Tag klopfte es. Marvin schaute nach draußen und sah, dass vor der Tür eine Hasenfamilie stand, die er nicht kannte.
»Wir haben unsere Picknicksachen vergessen – könntest du uns vielleicht etwas zu essen machen?«, fragte die Hasenmama schüchtern.
Marvin wurde rot vor Freude. »Ja, ja-a, klar«, stotterte er und holte gleich Töpfe und Pfannen hervor.
»Woher wusstet ihr, dass ich gerne koche?«
»Aber das steht doch draußen auf dem Schild!«, meinte das größte Hasenkind.
»So, so«, murmelte Marvin.
Dieser Piks!

Lies mit!

Auf dem Rucksack des größten Hasenkindes steht sein Name. Welche dieser Buchstaben findest du darauf? Und welcher dieser Buchstaben kommt gleich zweimal im Namen vor?

M H P F E

Marvin gab sich richtig Mühe. Er dachte darüber nach, was Hasen besonders gut schmecken könnte.
Dann legte er los. Und servierte den Hasen schließlich Omelett mit Löwenzahn, Nudeln mit Gänseblümchensoße und Karotteneis.
»Das ist aber lecker!«, schwärmten seine Gäste. Sie nahmen sich dreimal nach, bis alle Schüsseln leer gemümmelt waren. Marvin strahlte. Es machte ihm viel mehr Spaß, für andere zu kochen als nur für sich allein.

Überlege gut!

Die Hasenfamilie hat sechs Kinder.
Vier sind auf dem Ausflug dabei.
Wie viele Hasenkinder sind zu Hause geblieben?

»Du hast so wunderbar für uns gekocht –
können wir dir auch irgendeinen Gefallen tun?«,
fragte eines der Hasenkinder.
Marvin überlegte. Abwaschen? Die Höhle aufräumen?
Frischen Klee für einen Salat pflücken?
Nein, etwas anderes war ihm viel wichtiger!

Schau genau!

Hier sind dem Bären die Buchstaben
durcheinandergeraten.
Wo hat er **BÄR** richtig geschrieben?

»Könnt ihr mir beibringen, wie man liest und schreibt?«, platzte Marvin heraus. »Ich habe es satt, dass alle es können, nur ich nicht!«
»Na klar«, sagten die Hasen im Chor.
Nur das kleinste Hasenkind sagte nichts.
Weil es gerade dabei war, die Schüssel mit dem Karotteneis auszuschlecken.

RÄB ÄBR BRÄ BÄR

Marvin strengte sich sehr an.
Er lernte einen Buchstaben nach dem anderen.
Zum Glück war er diesmal gar nicht müde.
Und schon bald klappte das Schreiben immer besser.
Seine Buchstaben sahen nicht mehr aus,
als hätte ein Regenwurm sich auf dem Papier gewälzt.
Stolz schrieb Marvin selbst etwas Neues auf das Schild.
Etwas, das ihm jetzt viel besser gefiel als »Achtung,
gefährlicher Bär!«.
Nämlich **Gasthaus zum Bären**!

Schau genau!

Womit bezahlen die Tiere?
Sieh mal auf der Speisekarte nach!
Weißt du, wie viel eine Kugel
Eis in unserer Welt kostet?

Gasthaus
Zum Bären

Lernraupe-Lösungen:

Welche Buchstaben kannst du entdecken?

O – ist im Pfannenboden versteckt
N – im Vorhang
E – in der Ofentür
F – ist aus Holzscheiten gelegt

Wie viele Wildschweine wandern zum Gipfel?

 4

Was braucht Marvin noch, um die Buchstaben zu zeichnen?

Was reimt sich auf Klaus?

 Haus  Maus  Laus

Weißt du, wo Murmeltiere leben?

Murmeltiere leben in unterirdischen Gängen, die sie im Gebirge bauen. Ihr Lieblingsessen sind Gras und Kräuter. So wie Bären halten sie einen langen Winterschlaf.

Was fängt wie Luchs mit einem »L« an?

Welches Schild bedeutet in unserer Welt »Achtung!«?

Welcher Buchstabe hat die gleiche Form wie die Schlange?

S

Wie viele Wörter hat der Igel denn auf das Schild geschrieben?

 6

Auf dem Rucksack des größten Hasenkindes steht sein Name. Welche dieser Buchstaben findest du darauf?

H P E

Und welcher Buchstabe kommt gleich zweimal im Namen vor?

P

Wie viele Hasenkinder sind zu Hause geblieben?

 2

Wo hat er BÄR richtig geschrieben?

BÄR

Womit bezahlen die Tiere?

Eine Kugel Eis kostet bei uns ca. 1€.

Bibliografische Information der Deutschen Nationalbibliothek

Die Deutsche Nationalbibliothek verzeichnet diese Publikation in der Deutschen Nationalbibliografie; detaillierte bibliografische Daten sind im Internet über http://dnb.d-nb.de abrufbar.

ISBN 978-3-7607-5296-9

www.arsedition.de